普通高等教育土建学科专业“十二五”规划教材
高等学校建筑电气与智能化学科专业指导委员会
规划推荐教材

计算机网络与通信

朱学莉　于海鹰　主编

中国建筑工业出版社

图书在版编目(CIP)数据

计算机网络与通信/朱学莉，于海鹰主编. —北京：中国建筑工业出版社，2020.11

普通高等教育土建学科专业“十二五”规划教材. 高等学校建筑电气与智能化学科专业指导委员会规划推荐教材

ISBN 978-7-112-25362-3

Ⅰ.①计… Ⅱ.①朱… ②于… Ⅲ.①计算机网络-高等学校-教材②计算机通信-高等学校-教材 Ⅳ.①TP393 ②TN91

中国版本图书馆 CIP 数据核字(2020)第 151392 号

本教材依据《高等学校建筑电气与智能化本科指导性专业规范》(2014 年版) 编写，共有 8 章，系统地介绍了智能建筑中计算机网络与通信的基本原理、主要协议及实现技术。第 1 章介绍通信与计算机网络的基本概念及与智能建筑的关系。第 2 章系统地介绍了数据通信的基础知识。第 3 章介绍计算机网络的体系结构，重点是目前最完整的计算机网络体系结构模型——OSI 模型。在第 4、5、6 章中，以局域网、广域网和 Internet 为主线，全面地介绍了网络的基本理论与应用技术。第 7 章和第 8 章，分别介绍了网络管理与安全、网络操作系统及其编程技术。

本教材的作者具有丰富的教学及工程实践经验，编写过程中力求由浅入深、循序渐进，注重体现知识的实用性、前沿性、技能性和系统性。

本教材是普通高等教育土建学科专业“十二五”规划教材，主要用于建筑电气与智能化专业及其他相关专业的教材，也可作为智能建筑工程设计、施工及管理人员及从事计算机应用的工程技术人员的自学教材或参考书。

如需教材课件请加 qq 群：229672021。

责任编辑：张 健

文字编辑：胡欣蕊

责任校对：党 蕾

普通高等教育土建学科专业“十二五”规划教材

高等学校建筑电气与智能化学科专业指导委员会规划推荐教材

计算机网络与通信

朱学莉 于海鹰 主编

*

中国建筑工业出版社出版、发行(北京海淀三里河路 9 号)

各地新华书店、建筑书店经销

北京科地亚盟排版公司制版

北京京华铭诚工贸有限公司印刷

*

开本：787 毫米×1092 毫米 1/16 印张：18¼ 字数：451 千字

2020 年 12 月第一版 2020 年 12 月第一次印刷

定价：**49.00** 元（赠课件）

ISBN 978-7-112-25362-3

(36079)

教材编审委员会名单

序

自20世纪80年代中期智能建筑概念与技术发展以来，智能建筑蓬勃发展而成为长久热点，其内涵不断创新丰富，外延不断扩展渗透，具有划时代、跨学科等特性，因之引起世界范围教育界与工业界高度瞩目与重点研究。进入21世纪，随着我国经济社会快速发展，现代化、信息化、城镇化迅速普及，智能建筑产业不但完成了“量”的积累，更是实现了“质”的飞跃，成为现代建筑业的“龙头”，赋予了节能、绿色、可持续的属性，延伸到建筑结构、建筑材料、建筑能源以及建筑全生命周期的运营服务等方面，更是促进了“绿色建筑”、“智慧城市”中建筑电气与智能化技术日新月异的发展。

坚持“节能降耗、生态环保”的可持续发展之路，是国家推进生态文明建设的重要举措，建筑电气与智能化专业承载着智能建筑人才培养重任，肩负现代建筑业的未来，且直接关乎建筑“节能环保”目标的实现，其重要性愈来愈加突出！2012年9月，建筑电气与智能化专业正式列入教育部《普通高等学校本科专业目录（2012年）》（代码：081004），这是一件具有“里程碑”意义的事情，既是十几年来专业建设的成果，又预示着专业发展的新阶段。

全国高等学校建筑电气与智能化学科专业指导委员会历来重视教材在人才培养中的基础性作用，下大气力紧抓教材建设，已取得了可喜成绩。为促进建筑电气与智能化专业的建设和发展，根据住房和城乡建设部《关于申报普通高等教育土建学科专业“十二五”部级规划教材的通知》（建人专函［2010］53号）要求，委员会依据专业规范，组织有关专家集思广益，确定编写建筑电气与智能化专业12本“十二五”规划教材，以适应和满足建筑电气与智能化专业教学和人才培养需要。望各位编者认真组织、出精品，不断夯实专业教材体系，为培养专业基础扎实、实践能力强、具有创新精神的高素质人才而不断努力。同时真诚希望使用本规划教材的广大读者多提宝贵意见，以便不断完善与优化教材内容。

全国高等学校建筑电气与智能化学科专业指导委员会

主任委员　方潜生

前　言

随着智能建筑技术在我国的快速发展，为满足社会对专业人才的需要，我国首次设立了建筑电气与智能化本科专业并被正式列入教育部《普通高等学校本科主要目录（2012年)》。在建筑电气与智能化专业规范中，提出开设计算机网络与通信课程，并列为本专业的核心课程之一。本书作为普通高等教育土建学科专业“十二五”规划教材，根据住房和城乡建设部《关于普通高等教育土建学科专业“十二五”规划教材选题通知》的要求和建筑电气与智能化专业规范对计算机网络与通信课程知识领域的要求，由高等学校建筑电气与智能化学科专业指导委员会组织编写。

计算机网络的产生与发展在现代科学技术史上具有划时代的意义。计算机网络和通信技术彻底改变了人们的工作与生活方式，改变了企事业单位及商家的运营与管理方式，同时也是智能建筑的神经中枢，为智能建筑的智能性提供了物质基础。

本书全面、细致地讲解了“计算机网络与通信”的基本原理、主要协议及其实现技术。虽然计算机网络技术发展迅速，各种技术层出不穷，但其基本概念和原理是学习网络技术的最重要的知识点和基础，因此也是本书的主线。与此同时，本书也跟随计算机网络技术的发展潮流，反映计算机网络发展的新技术。

本书由苏州科技大学朱学莉教授和山东建筑大学于海鹰教授联合组织编写。本书第1、2、6章由朱学莉编写，第3、4、5章由于海鹰编写，第7章由张君捧编写，第8章由李长宁编写，朱学莉负责全书编写组织和统稿工作。本书由苏州科技大学付保川教授担任主审。在本书的编写过程中，安徽建筑大学周原、南京工业大学刘建峰、苏州科技大学付保川、河北建筑工程学院杨晓晴和华东交通大学倪勇等提出了很多中肯意见和建议，在此一并表示诚挚的谢意！

由于作者水平有限，书中不当与错误之处在所难免，恳请各位同行、专家、使用本教材的师生和广大读者批评指正，并将意见和建议发给主编，以便修正。

目　　录

第 1 章　绪论 …… 1
1.1　通信的基本概念 …… 1
1.2　计算机网络基本概念 …… 3
1.3　通信、计算机网络与智能建筑 …… 7
1.4　通信系统中的主要性能指标 …… 8
1.5　标准与标准化组织 …… 9
1.6　小结 …… 10
习题 …… 11
参考文献 …… 11
第 2 章　数据通信基础 …… 12
2.1　数据通信的基本概念 …… 12
2.2　信源编码技术 …… 18
2.3　数据传输方式 …… 23
2.4　调制解调技术 …… 27
2.5　信道复用技术 …… 28
2.6　差错控制 …… 30
2.7　数据交换技术 …… 40
2.8　传输介质 …… 44
2.9　无线通信技术 …… 50
2.10　小结 …… 74
习题 …… 75
参考文献 …… 76
第 3 章　计算机网络体系结构 …… 77
3.1　计算机网络体系结构 …… 77
3.2　OSI 层次结构 …… 82
3.3　小结 …… 126
习题 …… 127
参考文献 …… 128
第 4 章　局域网 …… 130
4.1　局域网拓扑结构 …… 130
4.2　局域网标准与体系结构 …… 132
4.3　MAC 层接入技术与协议 …… 134
4.4　以太网技术与协议 …… 139

4.5 无线局域网 …… 153
4.6 LAN 设备 …… 165
4.7 小结 …… 167
习题 …… 168
参考文献 …… 169
第5章 广域网 …… 170
5.1 通信网概述 …… 170
5.2 核心网 …… 171
5.3 接入网 …… 176
5.4 小结 …… 190
习题 …… 191
参考文献 …… 192
第6章 Internet …… 193
6.1 Internet 概述 …… 193
6.2 网际协议 IP …… 200
6.3 控制报文协议 ICMP …… 213
6.4 IPv6 和 ICMPv6 …… 215
6.5 Internet 管理 …… 222
6.6 实例 …… 224
6.7 小结 …… 227
习题 …… 228
参考文献 …… 229
第7章 网络管理与网络安全 …… 230
7.1 网络管理与简单网络管理协议 …… 230
7.2 网络安全 …… 234
7.3 小结 …… 258
习题 …… 258
参考文献 …… 259
第8章 网络操作系统与编程技术 …… 260
8.1 网络操作系统概述 …… 260
8.2 网络编程基础 …… 264
8.3 网络编程实践 …… 269
8.4 小结 …… 281
习题 …… 282
参考文献 …… 282

第1章　绪　论

通信技术始于1837年摩尔斯发明的有线电报，第一台计算机诞生于1946年，计算机技术和通信技术的结合产生了计算机网络。

计算机网络采用数据通信方式传输数据，数据通信有其自身的规律和特点。计算机技术与通信技术的深度融合，推动着计算机行业与通信行业的竞争与发展，其核心技术也逐步趋于整合。目前，计算机网络与通信行业的电信网络已经融为一体，并向开放性、一体化分工协作和多媒体化方向发展。计算机网络已经深深地融入了世界各国的经济、文化、教育和科研等各个领域，对社会的发展产生越来越大的影响。

1.1　通信的基本概念

1.1.1　通信的定义

人类在长期的社会活动中需要不断地交往和传递信息，这种传递信息的过程就叫作通信。古代的烽火台、消息树和驿马传令，以及现代的文字、书信、电话、广播、电视等，都是信息传递的方式或信息交流的手段。

随着社会生产力的发展，人们对信息传递的要求也越来越高，目前的通信越来越依赖于利用“电”来传递信息的电通信方式。由于电通信具有迅速、准确、可靠，且不受时间、地点、距离的限制等特点，因而得到了飞速地发展和广泛地应用。如今，在自然科学领域中，一般均以“通信”来代替“电通信”了。

通信的目的是传递信息，其中包含以下三个方面的内容：一是要将有用的信息无失真、高效率地进行传输；二是要在传输过程中去除或抑制无用信息和有害信息；三是要具有存储、处理、采集及显示等功能。通信已成为信息科学技术的一个重要组成部分。

1.1.2　通信的发展历程

从远古时代到现代文明社会，人类社会的各种活动都与通信密切相关，特别是当今世界已步入信息时代，通信已渗透到社会的各个领域。通信对人们的日常生活和社会活动将起到越来越重要的作用。通信已成为现代文明的标志之一。

通信的发展历程可归纳为以下四个阶段。

第一阶段为语音和文字通信阶段。人们通过语言、手势、金鼓、烽火台等方法传递信息。从技术角度上看，视、听技术与光技术都已应用于通信之中，但通信方式十分简单，受环境、距离等自然条件的限制较大。

第二阶段为电通信阶段。该阶段以1837年摩尔斯发明有线电报为起始点。电通信的基本原理是通过导线中有无电流的流动来传递消息的，这为通信技术的发展奠定了基础。莫尔斯电报是一种变长的二进制代码，是近代数字通信系统诞生的标志。1876年，贝尔发明了电话，这是模拟通信的开始。由于电话通信是一种实时、交互式通信，因而比电报得到了更加迅速和广泛地应用。

第三阶段为电子信息阶段。1907年电子管的问世，标志着通信进入了电子信息时代。随着晶体管、电视、广播、传真技术的逐步出现与发展，使得通信手段日益更新，通信内容日趋丰富。

从20世纪40年代起，随着“第二次世界大战”期间对雷达及微波通信技术的刺激作用，及1948年晶体管的问世，通信进入了一个蓬勃发展的时期。1961年，集成电路研制成功。1990年以后，卫星通信、移动通信、光纤通信等技术的进一步发展，数字通信得到了迅猛的发展。现代通信使人们能够将数据、文字、声音和图像等信息综合在一起，随时随地与他人进行各种业务的通信。

第四阶段为现代通信阶段。由于现代通信技术是伴随着数字信号的处理和传输而产生的，因此现代通信技术也可称作数字通信技术。数字通信技术的产生与发展促进了信息化时代的来临，引发了自20世纪80年代至今的互联网迅速发展和应用，以及2000年后物联网的蓬勃发展。在这一阶段，各种新的数字通信技术不断出现，致使互联网和物联网从有线网发展到了无线网。其中，互联网的爆炸式扩张来自2000年后移动通信技术的发展，包括2G、3G、4G，以及5G通信技术，这些技术促进了移动互联网的大力发展，极大地挖掘了互联网的应用潜力；而在物联网领域，许多针对物联应用的无线数字通信技术也得到了发展，例如Wi-Fi技术、蓝牙技术、Zigbee技术、NB-Iot技术等，它们都使得物联网设备所产生的数据能进行高效而稳定的传输。总之，现代数字通信技术已经成为人与人、人与物、物与物之间进行通信最重要的手段。

1.1.3 通信的分类

根据不同的目的，通信可分成许多类型，下面是几种常见的分类。

(1) 根据传输媒介分类

按传输媒介的不同，通信可分为有线通信和无线通信两大类。有线通信是用导线，如架空明线、同轴电缆、波导和光纤等作为传输媒介来完成通信。无线传输是依靠电磁波在空间传播达到传递消息的目的。

(2) 根据信道中所传输信号的不同分类

按通信信道中传送的信号类型，通信可分为数字通信和模拟通信。数字通信是指信道中传输的信号属于数字信号的通信。模拟通信则是指信道中传输的信号为模拟信号。

(3) 根据工作频段分类

由于不同频率的电磁波具有不同的传输特点，可按通信设备的工作频率的不同分为长波通信、中波通信、短波通信、微波通信及远红外通信等。

(4) 根据调制方式分类

按消息在送到信道之前是否进行调制，可将通信分为基带传输和频带传输。基带传输是指直接传输由消息变换而来的电信号，不要调制。频带传输则是将由消息变换而来的电信号经过调制变换后再进行传输。相应地，接收端需要有相应的解调措施。

(5) 根据通信业务分类

按照通信的具体业务，可以分为电话、电报、传真、数据传输、可视电话、无线寻呼等。它们之间可以是兼容的，也可以是并存的。其中，电话业务应用最为广泛，发展得也最为迅速。

(6) 根据通信设备是否可移动分类

按通信设备是否可移动，可以将通信分为移动通信和固定通信。移动通信是指在信息交换过程中通信双方至少有一方是在运动之中。移动通信的特点是建网快、投资少、机动灵活。随着人们对通信的需求越来越高，移动通信将在整个通信业务中占据更加重要的位置。

(7) 根据信号复用方式分类

在一条信道上同时传输多路信号的复用方式有三种，即频分复用、时分复用和码分复用。频分复用是用频谱搬移的方法使不同的信号占据不同的频率范围；时分复用是用脉冲调制的方法使不同的信号占用不同的时间区间；码分复用则是用正交的脉冲序列分别携带不同的信号。

1.1.4 通信系统模型

图 1-1 是一个典型的通信系统模型。模型中各个组成部分及其功能如下：

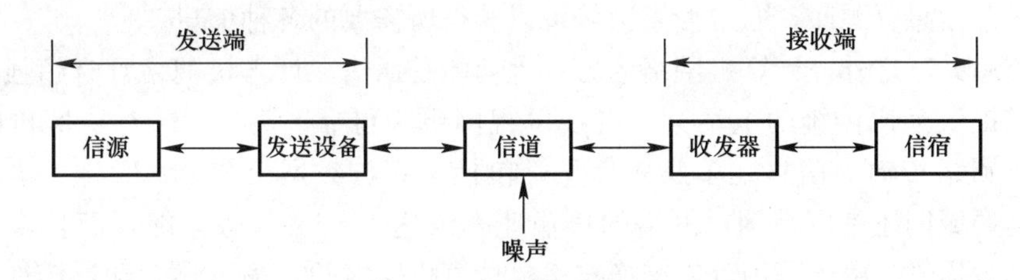

图 1-1 通信系统的一般模型

信源是信息的发源地，其作用是把消息转换成原始电信号。电话机、电视摄像机、电传机、话筒、计算机等都是信源。

发送设备的作用是对信号进行转换和编码，产生能在特定传输系统中传输的信号。

信道是指传输信号的物理媒介，可分为有线和无线两大类。

噪声是信道中的噪声及分布在通信系统中其他各处噪声的集中表示。

接收设备的功能是将接收的信号变换成与发送端信源发出的消息完全一样或基本一样的原始消息。

信宿是信息的终端，其作用是将接收设备恢复出的原始信号转换成相应的消息。收到和发出的消息相同程度越高，通信系统的性能越好。

1.2 计算机网络基本概念

1.2.1 计算机网络的定义和功能

计算机网络，顾名思义就是把计算机连接起来所构成的网络。它更深一层的含义意味着要实现多台不同的计算机系统之间的通信。因此，计算机网络是计算机技术与通信技术相结合的产物，是一门交叉的 IT 学科。

针对计算机网络的定义，目前尚未统一，有繁有简。起初，有人把它定义为计算机技术和通信技术相结合，把不同地点的计算机用通信线路相互连接起来，使之能相互通信，共享硬件和软件资源，且能独立工作的计算机之集合。也有人把计算机网络定义为利用通信线路和通信设备，把地理上分散、并具有独立功能的多个计算机系统互相连接，按照网络协议进行数据通信，由功能完善的网络软件实现资源共享的计算机系统的集合。这些定义都很全面，但比较繁琐。

美国信息学会对计算机网络的定义是，计算机网络是指以实现远程通信和资源共享为目的，大量分散但又相互连接的计算机系统的集合。最简洁的定义可能来自美国学者Tanenbaum：通过某种技术实现若干自治的计算机相互连接之集合。

不论是哪种定义，都包含了两重意思：一是形式方面的，即多台计算机的相互连接；二是实质方面的，即相互连接的计算机要进行通信。计算机能够相互通信后会发生什么呢？这就是我们接下来要介绍的计算机网络的功能。

人们将计算机联网最初的功能就是实现资源的共享。这里的资源包括硬件资源、软件资源和信息资源。硬件资源通常指比较贵重而稀少的设备，如高速打印机、大容量存储装置、大型绘图仪、专用计算机等。软件资源通常包括各种专用应用软件，如科学计算、模拟仿真、系统设计等。信息资源则包括了涉及人们生活、工作所有领域的信息，Internet本身就是一个信息资源库，通过搜索引擎可以获得所需要的各种信息。

除了资源共享之外，计算机网络的另一大功能是通信。计算机网络具有超强的通信功能，它可以提供远比传统的电话网、有线电视网更为可靠、高速、多样、廉价的通信服务。计算机网络传输的信息是多媒体信息，包括文字、数据、图形、图像、语音、视频等。无论是局域网还是广域网，网络的传输速率已达 10^{11} bit/s 数量级，而且传输带宽或速率可以分级提供。由于采用分组交换技术，计算机网络的传输可靠性和鲁棒性高，并且信息传输的成本比传统电信网络低。另外，计算机网络具有负载均衡的功能，可以将访问量大的资源进行均衡，提高处理效率，缩短响应时间。通过计算机网络，还可以实现分布式处理和协调计算等功能。

1.2.2 计算机网络的分类

对计算机网络进行分类的方法有很多种，最常用的是按网络覆盖的范围或是通信的距离进行分类。按此方法分类的结果如表 1-1 所示。

按覆盖范围划分网络 **表 1-1**

CPU 间距离	CPU 所处位置	分类
≤1m	一个机箱内	多处理机系统
1m	人体周边	个人网络
10m	同一个房间	局域网
100m	同一栋建筑	
1km	同一个园区	
10km	同一个城市	城域网
100km	同一个国家	广域网
1000km	同一个洲	
10000km	同一个星球	因特网

对于相距很近的处理机（如 1m 以下），一般放置在同一个机箱或机柜中，有的甚至是在同一个电路板上，称为多处理机系统，不属于计算机网络的范畴。

仅供一个人使用的网络，称为个人网络（PAN，Personal Area Network），如将 PC、笔记本电脑、iPAD、PDA、手机、打印机、无线键盘和鼠标等连接起来的网络，覆盖范围通常在几米范围内。

把同一个单位内且分布在同一个地理区域内的计算机等数字设备连接起来的网络叫作局域网（LAN，Local Area Network）。这是应用最为广泛的一类计算机网络。它具有传输速率高、误码率低、扩充方便、管理维护简单等特点。由于网络设备的产权属于用户自己所有，网络的运行维护、扩容、升级等不受电信运营商的限制。

顾名思义，城域网（MAN，Metropolitan Area Network）就是覆盖一个城市的网络。典型的城域网有两个，一是当地的有线电视网，二是本地电话网。有线电视网覆盖了一个城市，有巨大的客户资源，网络的传输容量也十分可观。对有线电视网进行适当的改造，就可以变成一个具有良好通信资源的计算机城域网。本地电话网的建设已有数十年的历史，电话线已延伸到城市的各个角落，通过采用数字传输技术，如非对称数字用户线（ADSL，Asymmetric Digital Subscriber Line），可以形成性能良好的计算机城域网。

按通信的传输技术分类，计算机网络可以划分为广播式网络和点—点网络。广播式网络逻辑上仅有一条通信信道，由所有连接在网络上的计算机所共享。这意味着两重含义。第一，一台计算机发出的信息可以被网络上所有的计算机接收；第二，在任一时刻网络中只能有一台计算机发送信息。这样就会产生信道的争用问题，需要采用一些控制算法解决。在点—点网络中，各计算机分别与其他计算机两两相连，不存在信道的争用问题，但是如何使发送的数据在网络中传递得最快，如何保证网络不发生拥塞，是这种网络重点解决的问题。这就是路由的问题，也需要有算法和协议来支持。这些算法和协议将在后续的章节中详细介绍。

按传输介质对网络进行分类，计算机网络可以分为有线网和无线网。有线网可进一步分为双绞线网络、同轴电缆网络和光纤网络。无线网可进一步分为蜂窝网络、卫星网络。

按拓扑结构划分，也是一种常见的网络分类方法。基于此方法，可以把计算机网络分为星形网、环形网、总线网、树形网、网状网、不规则形网和由上述网络组合的网络，如图 1-2 所示。不同的拓扑结构预示着网络采用不同的传输控制策略。根据上面按传输技术对网络的分类，总线形和环形网是属于广播式的网络，其他均为点—点网络。

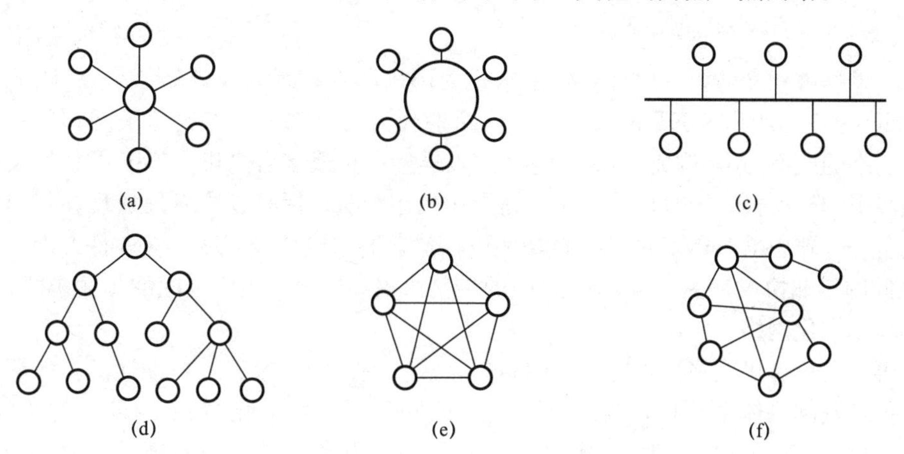

图 1-2　计算机网络的拓扑结构

（a）星形；（b）环形；（c）总线形；（d）树形；（e）网形；（f）不规则形

1.2.3　计算机网络的发展历程

计算机网络的发展经历了从简单到复杂、从单机到多机、从区域到全球的演变过程。

纵观计算机网络的形成与发展，大致经历了以下 4 个阶段：

(1) 面向终端的计算机网络

为了共享主机资源和信息采集及综合处理，用一台中央计算机与大量在地理上分散的用户终端相连，用户通过终端命令以交互方式使用计算机，这种联机系统称为面向终端的计算机通信网，也称为第一代计算机网络。图 1-3 展示了这种互联系统的结构。最具代表性的是 20 世纪 60 年代美国的半自动地面防空系统。

这种计算机网络本质上是以单个主机为网络控制中心的星状网，各终端通过通信线路连接到主机，共享主机的软件和硬件资源。

(2) 多机互联网络

由于在面向终端的计算机网络中，所谓的“终端”是不具有存储能力和处理能力的计算机，为了克服其缺陷，提高网络的可靠性和复用性，人们开始研究将多台中央计算机相连的方法。用于计算机通信的分组交换网络的出现是第二代计算机网络的最显著的特征。分组交换网由通信子网组成，网络中的主机之间不是直接用线路相连，而是由接口报文处理机（IMP，Interface Message Processor)，也叫节点机组成，由其负责网络上各主机间的通信控制与处理。由 IMP 和通信线路组成的网络称为通信子网，见图 1-4。

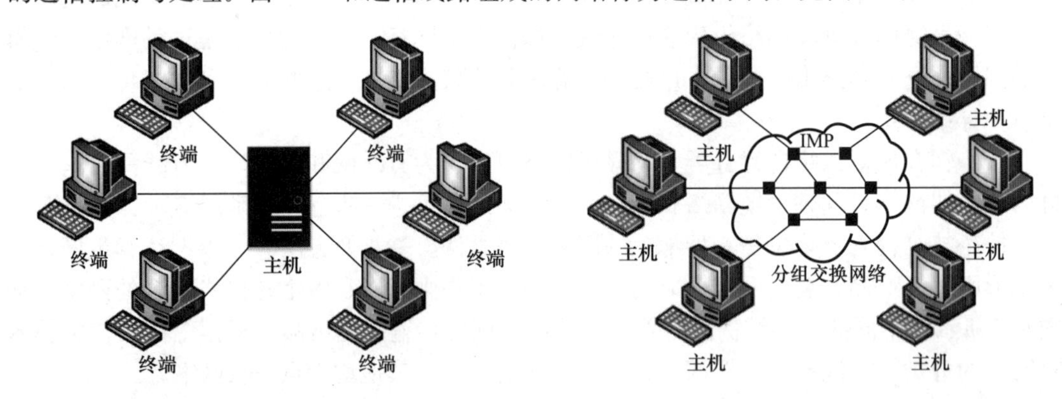

图 1-3　以单台主机为中心的网络　　图 1-4　ARPANET 网络结构初始方案

最具里程碑意义的第二代计算机网络是美国国防部高级研究计划署（DARPA）将建成的分组交换网 ARPANET 投入运行。该网络分为两个部分，即通信子网和主机。通信子网由网络的所有 IMP 构成，每个 IMP 可以连接一台或多台主机。IMP 的作用类似于电话交换网中的交换机，当时设计采用的是专用的小型机，后来逐步发展成现在耳熟能详的网络设备——路由器。IMP 之间通过租用电信运营商的电话线互联。在软件方面，需要有 IMP 之间的传输协议、主机与 IMP 之间的传输协议和主机与主机之间的传输协议。

(3) 标准化网络

在第三代计算机网络出现之前，网络是无法实现不同厂家的设备互连的，各厂家拥有自己的技术及网络体系结构。为了解决这个问题，国际标准化组织（ISO，International Standard Organization）于 1978 年提出了开发系统互连（OSI，Open Systems Interconnection）参考模型。于 1984 年颁布了 ISO 7498 标准，从而使厂家设备、协议实现了全网互联，这也标志着第三代计算机网络的诞生。

此后，网络的标准化得到了各网络厂商的认同，各厂商按照国际标准生产的设备、网络软件可以组合在一起共同使用，形成了具有统一的网络体系结构、遵循国际标准化协议的计算机网络，极大地促进了计算机网络技术的发展及应用。

（4）互联与高速网络

从 20 世纪 90 年代中期至今，是计算机网络的第四代。期间，计算机技术、通信技术、宽带网络技术及无线网络技术得到了迅猛发展，全球进入了 Internet 时代。计算机网络呈现了高速和融合的特征。

把不同的网络连接起来，形成一个更大的网络，称为网络互联，或互联网（Internet）。Internet 的发展过程大致如下：到 20 世纪 80 年代初，ARPANET 已经拥有 200 台 IMP，连接了数百台各类主机，并开始采用 TCP/IP 协议。尽管 ARPANET 在快速扩展，但是由于它的军事背景，许多与美国国防部没有业务合作的单位却无法连接它。鉴于 ARPANET 在大学和科研方面的巨大影响，美国国家科学基金会（NSF）于 1984 年开始介入建立一个与 ARPANET 类似的网络，也采用 TCP/IP 网络架构和协议，并与 ARPANET 实现互联。到 1986 年 ARPANET 正式分成了两部分，即由 NSF 资助的 NSFnet 和国防部管理的 MILNET。1988 年，NSFnet 替代 ARPANET 成为 Internet 的主干网。1990 年，ARPANET 解散，正式更名为 Internet，并从军用转向民用。

目前，全球以 Internet 为核心的高速计算机互联网已经形成，并成为人类最重要的、最大的知识宝库。今天，Internet 上的站点和应用服务都在不断地增加，为人类的生产、生活带来了无尽的便利和乐趣，成为覆盖全球的信息基础设施之一。

1.3 通信、计算机网络与智能建筑

20 世纪中叶以来，科学技术飞速发展，特别是计算机技术、通信技术和控制技术的迅猛发展，对历史悠久的建筑业产生了巨大的影响。它使建筑不单单局限于一个遮风避雨、保暖防寒的庇护所，而是使建筑物成为一个有感觉、有反应、能传递信息、能判断决策，特别是能适应各种变化条件的一个高度安全、舒适优雅、便利快捷的生活、工作环境。在这种大趋势下，产生了智能建筑的概念。目前，智能建筑已经风靡全球。

在进入 21 世纪的今天，数字化城市、数字化地球的理念已成为人们的共识。而智能建筑作为“国际信息高速公路”与数字化城市的基本单元，它所具有的作用、功能和效益，决定着它在现代信息社会中的重要角色。

“智能建筑”这一概念于 20 世纪 80 年代初诞生于美国。自 1985 年开始，日本和欧洲一些国家开始发展智能建筑技术。此后，智能建筑引起了各国的重视，并在世界范围内蓬勃发展起来。那么何为智能建筑？我国的国家标准《智能建筑设计标准》GB/T 50314—2015 中对智能建筑所做的定义为：以建筑物为平台，基于对各类智能化信息的综合应用，集构架、系统、应用、管理及优化组合为一体，具有感知、传输、记忆、推理、判断和决策的综合智慧能力，形成以人、建筑、环境互为协调的整合体，为人们提供安全、高效、便利及可持续发展功能环境的建筑。

通信始终伴随着人类社会文明的进程。通信系统是信息时代的生命线。在 Internet 技术高速发展的今天，智能建筑不可能作为信息孤岛独立存在于信息社会中。通信作为人们生活中不可缺少的组成部分，在智能建筑中扮演着十分重要的角色。

在个人计算机刚刚流行的同时，一种称为以太网的数据局域网也随之诞生。该网络将

一台大型计算机与整个建筑物内的终端连接起来，实现了建筑内部的硬件、程序和数据的共享。随后，各种局域网、城域网、广域网与公共分组交换网发展十分迅速，一些高速网络技术也相继问世。利用上述网络，不仅可以传输计算机数据，也可以实现语音、图像、图形等综合传输，构成综合服务数字网络，为社会提供十分广泛的服务。

Internet 是对人们生活影响最为显著的一个广域网，它是一个不断发展的网络系统。目前，全球的 Internet 用户已超过 10 亿。Internet 如此普及，主要是由于对用户而言，能够以合理的费用访问所有种类的信息。用户可以在 Internet 上购物、预订机票、获得教育，还可以聊天，查看各种信息，进行各种娱乐以及与他人交流思想。总之，当今的世界，真正地达到了“网络无处不在，无所不能”的境界。

随着技术的飞速发展，网络信息技术已经渗透到社会生活的方方面面。网络是智能建筑的信息支撑平台和传输通道，它为智能建筑的智能性提供了最基本的保障，是智能建筑的神经中枢。其原因有三个。首先，智能建筑必须通过网络才能实现其内部信息与外界信息的交换，从而使智能建筑成为国际信息高速公路上的信息节点。其次，智能建筑是由多个子系统构成的综合系统，只有通过计算机网络才能达到协调各子系统协同工作的目的。第三，计算机网络是各信息系统和控制系统的支撑平台，只有各子系统之间的信息能够及时传递并实现交互，才能体现出建筑物的智能性。

智能建筑是社会生产力发展、技术进步和社会需求相结合的产物。它的含义也随着科学技术的发展而不断地充实与完善，并以适应现代信息社会对建筑物的要求为其存在、发展的前提。随着计算机技术、控制技术及通信技术的发展，通信及计算机网络系统在智能建筑中的地位将会变得更加重要。

1.4　通信系统中的主要性能指标

在设计和评价通信系统时，必然要涉及通信系统的性能指标。通信系统性能指标通常是从整个系统的角度出发而提出的，用来衡量系统质量的优劣。通信系统的性能指标可以归纳为以下几个方面：

（1）有效性。指通信系统传输信息的“速度”。

（2）可靠性。指通信系统传输信息的“质量”。

（3）适应性。指通信系统使用时的环境条件。

（4）经济性。指构建通信系统的成本。

（5）标准性。指系统的接口、结构及协议等与国家标准、国际标准的一致性。

（6）维护性。指系统维护的方便性。

（7）保密性。指系统对所传输信号的加密要求。

尽管对通信系统可以有很多实际要求，但是系统的有效性和可靠性指标是最重要的两个性能指标。这是两个相互矛盾的问题，通常只能依据实际要求取得相对的统一。如在一定的可靠性指标下，尽量提高信号的传输速度；或者在维持一定有效性的前提下，使信号传输质量尽可能地提高。

通信的有效性是指给定信道内所传送信息量的大小。对于模拟通信系统，系统的有效性一般用系统有效传输带宽来衡量。实际应用中，用系统允许最大传输带宽与每路信号的

有效带宽之比来表征系统的频带利用率，即

$$n=\frac{B_w}{B_i} \tag{1-1}$$

式中，B_w 为系统有效频带宽度；B_i 为单路信号的频带宽度；n 为系统在其带宽内最多能容纳的话路数。

模拟通信系统的可靠性指标通常用均方误差来衡量。均方误差是指发送的模拟信号与接收端复制的模拟信号之间误差程度，其值越小，说明复制的信号越逼真。

对于数字通信系统，衡量有效性的指标采用的是信息传输速率 R_b 这一概念，这是由于系统中传输的是离散的数字信号，传输速率 R_b 为每秒钟所传送的码元数，单位为比特/秒（bit/s）。

衡量数字通信系统的可靠性指标叫作误码率，它表示所接收到的数字信号中出现错误的程度。

1.5　标准与标准化组织

标准化问题已经引起了国际上的广泛关注。缺少标准会带来软件和硬件产品过于分散、互操作能力差、资源浪费、开发商风险加大等一系列问题。标准为生产厂家、供应商以及政府机构及其他服务者提供了保证互联性的指导方针。而在当今的市场和国际通信中，这种互联性是必需的。

数据通信标准可以分为两大类：事实标准和法定标准。事实标准是因为被广泛使用而得到发展的标准。事实标准在生产中逐渐成为人们共同遵守的法则。只有遵守它们的产品才有广阔的市场。事实标准通常都是由试图对新产品或新技术进行功能定义的生产厂商制定的。第二种标准称为法定标准，通常是由那些得到国家或国际公认的机构正式认证并采纳的标准。建立法定标准的一般过程是：首先由申请者向标准机构提交申请，然后由标准机构进行审查；如果建议确有优点并可能被广泛接受，标准机构会对建议提出进一步的修改意见，并递送申请者；如此经过几轮反复后，标准机构会作出决定，对建议给予采纳或拒绝。

在通信与网络界，有下述几个重要的标准化组织负责在数据通信和计算机网络领域中确立行业规范。

（1）国际标准化组织（ISO，International Organization for Standardization）。ISO成立于1947年，是世界上最大的国际标准化组织。ISO的宗旨是在世界范围内促进标准化工作的开展，其主要工作是判定国际标准，协调世界范围内的标准化工作。该组织下设200多个技术委员会（TC，Technical Committee），每个TC对应一个专门科目，完成各个方面标准的制定工作。每个国家的国家标准制定组织都是ISO的成员。

（2）美国国家标准协会（ANSI，American Notional Standards Institute）。ANSI是一个非政府部门的私人机构，其成员包括制造商、用户和其他相关企业，有近1000个成员。ANSI本身也是标准化组织，是国际标准化组织在美国的代表。

（3）国际电信联盟（ITU，International Telecommunication Union）。ITU的前身是国际电报电话咨询委员会（CCITT）。ITU是一家联合国机构，成立于1932年。ITU的

宗旨是维护与发展成员国的国际合作以改进和共享各种电信技术；帮助发展中国家发展电信事业；促进电信技术设施和电信网的改进与服务；管理无线电频带的分配与注册，避免各国电台的相互干扰。ITU 分为三个部门：ITU-D 为发展部门；ITU-R 负责无线电通信；ITU-T 负责电信。ITU 的成员包括各种科研机构、工业组织、电信组织、通信方面的专家，还包括 ISO。

（4）电气与电子工程师协会（IEEE，Institute of Electrical and Electronic Engineers）。IEEE 是世界上最大的专业技术团体，由计算机与工程学专业人士组成，其主要工作是开发通信和网络标准。IEEE 创办了许多刊物，定期举行研讨会。它在通信领域最著名的研究成果当属 802 局域网标准，该标准已成为当今主流 LAN 标准。

（5）电子工业协会（EIA，Electronic Industries Association）。EIA 是另一个与电气标准制定有关的组织，该协会曾制定过许多有名的标准，是一个电子传输标准的解释组织。EIA 最广为人知的标准是 RS-232，它在数据通信设备中已被广泛使用。EIA 的成员主要是电信设备及其他电子设备的生产者。

（6）国际电子技术委员会（IEC，International Electrotechnical Commission）。IEC 是一个为办公设备的互联、安全及数据处理制定标准的非政府机构。该组织参与了图像专家联合组（JPEG），为图像压缩制定标准。

（7）因特网工程特别任务组（IETF，Internet Engineering Task Force）。IETF 是一个国际性团体，其成员包括网络设计者、制造商、研究人员以及所有对因特网的正常运转和持续发展感兴趣的个人和组织。它负责处理因特网的应用、实施、管理、路由、安全和传输服务等方面的技术问题，同时也承担着对各种规范加以改进，使之成为因特网标准的任务。

（8）欧洲计算机制造商协会（ECMA，European Computer Manufacturer’s Association）。ECMA 于 1961 年成立，总部在瑞士的日内瓦。ECMA 的宗旨是促进国家和国际机构间的合作，致力于数据处理系统的标准化及应用，主要工作包括 OSI 协议、数据网、文本准备与交换等。

1.6 小　　结

通信的目的是传递信息。一个典型的通信系统由信源、发送设备、信道、噪声、接收设备和信宿组成。根据目的的不同，通信可以按照传输媒介、信道中所传输的信号、工作频段、调制方式、通信业务、通信者是否运动和信号复用方式等来分类。

计算机网络是一种地理上分散的、具有独立功能的多台计算机通过通信设备和线路连接起来，在配有相应的网络软件的情况下实现资源共享的系统。计算机网络是计算机技术与通信技术相结合的产物。计算机网络的分类方法有很多种，最常用的是按网络覆盖的范围、通信的距离或是拓扑结构进行分类。计算机网络的形成与发展，大致经历了面向终端的计算机网络、多机互联网络、标准化网络和互联与高速网络 4 个阶段。

通信作为人们生活中不可缺少的组成部分，在智能建筑中扮演着十分重要的角色。随着网络技术的飞速发展，网络信息技术已经渗透到社会生活的方方面面。网络是智能建筑的信息支撑平台和传输通道，它为智能建筑的智能性提供了最基本的保障，是智能建筑的神经中枢。智能建筑是社会生产力发展、技术进步和社会需求相结合的产物，它以适应现代信息社会对建筑物的要求为其存在、发展的前提。

通信系统的性能指标可以归纳为有效性、可靠性、适应性、经济性、标准性、维护性和保密性几个方面。其中，有效性和可靠性指标是最重要的。

数据通信标准可以分为两大类：事实标准和法定标准。事实标准是因为被广泛使用而得到发展的标准。法定标准通常是由那些得到国家或国际公认的机构正式认证并采纳的标准。在通信与网络界有几个重要的标准化组织负责在数据通信和计算机网络领域中确立行业规范，其中包括 ISO、ANSI、ITU、IEEE、EIA、IEC、IETF 及 ECMA 等。

习　题

1. 何为通信？主要分为哪几个阶段？各有何特点？
2. 通信系统的一般模型有几个主要部分？作用如何？
3. 通信的目的何在？
4. 通信系统是如何分类的？
5. 什么是计算机网络？计算机网络有什么功能？
6. 按照拓扑结构，计算机网络可以划分成哪几类？
7. 计算机网络的发展可以分为几个阶段？每个阶段各有什么特点？
8. 什么是智能建筑？它的主要目标是什么？
9. 通信系统主要有哪些性能指标？
10. 数据通信标准是如何分类的？
11. 试列举几个知名的推动计算机网络发展的国际组织。

参 考 文 献

1. 谢希仁. 计算机网络（第5版）[M]. 北京：电子工业出版社，2008.
2. Andrew S. Tanenbaum，David J. Wetherall. 计算机网络（第5版）[M]. 北京：清华大学出版社，2012.
3. 杨剑，杨章静，许娟. 计算机网络（第二版）[M]. 北京：清华大学出版社，2013.
4. 韩毅刚，刘佳黛，翁明俊. 计算机网络与通信 [M]. 北京：机械工业出版社，2013.
5. 曾宇，曾兰玲，杨治. 计算机网络技术 [M]. 北京：机械工业出版社，2013.
6. 张乃平. 计算机网络技术 [M]. 广州：华南理工大学出版社，2015.

第 2 章　数据通信基础

数据通信是通信技术和计算机技术相结合而产生的一种新的通信方式。两地之间信息的传输必须通过传输信道进行。根据传输媒体的不同，分为有线数据通信和无线数据通信。但它们都是通过传输信道将数据终端设备联结起来，而使不同地点的数据终端实现软、硬件和信息资源的共享。而且，传送数据的目的不仅是为了交换数据，更主要的是为了利用计算机来进行数据处理及数据存储。

19 世纪美国人摩尔斯发明的电报码，可以看作最早的数据通信协议，步入 21 世纪后已经很少有人使用电报通信了。当今社会中，随着大规模集成电路技术、激光技术、空间技术等新型技术的不断发展以及计算机技术的广泛应用，现代通信技术日新月异。近二、三十年来出现的数字通信、卫星通信、光纤通信是现代通信中具有代表性的新领域。

数据通信是一门独立的学科，它涉及的范围很广，在本章中主要介绍数据通信技术方面的基础知识，侧重于基本概念和基本原理的阐述。主要包括：数据通信的基本概念、信源编码技术、传输方式及主要性能指标；数据通信的调制解调、差错控制、信道复用等技术；数据通信的传输介质、数据交换、无线通信基本原理及应用等内容。

2.1　数据通信的基本概念

2.1.1　数据通信系统组成

数据通信系统是通过数据电路将分布在远地的数据终端设备与计算机系统连接起来，实现数据传输、交换、存储和处理的系统。较典型的数据通信系统主要由数据终端设备、数据电路、计算机系统三部分组成，如图 2-1 所示。

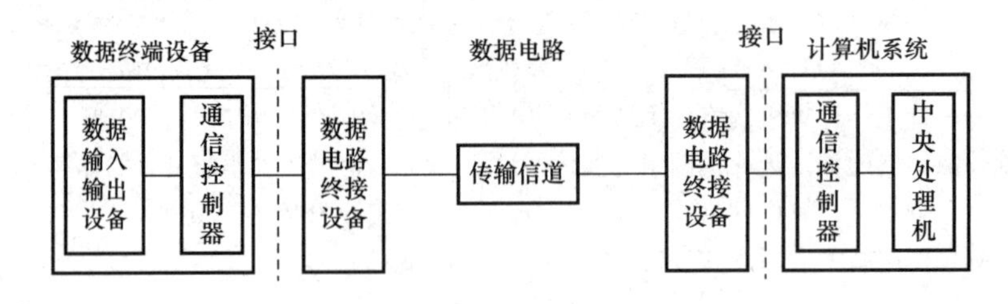

图 2-1　数据通信系统组成

为了把数据信息从一个地方传送到另一个地方，通信中所采用的数据信息传送方式是多种多样的。然而，不论通信系统采用何种通信方式，对一个数据通信系统来说，它都必须具备三个基本要素，即信源、信道和信宿。

通常将在通信过程中产生和发送信息的设备或计算机称为“信源”，把在通信过程中接收和处理信息的设备或计算机称为“信宿”，而信源和信宿之间的通信线路称为“信道”，即数据信号的传输通路。

1. 数据终端设备

在数据通信系统中，用于发送和接收数据的设备称为数据终端设备（DTE，Data Terminal Equipment）。DTE 可能是大、中、小型计算机或 PC 机，也可能是一台只接收数据的打印机，DTE 属于用户范畴，其种类繁多，功能差别较大。从计算机和计算机通信系统的观点来看，终端是输入/输出的工具；从数据通信网络的观点来看，计算机和终端都称为网络的数据终端设备，简称终端。

在数据终端设备中，需要有一个通信控制器。这是由于数据通信是计算机与计算机或计算机与其他类型终端间的通信，为了有效而可靠地进行通信，通信双方必须按一定的规程进行，如收发双方的同步、差错控制、传输链路的建立、维持和拆除及数据流量控制等，通信控制器可用来完成这些功能，对应于软件部分就是通信协议，这也是数据通信与传统电话通信的主要区别。

2. 数据电路终接设备

用来连接 DTE 与数据通信网络的设备称为数据电路终接设备（DCE，Data Circuit-Terminating Equipment），该设备为用户设备提供入网的连接点。DCE 也可称作数据通信设备（Data Communication Equipment）。

DCE 功能是完成数据信号的变换。因为传输信道可能是模拟的，也可能是数字的，DTE 发出的数据信号不一定适合信道传输，所以要把数据信号变成适合信道传输的信号。利用模拟信道传输，要进行“数字→模拟”变换，其方法是调制；接收端要进行反变换，即“模拟→数字”变换，这就是解调，实现调制与解调的设备称为调制解调器（Modem）。因此调制解调器就是模拟信道的数据电路终接设备。利用数字信道传输信号时不需要调制解调器，但 DTE 发出的数据信号也要经过某些变换才能有效而可靠地传输，对应的 DCE 即数据服务单元，其功能是码型和电平的变换，信道特性的均衡，同步时钟信号的形成，控制接续的建立、保持和拆断（指交换连接情况）、维护测试等。

3. 数据电路和数据链路

数据电路指的是在线路或信道上增加信号变换设备之后形成的二进制比特流通路，它由传输信道及其两端的 DCE 组成。

数据链路是在数据电路已建立的基础上，通过发送方和接收方之间交换“握手”信号，使双方确认后方可开始传输数据的两个或两个以上的终端装置与互联线路的组合体。所谓“握手”信号是指通信双方建立同步联系、使双方设备处于正确收发状态、通信双方相互核对地址等。在图 2-1 中，增加了通信控制器以后的数据电路称为数据链路。可见数据链路包括物理链路和实现链路协议的硬件和软件。只有建立了数据链路之后，双方 DTE 才可真正有效的进行数据传输。

2.1.2　信号表示

数据是被传递的信息实体，可分为模拟数据和数字数据两种形式，模拟数据是在某个区间内连续的值，例如，声音和视频是强度连续改变的波形。数字数据则是离散的值，例如文本信息。

信号是数据在通信传输过程中的电磁或电子的编码。在通信中，需要把数据变成可在传输介质上传送的信号来发送，有模拟信号和数字信号两种传输形式。模拟信号是连续变化的电磁波，它是用电信号模拟原有信息。数字信号是一系列的电脉冲，直接用两种电平表示二进制的 1 和 0。

模拟信号和数字信号都可选择适当的参量来表示要传输的数据，例如图 2-2（左图为模拟信号，右图为数字信号）通过幅度参量信号来表示传输的数据。

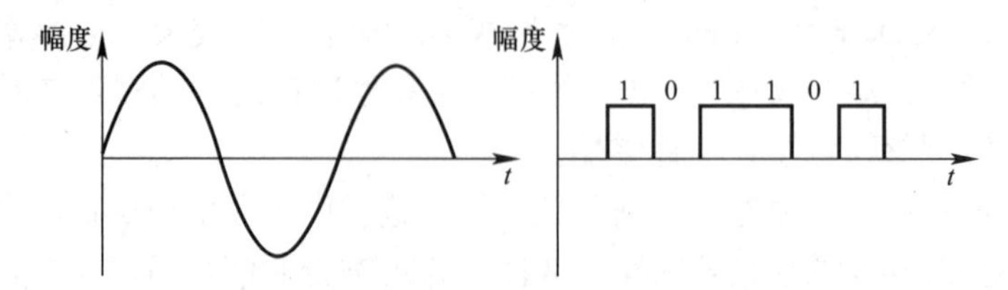

图 2-2 模拟信号、数字信号的表示

无论是模拟数据还是数字数据，在传输过程中都可以用适合于信道传输的某种信号形式来传输，即模拟数据和数字数据都可以用模拟信号或数字信号来传输，主要分为以下几种情况。

（1）在模拟信道上，模拟数据可以用模拟信号来传输。模拟数据是时间的函数，并占有一定的频率范围，即频带。这种数据可以直接用占有相同频带的电信号，即对应的模拟信号来表示。模拟电话通信是其一种应用。

（2）在模拟信道上，数字数据可以用模拟信号来传输。如 Modem 可以把数字数据调制成模拟信号；也可以把模拟信号解调成数字数据。用 Modem 拨号上网是其一种应用。

（3）在数字信道上，模拟数据也可以用数字信号来传输。对于声音数据来说，完成模拟数据和数字信号转换功能的设施是编码解码器（CODEC，Coder-Decoder）。它将直接表示声音数据的模拟信号编码转换成二进制流近似表示的数字信号；而在线路另一端的 CODEC，则将二进制流码恢复成原来的模拟数据。数字电话通信是其一种应用。

（4）在数字信道上，数字数据可以用数字信号来表示。数字数据可直接用二进制数字脉冲信号来传输，但为了改善其传播特性，一般先要对二进制数据进行编码。数字数据网（DDN）通信是其一种应用。

在数字信道传输数字或模拟数据，发送端数据在传输前需要转换成适合数字信道传输的信号，这个过程称为编码；在数字信道上接收端对传输信号还原的过程称为解码，模型如图 2-3 所示。

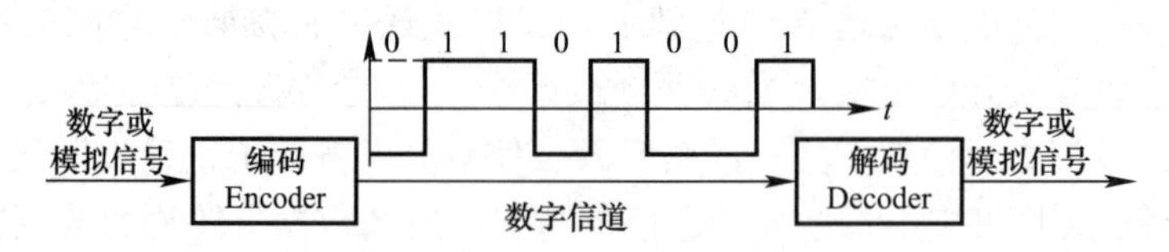

图 2-3 数字信道传输数据示意图

用模拟信道传输数字数据或模拟数据，发送端数据在传输前需要转换成适合模拟信道传输的信号，这个过程称为调制；在模拟信道上接收端对传输信号还原的过程称为解调。模型如图 2-4 所示。

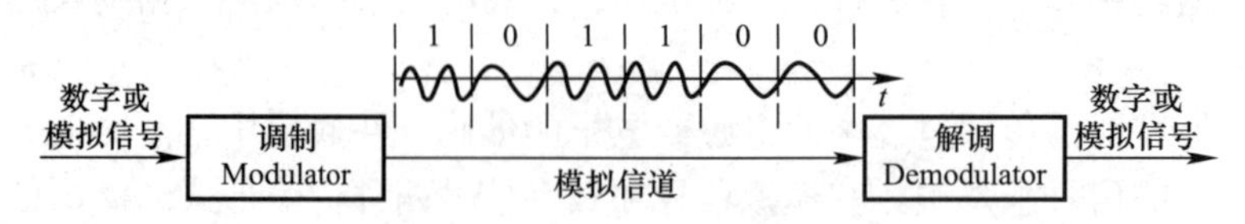

图 2-4 模拟信道传输数据示意图

2.1.3　数据传输信道

1. 信道定义

数据传输信道是指为数据信号传输提供的通路。有狭义信道和广义信道之分。狭义信道仅指传输介质本身，能够传输信号的任何抽象的或具体的通路，如电缆、光纤、微波、短波等。广义信道包含传输介质和完成各种形式的信号变换功能的发送及接收设备，可看成是一条实际传输线路及相关设备的逻辑部件。

2. 信道分类

从不同的角度对信道有多种分类方法。

（1）按照允许的信号的类型分为模拟信道和数字信道。模拟信道只允许传输波形连续变化的模拟信号；数字信道只允许传输离散的数字信号。模拟数据和数字数据都可以用模拟信号或数字信号来表示，因而无论信源产生的是模拟数据还是数字数据，在传输过程中都可以用适合于信道传输的某种信号形式来传输。

（2）按信道的使用方法分为专用信道和公共交换信道。专用信道是指连接两点或多点的固定线路。公共交换信道是一种通过交换机转接可为大量用户服务的信道。

（3）按照信道采用的传输介质分为有线信道和无线信道。

（4）按数据传输的同步方式分为同步信道和异步信道。

（5）按信道传输的信息复用形式分为频分复用和时分复用信道。

（6）按信道传输的速度分为 T1、E1 等信道。T1 系统使用载波脉码调制 PCM 和时分复用 TDM 技术，使 24 路采样声音信号复用一个通道。每一个帧包含 193 位，每一帧用 125μs 时间传送，其数据传输速率为 1.544Mbps。E1 系统每帧包括 256 位，每一帧用 125μs 时间传送。E1 系统的数据传输速率为 256 位/125μs＝2.048Mbps。

（7）按数据位传输的顺序可以分为并行传输和串行传输。

（8）按数据传输的流向和时间关系可以分为单工、半双工、全双工信道。

（9）按被传输的数据信号特点可分为基带传输信道、频带传输信道、数字数据传输信道。

在数字传输系统中，其传输对象通常是二进制数字信息，计算机等数字设备中，二进制数字序列最方便的电信号形式为方波，即“1”或“0”分别用高（或低）电平或低（或高）电平表示，人们把方波固有的频带称为基带，方波电信号称为基带信号。在信道上直接传送数字脉冲信号称为基带传输。基带传输是一种最简单、最基本的传输方式。近距离通信的计算机局域网都采用基带传输。

利用模拟信道实现数字信号传输的方法称为“频带传输”。频带传输时发送方需要将数字信号调制成频带模拟信号后再传送，相应的调制设备称为“调制器”，接收方需要解调，相应的设备称为“解调器”，同时具备调制和解调功能的设备称为“调制解调器”。例如，普通公用电话网只适合传输模拟信号，在使用电话网远距离传输数据信号时，需要在发送端将数字数据信号转换为模拟数据信号，经传输后再在接收端进行相反的转换。频带传输较基带传输最突出的优点是传输距离长，但信道传输的速率较低。

数字数据传输通常是利用数字信道传输数据信号，数字信道的传输介质一般采用光纤，传输的距离远、速度快、误码率低。

2.1.4　数据通信中的主要性能指标

不同的通信系统有不同的性能指标，对数据通信系统而言，其性能指标主要有传输速率、带宽、信道容量、误码率等。如果用交通运输来形象地比喻数据通信，那么数据传输介质就相当于是交通公路，传输速率就是公路上允许行驶的车速，带宽就是公路的车道数，误码率就是交通事故发生的概率。

1. 码元与信息量

码元是承载信息的基本信号单位。比如，用脉冲信号表示数据有效值状态，一个单位脉冲就是一码元。

一码元能承载的信息量多少是由脉冲信号所能表示的数据有效值状态个数决定的。例如当表示二进制代码 0 和 1 两个状态有效值时，一码元构成代码的位数为 1 位，而当表示二进制代码 00、01、10、11 的 4 个有效值时，一码元构成代码的位数为 2 位。如果 N 表示一个脉冲所能表示的有效值状态，则一码元携带信息量为 $\log_2 N$ 个二进制位。

2. 传输速率

（1）数据传输速率

数据传输速率是指每秒传输二进制信息的位数，单位为“位/秒”，记作 bps 或 b/s。数据传输速率也称传信率。比特（bit）是信息量的单位，比特率为每秒传输的二进制位个数。

数据传输速率计算公式为

$$C = (1/T) \times \log_2 N \tag{2-1}$$

式中，T 为一个数字脉冲信号的宽度或周期，单位为 s；N 为一个码元所取的离散值个数，也称调制电平数。通常 $N=2^K$，K 为二进制信息的位数，$K=\log_2 N$。$N=2$ 时，$C=1/T$，C 表示数据传输速率，为码元脉冲的重复频率，单位为 bps。

（2）信号传输速率

信号传输速率是指单位时间内通过信道传输的信号码元数，即信号经调制后的传输速率，单位为波特，记作 Baud 或 Bd，因此信号传输速率也称码元速率或波特率。波特率是描述数据信号对载波调制过程中载波每秒变化的数值，信号传输速率又称为调制速率。

信号传输速率计算公式为

$$B = 1/T \tag{2-2}$$

式中，B 为信号传输速率，单位为 Bd；T 为信号码元的宽度，单位为 s。

（3）数据传输速率与信号传输速率的关系

数据传输速率与信号传输速率的关系如式（2-3）所示。

$$C = B \times \log_2 N \quad 或 \quad B = C/\log_2 N \tag{2-3}$$

如果采用四相调制方式，即 $N=4$，且 $T=833\times10^{-6}$s，则

$$C = 1/T \times \log_2 N = 1/(833 \times 10^{-6}) \times \log_2 4 = 2400\text{bps}$$

$$B = 1/T = 1/(833 \times 10^{-6}) = 1200\text{Bd}$$

值得注意的是码元速率仅仅表征单位时间内传送的信号码元数目而没有限定这时的码元应是何种进制的码元。但对于传输速率，则必须折合为相应的二进制码元来计算。即如果一个信号码元携带了两位二进制信息，则此数据传输速率两倍于信号传输速率。

3. 带宽

对于模拟信道，带宽（bandwidth）是指一个物理信道内可以传输频率的范围，是信道频率上界与下界之间的差，是介质传输能力的度量，在传统的通信工程中通常以赫兹

（Hz）为单位计量。如电话线设计的信号传输的频率范围是从 300Hz 到 4000Hz，则它的带宽是 4000－300＝3700Hz。一个信道的带宽越宽，则在单位时间内能够传输的信息量就越大。

有线电视系统中采用的同轴电缆，不失真条件下可通过的频率范围是 1GHz，最低频率是 0，其频带宽度为 1000MHz。而对于光纤，其可通过的频率为（1016～1012）GHz，高于 1016GHz 和低于 1012GHz 信号无法通过；再如无线发射用的大气空间，其可传输的信号频率不低于 100kHz，而低于此频率，传输距离很近，自然就失去了远距离通信的意义。对于信道也要求频带越宽越好，而且把信道分为低通信道、高通信道、带通信道三种。其中，低通信道有效传输信号的频率范围可以集中在 0 频率附近，同轴电缆就属于这样的信道；带通信道可有效传输信号的频率范围集中在非 0 频率范围内的某一频段内，像光纤和电话线就属于带通信道；高通信道可有效传输信号的频率只有高于某一频率以上的频段，大气空间就属于高通信道。

对数字信道来说，衡量数字信号和数字信道的一个重要参数是单位时间内传输的 0、1 个数的多少或数据传输速度，人们也习惯把数字模式下的数据传输速度叫作“带宽”。数据传输速度越高，对信号而言，意味着包含的信息量越大；对信道而言，传输效果也就越好，或者说信道容量大。在计算机网络中，一般所说的网络带宽就是指信道中允许的最大数据传输速度，一般使用 bps 或 b/s 作为带宽的基本计量单位，更大的单位有 kbps、Mbps 和 Gbps。例如一个 100M 以太网，它的带宽即为 100Mbps。

由上述分析可见，在模拟模式和数字模式下“带宽”的物理意义是截然不同的。数字模式下的“带宽”实质上是数据传输速率，是单位时间内通过信道的二进制数的位数。

4. 信道容量

信道容量表示一个信道的最大数据传输速率，单位为 bit/s。信道容量与数据传输速率的区别是，前者表示信道的最大数据传输速率，是信道传输数据能力的极限，而后者是实际的数据传输速率。

任何实际的信道都不是理想的，也就是说，信道的带宽有限，在传输信号时会带来各种失真以及存在多种干扰，这就使得信道上的码元传输速率有一个上限。早在 1924 年，奈奎斯特就推导出在具有理想低通矩形特性信道情况下的最高码元传输速率的公式。

5. 奈奎斯特公式

数据传输速率是以信道每秒钟能传送的比特为单位的。信道上的极限数据传输率受信道的带宽限制，对于无热噪声的信道，下面的奈奎斯特公式给出了这种限制关系：

奈奎斯特证明了无噪声理想低通信道的码元速率极限值 B 与信道带宽 W 的关系（奈氏准则）为

$$B = 2 \times W \tag{2-4}$$

由此可以推得表征信道数据传输能力 C 的奈奎斯特公式

$$C = 2 \times W \times \log_2 N \tag{2-5}$$

式中，C 为信道数据传输能力，单位为 bps；W 为信道的带宽，即信道传输上、下限频率的差值，单位为 Hz；N 为一个码元所取的离散值个数。

由式（2-4）、式（2-5）可见，对于特定的信道，其码元速率不可能超过信道带宽的两倍，但若能提高每个码元可能取的离散值的个数，则数据传输速率便可成倍提高。例如，普通电话线路的带宽约为 3kHz，则其码元速率的极限值为 $B=2\times W=2\times 3=6000$Bd。若每个码元可能取的离散值的个数为16，则最大数据传输速率可达 $C=2\times3000\times\log_2 16=24$kbps。

6. 香农定理

香农定理，即有噪声干扰的信道容量公式：

$$C = W \times \log_2(1+S/N) \tag{2-6}$$

式中，W 为信道带宽；S 为信道内所传信号的平均功率；N 为信道内部的高斯噪声功率；S/N 为信噪比，通常把信噪比表示成式（2-7），以分贝（dB）为单位来计量。

$$10\times\log_{10}(S/N) = 10\times\lg(S/N) \tag{2-7}$$

香农定理描述了有限带宽、有随机噪声信道的数据最大传输速率与信道的带宽、信号噪声功率比之间的关系。该公式表明，信道的带宽越大或信道中的信噪比越大，则信息的传输速率就越高。但更重要的是，香农公式指出了只要信息传输速率低于信道的极限信息传输速率，就一定可以找到某种办法来实现无差错的传输。事实上，自从香农公式发表后，各种新的信号处理和调制的方法不断出现，其目的都是为了尽可能地接近香农公式所给出的传输速率极限。

例如，带宽为3kHz的信道的最大数据传输速率为 $10\times\lg(S/N)=30$dB，信噪比为 $S/N=10^{30/10}=1000$。由式（2-6）可计算出其信道容量为：

$$C = W\times\log_2(1+S/N) = 3\text{kHz}\times\log_2(1+1000) = 29.9\text{kbps}$$

上述结果说明，由于码元的传输速率受奈氏准则的制约，要提高数据的传输速率，就必须设法使每一个码元能携带更多个比特的信息量。这就需要采用多元制（又称为多进制）的调制方法。对于3kHz带宽的信道，如果信噪比 $S/N=1000$，那么无论采用何种先进的编码技术，数据的传输速率一定不可能超过上例计算出的极限数值约30kbps。

7. 误码率

误码率是指二进制数据位传输时出错的概率。它是衡量数据通信系统在正常工作情况下的传输可靠性的指标。误码率又称码元差错率，是指在传输的码元总数中错误接收的码元数所占的比例。误码率公式为

$$P_e = N_e/N \tag{2-8}$$

式中，P_e 为误码率；N_e 为其中出错的位数；N 为传输的数据总数。

2.2 信源编码技术

数据从一个站点传输到另一个站点时，需要将其转换为信号，才能通过传输介质进行传输。数据有模拟数据、数字数据之分，信号亦有模拟信号和数字信号之分，因此必须采取一定的方式使所传的数据能够在信道上传输。将数据转换为信号的过程就是数据编码。

2.2.1 数字数据的数字信号编码

数字信号可以直接采用基带传输。基带传输时，需要解决的问题是数字数据的数字信号表示及收发两端之间的信号同步两个方面。

在时间上和幅度上都取有限离散数值的电信号即数字信号。最简单的数字信号是二元码或称二进制码，这种码的幅度只取两种不同的瞬时值，从信号幅度取值的极性来区分有单极性和双极性码之分。如果信号的幅度取为+1和0就称为单极性二元码，这种码包含

一定的直流分量。如果二元码幅度可以对称地取为＋1 和－1（这里的 1 应理解为一个单位电压或电流，例如 5V），就称为双极性二元码，＋1 和－1 的取值均匀分布的双极性信号不包含直流分量。从信号电压是否占满整个数据位持续周期时间，还可以把二元码分为归零的和不归零的两类。

下面简要地介绍几种数字信号编码方案。

1. 不归零码

不归零码（NRZ，Non-Return to Zero）是比较简单的一种编码方案，传送 1 时用高电平表示，传送 0 时用低电平表示，每个码元持续时间的中间点是采样时间，判决门限为半幅电平。这样可以通过高低电平脉冲的变换传送 0 和 1 组成的数据序列，如图 2-5 所示。

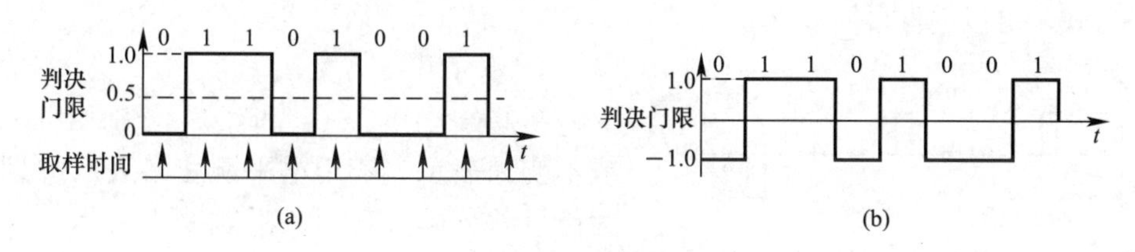

图 2-5　不归零编码方案

（a）单极性不归零码脉冲；（b）双极性不归零码脉冲

由图 2-5 可见，不归零的二元码的信号电压填满了整个数据位持续周期时间。对单极性不归零码而言，无电压表示“0”，恒定正电压表示“1”，每个码元时间的中间点是采样时间，判决门限为半幅电平。

在双极性不归零码中，“1”码和“0”码都有电压，“1”为正电压，“0”为负电压，正和负的幅度相等，判决门限为零电平。与单极性不归零码一样，在一个码元周期 T_s 内电平保持不变，电脉冲之间无间隔。这种码中不存在零电平，接收信号的值如在零电平以上，判为 1；如在零电平以下，判为 0。双极性不归零码的抗干扰能力比单极性不归零码强。

以上两种不归零码信号属于全宽码，即每一位码占用全部的码元宽度，如重复发送 1，就要连续发送正电平；如重复发送 0，就要连续发送零电平或负电平。这样，上一位码元和下一位码元之间没有间隙，不易互相识别，并且无法提取位同步，需要有某种方法来使发送器和接收器进行定时或同步，归零和不归零编码都不具备自同步机制，传输时必须使用外同步。此外，如果传输中 1 或 0 占优势的话，则将有累积的直流分量。

2. 归零码

归零码是指它的有电脉冲宽度比码元宽度窄，每个脉冲都回到零电平，即还没有到一个码元终止时刻就回到零值的码型，见图 2-6。归零码可以解决不归零码传输连续两位同样的数据码位时难以确定一位的结束和另一位开始的问题。

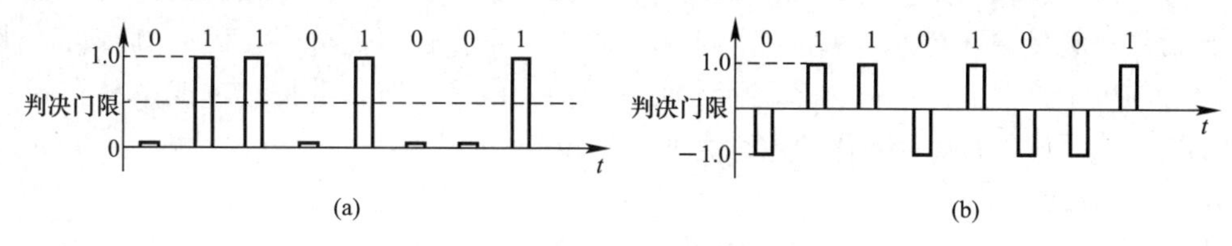

图 2-6　归零编码方案

（a）单极性归零码脉冲；（b）双极性归零码脉冲

由图 2-6 可见，对单极性归零码而言，归零的二元码即是指信号电压只存在于局部的数据位持续周期时间，其余时间内没有信号电压（即归零了）。无电压表示（0)，恒定正电压表示“1”，但持续时间短于一个码元的时间宽度，即发出一个窄脉冲。每个码元时间的中间点是采样时间，判决门限为半幅电平。

在双极性归零码中，“1”码和“0”码都有电压，“1”为正电压，“0”为负电压，持续时间短于一个码元的时间宽度，正和负的幅度相等，判决门限为零电平。对于双极性归零码，在接收端根据接收波形归于零电平便可知道一个比特信息已接收完毕，以便准备下一比特信息的接收，可以认为正负脉冲前沿起了启动信号的作用，后沿起了终止信号的作用。因此，可以经常保持正确的比特同步。即收发之间无需特别定时，且各符号独立地构成起止方式，可以进行自同步。

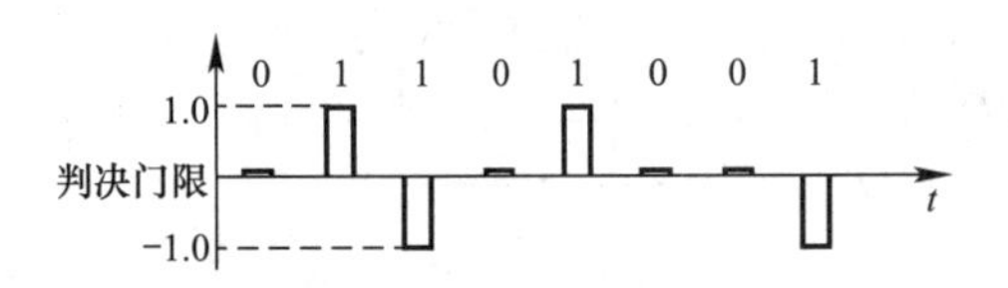

图 2-7　交替双极性归零码脉冲

3. 差分码

在差分码中，“1”和“0”分别用电平跳变或不变来表示。若用电平跳变来表示“1”，称为传号差分码；若用电平跳变来表示“0”，称为空号差分码。图 2-7 所示的交替双极性归零编码就属于差分码，这种码型在形式上与双极性归零码型相同，但它代表的信息符号与码元本身电位或极性无关，而仅与相邻码元的电位变化有关。差分码也称相对码，而相应地称前面的单极性或双极性码为绝对码。差分码的优点是容易解码和提取时钟信息。

4. 曼彻斯特编码

曼彻斯特编码（Manchester Code）又称为数字双相码或分相码，用电压的变化表示 0 和 1，规定在每个码元的中间发生跳变：高→低的跳变代表 1，低→高的跳变代表 0。如图 2-8 所示，曼彻斯特编码每个码元的脉冲跳变都发生在码元中间位置，码元中间的跳变既作时钟信号，又作数据信号，因此又称自同步码。曼彻斯特编码的缺点是需要双倍的传输带宽（即信号速率是数据速率的 2 倍）。

5. 差分曼彻斯特编码

当极性反转时，曼彻斯特编码会引起译码错误，为解决此问题，将差分码的概念用在曼彻斯特编码中，即形成了差分曼彻斯特编码（Differential Manchester Code）。在 DMC 中，每个码元的中间仍要发生跳变，但该跳变仅供时钟定时，而用码元开始时有无跳变表示“0”或“1”，有跳变为“0”，无跳变为“1”。即将一个码元时间一分为二，如果当前码元的前半部分电平不同于前一码元的最终电平状态（即码元间电平发生变化），表示“0”；如果当前码元的前半部分电平相同于前一码元的最终电平状态（即码元间电平不发生变化），表示“1”。如图 2-9 所示。

两种曼彻斯特编码是将时钟和数据包含在数据流中，在传输代码信息的同时，也将时钟同步信号一起传输到对方，每位编码中有一跳变，不存在直流分量，因此具有自同步能力和良好的抗干扰性能。但每一个码元都被调成两个电平，所以数据传输速率只有调制速率的 1/2。中间电平不发生变化的位称为非数据位。

6. 多进制码

上面介绍的是用得较多的二进制代码，实际上还常用到多进制代码，其波形特点是多个二进制符号对应一个脉冲码元。图 2-10、图 2-11 分别示出了两种四进制代码的波形。

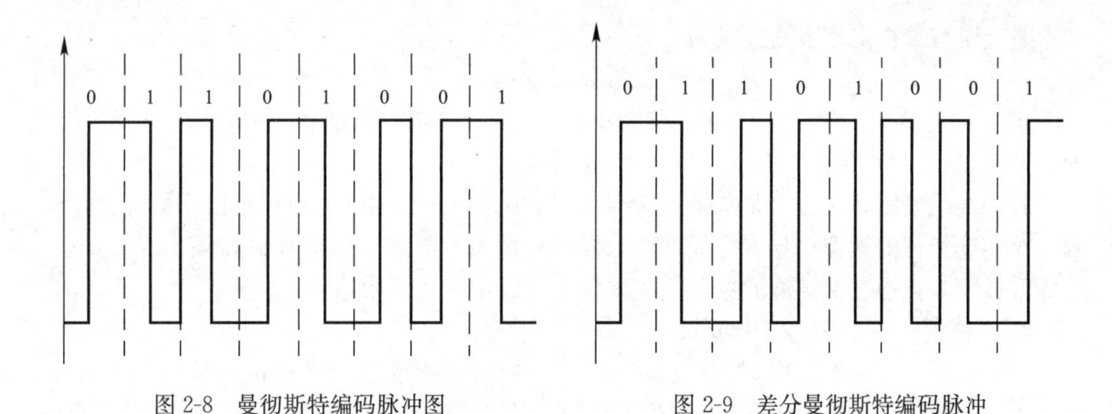

图 2-8　曼彻斯特编码脉冲图　　　图 2-9　差分曼彻斯特编码脉冲

其中图 2-10 为单极性信号，只有正电平，分别用＋3E、＋2E、＋E、0 对应两位二进制编码符号 00、01、10、11；而图 2-11 为双极性信号，具有正电平和负电平，分别用＋3E、＋1E、－1E、－3E 对应两位二进制编码符号 00、01、10、11。由于这种码型的一个脉冲可以代表多位二进制符号，故在高数据速率传输系统中，采用这种信号形式更合适。多进制码的目的是在码元速率一定时可提高数据信息传输速率。实际上，组成基带信号的单个码元波形并非一定是矩形的。根据实际的需要，还可有多种多样的波形形式，比如升余弦脉冲和高斯形脉冲等。

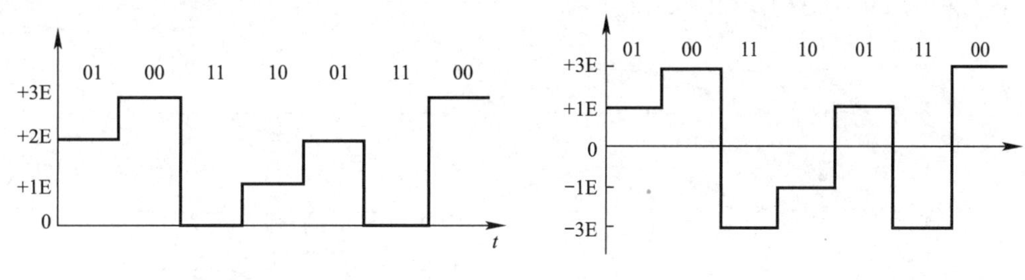

图 2-10　单极性四进制码脉冲　　　图 2-11　双极性四进制码脉冲

在二进制数字通信系统中，每个码元或每个符号只能是“1”和“0”两个状态之一。若将每个码元可能取的状态增加到 4、8、16 等，就需用 4、8、16 进制等信号。四进制级差为 E/3，八进制级差为 E/7。显然，进制越高，级差越小，抗干扰能力越差。但是进制越高，每个符号所代表的信息量愈大。N 进制信号编码包含 $\log_2 N$ 的信息量。

2.2.2　模拟数据的数字信号编码

1. 脉码调制

模/数转换是将连续变化的波形，量化为可以在计算机中存储和处理的数字信号的过程，即让模拟信号的不同幅度分别对应不同的二进制值。这种模/数转换过程包括对信号以固定时间间隔进行采样，并以二进制的形式采集它的振幅和频率信息。这个数值的精确性依赖于用于保存这个数值的位数，例如采用 8 位编码可将模拟信号量化为 $2^8=256$ 个量级。如果对一个模拟信号以每秒 1000 次的速度进行采样，就可以获得 1000 个分离的数字数值用于存储或传输。

奈奎斯特（Nyquist）采样定理：如果模拟信号的最高频率为 F，若以 $2F$ 的采样频率对其采样，则采样得到的离散信号序列就能完整地恢复出原始信号。

奈奎斯特采样定理表达公式为

$$F_s(=1/T_s) \geqslant 2F_{max} \text{ 或 } F_s \geqslant 2B_s \quad (2\text{-}9)$$

式中，T_s 为采样周期；F_s 为采样频率；F_{max}为原始信号的最高频率；F_{min}为原始信号的最低频率；$B_s(=F_{max}-F_{min})$ 为原始信号的带宽。

脉冲编码调制，又称脉码调制（PCM，Pulse-Code Modulation）是以采样定理为基础，对连续变化的模拟信号进行周期性采样，利用大于等于有效信号最高频率或其带宽 2 倍的采样频率，通过低通滤波器从这些采样中重新构造出原始信号。

2. 模拟信号数字化的三个步骤

（1）采样。以采样频率 F_s 把模拟信号的一个瞬时幅度值（抽样值）采出作为样本，令其表示原始信号。模拟信号不仅在幅度取值上是连续的，而且在时间上也是连续的，经过抽样后所得出的是在时间上离散的抽样值称为样值序列。例如通常用 8000Hz/s 抽样频率对 300～3400Hz 的电话信号抽样，抽样后的样值序列可不失真地还原成原来的话音信号。

（2）量化。使连续模拟信号变为时间轴上的离散值，量化级的多少取决于量化的精度。级数越高，量化精度越高，但所需的编码位数相应越多。例如采用 8 位编码可以有 256 个量化级，对 0～5V 幅值的模拟信号的量化误差是 5/256＝0.0195V。

（3）编码。经量化后的模拟信号，需要把它转换成适合数字编码脉冲传输的格雷码等数据格式，最简单的编码是自然二进制编码。将离散值变成一定位数的二进制数码。编码后的信号称为 PCM 信号，如图 2-12 所示。

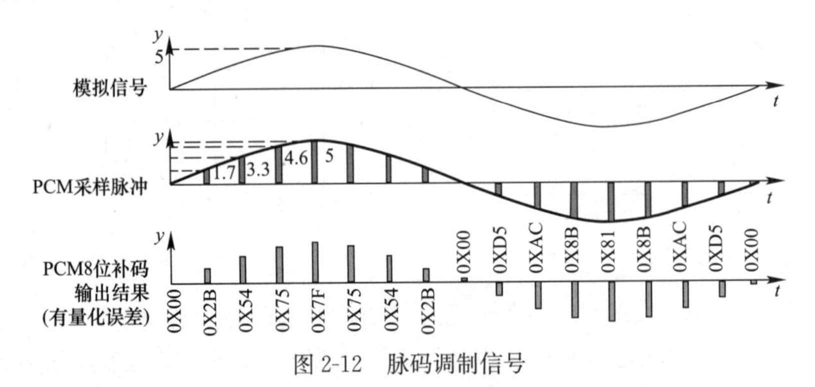

图 2-12　脉码调制信号

2.2.3　数据压缩

数据压缩，即在保持传输帧原意的基础上减少传输比特数的方法。通过数据压缩，可以使信息以超过实际连接的速度进行传输。

数据为何能被压缩？首先，数据中间常存在一些多余成分，即冗余度。如在一份计算机文件中，某些符号会重复出现、某些符号比其他符号出现得更频繁、某些字符总是在各数据块中可预见的位置上出现等，这些冗余部分便可在数据编码中除去或减少。冗余度压缩是一个可逆过程，因此叫作无失真压缩，属于无损压缩。其次，数据中间尤其是相邻的数据之间，常存在着相关性。如图片中常常有色彩均匀的背影，电视信号的相邻两帧之间可能只有少量的影物是不同的，声音信号有时具有一定的规律性和周期性等。因此，有可能利用某些变换来尽可能地去掉这些相关性。但这种变换有时会带来不可恢复的损失和误差，因此叫作不可逆压缩，或称有失真压缩或信息量压缩等，属于有损压缩。

压缩编码的方法有几十种之多，并在编码过程中涉及较多的数学理论基础问题，较常用的有哈夫曼（Huffman）编码、Lempel-Ziv 编码、相关编码和游程编码等。此处仅简单介绍一下 Huffman 数据压缩编码。

Huffman 编码是一种可变长编码方式，由美国数学家 David Huffman 创立，是二叉树的一种特殊转化形式。Huffman 编码的冗余较小，理论上压缩比可达 8∶1。Huffman 编码的原理是：为出现概率大的字符编长度较短的码，为出现概率小的字符编长度较长的码，并且保持编码的唯一可解性。

创建 Huffman 编码的过程实际上是在依概率从树叶到树根构造二叉树，其主要步骤如下：

（1）为每个字符指定一个只包含一个节点的树，把字符出现的频率作为对应树的权；

（2）寻找相邻概率最小的两棵树。如多于两棵，就随机选择。然后把这两棵树合并成一棵带有新的根节点的二叉树，其左右子树分别是做选择的那两棵树。同时对每个左树枝指派一个“0”，对每个右树枝指派一个“1”；

（3）重复前面的步骤，直到只剩下最后一棵树。

结束时，原始的每个节点都成为最后的二叉树的一个叶节点，且从根到每个叶节点只有一条唯一的路径。对于每个叶节点来说，这条路径定义了它所对应的 Huffman 编码。

【例 2-1】 编制字母 ABCDE 的 Huffman 编码。假设在一个数据文件中，字符 A、B、C、D、E 出现的频率分别为 0.25、0.15、0.1、0.2、0.3。

解：依照上述原则可创建出字母 A～E 的 Huffman 编码，其过程如图 2-13 所示。

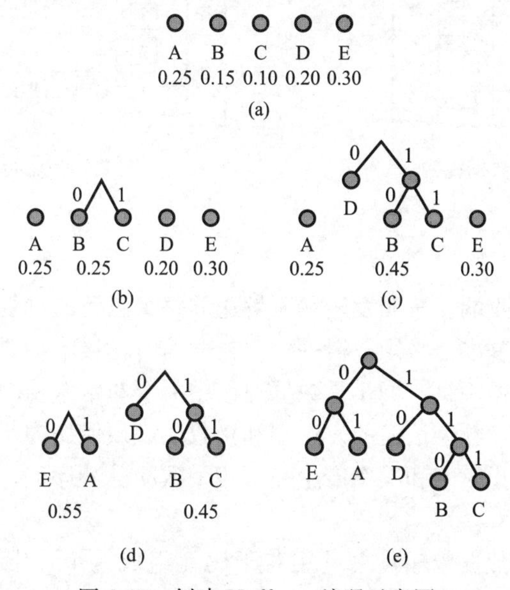

图 2-13 创建 Huffman 编码示意图

（a）初始值；（b）第 1 次合并后；（c）第 2 次合并后；（d）第 3 次合并后；（e）第 4 次合并后

由图 2-13 可见，字母 A～E 的 Huffman 编码分别为 01、110、111、10、00。

2.3 数据传输方式

数据在信道上传输所采取的方式，按照数据代码传输的顺序，可分为并行传输和串行传输；按照数据传输的同步方式可分为同步传输和异步传输；按照数据传输的流向和时间关系，可分为单工、半双工和全双工数据传输。

2.3.1 并行和串行传输

并行通信传输中有多个数据位，同时在两个设备之间传输，见图 2-14。发送设备将这些数据位通过对应的数据线传送给接收设备，还可附加一位数据校验位，接收设备可同时接收到这些数据，不需要做任何变换就可直接使用。并行方式主要用于近距离通信，优点是传输速度快，处理简单。

串行数据传输时，数据是一位一位地在通信线上传输的，先由具有几位总线的计算机内的发送设备将几位并行数据经并—串转换硬件转换成串行方式，再逐位经传输线到达接收站的设备中，并在接收端将数据从串行方式重新转换成并行方式，以供接收方使用，见图 2-15。串行数据传输的速度要比并行传输慢得多，但对于覆盖面极其广阔的公用电话系统来说具有更大的现实意义。

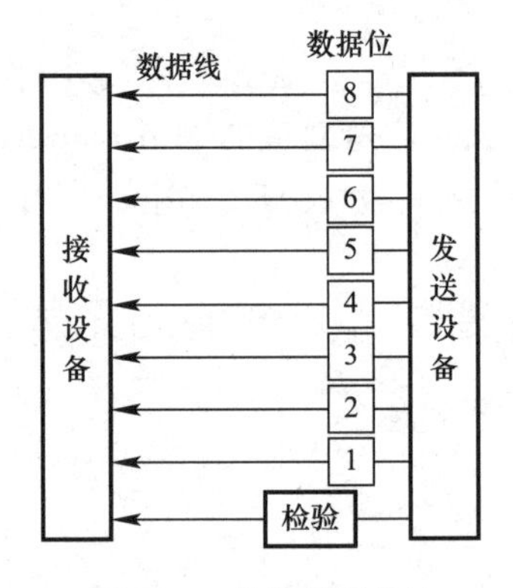

图 2-14 并行数据传输

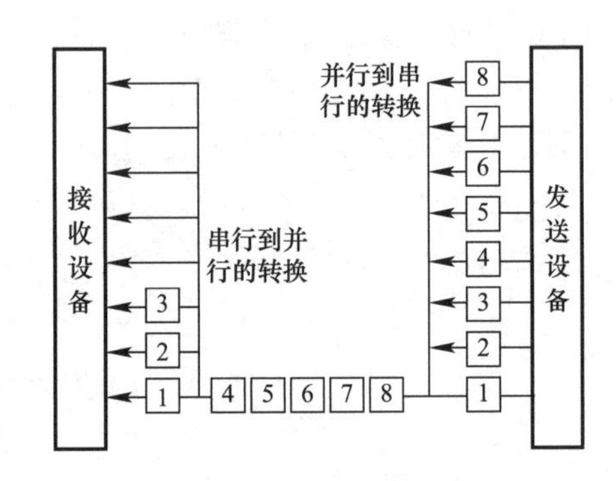

图 2-15 串行数据传输

2.3.2 异步和同步传输

1. 同步

所谓同步，就是接收端要按照发送端所发送的每个码元的重复频率以及起止时间来接收数据，也就是在时间基准上必须取得一致。在通信时，接收端要校准自己的时间和重复频率，以便和发送端取得一致。同步是数据通信中一个非常重要的概念。

在数据通信过程中，数字信道的发送端和接收端必须保持同步，即接收端解码时要根据发送端发送信号的起止时间和频率产生一个相一致的脉冲序列，保持两端步调一致，才能准确无误地通信。

另外数字通信中的数据传输，总是用若干码元组成一个“字”进行传输称为字符传输，或用若干字节组成一“帧”进行传输，称为帧传输或块传输。因此，在接收这些数字流时，同样还必须知道这些“字”或“帧”的起止时刻。同步技术要解决接收端与发送端在时间基准上一致的问题（包括开始时间、位边界、重复频率等）。

通常，把在接收端产生与接收码元的重复频率和相位一致的定时脉冲序列的过程称为码元同步或位同步，而称这个定时脉冲序列为码元同步脉冲或位同步脉冲。

对于每个字符传输或帧传输的开始时间的确定，字符传输一般是用一位特殊电平的跳变来标识字符传输开始，而帧传输一般是用一组特殊编码的字符来标识帧传输开始。字符和帧传输过程中必须保证码元同步，码元同步是传输的基础。

通常，获取同步信息的方法有两种，即自同步法和外同步法。

（1）自同步法。自同步法是从数据信息波形的本身提取同步信号，并用锁相技术获得与发送时钟完全相同的接收时钟。当然，这要对线路上的传输码型提出一定的要求，也就是说，线路的编码必须能把同步信号和代码信息一起传输到接收端，而曼彻斯特码就具有这个功能。在曼彻斯特编码中，每一位的中间有一跳变，该跳变既作时钟信号，又作数据信号；从高到低跳变表示“1”，从低到高跳变表示“0”。对于差分曼彻斯特编码，每位中间的跳变仅提供时钟定时，而用每位开始时有无跳变表示“0”或“1”，有跳变为“0”，无跳变为“1”。两种曼彻斯特编码都是将时钟和数据包含在数据流中，在传输代码信息的同时，也将时钟同步信号一起传输到对方，每位编码中有一跳变，因此具有自同步能力和良好的抗干扰性能。

（2）外同步法。外同步法是通过外界输入同步信号，接收端的同步信号事先由发送端送来，不是自己产生也不是接收端从信号中提取出来。该方法需要在传输线中增加一根时钟信号线以连接到接收设备的时钟上，并把接收时序重复频率锁定在同步频率上。

通信过程中收、发双方可以通过自同步法或外同步法保持码元之间同步，但由码元组成的字符或数据块之间在起止时间上也要保持同步，以正确提取传输的有效数据。根据实现字符或数据块之间在起止时间上同步方法的不同，对应区分为异步和同步两种传输方式。

2. 异步传输

异步传输每次只传送一个字符，每传送一个字符前要先发起始信号，而在这个字符之后也一定要有个停止信号，这两个信号之间的脉冲就是组成该字符的位信息（还可包含 1 位奇偶校验位），在没有字符的时候，线路的状态总是“1”，当线路状态被一个起始信号改成“0”时，接收端的机器就开始取样接收其后的那些位信息。起始位信号可以解决接收方并不知道数据会在什么时候到达，它检测到数据并做出响应之前，第一个比特已经过去了的问题，由它通知接收方数据已经到达了，这就给了接收方响应、接收和缓存数据比特的时间；在传输结束时，一个停止位表示该次传输信息的终止。

异步传输每个字符由以下四个部分组成：（1）1 位起始位，以逻辑“0”表示；（2）5～8 位数据位，即要传输的字符内容；（3）1 位奇偶校验位，用于检错；（4）1～2 位停止位，以逻辑“1”表示，用作字符间的间隔。

例如两台计算机间可以通过 RS-232 接口进行异步通信，每个字符的传输需要 1 个起始位、5～8 个数据位、1 个校验位、1 或 1.5 或 2 个停止位（见图 2-16）。

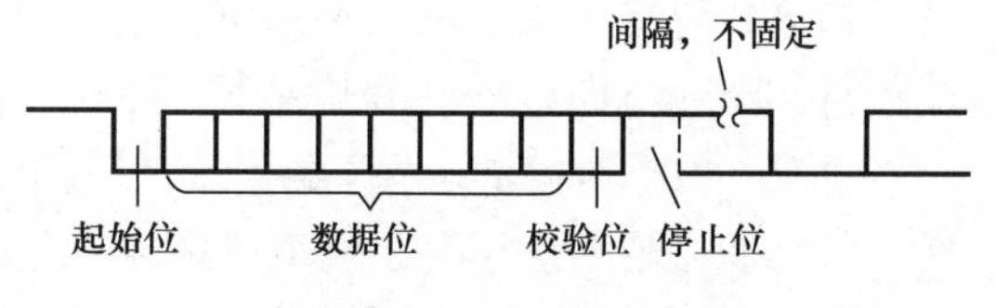

图 2-16　异步传输数据格式

异步传输的实现比较容易，由于每个传输字符都加上了“起止位”信息，因此计时的漂移不会产生大的积累，但却产生了较多的开销。例如每 8 个 bit 要多传送两个 bit，总的传输负载就增加 8∶2。对于数据传输量很小的低速设备来说问题不大，但对于那些数据传输量很大的高速设备来说，25%的负载增值就相当严重了。因此，异步传输常用于低速设备。

3. 同步传输

同步传输的报文分组要大得多，它不是独立地发送每个字符，而是把它们组合起来一起发送，字符之间不允许有空隙。我们将这些组合称为数据帧或简称为帧（见图 2-17）。

帧起始	控制信息	数 据	校验和	帧结束
8bit	*m*bit	*n*bit	8~32bit	8bit

图 2-17　同步传输数据帧格式

数据帧的第一部分包含一组同步字符，一般用 1 个或 2 个同步字符开始，它是一个独特的比特组合，用于通知接收方一个帧已经到达，为了避免在数据块中也出现同步字符，在数据块中使用“0”比特插入法解决同步字符唯一性问题。帧的最后一部分是一个帧结束标记，它也是一个独特的比特串，用于表示在下一帧开始之前没有别的数据了。

同步传输时，发送端首先对欲发送的原始数据进行编码，如采用曼彻斯特编码或差动曼彻斯特编码，形成编码数据后再向外发送，发出的编码自含同步时钟，可以实现收、发双方的自同步。

同步通信时仅在数据块开始处用同步字符来指示，发送端可一次连续发送几十到几百字节，克服了异步传输方式中的每一个字符均要附加起、止信号的缺点，因而具有较高的效率。例如，假设一个帧的长度是 500 字节的数据，其中包含 10 字节的开销，这时的开销是 500∶10，只占 2%。

不论采用何种传输方式，数字数据传输基本上需要位同步、字符同步和信息同步三个层次的同步。位同步的目的是要接收端知道一个位在什么时候开始传到，什么时候结束，这样接收端可以在一个位的中心部位对它进行“抽样测量”；字符同步的目的是要接收机知道一个字符的各个位的所在，要是没有这种同步，接收端也许就会错把一个字符的第二个位当作是它的第一位，这样一来整个信息就乱了；信息同步的目的是要接收端知道记录或信息的第一个字符和末尾一个字符在何处。

2.3.3　单工、半双工和全双工传输

单工数据传输指的是两个数据站之间同一时刻只能沿一个指定的方向进行数据传输。在图 2-18（a）中，数据由 A 站传到 B 站，而 B 站至 A 站只传送联络信号。前者称正向信道，后者称反向信道。

半双工数据传输是两个数据站之间可以在两个方向上进行数据传输，但不能同时进行。该方式要求 A 站、B 站两端都有发送装置和接收装置，如图 2-18（b）所示。若想改变信息的传输方向，需要由开关 K1 和 K2 进行切换。

全双工数据传输是在两个数据站之间，可以两个方向同时进行数据传输，如图 2-18（c）所示。全双工通信效率高，但组成系统的造价高，适用于计算机之间的高速数据通信系统。

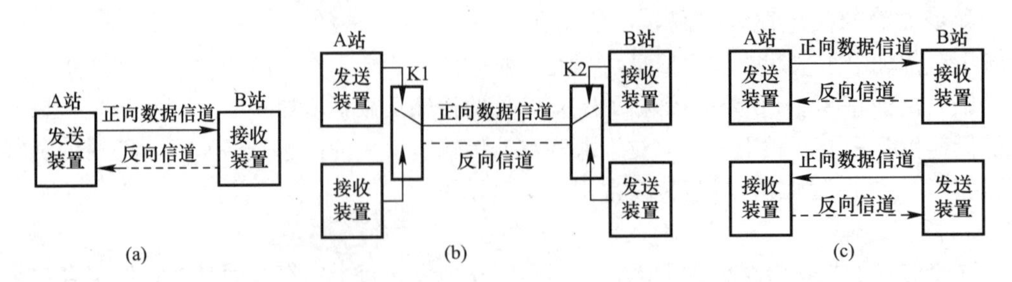

图 2-18　单工、半双工和全双工

2.4　调制解调技术

在实际应用中，既有使用数字信号进行通信的模拟设备，也有使用模拟信号进行通信的数字设备，因而就有了模拟信号和数字信号间相互转换的技术。数字数据模拟化的方法称为调制，这时，只需为一组一个或多个比特值分配一个特定的模拟信号，将数字数据寄生在模拟的正弦载波的某个参数上。反过来，将已调制信号还原为原来的数字数据，称为解调。为了利用模拟信道传输数字数据，需在发送端和接收端分别使用调制和解调功能。这种能够实现调制解调功能的设备称为调制解调器，是调制器和解调器的合称。

调制一般使用一个正弦信号作为载波，用被传输的数字数据去调制它。实际上，任何载波信号都有三个特征，即振幅 A、频率 f 和相位 Φ。相应地，把数字信号转换成模拟信号就有三种基本技术或三种基本方法（见图 2-19），分别为移幅键控法（ASK，Amplitude Shift Keying），简称振幅调制；移频键控法（FSK，Frequency Shift Keying），简称频率调制；相移键控法（PSK，Phase Shift Keying），简称相位调制。

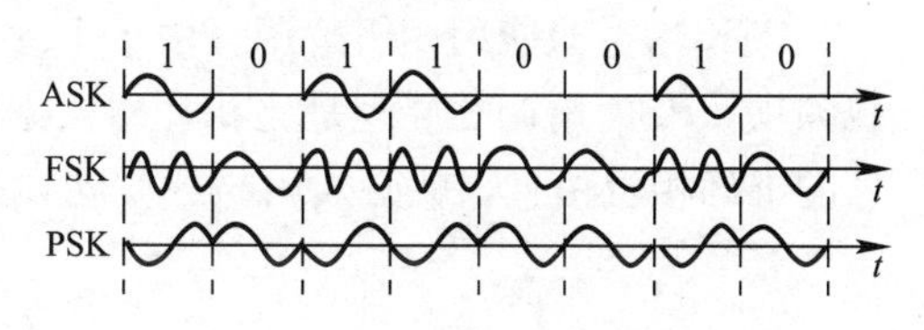

图 2-19　数字调制的三种基本方法

上述三种数字调制的基本原理都是用数字信号对载波的不同参量进行调制。数字信号载波可表示为

$$S(t)=A\cos(\omega t+\psi)$$

式中，A 为幅度、ω 为频率、ψ 为初始相位。调制就是要使 A、ω 或 ψ 随数字基带信号的变化而变化。

解调是调制的反向过程。即由调制解调器检查进来信号的振幅、频率和相移，进而产生相应的数字信号。通常有非相干解调和相干解调两种方法。非相干解调方法是直接检出包含在已调波中的相对变化成分。这种方法不需要与已调波的高频相位相对应的基准，也叫非同步检波。相干解调把已调波与未调波进行比较后检出其差分成分。这种方法需要有相位已知的基准载波，也叫同步检波。

2.4.1　振幅调制和解调

ASK 是通过改变载波信号的幅度生成调制信号的方法，用载波的两个不同振幅来表示二进制的“0”和“1”。其中，以无载波代表“0”，有载波代表“1”。当数字数据为 1 和 0 时，输出载波信号的幅值不同，如在图 2-19 中，数字数据 0 对应幅值 0。ASK 易受突发干扰的影响，是一种并不十分理想的调制方式。

ASK 信号的解调的方法有两种，即非相干法和相干法。如果 ASK 信号含有载频项，采用非相干解调。否则采用相干解调。

2.4.2　频率调制和解调

FSK 是通过改变载波信号的频率生成调制信号的方法。调制后用两个不同频率的正弦信号分别表示二进制“0”和“1”。如在图 2-19 中，二进制数字数据 1 对应的载波频率是数字数据 0 对应的频率的 2 倍。通常，当数字数据为 1 时，载波信号的频率变为 $f+f_0$；当数字数据为 0 时，载波信号的频率变为 $f-f_0$，其中 f 为中心频率，f_0 为频移量。FSK

实现简单，抗干扰能力优于 ASK 方式，广泛用于频率不高的调制解调器上。

FSK 信号的解调一般采用非相干解调方法。其原理是进行频—幅变换，将不同的频率变换为相应的电压幅度，频率高对应输出的电压幅度大，频率低对应输出的电压幅度小，在一定范围内频率与电压为线性关系。

2.4.3 相位调制和解调

PSK 是通过改变载波信号相位来生成调制信号的方法，通常用不同的相位表示 1 和 0，分绝对相位调制和相对相位调制两种。在绝对相位调制中，用载波的两个不同起始相位角来表示二进制“0”和“1”；在相对相位调制（图 2-19）中，载波不产生相移表示二进制“0”，载波有 180°相移表示二进制“1”。

PSK 信号只能用相干解调。由于 PSK 信号的频谱中不含载频项，因而解调时需插入载频项。PSK 解调的原理是比相，即根据已调制信号的相位信息来恢复调制波。要得到信号的准确相位信息，就必须用与载波同频率的参考信号解调。

2.5 信道复用技术

为了有效地利用通信线路，在一条物理通信线路上建立多条逻辑通信信道，同时传输若干路信号的技术叫作信道复用技术。信道复用技术一般用在长途主干通信上，局域网通信一般不采用信道复用技术，而是独占介质进行传输。

基本的信道复用分为频分多路复用（FDM，Frequency Division Multiplexing）、时分多路复用（TDM，Time Division Multiplexing）和波分复用（WDM，Wave Division Multiplexing）三类。通常，FDM 用于模拟通信，TDM 用于数字通信，WDM 则用于光纤通信。

2.5.1 频分多路复用

在物理信道的可用带宽超过单个原始信号所需带宽情况下，可将该物理信道的总带宽分割成若干个独立的信道，每个子信道传输一路信号，这就是频分多路复用，见图 2-20。

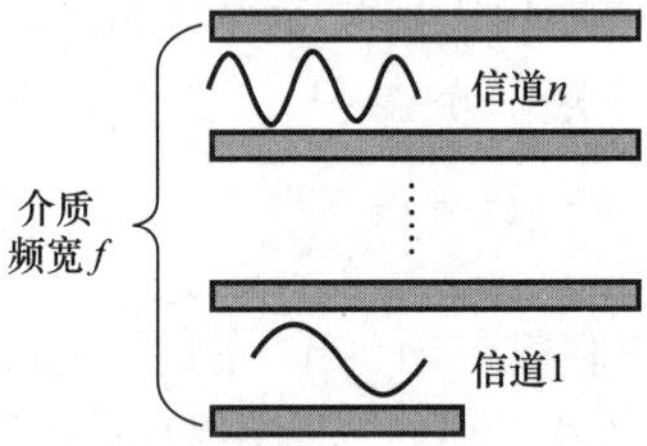

若介质频宽为 f，若均分为 n 个子信道，则每个子信道的最大带宽为 f/n。考虑保护带宽，则每个信道的可用带宽都小于 f/n。信道 1 的频谱在 $0 \sim f/n$ 之间，信道 2 的频谱在 $f/n \sim 2f/n$ 之间，依此类推。实际使用时信道的频谱范围要高于介质可用的最低频宽。

介质频宽 f　信道 n　信道 1

图 2-20　频分复用示意图

频分多路复用方式中，每个信道的数据是并行传输的，传输线路可以同时在每个信道上传输不同的信息，如果分配了子信道的用户没有数据传输，那么该子信道保持空闲状态。在实际应用中，采用频分多路复用方式，可以实现不同用户共享同一传输线路；也可以实现在通信双方同时传递各种不同信号，如在宽带同轴电缆中采用频分多路复用技术，可以在通信双方间同时传递电视视频信号、语音信号以及模拟数据信号等。

频率复用系统的最大优点是信道复用率高，允许复用的路数多，同时它的分路也很方便，频带宽度越大，则在此频带宽度内所容纳的用户数就越多。因此，它是目前模拟通信中最主要的一种复用方式，特别是在有线、微波通信系统及卫星通信系统内广泛应用。频率复用系统的不足之处是收发两端需要大量的调制解调器和边带滤波器，设备较复杂。另外，频率复用系统不可避免地会产生路间干扰。

2.5.2 时分多路复用

若数据信道能达到的位传输速率超过单一信号源所要求的数据传输率，就可采用TDM技术，将一条物理信道按时间分成若干时间片轮流地给多个信号源使用，每一时间片由复用的一个信号源占用。这样，利用每个信号在时间上的交叉，就可以在一条物理信道上传输多个数字信号。而不像FDM那样同一时间同时发送多路信号。

TDM是在一条传输介质上按时间划分周期 T，每个周期 T 又分成若干固定长度的时间片 t_1、t_2……t_n，将每个时间片固定分配给不同的用户。一个周期 T 内的各时间片的数据依次组成一帧。在发送端，多路复用器将某个用户的数据放入每个周期的特定时间片内发送出去。在接收端，多路复用器将一个周期内中一个时间片内的数据分配到相应的输出线路上。这样就实现了在一条传输线路上同时传输多路数据的功能，见图2-21。与频分复用不同，在一个时间片内，传输线路为一个用户所独占，该用户利用了传输线路的整个带宽。

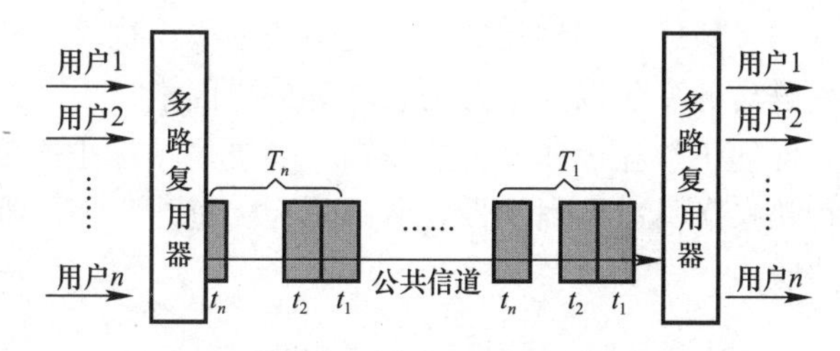

图2-21 时分复用示意图

数据时分复用可分为同步时分复用（STDM，Synchronous Time Division Multiplexing）和统计时分复用。STDM是指复用器把时隙固定地分配给各个数据终端，通过时隙交织形成多路复用信号，从而把各低速数据终端信号复用成较高速率的数据信号。统计时分复用也称异步时分复用（ATDM，Asynchronous Time Division Multiplexing），把时隙动态地分配给各个终端，即将普通时分复用中时间片的固定分配方式变为动态分配方式，即若规定时间片内相应的信道无信号发送或信号提前发送完毕，则后续的信道可提前使用自己的时间片，因此每个用户的数据传输速率可以高于平均传输速率，最高可以达到线路总的传输能力。例如，某线路传输速率为9600bps，4个用户的平均速率为2400bps，当用同步时分复用时，每个用户的最高速率为2400bps；而在统计时分复用方式下，每个用户最高速率可达9600bps。同步时分复用和统计时分复用在数据通信网中均有使用，如数字数据网采用同步时分复用，ATM采用统计时分复用。

2.5.3 波分多路复用

WDM是在光纤上进行信道复用的技术，一根光纤的带宽可达25000GHz，而通常一路光信号的带宽只有几吉赫。WDM的原理是将整个波长频带划分为若干个波长范围，每路信号占用一个波长范围来进行传输。实质上是在光信道上采用的一种频分多路复用的变种，即光的频分复用，只不过光复用采用的技术与设备不同于电复用。由于光波处于频谱的高频段，有很高的带宽，因而可以实现很多路的波分复用。此外，利用光耦合器和可调的光滤波器还可以实现光交换，或将在一根光纤上输入的光信号向多根输出光纤上转发。

2.6 差错控制

2.6.1 概述

所谓差错就是在数据通信中，接收端接收到的数据与发送端实际发出的数据出现不一致的现象。差错包括数据传输过程中位丢失；发出的位值为“0”，而接收到的位值为“1”，或发出的位值为“1”，而接收到的位值为“0”。即发出位值与接收到的位值不一致。

差错控制是指在数据通信过程中，发现所传数据是否有错，并对错误予以处理的控制手段。

1. 噪声干扰

数据传输中所产生的差错都是由热噪声引起的。由于热噪声会造成传输中的数据信号失真，产生差错，所以在传输中要尽量减少热噪声。热噪声是影响数据在通信媒体中正常传输的重要因素。数据通信中的热噪声主要包括：(1) 在数据通信中，信号在物理信道上的线路本身的电气特性随机产生的信号幅度、频率、相位的畸形和衰减。(2) 电气信号在线路上产生反射造成的回音效应。(3) 相邻线路之间的串线干扰。(4) 大气中的闪电、电源开关的电弧、自然界磁场的变化以及电源的波动等外界因素。

热噪声有两大类，即随机热噪声和冲击热噪声。随机热噪声是通信信道上固有的、持续存在的热噪声。这种热噪声具有不固定性，所以称为随机热噪声。冲击热噪声是由外界某种原因突发产生的热噪声。

2. 错误类型

由热噪声引起的传输信道中常见的错误有以下三种：

(1) 随机错误。错误的出现是随机的，一般而言错误出现的位置是随机分布的，即各个码元是否发生错误是互相独立的，通常不是成片地出现错误。这种情况一般是由信道的随机噪声引起的。

(2) 突发错误。错误的出现是一连串出现的，错误的码元相对较多。这种情况一般是由信道的冲击噪声引起的，比如雷电干扰造成的错误。

(3) 混合错误。既有突发错误又有随机差错的情况。

3. 差错控制方法

数据通信过程中，可以通过差错控制这一环节，对传输的数据流进行相应的处理，使系统具有一定的纠错能力和抗干扰能力。

最常用的差错控制方法是差错控制编码（信道编码）。数据信息在向信道发送之前，先按照某种关系在每一个要发送的数据块或字符中附加冗余信息，使冗余信息与所发出的信息存在某种逻辑关系，构成一个码字后再发送，通过冗余信息可以推导出所发信息在传输过程中是否发生了错误，这个过程称为差错控制编码过程。接收端收到该码字后，检查信息位和附加的冗余位之间的关系，以检查传输过程中是否有差错发生，这个过程称为检验过程。

差错控制编码可分为检错码和纠错码。检错码是能自动发现差错的编码，而纠错码不仅能发现差错而且能自动纠正差错。

在数据通信系统中，利用抗干扰编码进行差错控制。差错控制的方式基本上分两类，一类是接收端检测到传输的码字有错后，收端译码器自动地纠正错误；另一类是收端检出错误后通过反馈信道发送一个表示错误的应答信号，要求发端重发，直到正确接收为止，从而达到纠正错误的目的。按照上述思想，把差错控制分为 4 类，分别是前向纠错（FEC）、反馈重发（ARQ）、混合纠错（HEC）及信息反馈（IRQ）。

FEC 方式是在信息码序列中，以特定结构加入足够的冗余位，称为监督元（也称校验元或纠错码），接收端解码器可以按照双方约定的这种特定的监督规则，自动识别出少量差错，并能予以纠正。FEC 最适于高速数据传输而需实时传输的情况。

ARQ 差错控制方式中，解码器对接收码组逐一按编码规则检测其错误。如果无误，向发送端反馈“确认（ACK）”信息；如果有错，则反馈回“否认（NAK）”信息，以表示请求发送端重复发送刚刚发送过的这一信息，直到收到正确的码字为止。ARQ 优点在于编码冗余位较少，可以有较强的检错能力，同时编解码简单。

HEC 方式是 FEC 方式和 ARQ 方式的有机结合，即在纠错能力内，实行自动纠错，而当超出纠错能力的错误位数时，可以通过检测而发现错码，不论错码多少，利用 ARQ 方式进行纠错。

IRQ 是一种全回执式最简单的差错控制方式，接收端将收到的信码原样转发回发送端，并与原发送信码相比较，若发现错误，则发送端再进行重发。

2.6.2　信道编码

信道编码的任务是提高数据传输效率，降低误码率，其本质是增加通信的可靠性。但信道编码会使有用的信息数据传输减少，信道编码的过程是在源数据码流中加插一些码元，从而达到在接收端进行判错和纠错的目的，这就是我们常说的开销。这就像运送一批玻璃杯一样，为了保证运送途中不出现玻璃杯被打烂的情况，会用一些塑料泡沫或海绵等物将玻璃杯包装起来，这种包装使玻璃杯所占的容积变大，原来一部车能装 5000 个玻璃杯，包装后就只能装 4000 个了，显然包装的代价使运送玻璃杯的有效个数减少了。同样，在带宽固定的信道中，总的传送码率也是固定的，由于信道编码增加了数据量，其结果只能是以降低传送有用信息码率为代价了。

因此，信道编码的基本思想就是在被传送的信息中附加一些监督码元，在收、发之间建立某种校验关系，当这种校验关系因传输错误而受到破坏时，可以被发现甚至纠正错误，这种检错与纠错能力是用信息量的冗余度来换取的。

1. 信道编码的基本概念

（1）信息码元和监督码元

信息码元是发送端由信源编码给出的信息数据比特。以 k 个码元为一个码组时，在二元码情况下，总共可有 2^k 种不同的信息码组。

监督码元又称校验码元，是为了检错纠错在信道编码中附加的校验数据。通常，对 k 个信息码元的码组附加 r 个监督码元，组成总码元数为 $n=k+r$ 的码组。

（2）许用码组和禁用码组

信道编码后总码长为 n 的不同码组有 2^n 个。其中，发送的信息码组有 2^k 个，称之为许用码组，其余的（2^n-2^k）个码组不予传送，称之为禁用码组。纠错编码的任务就是从 2^n 个总码组中按某种规则选择出 2^k 种许用码组。

（3）编码效率

每个码组内信息码元数 k 值与总码元数 n 值之比称为信道编码的编码效率，即

$$\eta = k/n = k/(k+r)$$

编码效率 η 是衡量信道编码性能的一个重要指标，它是码字中信息位所占的比例。一般监督码元位数越多，检错纠错能力越强，但编码效率相应地降低。

（4）码重和码距

1）码重。码重是指码字中非 0 数字的数目；对于二进制码来讲，码重就是每个码组内码元“1”的数目，码重通常用 W 表示。如码字 11000 的码重为 2。

2）码距。码距是指两个码字 C1 与 C2 之间不同的比特数，简称码距（又称为汉明距）。通常用 d 表示。

例如，1100 与 1010 的码距为 $d=2$，000 与 101 码组之间码距为 $d=2$，000 与 111 码组之间码距为 $d=3$。对于二进制码字而言，两个码字之间的模 2 相加，其不同的对应位必为 1，相同的对应位必为 0。因此，两个码字之间模 2 相加得到的码重就是这两个码字之间的距离。

3）最小码距。对于（n，k）分码组，许用码组为 2^k 个，各码组之间的码距的最小值称为最小码距，通常用 d_0 或 $d_{\min}$表示。最小码距决定了码的纠错、检错性能。

2. 纠错编码的基本工作原理

下面以二进制分组码的纠错过程为例说明纠错码检错和纠错的基本原理。分组码对于数字序列是分段进行处理的，设每一段有 k 个码元组成（称作长度为 k 的信息组），由于每个码元有 0 或 1 两种值，故共有 2^k个不同的状态。每段长为 k 的信息组，以一定的规则增加 r 个监督码元，监督这 k 个信息元，这样就组成长度为 $n=k+r$ 的码字。共可以得到 2^k个长度为 n 的码字，它们通常被称为许用码字。

而长度为 n 的数字序列共有 2^n种可能的组合，其中 2^n-2^k个长度为 n 码字未被选用，故称它们为禁用码字。上述 2^k个长度为 n 的许用码字的集合称为分组码。分组码能够检错或纠错的原因是存在 2^n-2^k个多余的码字，或者说在 2^n码字中有禁用码字存在。下面是一个具体的例子。

设发送端发送 A 和 B 两个消息，分别用一位码元来表示，1 代表 A，0 代表 B。如果这两个信息组在传输中产生了错误，那么就会使 0 错成了 1 或 1 错成了 0，而接收端不能发现这种错误，更谈不上纠正错误了。

若在每一位长的信息组中加上一个监督元（$r=1$），其规则是与信息元重复，这样编出的两个长度为 $n=2$ 的码字，它们分别为 11（代表 A）和 00（代表 B）。这时 11、00 就是许用码字，这两个码字组成一个（2，1）分组码，其特点是各码字的码元是重复的，故又称为重复码。而 01、10 就是禁用码字。设发送 11 经信道传输错了一位，变成 01 或 10，收端译码器根据重复码的规则，能发现有一位错误，但不能指明错在哪一位，也就是不能作出发送的消息是 A（11）还是 B（00）的判决。若信道干扰严重，使发送码字的两位都产生错误，从而使 11 错成了 00，收端译码器根据重复码的规则检验，不认为有错，并且判决为消息 B，这时造成了错判。可以发现，这种码距为 2 的（2，1）重复码能确定一个码元的错误，不能确定两个码元的错误，也不能纠正错误。

若仍按重复码的规则，再加一个监督码元，得到（3，1）重复码，它的两个码字分别为 111 和 000，其码距为 3。这样其余六个码字（001、010、100、110、101、011）为禁用码字。设发送 111（代表消息 A），如果译码器收到为 110，根据重复码的规则，发现有错，并且当采用最大似然法译码时，把与发送码字最相似的码字认为就是发送码字。而 110 与 111 只有一位不同，与 000 有两位不同，故判决为 111。事实上，在一般情况下，错一位的可能性比错二位的可能性要大得多，从统计的观点看，这样判决是正确的。因此，这种（3，1）码能够纠正一个错误，但不能纠正两个错误，因为若发送 111，收到 100 时，根据译码规则将译为 000，这就判错了。类似于前面的分析，这种码若用来检错，它可以发现两个错误，但不能发现三个错误。

当然，还可以选用码字更长的重复码进行信道编码，随着码字的增长，重复码的检错和纠错能力会变得更强。

上述例子表明，纠错码的抗干扰能力完全取决于许用码字之间的距离，码的最小距离越大，说明码字间的最小差别越大，抗干扰能力就越强。因此，码字之间的最小距离是衡量码字检错和纠错能力的重要依据，最小码距是信道编码的一个重要的参数。对于任一（n，k）分组码，最小码距与检纠错能力的关系有以下三条结论：

（1）在一个码组内为了检知 e 个误码，要求最小码距应满足：

$$d_0 \geqslant e+1 \tag{2-10}$$

（2）在一个码组内为了纠正 t 个误码，要求最小码距应满足：

$$d_0 \geqslant 2t+1 \tag{2-11}$$

（3）在一个码组内为了纠正 t 个误码并同时检知 e 个误码（$e>t$），要求最小码距应满足：

$$d_0 \geqslant e+t+1 \tag{2-12}$$

上述三个表达式说明了要想纠错检错能力强，必须加大最小码距 d_0，这意味着要增加更多的监督元。

3. 纠错编码的分类

随着数字通信技术的发展，已研究出了多种误码控制编码方案，这些方案各自建立在不同的数学模型基础上，并具有不同的检错与纠错特性，可以从不同的角度对误码控制编码进行分类。

按照误码控制的不同功能，可分为检错码、纠错码。检错码仅具备识别错码功能而无纠正错码功能；纠错码不仅具备识别错码功能，同时具备纠正错码功能。

按照误码产生的原因不同，可分为纠正随机错误的码与纠正突发性错误的码。前者主要用于产生独立的局部误码的信道，而后者主要用于产生大面积的连续误码的情况，例如磁带数码记录中磁粉脱落而发生的信息丢失。

按照信息码元与附加的监督码元之间的检验关系可分为线性码与非线性码。如果两者呈线性关系，即满足一组线性方程式，就称为线性码；否则，两者关系不能用线性方程式来描述，就称为非线性码。

按照信息码元与监督附加码元之间的约束方式不同，可以分为分组码与卷积码。在分组码中，编码后的码元序列每 n 位分为一组，其中包括 k 位信息码元和 r 位附加监督码元，即 $n=k+r$，每组的监督码元仅与本组的信息码元有关，而与其他组的信息码元无关。卷积码则不同，虽然编码后码元序列也划分为码组，但每组的监督码元不但与本组的信息码元有关，而且与前面码组的信息码元也有约束关系。

按照信息码元在编码之后是否保持原来的形式不变，又可分为系统码与非系统码。在系统码中，编码后的信息码元序列保持原样不变，而在非系统码中，信息码元会改变其原有的信号序列。由于原有码位发生了变化，使译码电路更为复杂，故较少选用。

对于某种具体的数字设备，为了提高检错、纠错能力，通常可能会同时选用几种误码控制编码方式。

2.6.3 常用的检错码

简单检错码的检错算法和编码比较简单，易于实现。

1. 奇偶校验

奇偶校验码是最简单的检错码。这种方法被广泛用于以随机错误为主的计算机通信系统中。

编码规则：先将所要传输的数据码元分组，然后在每组数据内附加一位监督位（即奇偶校验位），使得该组码连同监督位在内的码组中的“1”的个数为偶数（称为偶校验）或奇数（称为奇检验），在接收端按同样的规律检查，如发现不符就说明产生了差错，但是不能确定差错的具体位置，即不能纠错。

设码组长度为 n，表示为（a_{n-1}，a_{n-2}，……，a_0），其中前 $n-1$ 位为信息码元，第 n 位 a_0 为监督位。在偶校验时有：

$$a_0 \oplus a_1 \oplus \cdots\cdots \oplus a_{n-1} = 0 \tag{2-13}$$

式中，$\oplus$表示模 2 加运算符，同于“异或”运算。模 2 加法的规则是两个序列按位相加模 2，即两个序列中对应位相加，不进位，相同时和为 0，不同和为 1。

监督位 a_0 可由式 $a_0=a_1 \oplus a_2 \oplus \cdots\cdots \oplus a_{n-1}$产生。

在奇校验时为：

$$a_0 \oplus a_1 \oplus \cdots\cdots \oplus a_{n-1} = 1 \tag{2-14}$$

其中的监督位 a_0 可由下式产生：$a_0=a_1 \oplus a_2 \oplus \cdots\cdots \oplus a_{n-1} \oplus 1$。

例如 1100010 增加偶校验位后为 11000101，若接收方收到的字节奇偶校验结果不正确，就可以知道传输中发生了错误。

奇偶校验只能发现单个或奇数个错误，而不能检测出偶数个错误，因而它的检错能力不高。

2. 水平（横向）奇偶监督码与垂直（纵向）奇偶监督码

将经过奇偶监督编码的码元序列按行排成方阵，每行为一组奇偶监督编码，但发送时则按列的顺序传输，接收端仍将码元排成发送时的方阵形式，然后按行进行奇偶校验。如表 2-1，其每一行为一组奇偶监督编码，发送顺序为

111011100110000……10101

水平奇偶监督码矩阵 **表 2-1**

信息码元	偶监督码元
1110011000	1
1101001101	0
1000011101	1
0001000010	0
1100111011	1

从表 2-1 可以看出，由于发端是按列发送码元而不是按码组发送码元，因此把本来可能集中在某一个码组的突发错误分散在方阵的各个码组，因而可得到整个方阵的行监督。这样，接收端根据收到的方阵，重新产生监督码元与发送来的监督码元进行比较，就可以发现某一行上所有奇数个位错误。

垂直（纵向）奇偶监督码将经过奇偶监督编码的码元序列按行排成方阵，每列为一组奇偶监督编码。其排列形式见表 2-2。

垂直奇偶监督码矩阵　　**表 2-2**

信息码元	1 1 1 0 0 1 1 0 0 0
	1 1 0 1 0 0 1 1 0 1
	1 0 0 0 0 1 1 1 0 1
	0 0 0 1 0 0 0 0 1 0
	1 1 0 0 1 1 1 0 1 1
偶监督码元	0 1 1 0 1 1 0 0 0 1

3. 行列监督码

行列监督码是将水平监督码推广到二维奇偶监督码，又称方阵码。它的方法是在水平监督基础上对方阵中每一列再进行奇偶校验，就可得到表 2-3 中所示的方阵。

发送时按列序顺次传输：111010110011100001……101011。

行列监督码　　**表 2-3**

	信息码元	偶监督码元（行）
	1 1 1 0 0 1 1 0 0 0	1
	1 1 0 1 0 0 1 1 0 1	0
	1 0 0 0 0 1 1 1 0 1	1
	0 0 0 1 0 0 0 0 1 0	0
	1 1 0 0 1 1 1 0 1 1	1
偶监督码元（列）	0 1 1 0 1 1 0 0 0 1	1

显然，这种码比水平奇偶监督码有更强的检错能力，它能发现某行或某列上的奇数个错误和长度不大于行数（或列数）的突发错误。这种码还有可能检测出偶数个错码，因为如果每行的监督位不能在本行检出偶数个错误时，则在列的方向上有可能检出。当然，在偶数个错误恰好分布在矩阵的四个顶点上时，这样的偶数个错误是检测不出来的。此外，这种码还可以纠正一些错误，例如当某行某列均不满足监督关系而判定该列交叉位置的码元有错，从而纠正这一位上的错误。这种码由于检错能力强，又具有一定纠错能力，且易实现，因而得到了广泛的应用。

4. 群记数监督码

监督码组中“1”的个数就构成所谓群计数码。例如，一码组的信息码元为 1010111，其中有 5 个“1”，用二进制数字表示为“101”将它作为监督码元附加在信息码元之后，即传输码组为 1010111 101。

群计数码有着较强的检错能力，除了同时发生码组中“1”变“0”和“0”变“1”的成对错误外，它能检测出所有形式的错误。有时为了提高编码效率，不传送所有计数码元，而只传送其中的最后几位，即减少附加的监督码元数。例如上例中只传送最后两位，这样，传送的码组变为 1010111 01。用两位码元来计数，只能计出至多 3 个“1”码，这样检错能力有所下降，幸好在一个码组中同时发生更多个误码的概率要小得多。此外，为了提高检测实发错误的能力，也可仿照水平奇偶监督方法，将信息码排成方阵，然后利用群计数法来进行水平监督。

5. 恒比码

恒比码中，每个码组中含“1”和含“0”数目的比例是恒定的。

由于恒比码各码组中的“1”（或“0”）的个数是相同，因而也称等重码。判断是否有错误时，只要计算每个码组中“1”的数目是否正确。

我国电传机传输汉字电码的通信中广泛采用的五单位数字保护电码，是一种 5 中取 3 的恒比码。每个码组的长度为 5，共 $2^5=32$ 种组合，采用 5 中取 3（5 位中只要含有 3 位 1 的编码）的编码时，即 10 个许用码组。这 10 个许用码组正好代表 10 个阿拉伯数字，见表 2-4。

五单位电报码 **表 2-4**

数字	恒比码	数字	恒比码	数字	恒比码	数字	恒比码	数字	恒比码
0	01101	2	11001	4	11010	6	10101	8	01110
1	01011	3	10110	5	00111	7	11100	9	10011

恒比码还应用于国际 ARQ 电报通信系统中，它采用 3 个“1”，4 个“0”的恒比码，又称 7 中取 3 码，共有 35 个许用码组，分别代表 26 个字母和其他符号。

恒比码除了能检测出单个和奇数个错误，还能部分检测出偶数个错误，但不能全部检测出偶数个错误，如成对交换错误。

恒比码的主要优点是简单，适于用来传输电传机或其他键盘设备产生的字母和符号，但对于信源来的二进随机数字序列，恒比码就不宜使用了。

2.6.4 常用的纠错码

1. 线性分组码

如果从信源发出的信息元，先将信息码划分为长度为 k 的分组，然后给每组信息码附加长度为 r 的监督码后的编码称为分组码，用符号（n，k）表示，k 是信息码的位数，n 是编码组总位数，又称为码长，$r=n-k$ 为监督码位数。

线性分组码是指监督码 r 和信息码 k 之间构成线性关系，即它们之间可由线性方程组联系起来。这样构成的抗干扰码称为线性分组码，也称为（n，k）线性分组码。大多数分组码属于线性编码，线性编码建立在代数学群论的基础上，各许用码组的集合构成代数学中的群，故又称为群码。

现以（7，3）分组码为例来说明线性分组码的意义及特点。该码的码组为 $A=[a_6a_5a_4a_3a_2a_1a_0]$，其中前三位是信息元，后四位是监督元，用下面的线性方程组来表述。

$$\begin{cases} a_3 = a_6 \oplus a_5 \oplus a_4 \\ a_2 = a_6 \oplus a_5 \\ a_1 = a_6 \oplus a_4 \\ a_0 = a_5 \oplus a_4 \end{cases}$$

显然，上述各方程是线性无关的，由此方程组可以获得与信息码组有关的 4 个监督元，同时也就可得（7，3）线性分组码的 8 个码组，如表 2-5 所示。

（7，3）线性分组码的码子表　　**表 2-5**

序号	码子	
	信息元	监督元
0	0 0 0	0 0 0 0
1	0 0 1	1 0 1 1
2	0 1 0	1 1 0 1
3	0 1 1	0 1 1 0
4	1 0 0	1 1 1 0
5	1 0 1	0 1 0 1
6	1 1 0	0 0 1 1
7	1 1 1	1 0 0 0

由表 2-5 可以看出：

（1）$A_1 \oplus A_3 = A_2$，$A_7 \oplus A_6 = A_1$ 等（A_1，A_2，……分别是表 2-6 中序号为 1，2，……的码组），此特性称为封闭性。封闭性是指码中任意两许用码组之和（逐位模 2 和）仍为一许用码组。

（7，4）码校正子与误码位置　　**表 2-6**

序号	$S_1S_2S_3$	误码位置	序号	$S_1S_2S_3$	误码位置
1	001	a_0	5	101	a_4
2	010	a_1	6	110	a_5
3	100	a_2	7	111	a_6
4	011	a_3	0	000	无错

（2）码的最小距离等于非零码的最小重量。对于二进制码字而言，两个码字之间的模 2 相加，其不同的对应位必为 1，相同的对应位必为 0，因而两个码组之间的距离必是另一码组的重量。所以线性分组码的最小距离也就是码的最小重量。全“0”码组除外。

（3）有零元，表 2-7 中 A_0 即是零元。$A_0 \oplus A_i = A_i (i=0，1，2……15)$。

（7，4）汉明码许用码组　　**表 2-7**

序号	$a_6a_5a_4a_3$	$a_2a_1a_0$	$a_6a_5a_4a_3$	序号	$a_2a_1a_0$	$a_6a_5a_4a_3$	序号	$a_2a_1a_0$	$a_6a_5a_4a_3$	序号	$a_2a_1a_0$
0	0000	000	0100	4	110	1000	8	111	1100	12	001
1	0001	011	0101	5	101	1001	9	100	1101	13	010
2	0010	101	0110	6	011	1010	10	010	1110	14	100
3	0011	110	0111	7	000	1011	11	001	1111	15	111

（4）有负元。线性分组码中任一码组即是它自身的负元。$A_i + A_i = A_0 (i=0，1，2\cdots15)$。

（5）结合律成立。如 $(A_1 \oplus A_2) \oplus A_3 = A_1 \oplus (A_2 \oplus A_3)$ 等。

（6）交换律成立。如 $A_1 \oplus A_2 = A_2 \oplus A_1$ 等。

下面将介绍两种常用的线性分组码，即汉明码和循环码。

2. 汉明码

汉明码的特点是最小码距 $d_0=3$，码长 n 与监督元个数 r 满足关系式 $n=2^r-1$。它是汉明（Hamming）于1949年提出的纠正单个随机错误的线性分组码。

下面通过（7，4）分组码的例子来说明如何具体构造这种分组线性码。设分组码（n，k）中，$k=4$，为能纠正一位误码，要求 $r\geqslant 3$。现取 $r=3$，则 $n=k+r=7$。用 $a_6a_5a_4a_3a_2a_1a_0$ 表示这7个码元。

在奇偶校验时，校验方程为 $S=a_{n-1}\oplus a_{n-2}\oplus\cdots\cdots\oplus a_1\oplus a_0$，码组长度为 n，表示为（a_{n-1}，$a_{n-2}\cdots\cdots a_0$），其中前 $n-1$ 位为信息码元，第 n 位为监督位 a_0，偶校验时若校验方程 $S=0$，就认为无错码。若 $S=1$，就认为有错码。S 称为“校验子”。由于校验子 S 的取值只有两种，它就只能代表有错和无错两种信息，而不能指出错码的位置。

不难推想，如监督位增加一位，用与奇偶校验类似的两个校验方程分别表示校验子，两个校验子的可能值有4种组合00，01，10，11。故能表示4种不同的信息，其中一种表示无错，其余三种就有可能用来指示一位错码的3种不同位置。同理，r 个监督关系式能指示 2^r-1 位错码的位置。

例如，用 S_1、S_2、S_3 表示由三个监督方程式计算得到的校正子，并假设三位 S_1、S_2、S_3 校正子码组与误码位置的对应关系如表2-6所示。

由表2-6可知，当误码位置在 a_2、a_4、a_5、a_6 时，校正子 $S_1=1$；否则 $S_1=0$。因此有：

$$\begin{cases}S_1=a_6\oplus a_5\oplus a_4\oplus a_2\\ S_2=a_6\oplus a_5\oplus a_3\oplus a_1\\ S_3=a_6\oplus a_4\oplus a_3\oplus a_0\end{cases}\tag{2-15}$$

编码时，a_6、a_5、a_4、a_3 为信息码元，a_2、a_1、a_0 为监督码元。监督码元可由式（2-16）所示的监督方程唯一确定。

$$\begin{cases}a_6\oplus a_5\oplus a_4\oplus a_2=0\\ a_6\oplus a_5\oplus a_3\oplus a_1=0\\ a_6\oplus a_4\oplus a_3\oplus a_0=0\end{cases}\tag{2-16}$$

由上面方程即可得到表2-7所示的16个许用码组。

在接收端收到每个码组后，计算出 S_1、S_2、S_3，如果不全为0，则表示存在错误，可以由表2-6确定错误位置并予以纠正。

【例2-2】 如果收到汉明码字为0000011，试判断收到的汉明码字是否有错。

解： 由式（2-15）可算出 $S_1S_2S_3=011$，由表2-6可知在 a_3 上有一误码。

3. 循环码

循环码是线性分组码的一个重要子集，它有许多特殊的代数性质，且易于实现，同时循环码的性能也较好，具有较强的检错和纠错能力。

循环码的基本原理是：在 k 位信息码后再拼接 r 位的校验码，整个编码长度为 n 位，因此，这种编码又叫（n，k）循环码。对于一个给定的（n，k）循环码，可以证明存在一个最高次幂为 $n-k=r$ 的多项式 $G(x)$。根据 $G(x)$ 可以生成 k 位信息的校验码，而 $G(x)$ 叫作这个循环码的生成多项式。

循环码最大的特点就是码字的循环特性，所谓循环特性是指循环码中任一许用码组经过循环移位后，所得到的码组仍然是许用码组。若（$a_{n-1}a_{n-2}\cdots\cdots a_1a_0$）为一循环码组，则（$a_{n-2}a_{n-3}\cdots\cdots a_1a_0a_{n-1}$）、（$a_{n-3}a_{n-4}\cdots\cdots a_1a_0a_{n-1}a_{n-2}$）、……还是许用码组。也就是说，不论是左移还是右移，也不论移多少位，仍然是许用的循环码组。表 2-8 给出了一种（7，3）循环码的全部码字。由此表可以直观地看出这种码的循环特性。例如，表中的第 2 码字向右移一位，即得到第 5 码字；第 5 码字组向右移一位，即得到第 3 码字。

一种（7，3）循环码的全部码字　　表 2-8

序号	码字		序号	码字	
	信息位 $a_6\ a_5\ a_4$	监督位 $a_3\ a_2\ a_1\ a_0$		信息位 $a_6\ a_5\ a_4$	监督位 $a_3\ a_2\ a_1\ a_0$
1	0 0 0	0 0 0 0	5	1 0 0	1 0 1 1
2	0 0 1	0 1 1 1	6	1 0 1	1 1 0 0
3	0 1 0	1 1 1 0	7	1 1 0	0 1 0 1
4	0 1 1	1 0 0 1	8	1 1 1	0 0 1 0

4. 卷积码

卷积码又称连环码，是一种非分组码。它在任何一段规定时间内编码器产生的 n 个码元，不仅取决于这段时间中的 k 个信息码元，而且还取决于前 $m(m=N-1)$ 段规定时间内的信息码元，编码过程中相互关联的码元为 $N\times n$ 个。这时，监督位监督着这 N 段时间内的信息，这 N 段时间内的码元数目 $N\times n$ 称为这种卷积码的编码约束长度，称 N 为这种卷积码的编码约束度。通常把卷积码记作（n，k，N），有些文献中也用（n，k，m）来表示卷积码。

卷积码的结构是：k 位信息元，$n-k$ 位监督元。为理解卷积码编码器的一般结构，图 2-22 给出了它的一般形式。

在图 2-22 所示的卷积码编码器中，包括一个由 N 段组成的输入移位寄存器，每段有 k 级，共 $N\times k$ 位寄存器；一组 n 个模 2 和加法器；一个由 n 级组成的输出移位寄存器。对应于每段 k 个比特的输入序列，输出 n 个比特。由图可知，卷积码编码后的 n 个码元不仅与当前段的 k 个信息有关，还与前面的 $N-1$ 段信息有关，编码过程中互相关联的码元个数为 $n\times N$。整个编码过程可以看成是输入信息序列与由移位寄存器模 2 和连接方式所决定的另一个序列的卷积，故称为卷积码。卷积码的纠错性能随 N 的增加而增大，而差错率随 N 的增加而降低。

下面通过一个例子来简要说明卷积码的编码工作原理。如前所述，卷积码编码器在一段时间内输出的 n 位码，不仅与本段时间内的 k 位信息位有关，而且还与前面 m 段规定时间内的信息位有关，这里的 $m=N-1$。图 2-23 就是一个（2，1，2）卷积码的编码器，该卷积码的 $n=2$，$k=1$，$m=2$，因此，它的约束长度 $nN=n\times(m+1)=2\times3=6$。

在图 2-23 中，m_1 与 m_2 为移位寄存器，它们的起始状态均为零。C_1、C_2 与 b_1、b_2、b_3 之间的关系如下：

$$\begin{cases} C_1 = b_1 + b_2 + b_3 \\ C_2 = b_1 + b_3 \end{cases}$$

假如输入的信息为 $D=[11010]$，图 2-23 中为了使信息 D 全部通过移位寄存器，还必须在信息位后面加 3 个“0”。表 2-9 列出了对信息 D 进行卷积编码时的状态。

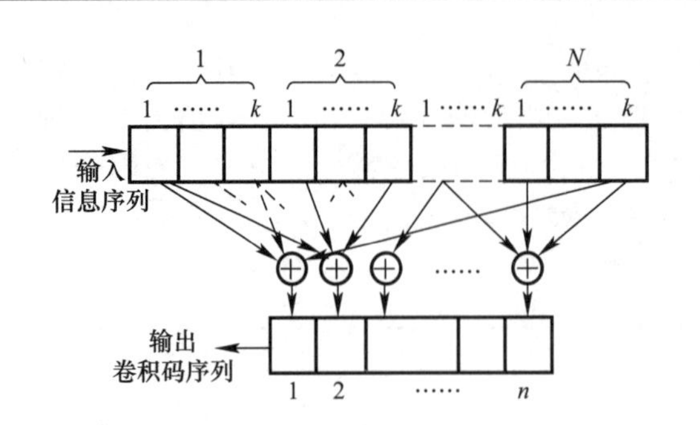

图 2-22 卷积码编码器的一般形式

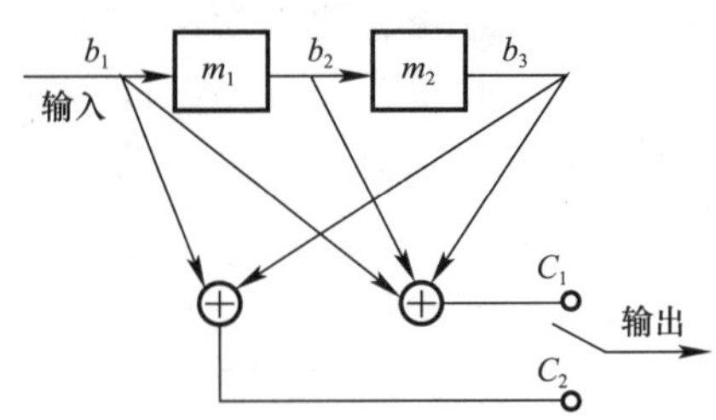

图 2-23 （2，1，2）卷积码编码器

对 11010000 进行卷积编码时的状态 **表 2-9**

输入信息 D	1	1	0	1	0	0	0	0
b_2b_3	0 0	1 0	1 1	0 1	1 0	0 1	0 0	0 0
输出 C_1C_2	1 1	0 1	0 1	0 0	1 0	1 1	0 0	0 0

卷积码也是一种线性码，也可用矩阵表示，当生成矩阵确定后，便可从已知的信息位得到整个编码序列。

2.7 数据交换技术

通信设备通常是通过公用通信传输线路实现数据通信的。所谓交换技术，就是动态地分配传输线路资源的技术。数据交换方式分为电路交换和存储交换两大类，报文交换和分组交换属于存储交换方式。传统上将数据交换分为电路交换、报文交换、分组交换三种交换方式，随着通信技术的发展，20 世纪 90 年代后期又出现了 ISDN 网使用的帧中继交换和 ATM 网使用的信元交换。

2.7.1 数据交换的必要性

数据通信的最基本形式是在信源和信宿之间建立起一条用某种传输介质直接连接的传输数据信息的通道。当信源和信宿的数目有限时，这完全是可能的。但当信源和信宿的数量较多时，若在任意两个信源和信宿之间都建立起固定的信息传输通道则会造成很大浪费。若有 n 个终端，则需要建立 $n\times(n-1)/2$ 条信息传输通道，每个终端就要有（$n-1$）个 I/O 端口。图 2-24 是 4 个设备的全连接网，共需 $4\times3/2=6$ 条传输通道，每个终端要有 3 个 I/O 端口。可见全连接网内，系统成本将随传输通道增多而大大增加，并且当数据通信量不大时，信道的利用率就不高，这种连接方式也就不经济。

为了克服上述缺点，可将各个用户终端通过一个具有交换功能的网络连接起来，网络资源对所有终端是共享的，可使任意两终端之间传输数据，如图 2-25 所示。为了提高数据传输可靠性，交换网络能在它们之间提供多条路由。此时，每个终端只需一个 I/O 端口，而不是（$n-1$）个。这就使得终端设备硬件得以简化，降低了整个系统的成本。

2.7.2 电路交换方式

电路交换是一种直接的交换方式，通过网络节点在通信双方之间建立专用的临时通信链路，即在两个工作站之间具有实际的物理连接。信道上的所有设备实际上只起开关作用，开关合即信道通，对信息传输没有额外的延时，而只有线路延时。其通信过程可分为：建立连接、数据传输、拆除连接三个阶段。传统的电话系统就是采用这种交换方式，如图 2-26 所示。

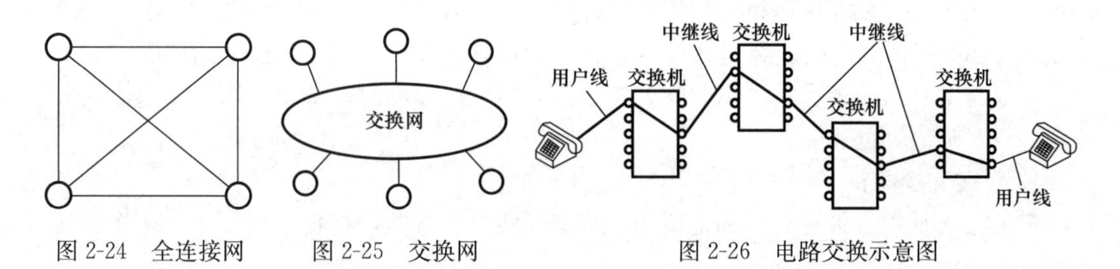

图 2-24　全连接网　　图 2-25　交换网　　图 2-26　电路交换示意图

1. 电路交换的三个过程

电路交换的三个过程或阶段是电路建立、数据传输及电路拆除。电路建立即在传输任何数据之前，要先经过呼叫过程，选择未用的干线建立一条端到端的电路。数据传输是指电路建立以后，所建立的电路必须始终保持连接状态，数据才可以正确传输。电路拆除则是在数据传输结束后，由某一方发出拆除请求，然后逐段拆除到对方节点。

2. 电路交换技术的优缺点及其特点

电路交换技术的优点是数据传输阶段延迟时间短，一旦电路建立后，数据以固定的数据率传输，除传输链路的延时外，不再存在其他延时，特别适合于音频和视频等信号的传输；对交换设备的功能要求低。

电路交换技术的缺点是在短时间数据传输时电路建立和拆除所用的时间相对比较长；电路资源被通信双方独占，必须等待电路拆除后才可以被他人使用，电路利用率不高。

电路交换技术的主要特点是，在数据传送开始之前必须先设置一条专用的物理通路，在线路释放之前，该通路由一对用户完全占用。对于猝发式的通信，电路交换效率不高，适用于实时大批量数据的传输。

2.7.3　报文交换方式

报文交换是将用户的报文存储在交换机的存储器中（内存或外存），当所需输出电路空闲时，再将该报文发往需接收的交换机或终端。这种存储—转发的方式可以提高中继线和电路的利用率。

1. 报文交换原理

报文交换方式的数据传输单位是报文，报文就是站点一次性要发送的数据块。当一个站要发送报文时，它将一个目的地址附加到报文上，网络节点根据报文上的目的地址信息，把报文发送到下一个节点，一直逐个节点地转送到目的节点。

每个节点在收到整个报文并检查无误后，就暂存这个报文，然后利用路由信息找出下一个节点的地址，再把整个报文传送给下一个节点。因此端与端之间无需先通过呼叫建立连接。

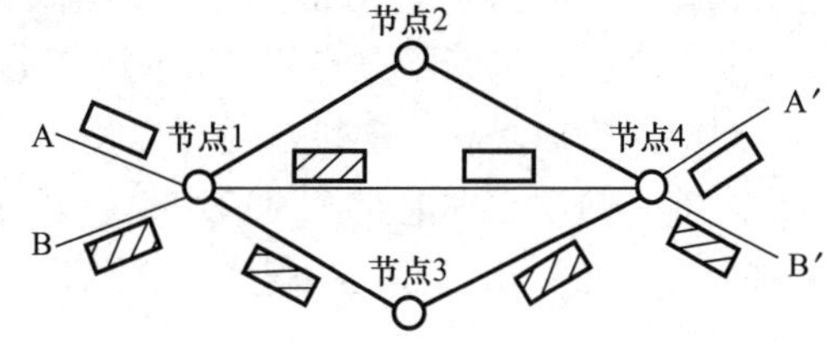

图 2-27　报文交换路由示意图

图 2-27 显示了当站点 A 与 A′通信时和站点 B 与 B′通信时报文交换传输网络的路由情况，站点发送的数据被封装成报文，其中每个报文都包含源地址、目的地址及其他控制信息，数据传输时报文被读入节点交换机

的缓存中排队（排队时可以按优先级），节点交换机会对报文进行分析，以获得必要的信息并确定路由，等待链路空闲时发送到下一节点交换机。从图 2-27 中可以看出节点 1 和节点 4 间的直连链路同时为站点 A 和站点 B 的报文传输提供了服务，而站点 B 的多个不同的报文传输是经过不同的传输链路才到达站点 B′，甚至会出现先传输的报文后到达的情况。

一个报文在每个节点的延迟时间，等于接收报文所需的时间加上向下一个节点转发所需的排队延迟时间之和。

2. 报文交换的特点

（1）报文从源点传送到目的地采用“存储—转发”方式，在传送报文时，一个时刻仅占用一段通道。

（2）在交换节点中需要缓冲存储，报文需要排队，故报文交换不能满足实时通信的要求。

3. 报文交换的优点

（1）电路利用率高。由于许多报文可以分时共享两个节点之间的通道，所以对于同样的通信量来说，对电路的传输能力要求较低。

（2）在电路交换网络上，当通信量变得很大时，就不能接受新的呼叫。而在报文交换网络上，通信量大时仍然可以接收报文，不过传送延迟会增加。

（3）报文交换系统可以把一个报文发送到多个目的地，而电路交换网络很难做到这一点。

（4）报文交换网络可以进行速度和代码的转换。

4. 报文交换的缺点

（1）不能满足实时或交互式的通信要求，报文经过网络的延迟时间长且不定。

（2）有时节点收到过多的数据而无空间存储或不能及时转发时，就不得不丢弃报文，而且发出的报文不按顺序到达目的地。

2.7.4 分组交换方式

分组交换是报文交换的一种改进，它将报文分成若干个分组，每个分组的长度有一个上限并且具有接收地址和发送地址的标识，有限长度的分组使得每个节点所需的存储能力降低了，分组可以存储到内存中，提高了交换速度。它适用于交互式通信，如终端与主机通信。分组交换有虚电路分组交换和数据报分组交换两种，是计算机网络中使用最广泛的一种交换技术。

1. 虚电路分组交换原理与特点

在虚电路分组交换中，为了进行数据传输，网络的源节点和目的节点之间要通过虚呼叫设置一条虚电路，即先建一条逻辑通路，其通信过程类似电路交换。每个分组除了包含数据之外还包含一个虚电路标识号，而不是目的地址的信息。在预先建好的路径上的每个节点都知道把这些分组引导到哪里去，数据分组按已建立的路径顺序通过网络，不再需要路由选择判定。最后，由某一个站用清除请求分组来结束这次连接。它之所以是“虚”的，是因为这条电路不是专用的，而是按统计复用实现复用的。

虚电路可以是临时连接，也可以是永久连接。临时连接称为交换虚电路，用户终端在通信之前必须建立虚电路，通信结束后就拆除虚电路。永久连接的称为永久虚电路，可以在两个用户之间建立永久的虚连接，用户之间的通信直接进入数据传输阶段，就好像具有一条专线一样，可随时传送数据。

虚电路的概念可以用图 2-28 说明。在分组网中，从源终端传到目的终端中间经过若干交换节点，各节点间在一条物理信道上有多条逻辑信道，它们是按统计复用实现复用的，如图中的逻辑信道 1、2、3、4。在一条逻辑信道两端的交换机节点中，都对应分配一定的存储空间，在每个分组中都标明了所走的逻辑信道号。如当呼叫用户 A 要与 A′通信时，A 与 A′通过节点 1、2、3、5 建立虚电路连接，而各节点之间的逻辑信道号是不一样的，节点 1 与节点 2 之间利用逻辑信道 1，节点 2 与节点 3 之间利用逻辑信道 1，节点 3 与节点 5 之间利用逻辑信道 4。

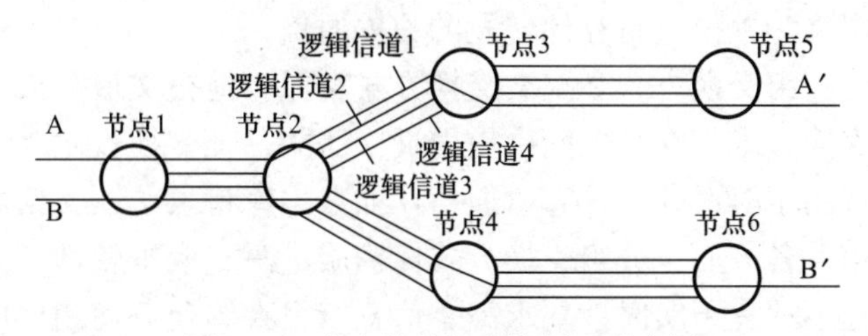

图 2-28　虚电路分组交换原理示意图

2. 数据报分组交换原理与特点

在数据报分组交换中，每个分组的传送是被单独处理的，没有确定的传输通道，用户间通信不需经历呼叫建立和清除阶段。每个分组称为一个数据报，每个数据报的分组头都装有目的地址信息，以便分组交换机寻径。一个节点收到一个数据报后，根据数据报中的地址信息和节点所储存的路由信息，找出一个合适的路由，把数据报原样地发送到下一节点。由于各数据报所走的路径不一定相同，因此不能保证各个数据报按顺序到达目的地，有的数据报甚至会中途丢失，网络终端节点需对数据重新排序。

图 2-29 中假设站点 A 有 3 个分组发往站点 B，节点 1 分别为分组 1 和 3 选择了路径 1-2-4，为分组 2 选择了路径 1-3-4。由于各个分组所走的路径不同，到达节点 4 时分组的顺序发生了变化，这时接收节点需要重新排列分组的顺序，以保证正确接收数据。

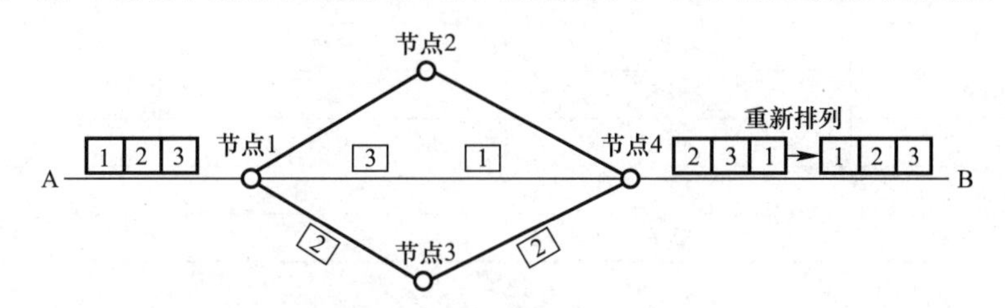

图 2-29　数据报分组交换原理示意图

3. 虚电路交换和数据报交换比较

虚电路交换和数据报交换比较见表 2-10。

虚电路交换和数据报交换比较　　表 2-10

比较内容	虚电路交换	数据报交换
端到端的连接	必须有	不需要
目的站地址	仅在连接建立阶段使用	每个分组都有目的站地址
分组的顺序	总是按发送顺序到达目的站	可能不按发送顺序到达目的站
端到端的差错处理	由通信子网负责	由主机负责
端到端的流量控制	由通信子网负责	由主机负责

2.7.5 交换方式的选择与比较

（1）电路交换。在这种方式中，各中间节点的作用仅限于连通物理线路，对于线路中的数据不做任何软件处理，故线路连通后的数据传输阶段无显著的延迟等待时间。

（2）报文交换。无需建立呼叫连接，但这个报文必须在节点开始重发前全部收到，且每次传送需重新选择路由，故整个延迟比电路交换长。因此报文交换不适合于交互式通信，不能满足实时通信的要求，适用于实现不同速率、不同协议、不同代码终端的终端间或一点对多点的以报文为单位进行存储转发的数据通信。

（3）分组交换。分组交换方式和报文交换方式类似，但报文被分成分组传送，并规定了最大长度。分组交换技术是在数据网中使用最广泛的一种交换技术，它兼有电路交换及报文交换的优点，适用于对话式的计算机通信，如数据库检索、图文信息存取、电子邮件传递和计算机间通信等各方面。分组交换方式传输质量高、成本较低，并可在不同速率终端间通信。其缺点是不适宜于实时性要求高、信息量很大的业务使用。虚电路分组交换适于实时的数据通信，数据报分组交换时，每个分组一到达各节点就可排队等待空闲时传输，不用等待整个报文，故明显快于报文交换。

三种交换方式之间的比较如表 2-11 所示。由该表可见，电路交换适于报文长且数据量大的数据通信；报文交换适于报文短的数据通信；分组交换对报文进行了分组传输，适于报文长的数据通信。

三种交换方式的比较　　表 2-11

项目＼方式	电路交换	报文交换	分组交换
持续时间	较长	较短	较短
信道传输时延	时延短偏差小	时延长偏差大	时延长偏差大
传输质量	10^{-7}	$10^{-9}\sim10^{-10}$	$10^{-11}\sim10^{-14}$
数据可靠性	一般	较高	高
电路利用率	低	高	高
异种终端相互通信	不可以	可以	可以
实时会话业务	适用	不适用	虚电路分组交换适用
数据交换为主的业务	不适用	适用	适用

2.8 传输介质

传输介质是通信网络中发送方和接收方之间的物理通路，可分为有线和无线两大类。双绞线、同轴电缆和光纤是常用的三种有线传输介质，也叫硬介质；无线电通信、微波通信、红外通信以及激光通信的信息载体都属于无线传输介质，也叫软介质。硬介质是那些可以触摸到的导线或电缆，软介质不容易看到，但可以看到或听到使用它们的结果。

传输介质的特性对网络数据通信质量有很大影响，其特性主要有：①物理特性。表征传输介质的特征。②传输特性。包括信号形式、调制技术、传输速率及频带宽度等内容。③连通性。采用点到点连接还是多点连接。④地理范围。网上各点间的最大距离。⑤抗干扰性。防止噪声、电磁干扰对数据传输影响的能力。⑥相对价格。以元件、安装和维护的价格为基础。

此处主要介绍几种常用的有线传输介质的特性。无线传输介质的相关介绍可参见本书2.9小节的相关部分。

2.8.1 双绞线

1. 双绞线的基本概念

双绞线由两根绝缘铜导线按一定密度互相绞扭在一起，用于降低线对之间的电磁干扰、噪声、串音等，每一根导线在传输中辐射出来的电波会被另一根线上发出的电波抵消。为了便于连接，双绞线的各线用不同的颜色区分，一对线作为一条通信链路。

双绞线是综合布线工程中最常用的传输介质。把4对双绞线放在一个绝缘套管中，双绞线的各线用不同的颜色区分，便成了通常意义上双绞线电缆。与其他传输介质相比，双绞线在传输距离、信道宽度和数据传输速度等方面均受一定限制，但价格较为低廉。

双绞线一般用于星形网的布线连接，两端使用RJ-45插头（水晶头，见图2-30）连接工作站的网卡或集线器，最大网线长度为100m。

双绞线可分为非屏蔽双绞线（UTP，Unshiielded Twisted Pair，也称无屏蔽双绞线，见图2-31）和屏蔽双绞线（STP，Shielded Twisted Pair），屏蔽双绞线电缆的护套表面之下有一层网状金属线包住双绞线，能够防止周围辐射信号引起正常信号的衰减和失真，也防止正常辐射释放，并且反射到电缆线的铜线导体中，STP仅在一些特殊场合（如受电磁干扰严重、易受化学品的腐蚀等）使用。双绞线主要用在10BASE-T（使用3类双绞线）、100BASE-T（使用5类双绞线）、1000BASE-T（使用超5类或6类双绞线）网络中。在“XBASE-T”中，“X”代表最大数据传输速度为XMbps；“BASE”代表采用基带传输方法传输信号；“T”代表UTP。

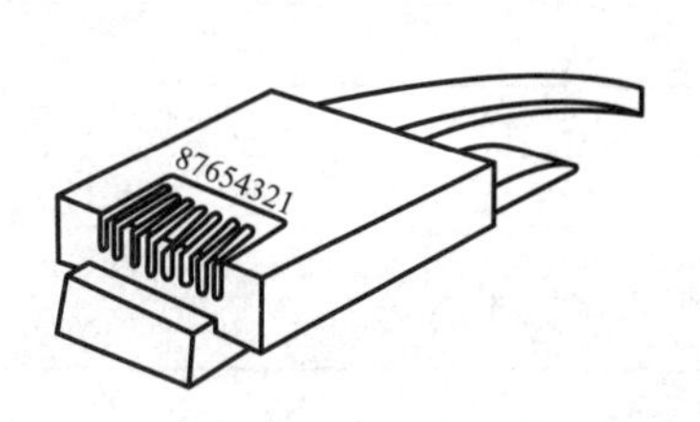

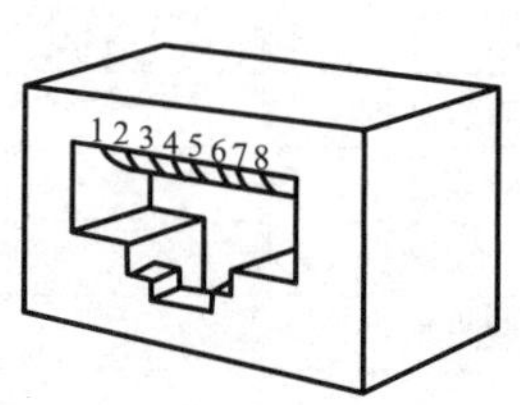

图2-30 五类线RJ-45插头和插座的结构

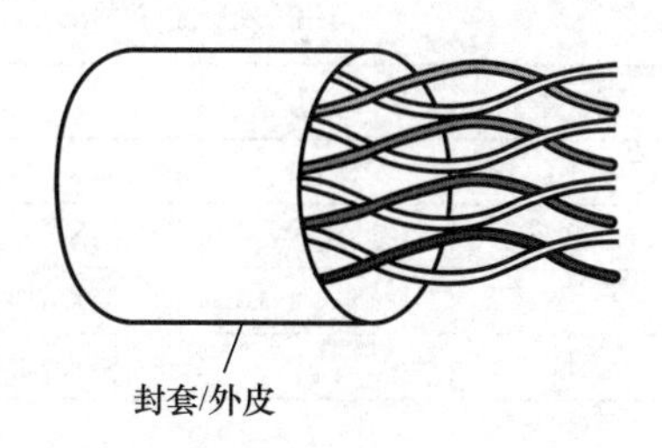

图2-31 五类非屏蔽双绞线结构

目前，最常使用的布线标准有两个，即T568A标准和T568B标准，其线序排列见表2-12和图2-32、图2-33。

T568A标准和T568B标准线序表 表2-12

线序 标准	1	2	3	4	5	6	7	8
T568A	绿白	绿	橙白	蓝	蓝白	橙	棕白	棕
T568B	橙白	橙	绿白	蓝	蓝白	绿	棕白	棕

在图2-32和图2-33中，将RJ-45水晶头入线孔向下，有针脚的一面向上，并使有针脚的一端对着自己，此时，最左边的是第1脚，最右边的是第8脚，其余依次顺序排列。

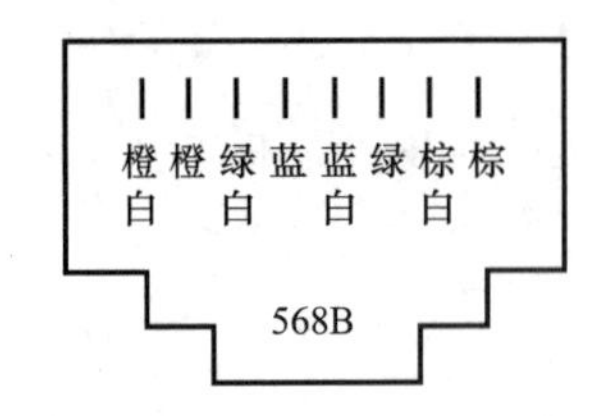

图 2-32　RJ-45 连接器 568B 线序

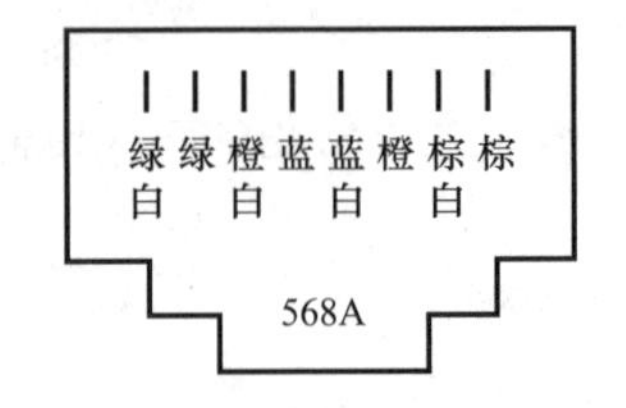

图 2-33　RJ-45 连接器 568A 线序

在网络施工中，大部分网线制作使用 T568B 标准。两端都用 T568B 标准制作的双线绞用于计算机网卡与交换机或 HUB 的连接；如果是计算机网卡与计算机网卡之间直接连接则一端用 T568B 标准，而另一端用 T568A 标准；如果是交换机与交换机之间直接连接，应该一端用 T568B 标准，而另一端用 T568A 标准，但若交换机端口支持“线序自动识别技术”，则网线两端都可用 T568B 标准。

10/100BASE-T 标准 RJ-45 连接器 TIA/EIA568B 规范各插脚的用途如表 2-13 所示，10/100BASE-T 使用 2 对线传输数据。1000BASE-T 标准 RJ-45 连接器 TIA/EIA568B 规范各插脚的用途见表 2-14，1000BASE-T 使用 4 对线传输数据。

10/100BASE-T 标准 RJ-45 连接器 TIA/EIA568B 规范各插脚的用途　　表 2-13

插脚编号	颜色	作用	插脚编号	颜色	作用
1	橙白	输出数据（+）	5	蓝白	保留为电话使用
2	橙	输出数据（-）	6	绿	输入数据（-）
3	绿白	输入数据（+）	7	棕白	保留为电话使用
4	蓝	保留为电话使用	8	棕	保留为电话使用

1000BASE-T 标准 RJ-45 连接器 TIA/EIA568B 规范各插脚的用途　　表 2-14

插脚编号	颜色	作用	插脚编号	颜色	作用
1	橙白	MX_0+收发数据	5	蓝白	MX_2-收发数据
2	橙	MX_0-收发数据	6	绿	MX_1-收发数据
3	绿白	MX_1+收发数据	7	棕白	MX_3+收发数据
4	蓝	MX_2+收发数据	8	棕	MX_3-收发数据

2. 双绞线的分类

双绞线按电气性能划分，通常分 3 类、4 类、5 类、超 5 类、6 类、7 类双绞线等类型，数字越大，电气性能越好。目前广泛应用的是超 5 类和 6 类双绞线。

5 类线主要是针对 100M 网络提出的，当然对 10M 网络更是绰绰有余，其工作方式基本上是 100BASE-TX 的半双工方式。后来，开发千兆以太网时，1000BASE-T 标准规定也可以在 5 类双绞线上运行，但在实际操作中人们发现，并非所有的 5 类线缆均可以运行千兆以太网，主要体现在电气性能是否满足千兆以太网所需的 4 对线全双工传输要求，因 5 类线主要目的是提供给 100BASE-TX 使用，只要求其中 2 对线满足要求即可。在此背景下，比 5 类线电气性能更好的能满足千兆以太网需求的“增强型 5 类双绞线”（Enhanced Cat5，即 5E）产品获得广泛使用，并被标准化，被人们称为“超 5 类”双绞线。

TIA/EIA568A-5 是 5E 的标准号，与 5 类线缆相比，超 5 类在信号衰减、近端串扰、相邻线对综合串扰、结构回损（SRL）、衰减串扰比（ACR）等主要指标上都有较大的改进。5 类线的标识是“Cat5”，带宽为 100MHz；超 5 类线的标识是“Cat5E”，带宽为 155MHz。

美国通信工业协会 TIA 在 2002 年 6 月正式通过了 6 类布线标准，这个分类标准是 TIA/EIA-568B 标准的附录，命名为 TIA/EIA-568B. 2-1，该标准也被国际标准化组织 ISO 批准，标准号为 ISO 11801-2002。标准规定 6 类布线系统的组成成分必须向下兼容 3 类、5 类、超 5 类布线产品，同时必须满足混合使用的要求。

6 类非屏蔽双绞线在外形和结构上与 5 类双绞线有一定的差别，不仅增加了绝缘的十字骨架（见图 2-34），将双绞线的 4 对线分别置于十字骨架的 4 个凹槽内，而且电缆的直径也更粗。电缆中央的十字骨架随长度的变化而旋转角度，将 4 对线卡在骨架的凹槽内，提高电缆的平衡特性和抗串扰能力。另外 6 类线采用特殊设计的 RJ-45 插头，在施工安装时，6 类比超 5 类难度也要大很多。6 类线的标识是“Cat6”，工作频率（带宽）为 250MHz。

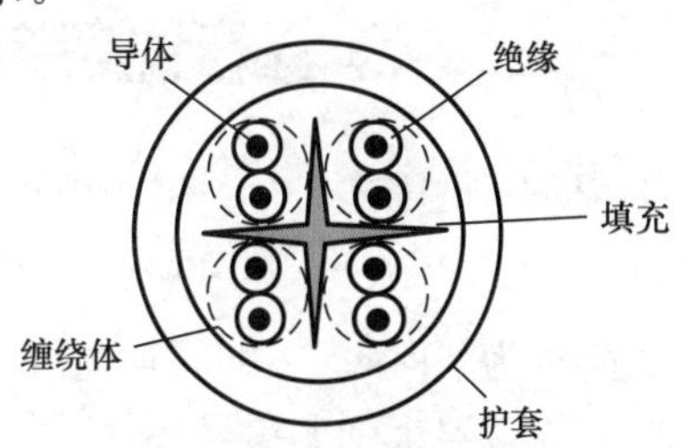

图 2-34 六类非屏蔽双绞线断面结构

3. 双绞线的性能指标

（1）衰减。衰减是沿链路的信号损失度量。衰减与线缆的长度有关系，随着长度的增加，信号衰减也随之增加。衰减用 dB 作单位，表示源传送端信号到接收端信号强度的比率。由于衰减随频率而变化，因此应测量在应用范围内的全部频率上的衰减。

衰减 $B=10\mathrm{Lg}(P_i/P_o)$，其中 P_i 为信号输入功率，P_o 为信号输出功率。例如某线路的衰减 $B=10\mathrm{dB}$，则 $P_i/P_o=10^{10/10}=10$，表示信号到达对端时将损失 90%。

（2）近端串扰。近端串扰损耗（NEXT，Near-End Cross Talk）类似于噪声，是从相邻的一对线上传过来的干扰信号。这种串扰信号是由于 UTP 中邻近的另一线对通过电容或电感耦合过来的。

NEXT 是由与电缆信号发生器在同一端的接收器测得的，这个量值会随电缆长度不同而变化，电缆越长，其值变得越小。同时发送端的信号也会衰减，对其他线对的串扰也相对变小，一般在 40m 内测量得到的 NEXT 是较为真实的。

（3）远端串扰。远端串扰（FEXT，Far-End Cross Talk）表示按给定频率的信号从一对双绞线输入时，在另一端的另一对双绞线上信号的感应程度，单位为 dB。

（4）相邻线对综合串扰。相邻线对综合串扰指在使用 UTP 4 对线对同时传输数据的环境下，其他三对线上的工作信号对另一对线线间串扰总和。

（5）回波损耗。回波损耗（RL，Return Loss）是指由于线缆特性阻抗和链路接插件阻抗偏离标准值而导致的对发送信号功率的反射，一般假设线路阻抗值是 100Ω 作为参照值进行测量。

（6）结构回损。结构回损（SRL，Structural Return Loss）与回波损耗（RL）类似，但结构回损采用了拟合阻抗值作为参照值，一般拟合阻抗值在所有频率下都不会正好等于 100Ω。

（7）衰减串扰比。在某些频率范围，串扰与衰减量的比例关系是反映电缆性能的另一个重要参数。ACR 有时也用信噪比（SNR，Signal-Noise Ratio）表示，它由最差的衰减量与 NEXT 量值的差值计算。ACR 值较大，表示抗干扰的能力更强。一般系统要求 ACR

至少大于 10dB。

2.8.2 同轴电缆

同轴电缆也像双绞线一样由一对导体组成，但它们是按“同轴”形式构成线对。最里层是内芯，向外依次为绝缘层、屏蔽层，最外则是起保护作用的塑料外套，内芯和屏蔽层构成一对导体（见图 2-35）。同轴电缆分为基带同轴电缆（阻抗为 50Ω）和宽带同轴电缆（阻抗为 75Ω）。基带同轴电缆又可分为粗缆和细缆两种，都用于直接传输数字信号；粗缆的全称为“粗同轴电缆”，简称为“AUI”，细缆是指“细同轴电缆”，它的英文简称为“BNC”，细同轴电缆与粗同轴电缆结构类似，只是直径细些。同轴电缆的两头要有终端器来削弱信号反射的作用。

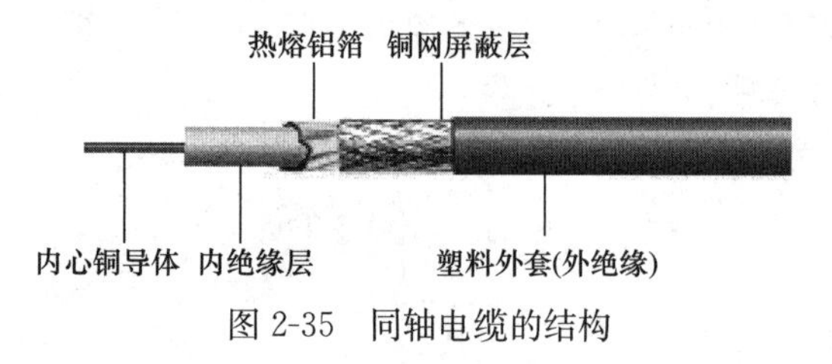

图 2-35 同轴电缆的结构

同轴电缆是早期局域网中最常用的传输介质之一，相对双绞线星形网络来说存在诸多不足之处，目前已经被双绞线取代。

2.8.3 光纤

1. 光纤及光缆

光纤是光导纤维的简称，它由能够传导光波的石英玻璃纤维拉成细丝外加保护层构成。纤芯用来传导光波，包层较纤芯有较低的折射率，当光线从高折射率的媒体射向低折射率的媒体时，如果入射角足够大（图 2-36a），就会出现全反射。这样，通过光在光纤中的不断反射来传送被调制的光信号，以把信息从光纤的一端传送到另一端（图 2-36b）。光信号在光纤中传输具有距离远、损耗极小、抗电磁干扰的优点。

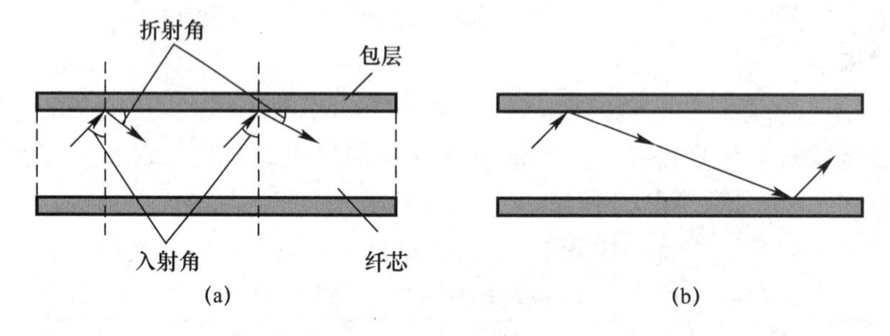

图 2-36 光纤的传输原理

（a）入射角与折射角；（b）光信号在纤芯中传播

用多芯光纤制成的光缆主要由五部分组成，如图 2-37 所示。其中，缆芯可以是 4 芯或多芯光纤，光纤的直径约为 8～100μm，通常是超高纯的石英玻璃纤维；包层是在光纤外面包裹的一层，它对光的折射率低于光纤；吸收外壳用于防止光的泄漏；防护层对光缆起保护作用；加强芯一般由钢丝构成，工程施工时，对光缆起保护作用和便于穿管。

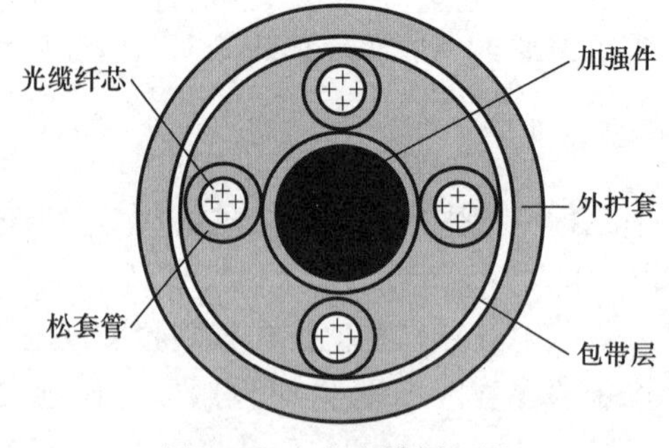

图 2-37 4 芯光缆剖面图

光纤按传播模式分为多模光纤（Multi Mode Fiber）和单模光纤（Single Mode Fiber）两类，若按工作波长则分为短波光纤和长波光纤两类。

长波（单模）光纤因具有衰减低，带宽宽等优点，适用于长距离、大容量的光纤传输；而短波（多模）光纤及配套的光电收发器因具有价格低的优势，在网络通信中也同样得到了广泛使用。单模光可在多模光纤中传输，但多模光不能在单模光纤中传输。用光纤传输电信号时，在发送端先要由光纤收发器将其转换成光信号，而在接收端又要由光纤收发器还原成电信号。

光纤通信系统的发展，可分为四个进程：第一代，以 1973～1976 年的 0.85μm 多模光纤通信系统为代表，传输速率为几十 Mbps，中继距离约 10km；第二代，是 20 世纪 70 年代末、80 年代初的多模和单模光纤通信系统，工作波长为 1.31μm，传输速率是 140Mbps，中继距离约为 20～50km；第三代为 20 世纪 80 年代中期以后的长波长单模光纤通信系统，其工作波长为 1.31μm，传输距离约为 50km；第四代指自 20 世纪 90 年代以后的同步数字体系（SDH）光纤传输网络，传输速率可达 2.5Gbps，中继距离为 80km 左右，在此传输网络中，开始采用光纤放大器以及光波复用技术。

在光纤通信中，决定中继距离的主要因素是光纤的损耗和传输带宽。通常，用光在光纤中传输时每单位长度上的衰减量来表示光纤的损耗，单位是 dB/km。以不同波长传输时的光纤衰减系数见表 2-15。一般将 850nm 作为光纤通信的短波波长，将 1310nm 和 1550nm 作为光纤通信的长波波长，这是目前光纤通信三个实用的低损耗工作窗口。在实际的通信系统中光纤链路的衰减还要考虑光纤接头和熔接技术等因素，一般要高于表 2-15 中的衰减系数。

光纤衰减系数　　**表 2-15**

<table>
<tr><th>光纤类型</th><th>衰减系数</th><th>光源类型</th><th colspan="2">802.3 规定最大传输距离</th></tr>
<tr><td>850nm 室外多模</td><td>3dB/km</td><td>发光二极管 LED</td><td>100BASE-F 接口：2km</td><td>1000BASE-SX 接口：275m（62.5μm 芯径）、550m（50μm 芯径）</td></tr>
<tr><td>1310nm 室外单模</td><td>0.3dB/km</td><td rowspan="2">激光</td><td colspan="2" rowspan="2">100BASE-FX 接口和 1000BASE-LX 接口：与收发器模块有关，一般在 5～70km</td></tr>
<tr><td>1550nm 室外单模</td><td>0.2dB/km</td></tr>
</table>

2. 光纤通信的优点

光纤通信之所以受到人们的极大重视，这是因为和其他通信手段相比，具有无与伦比的优越性。

（1）通信容量大

用一对光纤同时传输 24 万个话路的实验已经取得成功，它比传统的明线、同轴电缆、微波等要高出几十乃至上千倍以上。一根光纤的传输容量如此巨大，而一根光缆中可以包括几十对甚至上百对光纤，如果再加上波分复用技术把一根光纤当作几根、几十根光纤使用，其通信容量之大就更加惊人了。

（2）中继距离长

由于光纤具有极低的衰耗系数（目前商用化石英光纤已达 0.19dB/km 以下），若配以适当的光发送与光接收设备，可使其中继距离达数百公里以上。这是传统的电缆（1.5km）、微波（50km）等根本无法与之相比拟的。因此光纤通信特别适用于长途一、二级干线通信。

(3) 保密性能好

光波在光纤中传输时只在其芯区进行，基本上没有光“泄漏”出去，因此其保密性能极好。

(4) 适应能力强

适应能力强是指，不怕外界强电磁场的干扰、耐腐蚀，可挠性强（弯曲半径大于25cm时其性能不受影响）等。

(5) 体积小、重量轻、便于施工维护

光缆的敷设方式方便灵活，既可以直埋、管道敷设，又可以水底和架空敷设。

(6) 原材料来源丰富，潜在价格低廉

制造石英光纤的最基本原材料是二氧化硅，在大自然界中几乎是取之不尽、用之不竭的。因此其潜在价格是十分低廉的。

2.9 无线通信技术

无线通信（Wireless Communication）是利用电磁波信号可以在自由空间中传播的特性进行信息交换的一种通信方式，近年来信息通信领域中，发展最快、应用最广的就是无线通信技术。

无线通信技术是以无线电波为媒介的通信技术。利用无线电波进行通信的历史可以追溯到19世纪末，当时意大利电气工程师和发明家Marconi演示了通过无线电波的信号传输。此后，无线通信经历了从无到有、从简单到复杂、从点到点通信到无线网络通信、从低速数据到高速多媒体通信等过程，逐渐成了人们生活中的重要组成部分。

无线通信系统大致可以分为两类，一类是利用无线电波来解决信息传输问题，如微波传输系统、卫星传输系统；另一类是利用无线方式作为系统接入，形成具有覆盖能力的通信网络，如陆地移动通信系统、卫星移动通信系统及各种短距离无线通信等。

2.9.1 无线通信基本原理

1. 电磁波谱

在各国，无线频谱都是一种被严格管制使用的资源。按照无线电波的波长可以将其分为长波、中波、短波、超短波和微波几类。

长波信道所使用的频率是在300kHz以下，波长为1000m以上。长波沿地面的传输损耗较小。长波方式传输信息一般只用于海上导航及对潜通信系统。

中波信道的频率在0.3～3MHz之间，波长在100～1000m范围内。中波以地面波为主要传播方式，传播损耗稍大于长波，传输距离较远。中波方式一般用于无线电中波广播。

短波信道的频率在3～30MHz之间，波长为10～100m。该频段的地面传播损耗较大，传播距离较短；但借助地球上空的电离层反射，可进行远距离通信。由于波长较短，短波天线设备可以做得较小，两点之间的通信费用较低。短波通信的通信距离可达几千千米，在卫星通信出现之前，是国际通信的主要手段。

超短波信道的频率在30～3000MHz之间。在该频段中，电磁波沿地面传播损耗较大，也不能被地球上空的电离层反射（频率高），因此传播的主要方式是空间直射波和地面反射波的合成。该频段一般作为近距离通信的手段，传播距离小于 100m，适于建立移动通信网络。

微波信道的频率范围一般在 3000MHz 以上，微波在现代通信网中占有十分重要的地位。其实微波的含义并没有严格的确定，部分超短波波段如 1000～3000MHz 的信道也被称为微波信道。在微波频段中，其波长很短（小于 10cm），天线的方向性很强，在自由空间传播时，传输效率较高，适用于大容量的信息传输。由于微波信道的建设和维护费用低，因此在现代通信网远距离传输中已占了很大的份额。该频段主要工作方式是中继线路，通常每隔 50～80km 设置一个中继器（站）。微波塔越高，微波传输的距离就越远。目前，微波通信已广泛地应用于长途电话通信、移动电话和电视转播。

卫星信道是微波中的几 GHz 到几十 GHz 的频段。所谓卫星通信是指人们利用人造地球卫星作为中继站，转发地球上任意两个或多个地球站之间用于进行通信的无线电波。卫星通信是地面微波中继通信的发展，是微波中继通信的一种特殊方式。目前卫星通信在国际通信、国内通信、国防、移动通信以及广播电视等领域得到了广泛应用。

为了避免出现混乱，每个国家和国际组织对具体频段的使用权都有相应的协定。国家政府机关为本国的调频/调幅无线电台、电视、移动电话等应用分配了相应的频谱资源，同时也为电话公司、公安、航空、军队、政府和许多其他竞争用户等组织和机构规定了使用的频谱资源。与此同时，大多数政府也会把一些频段保留下来用于非许可性应用，这些频段称为工业科学医学。

按照波长或频率的顺序把电磁波排列起来的电磁波谱如表 2-16 所示。

电磁波谱排列　　**表 2-16**

频段名称	频率范围	波长范围（m）	波段名称	传输媒介
极低频（ELF）	30Hz～3000Hz	10^8～10^6	极长波（ELW）	有线线对、极长波无线电
甚低频（VLF）	3kHz～30kHz	10^6～10^4	甚长波（VLW）	有线线对、超长波无线电
低频（LF）	30kHz～300kHz	10^4～10^3	长波（LW）	有线线对、长波无线电
中频（MF）	300kHz～3000kHz	10^3～10^2	中波（MW）	同轴电缆、中波无线电
高频（HF）	3MHz～30MHz	10^2～10	短波（SW）	同轴电缆、短波无线电
甚高频（VHF）	30MHz～300MHz	10～1	甚短波（VSW）	同轴电缆、米波无线电
特高频（UHF）	300MHz～3000MHz	1～10^{-1}	微波	波导、分米波无线电
超高频（SHF）	3GHz～30GHz	10^{-1}～10^{-2}		波导、厘米波无线电
极高频（EHF）	30GHz～300GHz	10^{-2}～10^{-3}		波导、毫米波无线电
	300GHz～3THz	10^{-3}～10^{-4}	亚毫米波	
红外	43THz～430THz	7×10^{-6}～7×10^{-7}		光纤
可见光	430THz～750THz	7×10^{-7}～4×10^{-7}		光纤
紫外线	750THz～3000THz	4×10^{-7}～1×10^{-7}		光纤

注：1kHz=10^3Hz；1MHz=10^3kHz；1GHz=10^3MHz；1THz=10^3GHz。

由表 2-16 可见，电磁波是以频率或波长来分类的，波长与频率的关系为

$$\lambda = \frac{c}{f} \tag{2-17}$$

式中，λ 为电磁波波长（m）；f 为电磁波频率（Hz）；c 为电磁波传播速度，$c\approx3\times10^8$m/s。

按照波长长短，从长波开始，电磁波可以分类为无线电波、微波、红外线、可见光、

紫外线、X 射线和 γ 射线等。电磁波的物理行为与其波长有关。人类眼睛可以观测到波长在 400～700nm 之间的电磁辐射，称为可见光。

2. 无线电波的传输

由于无线电波容易产生，传输距离远，并且很容易穿透建筑物，既可以全方位传播，又可以定向传播，因此绝大多数无线通信都采用无线电波作为信号传输的载体。

(1) 无线传播的基本特性

无线通信中，不同的通信目的和通信手段构成了不同的无线传播环境。但各种无线通信系统均采用无线电波传播，电波的传播具有共性，如电波的自由空间传播、视距传播、多径传播及衰落等。

无线信道的基本特点是信道的带宽有限；受干扰和噪声的影响大；在移动中存在多径衰落现象。

无线电波被发射出去之后就能够在空间以及其他物质材料中传播，所谓自由空间即是指理想的电磁波传播环境。无线电波在自由空间传播的速度与光速相近；在其他传播媒介中的传播速度略低一些。频率低于 27MHz 时，无线电波传播几乎没有损耗。

电波辐射损失的能量称为自由空间传播损耗，其损耗与距离的平方以及频率的平方成正比，可按式（2-18）计算。

$$L_S = \left(\frac{4\pi df}{c}\right)^2 \tag{2-18}$$

式中，L_S 为自由空间损耗；d 为天线与接收点之间的距离；f 为信号的频率；c 为电磁波传播速度，将其写成分贝值的形式为

$$L_S = 92.4 + 20\lg d + 20\lg f \tag{2-19}$$

式中，L_S 的单位为 dB；d 的单位为 km；f 的单位为 GHz。

无线电波的传播方式主要有地面波传播、天波传播、地—电离层波导传播、视距传播、散射传播、外大气层及行星际空间电波传播等。

1）地面波传播。地面波传播即无线电波沿地球表面传播。地面波在传播过程中，频率越高，其场强会随大地吸收而衰减越大。因此，频率在 1.5MHz 以下的无线电波的传播主要靠地面波。尤其是 10kHz 以下的甚低频电磁波，衰耗基本不随时间变化，信号传输稳定，可以沿地表传播很远，由于海面传播条件要好，可用于舰艇之间的远距离通信。

2）天波传播。天波传播是利用电离层对电波的一次或多次反射进行的远距离传播，是短波传播的主要方式。由于电离层会随白天、夜晚、高度及地域的不同而有所不同，因此电离层是不稳定的，可以将其视为变参数信道。但由于短波信道的参数变化一般很慢，因此可以通过系统参数调整来对抗这种慢衰落。

3）地—电离层波导传播。电波在从地球表面至低电离层下部之间的球壳形空间内的传播称为地—电离层波导传播。在该波段内，长波及甚长波受电离层扰动影响较小，能够稳定传播几千千米，因而可用于远距离通信。

4）视距传播。视距传播是直射波传播和大地反射波传播的统称。直射波传播是指由发射天线发射的电波像光线一样按直线传播，直接到达接收点。大地反射波传播是指由发射天线发射的电波经地面反射到达接收点的传播方式。要获得最大通信距离，需要结合使用合理的大功率发射机和高增益天线，且天线的位置越高越好。视距传播的距离一般为

20～50km，主要用于超短波及微波通信。

5）散射传播。散射传播是利用对流层或电离层介质中的不均匀体或流星余迹对无线电波的散射作用而进行的传播。虽然散射传播天线的波束很窄，但由于发射天线与接收天线不在视距范围内，接收端接收到的是大气对流层的散射波，因此该信道是一种变参信道。散射传播的距离一般为150～400km，多为车载，不受高山、湖泊阻挡，通常用于军事通信或某些特殊紧急情况。

6）外大气层及行星际空间电波传播。此种传播方式是指以宇宙飞船、人造地球卫星或星体为对象，在地—空、空—空之间进行的电波传播方式。卫星通信即采用这种传播方式。

（2）天线的基本知识

天线是发射和接受电磁波的重要设备，没有了天线，无线通信也就无法实现。为了获得良好的方向性和高增益，通常微波波段中广泛采用各类面天线，主要有微带天线、喇叭形天线、抛物面天线和卡塞格伦天线。

1）天线的作用

无线电发射机输出的射频信号功率通过馈线输送到天线，由天线以电磁波的形式辐射出去。在接收地，电磁波由天线接收下来，并通过馈线输送到无线电接收机。可见，如果天线的类型、位置及参数选择不当，就会影响通信质量。

2）天线的特性

天线的特性主要有天线的方向性、天线增益及天线的极化。

（A）天线的方向性。天线的基本功能之一是把从馈线输入的射频信号能量向周围空间辐射出去，辐射出去的无线电波强度随空间方位不同而不同。根据辐射强度在空间分布的特点，天线可分为无方向性、全向天线和方向天线几类。天线通过天线的方向图来描述其方向性。方向图即描述天线的辐射电磁场在固定距离上随空间角坐标变化的图形，称为辐射方向性图，简称方向图。

（B）天线增益。天线增益是指在功率相等的条件下，实际天线与理想球形辐射单元在空间同一点处所产生的信号的功率密度之比，用来定量地描述一个天线把其输入功率集中辐射的程度。天线增益通常以dBi表示。

【例2-3】 如果理想球形辐射单元作为发射天线，需要50W的输入功率，而采用增益为dBi＝20的某定向天线作为发射天线时，其输入功率应为多少？

解： 其输入功率为所需功率与dBi之比，即

$$\text{输入功率}=\frac{50}{20}=2.5\text{W}$$

（C）波瓣宽度。方向图通常具有两个或多个瓣，其中辐射最强的瓣称为主瓣，其余的称为副瓣或旁瓣。在主瓣最大辐射方向的两侧，功率密度降低一半的两点间的夹角定义为波瓣宽度。波瓣宽度越窄，方向性越好，作用距离越远，抗干扰能力越强。

（D）天线的极化。天线的极化即指天线辐射无线电波时所形成的电场强度方向。当电场强度垂直于地面时，称此电波为垂直极化波；当电场强度平行于地面时，则称其为水平极化波。水平极化波传播的信号在贴近地面时会在大地表面产生极化电流，极化电流受大地阻抗影响会产生热能而使电场信号迅速衰减，而垂直极化波不易产生极化电流，可以避免电场信号的衰减，能够保证信号的有效传播。

(3) 无线电波的多径传播和衰落

1) 无线电波的多径传播

视距传播的实际通信距离会受地球表面曲率的限制。通常，无线通信的视距距离比可视的视距要长三分之一。结合使用合理的大功率发射机、高增益天线或位置较高的天线，会获得更大的通信距离。

尽管视距传播使用从发射机到接收机的直接路径，但有时接收机也能接收到反射信号，同时，直接信号与反射信号会互相干扰，这就形成了多径传播。多径传播如图 2-38 所示。

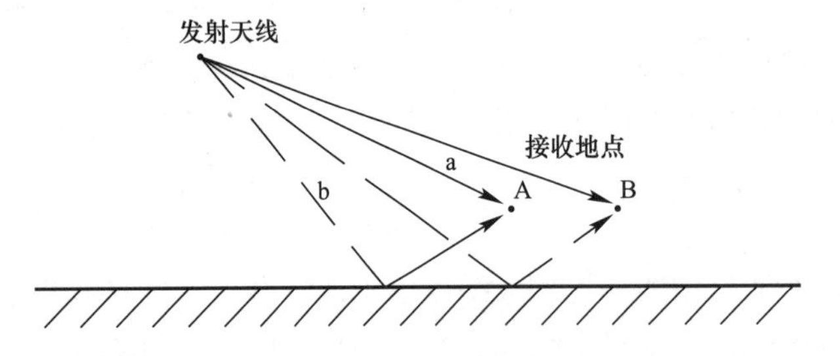

地点的电波	A地点	B地点
路径a的电波		
路径b的电波		
接收点的电波		

图 2-38　多径传播示意图

在发射机和接收机都固定的环境中，可安装天线以减小多径干扰的影响。但在实际应用中，发射机与接收机常常处于不断地运动中，这种移动环境会使电波传播条件恶化，使多径状态处于不断变化中。如果双方均处于移动中，接收信号的频率也会发生偏移，加剧了电波传播条件的恶化。

2) 无线电波传播的衰落

无线电波在传播中，会受到长期慢衰落和短期快衰落的影响，如图 2-39 所示。

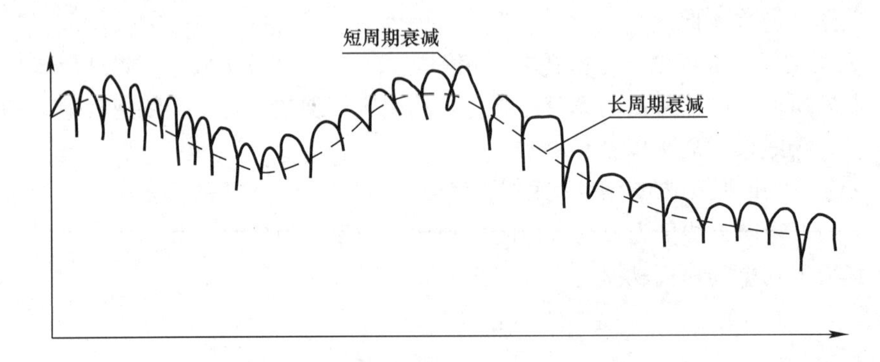

图 2-39　无线电波传播中的衰落示意图

长期慢衰落也叫阴影衰落，是由于传播路径上的地面起伏、固定障碍物的遮挡而引起的，其信号衰落速度缓慢，且与工作频率无关，仅与地形、地物的分布和高度有关。

无线电波具有反射、折射、绕射的特性，接收信号是发送信号经多种传播途径的信号的叠加。由于所接收到的信号往往来自多条路径，电波的传播路径十分复杂，且幅度和相位都随时间变化，其变化的速度在每秒几次到几十次之间，通常称其为短期快衰落。

3. 卫星通信

卫星通信是指利用人造地球卫星作为中继站转发无线电信号，在两个或多个地面站之间进行的通信方式。卫星通信是现代通信技术、航空航天技术及计算机技术相结合的产物。近年来，卫星通信在国际通信、国内通信、国防、移动通信以及广播电视等领域得到了广泛应用。

（1）卫星通信系统的分类

目前，世界上已建成了数百种卫星通信系统，分类方法也很多，可按卫星的制式、所覆盖的通信范围、用户的性质、业务范围、基带信号体制、多址方式及运行方式等进行分类。

按卫星的制式分类：可分为静止卫星通信系统、随机轨道卫星通信系统、低轨道卫星（移动）通信系统。

按所覆盖的通信范围分类：可分为国际卫星通信系统、区域卫星通信系统及国内卫星通信系统。

按用户的性质分类：可分为公用（商用）卫星通信系统、专用卫星通信系统及军用卫星通信系统。

按业务范围分类：可分为固定业务卫星通信系统、移动业务卫星通信系统、广播电视业务卫星通信系统及科学实验卫星通信系统。

按基带信号体制分类：可分为模拟式卫星通信系统、数字式卫星通信系统。

按多址方式分类：可分为频分多址、时分多址、空分多址及码分多址卫星通信系统。

按卫星的运行方式分类：可分为同步、非同步卫星通信系统。

（2）卫星通信的工作频率

由于卫星处于外层空间，即在电离层之外，地面上发射的电磁波需要穿透电离层才能到达卫星。同样，从卫星传输到地面的电磁波也必须穿透电离层，而在无线电频段中仅有微波频段具备这一条件，因而卫星通信使用微波频段。

通常，卫星通信的工作频段常用下行（线）/上行（线）频段来表示，其中下行线是指卫星至地面站的通信链路，其工作频率称为下行频率；上行线是指地面站至卫星的通信链路，其工作频率称为上行频率。上行频率与下行频率之所以不同，是由于一个卫星要同时进行收发工作，因此必须把收发无线电波分开，使其工作在两个不同的频段上。卫星通信最合适的频率范围为1～10GHz。卫星通信的工作频段如表2-17所示。

卫星通信频段的划分 **表2-17**

频段	频率范围（GHz）	频段	频率范围（GHz）
VHF	0.1～0.3	K	18.0～27.0
UHF	0.3～1.0	Ka	27.0～40.0
L	1.0～2.0	V	40.0～75.0
S	2.0～4.0	W	75.0～110.0
C	4.0～8.0	mm	110.0～300.0
X	8.0～12.0	μm	300.0～3000.0
Ku	12.0～18.0		

目前大多数卫星通信系统选择在UHF波段、L波段、C波段、X波段及K波段工作。由于C波段频段较宽，便于利用成熟的微波中继通信技术，且天线的尺寸也可以做得较小，因此是卫星通信最常用的波段。

目前，大部分国际通信卫星及多数国内区域性通信卫星均采用4/6GHz频段，上行为5.925～6.425GHz，下行为3.7～4.2GHz，转发器带宽为500MHz。

为了与民用卫星通信系统在频率上分隔开来，避免相互干扰，许多国家的政府和军用卫星用7/8GHz，上行为7.9～8.4GHz，下行为7.25～7.75GHz。

由于4/6GHz频段卫星通信的拥挤，以及地面微波网的干扰问题，已开发使用11/14GHz频段用于民用卫星和广播卫星业务，其中上行为14～14.5GHz，下行为11.7～12.2GHz、10.95～11.2GHz及11.45～11.7GHz。

目前，20/30GHz频段也已经开始使用，上行采用27.5～31GHz，下行采用17.7～21.2GHz。

（3）卫星通信的特点

与其他通信方式相比，卫星通信具有如下优点：①通信距离远，覆盖能力强，通信成本与距离无关。②通信频段宽、容量大，传输的业务种类多。③具有多址连接能力。④不受地理条件限制，不易受到自然灾害的影响。⑤通信线路稳定可靠，经济效益好。

存在的问题主要有：①电波传输的时延较大，并存在回波干扰。②需解决卫星的姿态控制问题，以适应复杂多变的空间环境。③通信卫星的一次投资费用高，运行过程中难以维修，因此要求卫星具备高可靠性和长使用寿命。④地球高纬度地区的通信效果较差，且两极地区为通信盲区。此外，还需解决星蚀、日凌、地面微波系统的干扰等问题，才能使卫星通信系统正常运转。

（4）卫星通信系统的组成

卫星通信系统是一个十分复杂的系统，主要由空间部分的通信卫星和地面部分的地面站、跟踪遥测指令分系统、监控管理分系统组成，如图2-40所示。通信卫星和地面站用来进行直接通信，跟踪遥测指令系统和监控管理系统的作用是保证系统正常运行。

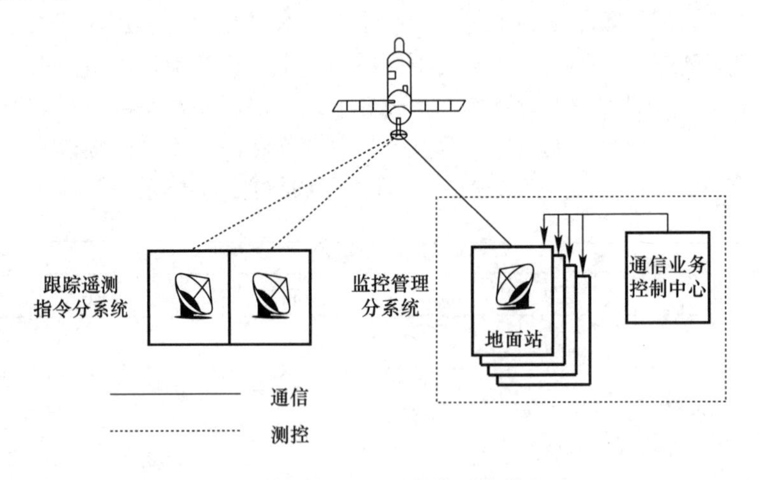

图2-40　卫星通信系统的组成

通信卫星的主要作用是无线电中继。通信卫星的主体是通信装置，其余是保障部分，主要有遥测指令、控制系统和能源装置等。星上通信装置主要包括转发器和天线。一个通信卫星上可以装有一个或多个转发器，且每个转发器能够同时接收和转发多个地面站的信号。

卫星通信系统的地面部分中的地球站是连接卫星和用户的枢纽。地球站通常包含天线、馈线设备、发射设备、接收设备、信道终端设备、天线跟踪伺服设备以及电源设备。地球站有海上的船站、空中的机载站及地面上的多种站型。

跟踪遥测指令系统的任务是对卫星进行跟踪测量、控制其准确进入轨道并到达指定位置，卫星正常运转后，定期对卫星进行轨道修正和位置保持，必要时控制通信卫星返回地面等。

监控管理系统的任务是在通信开始前，对通信系统的参数进行测试和鉴定；在通信过程中，对卫星和地球站的各项通信参数进行监视与管理。

(5) 卫星通信的主要应用

1) VSAT 卫星通信系统

VSAT（Very Small Aperture Terminal）卫星通信系统，也称小天线地面站卫星通信系统，是指天线口径小于 1.8m、可直接延伸到用户住地的地面站，大量此类用户小站与主站协同工作，构成了 VSAT 数字卫星通信网。VSAT 主要用于进行 2Mbit/s 以下低速率数据的双向通信。VSAT 系统工作于 Ku 频段（14/11GHz）及 C 频段（6/4GHz）两个频段。VSAT 能够支持范围广泛的单向或双向数据、语音、图像、计算机通信及其他综合电信及数字信息业务。

VSAT 系统中的用户小站对环境条件要求不高，安装组网方便、灵活，通信效率高，可靠性高、扩容简便。

典型的 VSAT 卫星通信网络主要由主站、卫星和许多用户小站三部分组成。主站设备主要包括大型的天馈系统，高功放、低噪声放大器，上/下变频器，调制解调器及数字接口设备，基带设备及监控设备等。用户小站主要由小口径天馈系统、室外单元和室内单元组成。

2) GPS 定位系统

全球定位系统（GPS，Global Positioning System）是美国从 20 世纪 70 年代开始研制的卫星导航与定位系统，于 1994 年全面建成。GPS 具有在海、陆、空进行全方位实时三维导航与定位的能力，为民用导航、测速、大地测量、工程勘测、地壳勘测等领域开辟了广阔的应用前景。GPS 已经成为当今世界上最实用也是应用最广泛的全球精密导航、指挥和调度系统。

GPS 由包括运行在倾斜轨道上的 24 颗卫星构成。通过接收来自至少 4 颗卫星的信号，再加上一个时间标记，就可以实现接收点的精确定位。GPS 系统采用单向传输方式，只有下行链路，即从卫星到用户的链路，所以用户只需要一个 GPS 接收机。

GPS 系统的组成包括三个部分：①空间部分，即 GPS 卫星星座；②地面控制部分，即地面监控系统；③用户设备部分，即 GPS 信号接收机。

3) 海事卫星通信系统

海事卫星（INMARSAT）系统的前身是美国通信卫星公司（COMSAT）的一个军用卫星通信系统。1982 年形成了以国际海事卫星组织（INMARSAT）管理的 INMARSAT 系统，开始提供全球海事卫星通信服务。INMARSAT 通信系统是目前世界上唯一一个能对海陆空中的移动体提供同步卫星通信的系统。

INMARSAT 系统由卫星、船站、岸站和网络协调站等部分组成。其中，卫星系统由大西洋上26°W卫星、太平洋上180°E卫星和印度洋上63°E卫星构成，每颗卫星可覆盖地球表面约1/3面积，覆盖区内地球上的卫星终端的天线与所覆盖的卫星处于视距范围内。每颗卫星都有两个以上转发器。除南北纬75°以上的极地区域以外，3个卫星几乎可以覆盖全球所有的陆地区域。

船站（SES）是设在船上的地球站。因此，SES的天线在跟踪卫星时，必须能够排除船身移位以及船身的侧滚、纵滚、偏航所产生的影响；同时在体积上SES必须设计得小而轻，使其不致影响船的稳定性，在收发机带宽方面又要设计得有足够的带宽，能提供各种通信业务。

岸站（CES）是指设在海岸附近的地球站，归各国主管部门所有并由其经营。它既是卫星系统与地面系统的接口，又是一个控制和接续中心。CES的主要功能为：对从船舶或陆地上来的呼叫进行分配并建立信道；信道状态的监视和排队的管理；船舶识别码的编排和核对；登记呼叫，产生计费信息；遇难信息监收；卫星转发器频率偏差的补偿；通过卫星的自环测试；在多岸站运行时的网络控制功能；对船舶终端进行基本测试。

网路协调站（NCS）是整个系统的一个重要组成部分。在每个洋区至少有一个地球站兼作网络协调站，并由它来完成该洋区内卫星通信网络必要的信道控制和分配工作。

目前，INMARSAT系统可提供电话、传真、电报、数据、遇险呼救及现代多媒体通信等服务。

4）卫星移动通信系统

卫星移动通信是指在全球范围内，以通信卫星为基础转接移动体提供各种通信业务的通信方式，主要解决陆地、海上和空中各类目标相互之间，以及与地面公用网间的通信任务。由于用户在移动，卫星移动通信系统技术与固定业务的卫星通信系统有很大的不同，在满足大容量、不间断通信的前提下网络具有相当高的复杂程度和技术要求。

卫星移动通信系统是在海事卫星通信的基础上，将地面蜂窝移动通信的有关技术与VSAT卫星通信系统和卫星多波束覆盖、星载处理技术相结合的新型通信网络。卫星移动通信的主要特点是不受地理环境、气候条件和时间的限制，通信范围广、通信容量大，在卫星覆盖的区域内无通信盲区。卫星移动通信系统利用多址传输方式，可为全球用户提供大跨度、大范围、远距离地漫游和机动、灵活的移动通信服务，是陆地蜂窝移动通信系统的扩展和延伸，在偏远的地区、山区、海岛、受灾区、远洋船只及远航飞机等通信方面更具独特的优越性。

按所用轨道分，卫星移动通信系统可分为静止轨道（GEO）、中轨道（MEO）、低轨道（LEO）卫星移动通信系统。卫星移动通信系统主要由卫星转发器、地面主站、地面基站、地面网络协调站和众多的远程移动站组成，如图2-41所示。

卫星移动通信系统的应用领域广泛，目前已应用于大型远洋船舶的通信、导航和海难救助，还广泛应用于陆地移动通信和航空移动通信。卫星移动通信系统业务包括语音、无线寻呼、数据和定位测向等。

卫星移动通信系统覆盖全球，能解决人口稀少、通信不发达地区的移动通信服务，是全球个人通信的重要组成部分。但是它的服务费用较高，目前还无法替代地面蜂窝移动通信系统。

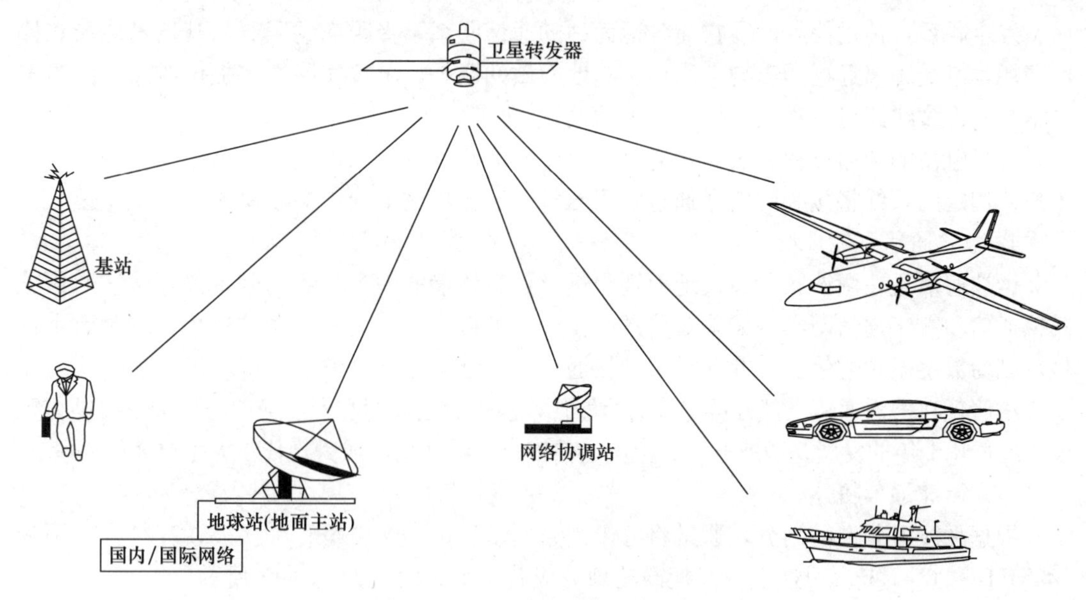

图2-41　卫星移动通信系统的组成

5）IDR卫星通信系统

域间路由选择（IDR，Intra Domain Routing）卫星通信系统是国际卫星组织（INTELSAT）构建的一种综合性的数字卫星通信系统。IDR是中数据速率卫星通信系统的简称，其传输速率为64kbps～44.736Mbps，是一种点到点的卫星通信系统，在开通路数不多的情况下较为经济，信道的使用率高。IDR利用数字电路倍增设备（DCME，Digital Circuit Multiplication Equipment）技术来降低空间段的租费，通过DCME信道复用，提高了信道的使用效率，降低了信道资费。

IDR卫星通信系统技术比较成熟，目前我国许多省会城市都建立了IDR卫星通信系统。

6）非同步卫星通信系统

非同步卫星是指小于20000km的中低轨道卫星，或按椭圆形轨道运行的卫星，一般由多颗卫星组成卫星通信网，构成非同步卫星通信系统。非同步卫星通信有低轨道、中轨道和高轨道三种系统。低轨道卫星（LEO）离地面高度为距地面500～2000km，传输时延和功耗都比较小，但每颗星的覆盖范围也比较小，其运转周期一般为几个小时，典型系统有Motorola的铱星系统。中轨道卫星（MEO）距地面2000～20000km，传输时延要大于低轨道卫星，但覆盖范围也更大，典型系统是国际海事卫星系统。当轨道高度为10000km时，每颗卫星可以覆盖地球表面的23.5%，因而只要几颗卫星就可以覆盖全球。若有十几颗卫星就可以提供对全球大部分地区的双重覆盖，这样可以利用分集接收来提高系统的可靠性，同时系统投资要低于低轨道系统。

7）卫星电视广播

卫星电视广播是由设置在赤道上空的地球同步卫星，先接收地面电视台通过卫星地面站发射的电视信号，然后再把它转发到地球上指定的区域，由地面上的设备接收供电视机收看，也可利用直播卫星直接向地面用户播送。采用这种方式实现的电视广播就叫卫星电视广播。

卫星电视广播的基本特点是：①在它的覆盖区内，可以有很多条线路，直接和各个地面站发生联系，传送信息。②它与各地面站的通信联系不受距离的限制，其技术性能和操作费用也不受距离远近的影响。③卫星与地面站的联系，可按实际需要提供线路，因为卫星本身有许多线路可以连接任何两个地面站。

卫星电视的传输过程一般为：通过卫星将地面基站发射的微波信号远距离传输，最终用户使用定向天线将接收的信号通过解码器解码后输出到电视终端收视的一整套过程。

4. 微波通信

微波通信是在微波频段通过地面视距进行信息传播的一种无线通信手段。微波通信分模拟通信和数字通信两类，如果被传送的信号是模拟信号，为模拟微波通信；若是数字信号，则为数字微波通信。目前，模拟微波通信正逐渐被数字微波通信所取代。

尽管现在微波通信已部分被光纤通信取代，但仍然是长途和专业通信的一种重要补充手段。经过几十年的发展，微波通信、卫星通信以及光纤通信已成为现代三大主要通信手段。

（1）微波通信概述

根据无线电频谱的划分，通常将分米波、厘米波、毫米波统称为微波，其频率范围为300MHz～300GHz。习惯上，又把微波划分成若干个波段，如表 2-18 所示。

微波频段的划分 **表 2-18**

波段	频率范围/GHz	波段	频率范围/GHz
UHF	0.3～1.12	K	18.00～26.00
L	1.12～1.70	Ka	26.00～40.00
LS	1.70～2.60	U	40.00～60.00
S	2.60～3.95	E	60.00～90.00
C	3.95～5.85	F	90.00～140.00
XC	5.85～8.20	G	140.00～220.00
X	8.20～12.40	R	220.00～325.00
Ku	12.40～18.00		

当微波通信用于地面长途通信时，需要采用中继传输方式才能完成信号从信源到信宿的传递任务，如图 2-42 所示。之所以采用类似于接力的中继方式，原因有两个。一是微波传播具有的似光性，即电磁波在自由空间中只能沿直线传播，其绕射能力很弱，而地球表面是一个曲面，天线的架设高度有限。因此，如果在两地进行直接通信，当通信距离超过一定数值后，发信端发出的信号就会受到地面的阻挡而无法达到收信端。为了延长通信距离，需要在通信两地之间设立若干个中继站，用中继接力的方式进行电磁波转接。微波采用中继方式的另一个原因是，微波传播有损耗，且频率越高，站距越长，能量损耗越大。因此，远距离通信需要不断地补充能量，采用中继方式对信号逐渐接收、放大、发送，才能将信号传送到远方。

通常情况下，每隔 50km 左右就需设置一个微波中继站。长距离微波通信线路可以经过几十次中继传至数千千米仍保持很高的通信质量。

（2）微波通信的特点

微波通信由于其频带宽、容量大，可以用于各种电信业务传送，如电话、电报、数据、传真以及彩色电视等均可通过微波电路传输。微波通信具有良好的抗灾性能，不受水灾、风灾以及地震等自然灾害的影响。但微波经空中传送，易受干扰，在同一微波电路上不能使用相同频率于同一方向，因此微波电路必须在无线电管理部门的严格管理之下进行建设。此外由于微波直线传播的特性，在电波波束方向上，不能有高楼阻挡，因此城市规划部门要考虑城市空间微波通道的规划，使之不受高楼的阻隔而影响通信质量。

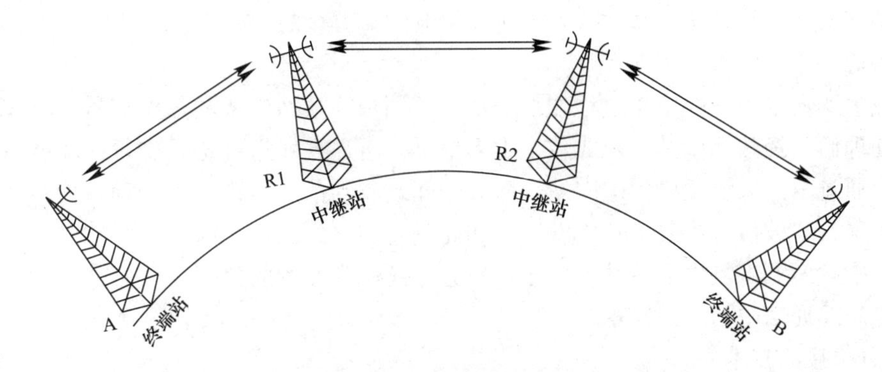

图 2-42　微波中继通信示意图

微波通信的主要特点如下：

1）通信频段宽，通信容量大。微波频段占用的频带约为 300GHz，而长波、中波、短波占有的全部频带总和约为 300MHz，可见微波的频带远大于后者。占用的频带越宽，通信容量也就越大。

2）抗干扰能力强。环境干扰、工业干扰、天电干扰及太阳黑子的活动对微波频段通信的影响较小。

3）通信灵活性大。微波通信采用中继方式，可实现地面上的远距离通信，尤其是可以跨越江河、湖泊、沼泽、高山、沟壑等不易于架设通信线路的特殊地理环境。在遭遇战争及自然灾害时，通信的建立、撤收及转移都很方便，灵活性好。

4）天线增益高、方向性强。由于微波通信的工作波长短，容易制成高增益的天线，从而可降低发信端的输出功率。另外，由于微波属视距传播，具有直线传播特性，因而可以利用天线反射器把电磁波聚集成很窄的波束，具有很强的方向性。

5）投资小，建设快。相对而言，微波通信的成本较低。

(3) 微波中继通信系统的组成

一个典型的微波中继通信系统由两端的终端站、若干中继站和电波的传输空间构成，其通信线路如图 2-43 所示。

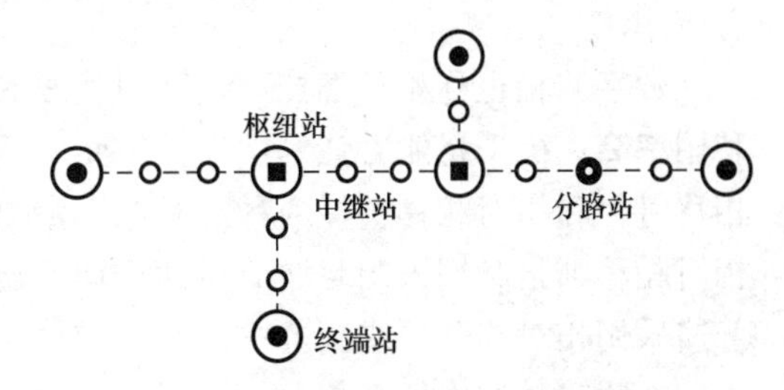

图 2-43　微波中继通信线路的组成

由图 2-43 所示，微波通信终端站是处于线路两端的终点站，其任务是将复用设备送来的基带信号调制到微波频率上并发射出去，同时将所收到的微波信号解调出基带信号送往复用设备，收发共用一副天线。在终端站，可以上下话路信号。

当两条及两条以上的微波中继通信线路在某一微波站交汇时，称该微波站为枢纽站(或主站)，具有通信枢纽功能。

微波中继站和分路站统称为微波中间站，其中中继站可分为再生转接式、中频转接式和微波转接式中继站。分路站处在线路中间，可以沟通干线上不同方向之间的通信。中间站不能上下话路，即中间站只能将一个方向发来的微波信号接收下来，经过处理后再从另一个方向发送出去，期间不分出和插入信号。

微波站由微波天线、射频收发模块、基带收发部分、传输接口等部分组成。微波站的主要设备有天线馈线系统、微波收发信机、调制解调器、时分多路复用设备、电源及监测控制设备等。

微波中继通信系统的工作过程如下：从甲地用户终端站送来的数字信号，首先经过数字基带处理后，经数字调制，形成数字中频信号，再送入发送设备，进行射频调制变为微波信号，通过发射天线发射到中间站。微波中间站收到信号后进行再处理，使数字信号再生后又恢复为微波信号再向下一站发送，如此一直传送到乙地收端站。收端站把微波信号经混频、中频解调恢复出数字基带信号，再分路还原为原始的数字信号。

（4）微波通信中的关键技术

1）分集接收技术

采用分集接收技术是抗多径衰落的有效措施之一。所谓分集接收，就是采用两套或多套收信设备接收由同一发射设备发射的经两条或多条路径传送的同一信号，在接收端以一定的方式将其合并。这样，当其中一条路径上的信号发生衰落时，另外一条或多条路径上的信号不一定也衰落，因此只要采用恰当的信号合成方法，就能够保证接收端具有一定的接收电平，减小了衰落的影响。

目前，常用的分集接收技术有三种，即频率分集、空间分集以及混合分集。显而易见，上述三种分集接收技术均假定两个或多个信号在传播过程中没有同时发生衰落。

2）调制解调技术

数字信号的调制与解调技术是数字微波通信中的关键技术。在数字微波通信中，常用脉冲形式的基带序列对中频频率 70MHz 或 140MHz 进行调制，再变换到微波频率后传输。与模拟信号调制相同，微波数字信号调制也有三种基本形式，即调幅、调相和调频。在中小容量系统中，常采用的是数字调相方法，主要有二相数字调相和四相数字调相。大容量系统中，常采用数字调幅方法，如十六进制正交调幅。除此之外，一些派生的调制方式，如正交调幅、正交部分响应调制、正交参差数字调相、8 相移相键控及幅相键控等也有应用。

数字调相也称相移键控，是利用载波的相位变化来传递信息，这种调制方法具有频带利用率高，抗干扰能力强等优点，因而广泛地应用于微波通信中。相移键控又可分为绝对相移键控和相对相移键控两种。其中，绝对相移是利用未调载波的相位作为基准来调相；相对相移则是利用未调载波前后两个码元的相位的相对变化来调相。在数字微波系统中，普遍采用相对相移的调制方式。

在数字微波通信系统中，常采用多进制的调相技术，以提高系统的频带利用率，常用的有四进制和八进制。四进制方式中，每一个码元可以传送 $\log_2 4=2$bit 的信息量。可见，如果码元速率相同，四进制可比二进制提高 1 倍的信息速率。四相移键控利用载波的 4 种不同相位来表示输入的数字信息。每一种相位可用两位二进制数来表示。因此，首先要把输入的二进制序列按每组 2 位进行分组，然后再根据其组合情况用 4 种相位去表示它们，如输入的二进制数字信息序列为 10011100……则可将其分成 10，01，11，00，……然后用不同的相位来表示它们。若把一个载波周期（2π）均匀地分成 4 种相位，有两种分法。

一种是载波相位取 0、$\frac{\pi}{2}$、π、$\frac{3\pi}{2}$，称其为$\frac{\pi}{2}$调相系统；另一种是取$\frac{\pi}{4}$、$\frac{3\pi}{4}$、$\frac{5\pi}{4}$、$\frac{7\pi}{4}$，称其为$\frac{\pi}{4}$调相系统。如前所述，由于四相移键控中每一载波相位代表 2 个比特信息，通常称其为双比特码元，如果用 A 代表双比特码元前一信息比特，用 B 代表双比特码元的后一信息比特，通常双比特码元中的两个比特 AB 按格雷码的规律排列，以减少多进制码造成的比特差错数。

3）信源编码技术

信源编码是将语音、图像等模拟信号进行编码。即首先将语音、图像等模拟信号转换成数字信号，然后再根据传输信息的性质，采用适当的编码方法进行编码。

数字微波通信系统常用的语音编码方式为标准的脉冲编码调制（PCM）方式，即按照奈奎斯特抽样定理，将频带宽度为 300～3400Hz 的语音信号变换为 64kbit/s 的数字信号。信号调制后经微波线路传输，在收信端进行解调，经数/模转换后恢复原来的模拟信号。利用信源编码技术，既提高了数字信号的有效性，又实现了高质量的信息传输。

4）信道编码技术

信道编码是指在数据发送之前，在信息码元外附加一定比特数的监督单元，并将监督码元与信息码元构成某种特定的关系，接收端则依据这种特定的关系进行检验。

信道编码的目的是通过加入冗余码来减少误码，提高数字通信的可靠性，其代价是降低了信息的传输速率。信道编码增加的冗余度是特定的、有规律的，因而接收端可利用这种特定的、规律性的监督码元进行检错和纠错，提高传输质量。因此信道编码也称差错控制编码技术。

5）SDH 微波通信系统

随着通信业务的不断增加，以往小容量的微波通信系统已经难以满足人们对通信业务的要求了，同步数字体系应运而生。同步数字体系（SDH，Synchronous Digital Hierarchy）是新一代数字传输体制。将 SDH 新技术应用于微波通信系统中，可以构建新一代大容量微波通信系统。

SDH 是一套可进行同步信息传输、复用、分插和交叉连接的标准化数字信号结构等级，在微波信道中进行同步信号的传送。目前，在各种宽带光纤接入网技术中，采用 SDH 技术的接入网系统应用最为普遍。SDH 的诞生解决了由于入户媒质的带宽限制而跟不上骨干网和用户业务需求的发展，而产生的用户与核心网之间的接入“瓶颈”的问题，同时提高了传输网上带宽的利用率。SDH 技术自从 20 世纪 90 年代引入以来，目前已经是一种成熟、标准的技术，在骨干网中被广泛采用，且价格越来越低，在接入网中应用可以将 SDH 技术在核心网中的巨大带宽优势和技术优势带入接入网领域，充分利用 SDH 数字电路同步复用、标准化的光接口、强大的网管能力、灵活网络拓扑能力和高可靠性带来的好处，在接入网的建设发展中长期受益。

5. 红外通信

红外通信即通过红外线传输数据。红外通信被广泛地应用于短程通信中。电视机、录音机和立体声音响的遥控器都采用红外通信。相对来说，红外线的传输具有方向性、费用低且容易制造，但红外线的缺点是不能穿过固态物体。但是，这也是其一个优势，这意味着建筑物中某个房间内的一个红外系统不会干扰其相邻房间或建筑物内相邻的另一个类似的系统，这就是说你不能也不应该用你的遥控器去控制邻居家的电视机一样。而且，正是因为这一点使得红外系统的防窃听安全性比无线系统要好。另外，红外通信在桌面环境系统中也有一定的应用，如将笔记本电脑与打印机用IrDA红外数据通信协议连接起来。

在红外通信技术发展早期，存在几个不同的红外通信标准，不同标准之间的红外设备不能进行红外通信。为了使各种红外设备能够互联互通，1993年由二十多个大厂商发起并成立了红外数据协会（IrDA，Infrared Data Association），统一了红外通信的标准，这就是目前被广泛使用的IrDA红外数据通信协议及规范。

6. 扩展频谱技术

扩展频谱通信技术（Spread Spectrum Communication）简称扩频通信技术，其基本特点是其传输信息所用的已调信号带宽远大于所传信息必需的最小带宽。扩频通信技术最初主要用于军事保密通信和电子对抗系统，随着世界范围政治格局的变化和冷战的结束，该项技术才逐步转向“商业化”。

（1）扩频通信原理

扩频技术利用扩频函数对将要传输的数据信息进行调制，将频谱扩展后再进行传输；在接收端，采用相同的扩频函数进行解调及相关处理，恢复出被传的原始数据信息。

图2-44示出了扩频通信系统的结构。由图2-44可见，扩频通信技术原理可以从以下三个方面进行说明。

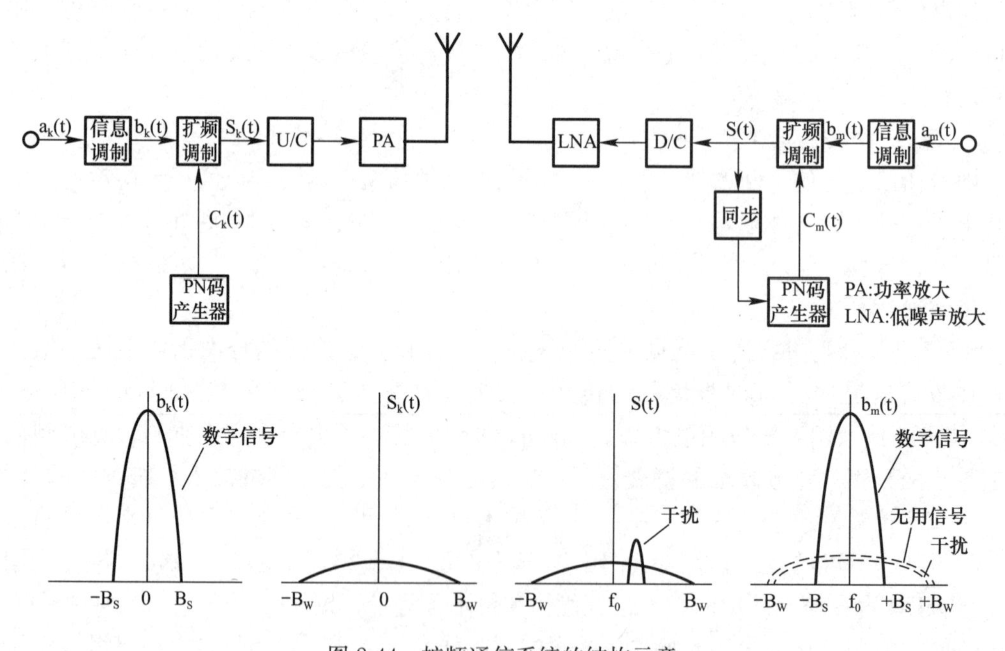

图2-44 扩频通信系统的结构示意

1）原始信号的频谱被展宽

传输任何信息都需要一定的带宽，即为信息带宽。例如语音信息的带宽大约为20～20000Hz、普通电视图像信息带宽大约为6MHz。为了充分利用频率资源，通常都尽量采用基本相当的带宽信号来传输信息。即使在普通的调频通信上，人们最大也只把信号带宽放宽到信息带宽的十几倍，这些都属于窄带通信技术。扩频通信属于宽带通信技术，通常的扩频信号带宽与信息带宽之比将高达几百甚至几千倍。一般来说，只有当已调信号带宽与调制信息带宽之比大于 100 时，才称之为扩频通信，否则只能是宽带或窄带通信。

采用宽带信号传输信息，其最主要目的是提高系统的抗干扰能力，这也是扩频通信基本思想和理论依据。

2）采用扩频码序列调制的方式将原始信号的频谱展宽

由于窄脉冲信号的频谱很宽，所以如用很窄的脉冲序列对所传信息进行调制，则可产生很宽频带的信号。通常把这种码序列很窄、码速很高的脉冲序列称为扩频码序列。

带宽的展宽是利用与被传信息无关的扩频函数，或扩频码序列对被传信息进行调制实现的。扩频码序列仅仅起扩展信号频谱的作用。

3）在接收端使用相同的扩频码序列对扩频信号进行解调

与一般的窄带通信相同，扩频通信系统中，在接收端使用相同的扩频函数对扩频信号进行相关解调，还原出被传信息。

（2）扩频通信的特点

扩频通信技术具有许多窄带通信无法替代的优良性能，使得它能够迅速推广到各种公用和专用通信网络之中。其主要优点如下：①抗干扰性强，抗多径衰落，误码率低；②扩频通信自身具有加密功能，保密性强，便于开展各种通信业务；③由于可以共用一个频段实现码分多址通信，大大提高了系统容量。同时，调制到高频的信号发射功率谱也将大大降低；④扩频通信技术所用设备集成度高，便于安装与维护；⑤能精确定时与测距，可广泛应用于雷达、导航、通信及测距等系统中；⑥扩频设备一般采用积木式结构，组网方式灵活，方便统一规划，分期实施，利于扩容，有效地保护前期投资。

2.9.2　无线网络技术

近年来，全球通信技术的发展日新月异，尤其是近几年，无线通信技术的发展速度与应用领域已经超过了固定通信技术，呈现出如火如荼的发展态势。

无线通信组网技术可根据频率、带宽、应用方式等要素的不同进行分类。与有线网络一样，无线网络可根据数据传输的距离分为无线广域网、无线城域网、无线局域网和无线个人网。

无线通信技术有以下几个发展趋势：（1）网络覆盖的无缝化，即用户在任何时间、任何地点都能实现网络的接入；（2）宽带化是未来通信发展的一个必然趋势，窄带的、低速的网络会逐渐地被宽带网络所取代；（3）融合趋势明显加快，包括技术融合、网络融合、业务融合；（4）数据速率越来越高，频谱带宽越来越宽，频段越来越高，覆盖距离越来越短；（5）终端智能化越来越高，为各种新业务的开展提供了条件和实现手段。

1. 蓝牙

蓝牙（Blue tooth）技术是以近距离无线电射频传送为基础的一种无线数字通信技术。该技术的核心是建立通用的无线空中接口及其控制软件的公开标准，通过短的无线链路，在各信息设备之间进行数据信息的交流与传输。它具有成本低、功率小、灵活安全、方便快捷等优点。已在信息家电、计算机、交通、医疗、移动通信等方面得到了广泛的应用。

蓝牙支持设备短距离通信，能在包括移动电话、PDA、无线耳机、笔记本电脑、相关外设等众多设备之间进行无线信息交换。利用“蓝牙”技术，能够有效地简化移动通信终端设备之间的通信，也能够成功地简化设备与 Internet 之间的通信，使数据传输变得更加迅速高效，为无线通信拓宽道路。蓝牙采用分散式网络结构以及快跳频和短包技术，支持点对点及点对多点通信，工作在全球通用的 2.4GHz ISM 频段。其数据速率为 1Mbps，采用时分双工传输方案实现全双工传输。

（1）蓝牙技术概述

1994 年，瑞典爱立信公司移动通信部的一个研究小组建立了一种短距离无线通信技术的规范草案，目的是将计算设备、通信设备和其他附属设备通过短距离、低功耗和低造价的无线网络连接起来。该项目被命名为 Blue tooth（蓝牙）。

1998 年 2 月，瑞典爱立信、芬兰诺基亚、日本东芝、美国 IBM 和英特尔 5 家著名厂商组成了一个特别兴趣组（SIG，Special Interest Group）。之后蓝牙引起了越来越多企业的关注。到 2001 年 6 月，SIG 的成员企业已达 2491 家，其中包括世界上很多知名的电脑、通信、网络和家电厂商，还包括一些汽车及照相机厂商。

蓝牙技术的收、发信机采用跳频扩谱技术，在 2.45GHz ISM 频段上以 1600 跳/s 的速率进行跳谱通信。由于采用低功率时分复用方式工作，其有效传输距离约为 10m，采用功率放大器时，传输距离可扩大到 100m。

（2）蓝牙的主要技术特点

1）运行频段。蓝牙技术使用 ISM 全球通用的 2.4GHz 自由频段，使用时无需申请许可证。在发射宽带为 1MHz 时，其传输速率为 1Mbit/s。

2）调试方式。蓝牙采用时分双工（TDD）方式收发数据，采用二进制高斯型频移键控（GFSK）作为调制方式。

3）通信距离。蓝牙技术通过其 9mm×9mm 的微芯片在短距离范围内发送无线电信号同其他蓝牙设备无线连接，实现相互之间的信息交换和通信。通常，发射功率为 1mW 时，通信距离可达 10m；如将发射功率加大到 100mW，通信距离可达 100m。

4）功耗。蓝牙设备的工作电压为 2.7V，保持状态下功耗约为 60μA，待机状态时为 300μA，数据传输时不大于 300mA，休眠状态下为 30μA，可用电池供电。

蓝牙设备有多种工作状态，每种状态都有相应的耗电量：①打开蓝牙初期电量消耗会增大到 20～30mA，待机后恢复正常待机电流；②蓝牙建立连接瞬间：70mA 左右；③大数据传输：110～130mA。

5）成本低。蓝牙系统以芯片模块为节点，无需建立基站即可将各种通信、电脑、家电设备无线连接，实现廉价、简便的数据及语音传输。

6）抗干扰技术。蓝牙的关键技术之一是跳频，单时隙分组时，蓝牙的跳频速率为 1600 跳/s；在建立链路时，可提高到 3200 跳/s，这种高跳频速率具有较高的抗干扰能力。对于同频干扰，蓝牙通过快跳频和短分组进行抑制，保证了传输的可靠性。

7）业务类型。蓝牙支持电路交换和分组交换业务。同时支持实时同步定向连接和非实时的异步不定向连接，前者主要用于语音通信，后者主要用来传输数据，且语音和数据可以同时传输。

8）传输速率。数据速率最高可达 1Mb/s。非同步信道速率：非对称连接为 721/57.6kb/s，对称连接为 432.6kb/s。同步信道速率为 64kb/s。

(3) 蓝牙系统的组成

蓝牙系统由天线单元、链路控制单元、链路管理单元和蓝牙软件单元 4 个功能单元组成。

1) 天线单元。蓝牙天线属于微带天线，体积小、重量轻，空中接口是建立在天线电平为 0dBm 基础上的，遵从 FCC（美国联邦通信委员会）有关 0dBm 电平的 ISM 频段的标准。

2) 链路控制单元。蓝牙产品的链路控制硬件单元包括 3 个集成芯片：连接控制器、基带处理器以及射频传输/接收器，此外还使用了 3～5 个单独调谐元件。

3) 链路管理单元。链路管理（LM）软件模块携带了链路的数据设置、鉴权、链路硬件配置和其他一些协议。LM 能够发现其他远端 LM 并通过 LMP（链路管理协议）与之通信。LM 模块提供如下服务：发送和接收数据、请求名称、链路地址查询、建立连接、鉴权、链路模式协商和建立、决定帧的类型等。

4) 蓝牙软件单元。蓝牙的软件单元，即协议栈是一个独立的操作系统，不与任何操作系统捆绑，符合蓝牙规范。蓝牙规范包括两部分，第一部分为核心部分，用以规定诸如射频、基带、连接管理、业务发现、传输层以及与不同通信协议间的互用、互操作性等组件。第二部分为应用规范部分，用以规定不同蓝牙应用所需的协议和过程。分别完成数据流的过滤和传输、跳频和数据帧传输、连接的建立和释放、链路的控制、数据的拆装、业务质量、协议的复用和分用等功能。

(4) 蓝牙技术的应用

蓝牙技术以低成本的近距离无线连接为基础，为固定与移动设备通信环境建立一种低成本的解决方案，蓝牙技术已在对讲机、无绳电话、头戴式耳机、拨号网络、传真、局域网接入、文件传输、目标上传、数据同步等方面获得了成功应用。

蓝牙应用的关键是配对。配对过程中，从节点会收到一个跳频同步数据包，包含主节点的 48bit MAC 地址，目的是让从节点遵循跳频模式。当物理连接建立后，主节点将用发现服务协议（SDP）建立与从节点的链路连接，然后 LMP 协议依据特定的服务要求配置链路。节点配对的部分典型应用见表 2-19。两个节点之间还要交换密码短语，用于产生加密密钥以保证通信安全。

蓝牙典型配对应用 **表 2-19**

设备	节点类型	应用
便携式/笔记本电脑	主	
打印机	从	串口应用模型
鼠标、键盘		串口应用模型
PDA	从	同步应用模型
便携式/笔记本电脑	从	文件传输应用模型
手机	从	拨号上网应用模型
手机	主	
车载蓝牙电话	从	头戴式送受话器模型
手机	从	同步应用模型

2. Wi-Fi

Wi-Fi（Wireless Fidelity，无线保真技术）也是一种无线通信协议，与蓝牙一样，同属于短距离无线通信技术。Wi-Fi 最主要的特点是速度快、可靠性高，在开放性区域中，通信距离可达 305m；在封闭性空间里，通信距离在 76～122m 之间，特别方便与现有的有线以太网整合，组网成本更低。

（1）Wi-Fi 技术概述

Wi-Fi 技术由澳大利亚政府的研究机构 CSIRO 在 20 世纪 90 年代发明并于 1996 年在美国成功申请了无线网技术专利。1999 年 IEEE 官方在定义 802.11 标准的时候，IEEE 选择并认定了 CSIRO 发明的无线网技术是世界上最好的无线网技术，因此 CSIRO 的无线网技术标准就成了现在 Wi-Fi 的核心技术标准。1999 年 9 月，IEEE 802.11b Wi-Fi 协议被正式批准。

目前，澳大利亚政府仍然具有 Wi-Fi 专利使用权，世界上几乎所有电器电信公司（包括苹果、英特尔、联想、戴尔、AT&T、索尼、东芝、微软、宏碁及华硕等）都在有偿使用 Wi-Fi 专利。粗略估计，现在全球每天约有 30 亿台电子设备使用 Wi-Fi 技术，而到 2013 年底 CSIRO 的无线网专利过期之后，预计使用 Wi-Fi 技术的电子设备会增加到 50 亿。

（2）Wi-Fi 标准

IEEE 802.11 是一个无线传输协议，Wi-Fi 标准是对 IEEE 802.11 的一个补充。按照其速度与技术的新旧，Wi-Fi 标准主要有 IEEE 802.11a、802.11b、802.11g 和 802.11n，但常用的标准有两个，即 IEEE 802.11a 和 IEEE 802.11b。其中，802.11b 是最早，也是目前应用最广泛的 Wi-Fi 标准。同时，802.11b 也是 Wi-Fi 标准中带宽最低，传输距离最短的一个标准。802.11a 比 802.11b 具有更大的吞吐量，但是它并不能与 802.11b 和 802.11g 兼容。

802.11g 的传输速度要高于 802.11b，而且可以与 802.11b 兼容。但是它比 802.11a 更容易受外界环境的干扰。由于 802.11b 自身的优点，因此受到厂商的青睐。

IEEE 802.11b 无线网络规范使用的是 2.4GHz 附近的频段，该频段是目前尚属无需许可的无线频段。802.11b 采用点对点模式和基本模式两种运作方式。数据传输方面，可以根据实际情况在 11Mbps、5.5Mbps、2Mbps 和 1Mbps 不同速率上自动切换，并且在 2Mbps 和 1Mbps 时与 802.11 兼容。

（3）Wi-Fi 的主要技术特性

Wi-Fi 在带宽、信号、功耗、安全、融网、个人服务、移动特性等方面均有独到之处。此处只介绍几个主要方面。

1）传输速度快

虽然由 Wi-Fi 技术传输的无线通信质量不够理想，数据安全性能比蓝牙要差一些，传输质量也有待改进，但其传输速度非常快，可以达到 11Mbps，完全能够满足个人和社会信息化的需求。

2）更强的射频信号

在 IEEE 802.11n 中，有更多可选特性出现在无线芯片中，无线客户端和无线访问点利用这些芯片可以使射频（RF）信号更加稳定可靠。

3）功耗更低

IEEE 802.11n 在功耗和管理方面进行了重大创新，不仅能够延长 Wi-Fi 智能手机的电池寿命，还可以嵌入到其他设备中，如医疗监控设备、楼宇控制系统、实时定位跟踪标签和消费电子产品等。运行中电力消耗非常低，一块标准电池可以运行几年时间。

4）安全性更好

IEEE 802.11 规定发射功率不可超过 100mW，而实际发射功率约为 60～70mW。手机的发射功率约为 200mW～1W，手持式对讲机高达 5W。由于无线网络使用时并不像手机那样直接接触人体，因此使得安全性更好。

5）移动性得到改善

早期的 Wi-Fi 标准中缺乏 RF 管理，去年发布的 IEEE 802.11k 无线资源管理标准成功地解决了这个问题，通过智能 RF 管理来增强其移动性。

6）组网更便捷

Wi-Fi 最主要的优势在于不需要布线，可以不受布线条件的限制，因此非常适合移动办公用户的需要，具有广阔的市场前景。有了 AP（Access Point，无线接入器），就像有线网络的 HUB 一样，无线工作站可以快速且轻松地与网络相连。

（4）Wi-Fi 组网

Wi-Fi 是由 AP 和无线网卡组成的无线网络。通常称 AP 为网络桥接器或接入点，它被作为传统的有线局域网络与无线局域网络之间的桥梁，因此任何一台装有无线网卡的 PC 均可透过 AP 去分享有线局域网络甚至广域网络的资源，其工作原理相当于一个内置无线发射器的 HUB，而无线网卡则是负责接收由 AP 所发射信号的 Client 端设备。

通常，构建 Wi-Fi 网络的基本配置就是无线网卡及一台 AP，这些基本配置就能够以无线的模式，配合既有的有线架构来分享网络资源，其构建费用和复杂程度远远低于传统的有线网络。如果只是几台电脑的对等网，也可以不要 AP，只需要每台电脑配置无线网卡。对于宽带的使用，Wi-Fi 的优势更为明显，有线宽带网络进户后，连接到一个 AP 上，然后在电脑中安装一块无线网卡即可快速且方便地与网络相连。

（5）Wi-Fi 应用

由于 Wi-Fi 使用的频段在世界范围内是无需任何电信运营执照的，因此为 WLAN（Wirless Local Area Network，无线局域网）无线设备提供了一个世界范围内可以使用的、费用极其低廉且数据带宽极高的无线空中接口。用户可以在 Wi-Fi 覆盖区域内快速浏览网页，随时随地接听或拨打电话。比起蓝牙技术，Wi-Fi 具有更大的覆盖范围和更高的传输速率，因此 Wi-Fi 手机成了目前移动通信业界的时尚潮流。

目前在国内，Wi-Fi 的覆盖范围越来越广泛，高级宾馆、豪华住宅区、飞机场以及咖啡厅之类的区域都有 Wi-Fi 接口。厂商只要在机场、车站、咖啡店、图书馆等人员较密集的地方设置 Wi-Fi 接入点，并通过高速线路将因特网接入上述场所。这样，由于接入点所发射出的电波可以达到距接入点半径数十米至 100m 的地方，用户只要将支持 Wi-Fi 的笔记本电脑、PDA、手机、PSP 或 iPod touch 等进入该区域内，即可高速接入 Internet。

3. ZigBee

ZigBee 是基于 IEEE 802.15.4 标准的低功耗无线网络协议，是一种短距离、低功耗的无线通信技术。ZigBee 这个名称来源于蜂群使用的赖以生存和发展的通信方式，蜜蜂通过跳 ZigZag 形状的舞蹈来分享新发现的食物源的位置、距离和方向等信息。其特点是近距离、低复杂度、自组织、低功耗、低数据速率、低成本。主要适用于自动控制和远程控制领域，可以嵌入各种设备。简言之，ZigBee 就是一种便宜的、低功耗的近距离无线组网通信技术。

（1）ZigBee技术概述

ZigBee联盟成立于2001年8月。2002年下半年，Invensys、Mitsubishi、Motorola以及Philips半导体公司四大巨头共同宣布加盟ZigBee联盟，以研发名为ZigBee的下一代无线通信标准。到目前为止，该联盟大约已有27家成员企业。所有这些公司都参加了负责开发ZigBee物理和媒体控制层技术标准的IEEE 802.15.4工作组。ZigBee联盟负责制定网络层以上协议。ZigBee协议比蓝牙、高速率个人区域网或802.11x无线局域网更为简单实用。

Zigbee使用ISM 2.4GHz波段，采用跳频技术。与蓝牙相比，ZigBee更简单、速率更慢、功率及费用也更低。它的基本速率是250kb/s，当降低到28kb/s时，传输范围可扩大到134m，并获得更高的可靠性。

（2）ZigBee的技术特点

ZigBee的主要技术特点如下：

1）数据传输速率低。传输速率在10～250kb/s之间，专注于低速传输应用。

2）功耗低。通过减少数据包头部的数据，使得工作状态时发送和接收的时间很短；缩短工作周期，使节点尽可能长地处于休眠状态；节点的覆盖范围在30m左右。从而使得节点非常省电，所需功率仅有蓝牙的1%左右。在低耗电待机模式下，两节普通5号干电池可使用6个月以上。这也是ZigBee的支持者所一直引以为豪之处。

3）低成本。因为ZigBee数据传输速率低，协议简单，所以大大降低了成本。积极投入ZigBee开发的Motorola以及Philips，均已在2003年正式推出了更具价格竞争力的低成本芯片，使终端产品的成本进一步降低。

4）网络容量大。每个ZigBee网络最多可支持255个设备，也就是说每个ZigBee设备可以与另外254台设备相连接。有效覆盖范围10～75m之间，具体依据实际发射功率的大小和各种不同的应用模式而定，基本上能够覆盖普通的家庭或办公室环境。

5）工作频段灵活。ZigBee的工作频段有3个，即（2.402～2.480）GHz、（868～868.6）MHz和（902～928）MHz，共有27个信道，均为免许可频段。为了减少帧冲突，信道接入采用带有冲突避免的载波侦听多路访问（CSMA）协议。

（3）ZigBee的应用

由于ZigBee具有低功耗、系统简单、成本低、等待时间短及低数据速率的性质，非常适合含有大量终端的网络。

ZigBee主要适用于自动控制领域以及组建短距离无线低速个人区域网络。主要有PC外设（鼠标、键盘、游戏操控杆）、消费类电子设备（TV、VCR、CD、VCD、DVD等设备上的遥控装置）、家庭内的智能控制（照明、煤气计量控制及报警等）、玩具（电子宠物）、医护（监视器和传感器）、工控（监视器、传感器和自动控制设备）、安全系统及无线停车场计费系统等领域。

2.9.3 蜂窝移动通信技术

蜂窝移动通信（Cellular Mobile Communication）是采用蜂窝无线组网方式，将终端和网络设备通过无线通道连接起来，实现用户在移动中的相互通信。其主要特征是终端的移动性，并具有越区切换和跨本地网自动漫游功能。

蜂窝移动通信系统主要由移动电话交换局（MTSO，Mobile Telephone Switching Office）、基站（BS，Base Station）和移动台（MS，Mobile Station）三部分组成。其中，MTSO是基站与市话网络之间的接口，具有控制交换功能，完成移动用户主呼和被呼所需的控制。BS是无线电台站的一种形式，是指在一定的无线电覆盖区域中，通过MTSO与MS之间进行信息传递的无线电收发信电台。MS是移动用户的终端设备，可以分为车载型、便携型和手持型，其中手持型俗称“手机”。它由移动用户控制，与基站间建立双向的无线电话电路并进行通话。

1. 发展历程

蜂窝移动通信技术的发展经历了1G、2G、2.5G、3G、4G以及5G几个阶段。其中，1G（first generation）表示第一代移动通信技术，是一种模拟移动网络技术。1978年，美国贝尔实验室开发的先进移动电话业务（AMPS）系统，是第一种真正意义上的具有随时随地通信能力的大容量蜂窝移动通信系统。

2G表示第二代移动通信技术，其代表为GSM和CDMA，以数字语音传输技术为核心。GSM是Global System for Mobile Communication的缩写，意指全球移动通信系统；CDMA是Code Division Multiple Access的缩写，也称码分多址，是在数字技术的分支——扩频通信技术上发展起来的一种无线通信技术。

2.5G是基于2G与3G之间的过渡类型，相对于2G在速度、带宽上都有所提高，可使GSM网络轻易地实现与高速数据分组的简便接入。

3G指第三代移动通信技术，是将无线通信与国际互联网等多媒体通信结合的一种移动通信技术。它的主要特征是可提供移动宽带多媒体业务，能够方便、快捷地处理图像、音乐、视频流等多种媒体形式。

4G是指第四代移动通信技术，是继第三代以后的又一次无线通信技术演进，其开发目标十分明确，即提高移动装置无线访问互联网的速度。目前4G正处于广泛应用阶段。

5G是指第五代移动通信技术，5G是继4G之后，为了满足智能终端的快速普及和移动互联网的高速发展而正在研发的新一代移动通信技术。5G作为面向2020年及以后的移动通信系统，其应用将深入社会各个领域，作为基础设施为未来社会提供全方位的服务。

就其发展历程来看，5G移动通信技术将逐步走入到人们的生活、工作和学习中，再一次促进社会的进步和变革、对技术的不断创新。一方面有助于保持移动通信技术行业的活力，另一方面有助于促进我国社会经济快速发展，提供更加完善的技术支持。

2. 4G通信

4G是集3G和WLAN于一体、并能够传输高质量视频图像的技术产品，其图像传输质量与高清晰度电视不相上下，用途十分广泛。4G系统能够以超过100Mbps的速度下载，上传速度也能达到20Mbps，能够满足几乎所有用户对于无线服务的要求。此外，4G可以在DSL（Digital Subscriber Line，数字用户线路）和有线电视调制解调器没有覆盖的地方部署，然后再扩展到整个地区，其优越性十分明显。

2012年1月，国际电信联盟在2012年无线电通信全会全体会议上，正式审议通过将LTE-Advanced和WirelessMAN-Advanced（802.16m）技术规范确立为IMT-Advanced（International Mobile Telecommunications-Advanced，简称“4G”）国际标准，中国主导制定的TD-LTE-Advanced和FDD-LTE-Advance同时并列成为4G国际标准。

2013年12月，我国工业和信息化部向中国移动、中国联通和中国电信三大运营商颁发了4G经营许可，其运行频段分别为：1880～1900MHz、2320～2370MHz、2575～2635MHz，共130MHz（中国移动）；2300～2320MHz、2555～2575MHz，共40MHz（中国联通）；2370～2390MHz、2635～2655MHz，共40MHz（中国电信）。

4G移动系统网络结构可分为三层，即物理网络层、中间环境层、应用网络层。物理网络层提供接入和路由选择功能，它们由无线和核心网的结合格式完成。中间环境层的功能有QoS映射、地址变换和完全性管理等。物理网络层与中间环境层及其应用环境之间的接口是开放的，它使发展和提供新的应用及服务变得更为容易。这一服务能自适应多个无线标准、跨越多个运营者，提供大范围服务。

4G主要以正交频分复用（OFDM）为技术核心，其关键技术包括正交频分复用技术、智能天线技术、调制和编码技术、软件无线电技术、基于IP的核心网、增强的多输入与输出技术，以及多用户检测技术等。

4G的主要特点是通信速度快，网络频谱更宽，通信更加灵活、智能性更好，兼容性更平滑，使用效率更高，能够实现更高品质的多媒体通信。

3. 5G通信

5G（fifth-generation）是以4G为基础来进行延伸和拓展的一种通信技术。与前四代不同，5G并不是一个单一的无线技术，而是现有的无线通信技术的一个融合。5G通信技术的核心是更有效地提升无线传输效率和通信系统智能化水平。

（1）5G移动通信技术的特点

作为新一代的移动通信技术，5G的资源利用率和传输速度效率等均要比4G移动通信技术高出许多，用户的体验、传输延时、安全性、无线覆盖等均有显著的改善。5G还能够和其他无线通信技术进行结合，成为新一代的高效移动信息网络，能够满足未来10年的移动网络发展需求。

1）频谱利用率高。针对现在高频段的无线电波利用率低、穿透能力差的现状，在5G通信技术中，通过演进及频率倍增或压缩等技术提升频谱的利用率，高频段的频谱资源将被广泛应用，使5G通信技术有更大的应用潜力。

2）通信系统的性能大大提高。现有的通信模式的运行方式，主要是将信息的传输码和两个传输之间的技术作为核心目标。5G通信技术的应用不仅仅体现在信息和编码的传输上，而是将多天线、多用户以及多地区的相互协作和相互连接作为未来研究的重点，以利于大幅度提高现有的移动通信技术的整体性能。

3）设计理念先进。在现在的通信技术的服务中，占据主体地位的仍旧是室内业务的应用，5G移动通信技术的最先设计目标就是将目标定位在室内无线网络的全覆盖性能和剩余的业务支撑能力上，这将颠覆一般意义上的移动通信技术的整体理念。

4）运营成本低。软件的配置和使用是5G移动网络通信技术未来重要的发展方向，可以根据移动通信业务的流量变化而实时调整网络资源的使用和再利用，这样就大大减少了不必要的消耗，降低了能源的使用率和网络的运营成本。

5）提高了用户体验。提高用户体验是5G技术的首要目标，相比于现在的移动通信技术，5G技术将大大提高对于游戏和3D、数据传输和网络的数据流动速度等方面的性能，满足消费者对虚拟现实、超高清视频等更高的网络体验需求。

（2）5G移动通信关键技术

1）高频段传输技术。由于3GHz以下的频段可以很好地支持移动性，并有良好的覆盖范围，在以往的移动通信系统中得到了广泛的应用。但是目前3GHz以下的频段资源十分紧张，而3GHz以上的频谱资源十分丰富，如果能有效地利用高频区段的频谱资源，将会大大缓解频谱资源紧张的矛盾。因而，高频段的应用必将成为未来的发展趋势。

2）多天线传输技术。多天线技术经历了无源到有源，从二维到三维，从高阶MIMO到大规模阵列的发展历程，将有望实现频谱效率提升数十倍甚至更高，是目前5G技术的主要研究方向之一。3D天线阵列可支持多用户波束智能赋型，减少用户间的干扰，结合高频段传输技术，将进一步改善无线信号的覆盖性能。

3）同时同频全双工技术。同时同频全双工技术即是在相同的物理信道上对两个方向信号的传输，在通信双工节点上发射信号的时候，同时接收另一节点的同频信号。

4）设备间直接通信技术。传统的移动通信系统是以基站为中心实现小区覆盖，中继站和基站是固定的，因而导致网络结构的灵活度受限。设备间直接通信技术（Device-to-Device，简称D2D）是一种在系统的控制下，允许终端设备之间通过复用小区资源直接进行通信的新型技术，可在一定程度上解决无线通信系统频谱资源匮乏的问题，提高资源利用率和网络容量。

5）多载波聚合技术。多载波聚合技术主要是为用户提供更宽的传输频带。5G可将10个甚至更多载波聚合在一起，为终端用户提供更快的速率和更大的容量。

6）新型网络构架技术。新型无线接入网构架基于协作式无线电技术、集中化处理技术、实时云计算构架技术，具有低延时、低成本、扁平化、易维护等特点，可以满足大规模、高容量的用户需求。目前的主要研究内容是C-RAN的构架和功能。

7）网络智能化技术。5G的中心网络将是一个大型服务器组成的云计算平台。移动云计算是一种全新的IT资源或信息服务的交付与使用模式，它是在移动互联网中引入云计算的产物。移动网络中的移动智能终端以按需、易扩展的方式连接到远端的服务提供商，获得所需资源。这里所说的资源主要包括基础设施、平台、计算存储能力和应用资源。5G网络具有智能配置、智能识别、自动模式切换的功能，能够实现自主组网。移动云计算将成为5G网络创新服务的关键技术之一。

（3）5G移动通信技术的发展趋势

到目前为止，5G技术的标准还没有出台。但是，在社会的发展需求下，通信技术也会向更高的期望进行研发，目前全球对于5G移动通信技术的研究正如火如荼地进行着，5G是未来的发展趋势，也是通信技术发展的必然的结果。5G的未来发展趋势主要体现在以下几个方面。

1）研发速度不断加快。由于5G移动通信技术是一个新的通信领域，大多数国家均未进行公开发行，因此在各国之间就形成了一种竞争的趋势。各国都会加大对于5G通信技术的研发速度，并想通过这种方法来获取在通信领域中的国际地位。因此，在5G技术发行之前这一段时间，各国必然都会不断地加紧其研发进程，并希望以此获取国际关注度并增长自身的实力。

2）技术性能会不断优化。从现在对5G通信技术的了解可以得知，5G移动通信网络与4G移动通信网络相比具有更加快速的特点。同时，其稳定性、可靠性也会不断地完善，尽可能地节约网络能耗等，人们不断追求的过程也必定是一个不断优化的过程。

3）用户将会不断增多。结合以往通信技术发行的特点，可以断言，5G 移动通信技术一经发行，必定具有比 4G 通信技术更多的用户。主要原因有两个，一方面，人口数量随着时间不断增加，移动通信设备的使用者也就会不断增加，这就意味着需要使用 5G 通信技术的人绝对数量也会不断增多；另一个方面，相对于 4G 通信技术，5G 通信技术具有很大的用户体验方面的优势，因此会驱使更多的移动设备用户选择 5G 通信网络。

2.10 小　结

数据通信是计算机与通信相结合的一种通信方式。典型的数据通信系统主要由数据终端设备、数据电路、计算机系统三部分组成。数据可分为模拟数据和数字数据两种形式。数字信号和模拟信号都用于数据通信，不同的网络使用不同类型的信号。数据传输信道是指为数据信号传输提供的通路，有狭义信道和广义信道之分。

将数据转换为信号的过程就是数据编码。介绍了数字数据的几种数字信号编码及模拟信号数字化的步骤。数据压缩，即用最少的数码来表示信号。Huffman 编码是一种用于无损数据压缩的熵编码算法。

数据在信道上传输可采用不同的传输方式：并行传输和串行传输；同步传输和异步传输；单工、半双工和全双工。并行传输是指多个数据位同时在两个设备之间传输。串行传输是指数据只能一位一位地在通信线上传输。异步传输每次只传送一个字符。同步传输是以固定时钟节拍来发送数据信号。单工数据传输是指两个数据站之间在同一时刻只能沿一个指定的方向进行数据传输。半双工数据传输是指两个数据站之间可以在两个方向上进行数据传输但不能同时进行。全双工数据传输是在两个数据站之间，可以两个方向同时进行数据传输。

数据通信过程中，既有使用数字信号进行通信的模拟设备，也有使用模拟信号进行通信的数字设备，因而就有了模拟信号和数字信号间相互转换的技术。数字数据模拟化的方法称为调制，反过来，将已调制信号还原为原来的数字数据，称之为解调。包括振幅调制和解调、频率调制和解调、相位调制和解调。

为了有效地利用通信线路，在一条物理通信线路上建立多条逻辑通信信道，同时传输若干路信号的技术叫作信道复用技术。基本的信道复用分为频分多路复用（FDM）、时分多路复用（TDM）和波分复用（WDM）三类。通常，FDM 用于模拟通信，TDM 用于数字通信，WDM 则用于光纤通信。

数据信息经过远距离的通信线路的传输，会受到各种干扰，使收到的数据信息产生差错，必须采用差错控制技术来提高传输的可靠性。在数据通信系统中，通常用抗干扰编码进行差错控制。常用的 4 类差错控制方式是前向纠错（FEC）、反馈重发（ARQ）、混合纠错（HEC）及信息反馈（IRQ）。编码有检错码和纠错码之分，前者常用的有奇偶校验、水平（横向）奇偶监督码与垂直（纵向）奇偶监督码、行列监督码、群记数监督码、恒比码，后者常用的有线性分组码、汉明码、循环码和卷积码，且循环码还有检错功能。

数据通信系统中，各数据用户终端不可能建立完全互联网络，因此必须借助于某个交换网进行数据交换。目前，公共数据网交换方法主要有三种：电路交换、报文交换及分组交换。电路交换是一种直接的交换方式，通过网络节点在通信双方之间建立专用的临时通信链路；报文交换是将用户的报文存储在交换机的存储器中，当所需输出电路空闲时，再将该报文发往需接收的交换机或终端；分组交换将报文分成若干个分组，每个分组的长度有一个上限并且具有接收地址和发送地址的标识，分组可以存储到内存中，提高了交换速度。

传输介质是通信网络中发送方和接收方之间的物理通路，可分为有线和无线两大类。双绞线、同轴电缆和光纤是常用的三种有线传输介质，无线电通信、微波通信、红外通信、可见光、紫外线、X 射线和 γ 射线的信息载体都属于无线传输介质。

无线通信技术是以无线电波为媒介的通信技术，利用无线电波可以形成点对点的通信系统或利用多址方式形成多点对多点的通信系统。微波通信是指利用微波作为载波，通过无线电波进行中继通信的方式。卫星通信是指利用人造地球卫星作为中继站转发无线电信号，在两个或多个地面站之间进行的通信过程或方式。红外通信即通过红外线传输数据，广泛应用于短程通信中。蓝牙、Wi-Fi 和 ZigBee 是目前常用的几种无线网络技术。蜂窝移动通信系统主要由移动电话交换局、基站和移动台三部分组成。蜂窝移动通信技术的发展经历了 1G、2G、2.5G、3G、4G 及 5G 几个阶段。5G 是未来的发展趋势，将作为基础设施为未来社会提供全方位的服务。

习　　题

1. 什么是信道？信道由什么组成？按信号传输模式，信道可以分成哪两种？
2. 什么是信号？它有哪两种类型？
3. 按照信道中信息传递方向与时间的关系，信道可以分成哪几种？并简述每种信道的含义。
4. 什么是比特率？什么是波特率？调制速率与数据传输率有何关系？如果某数据传输系统的数据传输率为 14.4kbps，调制解调器的多相调制系数 $K=8$，那么波特率是多少？
5. 什么是信道的带宽？单位是什么？如果一条数据传输线上可以在 4600～7500MHz 的范围内传输数据，其带宽是多少？
6. 什么是信道容量？试述奈奎斯特准则和香农定理给出的信道容量。
7. 有几种常用的基带信号编码方式？试画出二进制位流“1101110010”的各种波形图。
8. 分别用标准曼彻斯特编码和差分曼彻斯特编码画出 1011001 的波形图。
9. 试述数据压缩的作用及数据能够被压缩的原因。
10. 什么是同步？数据通信系统为什么要采取同步措施？有几种同步形式？
11. 什么是异步传输方式？什么是同步传输方式？
12. 什么是单工、半双工和全双工数据传输？
13. 在数据通信中，为什么要引入“调制、解调”的概念？其目的是什么？常用的调制方法有哪几种？
14. 设发送数据信号为 0110010，分别画出 ASK、FSK 和 PSK 的波形示意图。
15. 信道为何要复用？都有哪些信道复用技术？其特点各是什么？
16. 计算机通信为什么要进行差错处理？常用的差错处理方法有哪几种？
17. 数据交换技术主要有哪些？其主要特点是什么？

18. 何为传输介质？如何分类的？
19. UTP 的含义是什么？目前常用的是哪几类？
20. 光纤分哪两种？和铜线相比，光纤传输有什么优点？
21. 用多芯光纤制成的光缆由哪几部分组成？
22. 简述无线信道的基本特征。
23. 无线电波有哪几种传播方式？
24. 简述卫星通信的特点及存在的问题。
25. 简述卫星通信系统的组成及各部分的主要作用。
26. 试述卫星通信的主要应用。
27. 什么是微波？简述微波通信的主要特点。
28. 简述扩频通信技术的原理和特点。
29. 简述蓝牙技术的概念和特点。
30. 简述蓝牙系统的组成及各部分的主要作用。
31. 简述 Wi-Fi 技术的主要技术特性。
32. 目前 Wi-Fi 主要应用于哪些场合？
33. 简述 ZigBee 的主要技术特点。
34. 试述 ZigBee 系统的组成。
35. 什么是蜂窝移动通信？其主要特征是什么？
36. 简述蜂窝移动通信系统的组成。
37. 5G 移动通信技术的主要特点有哪些？

参考文献

1. 詹仕华主编. 数据通信原理 [M]. 北京：中国电力出版社，2010.
2. 韩毅刚，刘佳黛，翁明俊等. 计算机网络与通信 [M]. 北京：机械工业出版社，2013.
3. 曾宇，曾兰玲，杨治. 计算机网络技术 [M]. 北京：机械工业出版社，2013.
4. 纪越峰等. 现代通信技术（第 3 版）[M]. 北京：北京邮电大学出版社，2010.
5. 吴功宜，吴英. 计算机网络（第 4 版）[M]. 北京：清华大学出版社，2017.
6. 张曾科. 计算机网络与通信 [M]. 北京：机械工业出版社，2013.
7. 彭英，王珺卜，益民. 现代通信技术概论 [M]. 北京：人民邮电出版社，2010.
8. 张少军，谭志. 计算机网络与通信技术 [M]. 北京：清华大学出版社，2012.
9. 张卫钢，张维峰，邱瑞. 通信原理与通信技术（第三版）[M]. 西安：西安电子科技大学出版社，2012.
10. 申普兵. 计算机网络与通信（第 2 版）[M]. 北京：人民邮电出版社，2012.
11. 彭景乐，5G 移动通信发展趋势与相关关键技术的探讨 [J]. 中国新通信，2014，20：52.
12. 孔令兵. 5G 移动通信发展趋势与若干关键技术 [J]. 通信电源技术，2015，04：124-125.
13. 卓业映，陈建民，王锐. 5G 移动通信发展趋势与若干关键技术 [J]. 中国新通信，2015，21（8）：13-14.
14. 蔡志猛. 5G 移动通信发展趋势与若干关键技术 [J]. 数字技术与应用，2015，23（2）：41.

第 3 章　计算机网络体系结构

计算机网络体系结构是网络参考模型和协议栈的结合。本章从计算机网络的体系结构、计算机网络各层的功能和主要协议两个方面进行介绍。

3.1　计算机网络体系结构

把各种不同的计算机连接起来实现资源的相互共享是一项非常复杂的任务。为了降低设计的复杂性，通常把计算机的互联工作分解为若干层次，每个层次完成规定的功能。不同类型的网络划分的层数各不相同。但是在同一种网络中的计算机具有相同的层次结构。层与层之间通过接口相连，对等层之间通过协议实现通信，如图 3-1 所示。所谓计算机网络的体系结构，就是指网络的分层、协议和接口的集合。

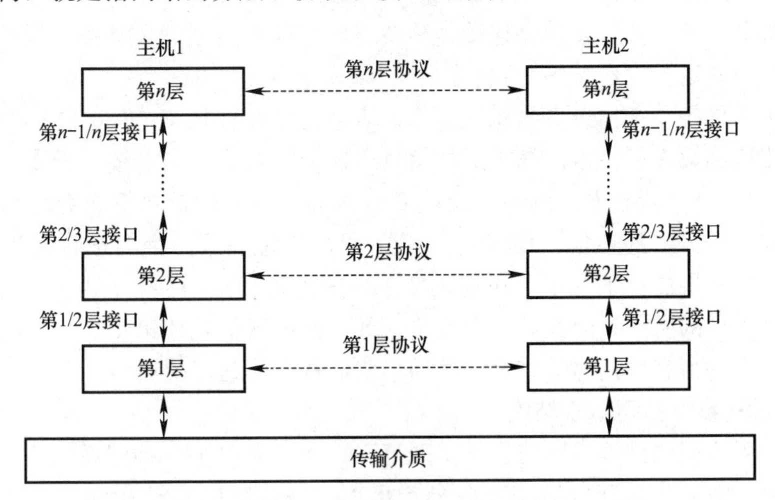

图 3-1　计算机网络的体系结构：层、协议与接口

3.1.1　体系结构基本概念

1. 协议和协议簇

协议是计算机对等层之间有关通信规则的约定。它包含以下三个要素：

（1）语法：以二进制形式表示的命令或数据的结构，如格式、数据编码等。

（2）语义：由发出的命令请求、完成的动作和返回的响应组成的集合。

（3）时序：事件先后顺序和传输速率匹配。

在一个网络系统中包含有许多的协议，每层至少一个，这些协议的集合称为协议簇。例如，TCP/IP 就是一个协议簇，包含有多个协议，并不仅仅是 TCP 和 IP 两个协议。

2. 分层原则与分层的益处

对计算机网络进行层次的划分一般遵循以下原则：

（1）分层的数量不宜过多或过少，应能保证从逻辑上将功能分开，截然不同的功能最好不要合并在同一层。

（2）类似的功能放在同一层。

（3）各层的边界要选得合理，使层次间进行控制和管理的流量最小。

网络体系采用层次化结构有以下三个优点。第一，各层之间相互独立，高层不需知道低层实现的细节，只需利用低层提供的服务，做到各司其职。第二，某一层实现细节的变化不对其他层产生影响，有利于系统的实现和维护。第三是有利于标准化。

3. 接口与服务

接口是相邻两层之间的边界，低层通过接口为上层提供服务，即低层是服务的提供者，上层是服务的使用者。接口和服务的概念与程序设计中模块之间的函数调用十分类似，两个程序模块可以看作服务的提供者和使用者，函数的参数可以看作接口之间的控制信息和传递的数据。

4. 面向连接的服务和无连接服务

在计算机网络体系结构中，把服务分成面向连接的服务和无连接服务两类。面向连接的服务类似于日常的电话通信，有建立连接（拨号）、维持连接（通话）和释放连接（挂机）三个过程。这种服务的特点是可靠性高，数据发送和接收顺序相同。无连接服务类似于邮政信函服务，不需要上述建立连接、维持连接和释放连接三个过程，可靠性较低，数据的接收顺序不一定与发送顺序一致。

如果主机 1 要把一条信息发送给主机 2，信息需要在主机 1（发送方）中的最高层自上而下逐级传递到第 1 层，再由第 1 层将信息通过传输介质，如电缆、光缆或无线方式发送给主机 2。主机 2（接收方）的第 1 层收到发送的信息后，再自下而上逐级传递到最高层，从而完成一条信息的通信。信息在主机 1 中每经过一层，都会被该层进行相应的处理，处理要求由本层协议来规定。在主机 2 中，信息每经过一层，都会被该层进行还原，依据的同样是本层的协议。因此，两台主机之间实际的通信是在第 1 层下面的传输介质中进行的，而其上的所有协议对等体之间的通信我们都看作是虚拟通信。

3.1.2 OSI 参考模型体系结构

为使全世界不同的计算机网络能够实现互联，ISO 提出了一种体系结构模型，即 ISO OSI 参考模型，中文称作开放系统互联参考模型，通常简称 OSI 模型。OSI 模型共有七层，因而又常被称为七层网络模型，其结构如图 3-2 所示。

最下面一层称之为物理层（Physical Layer)。该层与传输介质密切相关，涉及通信信道的信息编码及设备接口的机械、电子和时序特性，如电平、波形、频率、连接器插针定义等。在这一层传输和处理的信息单位是比特（bit)。

第二层称之为数据链路层（Data Link Layer)。在这一层主要完成直接相连的主机与主机或网络设备之间信息传输（链路）的差错控制和数据流量控制以及信道的有效访问机制。在该层传输和处理的信息单位被称为帧。

第三层称之为网络层（Network Layer)。该层的主要作用是选择最合适的信息传递通道，即路由（Routing)，以及避免信息传送途中发生流量拥塞，保证网络的服务质量。在网络层传输和处理的信息单位被称作分组或数据包。

第四层称之为传输层（Transport Layer)。该层的主要作用是把来自上一层的数据进行分割，使之适合在网络中有效、快速和可靠地传送。因而涉及信道的无差错传输和服务类型选择。传输层是 OSI 体系中的主机与通信子网的分界面，是真正的计算机主机—计算机主机的层。在该层传输和处理的信息单位称为段。

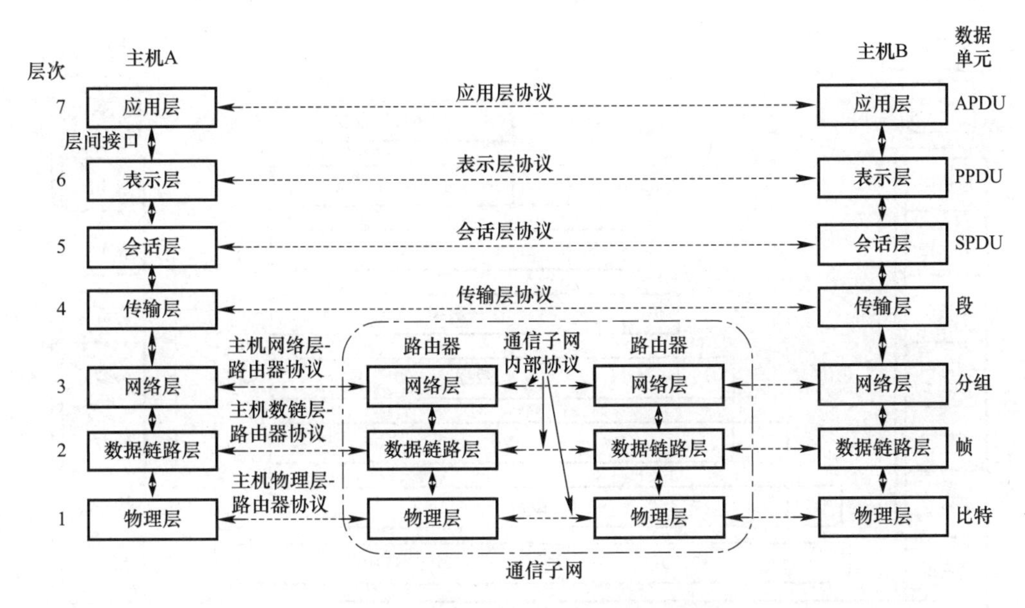

图 3-2　ISO 的 OSI-RM 网络体系结构

第五层称之为会话层（Session Layer）。会话层允许不同计算机上的应用建立会话关系，并对会话进行管理。信息传输过程中的断点续传功能就是典型的会话管理实例，也是该层的主要功能之一。在该层传输和处理的信息单位没有统一和明确的称谓，可以叫作会话层协议数据单元（SPDU，Session-layer Protocol Data Unit）。

第六层称之为表示层（Presentation Layer）。与下面的各层都是关注如何可靠传输信息不同，该层关心的是所传输的信息的语法和语义，即对数据的编码方法。为了让不同的计算机能够相互通信，数据的交换需要使用统一的编码方式。与会话层类似，在该层传输和处理的信息单位称为表示层协议数据单元（PPDU，Presentation-layer Protocol Data Unit）。

第七层称之为应用层（Application Layer）。在本层要实现的主要功能是把面向计算机用户的各种网络应用软件与网络操作系统进行适配。同样，在该层传输和处理的信息单位称为应用层协议数据单元（APDU，Application-layer Protocol Data Unit）。

在 OSI 模型体系结构中，最下面的三层与通信子网有关，涉及网络的互联。而上面的四层都是本地的，主要与计算机主机有关。

数据在 OSI 模型中的传输过程如图 3-3 所示。假设计算机 1 中有发送进程 AP1 将应用数据发送给计算机 2，计算机 2 中的接收进程 AP2 负责接收应用数据。AP1 把应用程序数据交给了应用层，应用层协议在数据前加入协议前缀 H_7（控制信息），组成 APDU，然后把 APDU 交给下一层表示层。

表示层将应用层交给的 APDU 作为数据，根据表示层协议加上自己的前缀 H_6，组成 PPDU，然后把 PPDU 交给会话层。类似的过程重复进行直到数据链路层。数据链路层接收到分组后，不仅要加入控制信息 H_2，还要对传输的内容进行错误检验，因此需要增加

一个后缀 T_2，组成帧串，然后交给物理层。物理层将收到的帧变成比特流通过传输介质发送到网络中，通过网络传送到另一端的计算机 2。在计算机 2 中当信息向上传递时，各种附加的前缀和后缀被一层一层剥去，最后仅剩应用程序数据到达 AP2。

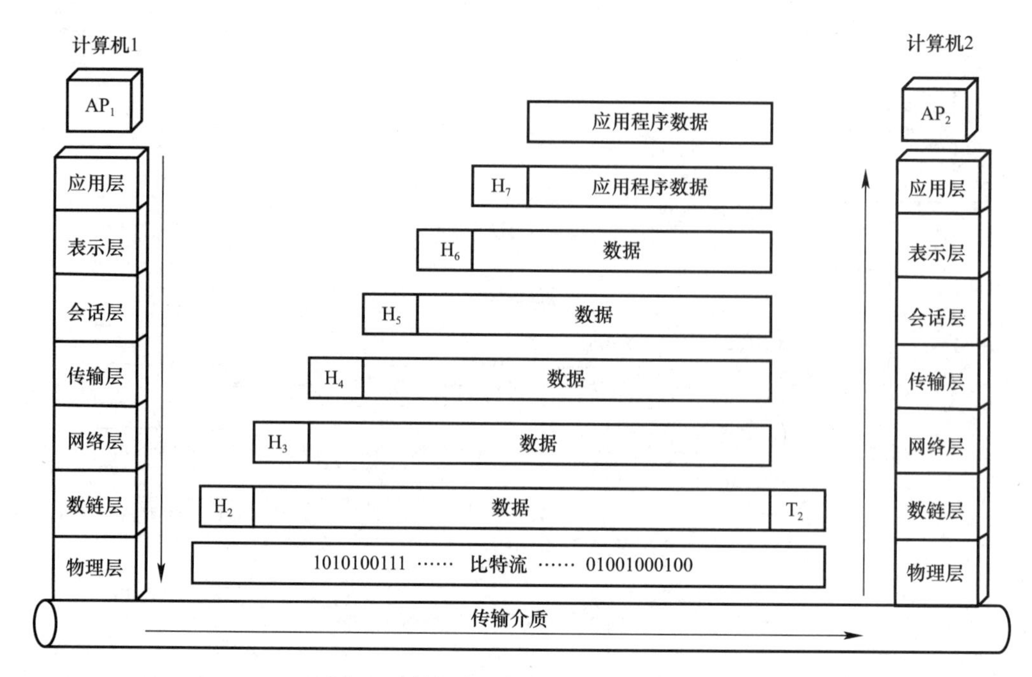

图 3-3　数据在网络体系中的传输过程

3.1.3　TCP/IP 体系结构

TCP/IP 体系结构是 Internet 采用的体系结构，以 Internet 中最著名的 TCP 和 IP 协议命名。该结构同样采用层次化的形式，但是仅有 4 层，自下而上分别是网络接入层（Host-to-network）、互联网层（Internet）、传输层（Transport）和应用层（Application）。TCP/IP 的结构及各层的主要协议如图 3-4 所示。

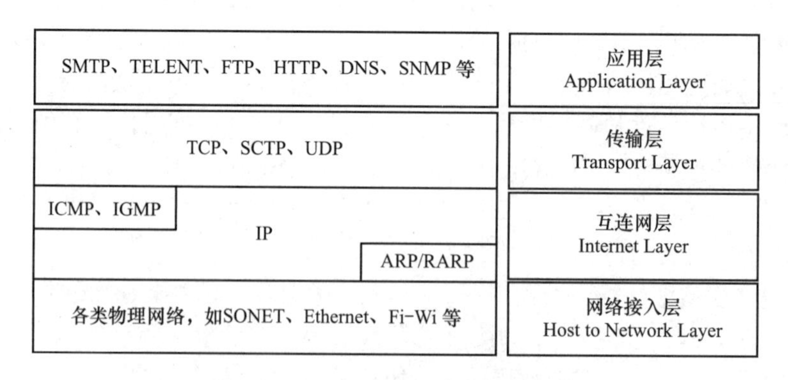

图 3-4　TCP/IP 体系结构及对应协议

TCP/IP 体系结构中最下面的网络接入层实际上是一个空壳，没有具体的规定。正因为如此，它是高度开放的，可以使用各种现有的物理网络作为它的接入层。

互联网层类似于 OSI 模型中的网络层，使用 IP 协议实现网际间的路由选择。IP（Internet Protocol，互连协议）协议不仅运行在计算机主机上，也运行在通信子网的节点机（即路由器）上。

传输层提供端到端的数据传输服务，其功能与OSI模型中的传输层相同。长期以来该层只有两个协议，分别是TCP（Transmission Control Protocol，传输控制协议）协议和UDP（User Datagram Protocol，用户数据报协议）协议。前者提供面向连接的服务，可实现字节流无差错传输。后者提供无连接服务，可以实现低延时应用要求。随着新业务在Internet上的不断推出，特别是流媒体业务的发展，近来新增了SCTP（Stream Control Transmission Protocol，流控制传输协议）协议，它具有TCP和UDP的共同优点，主要用来支持IP电话、视频会议、视频网聊等业务。

应用层包含各种高层应用协议，既有面向办公自动化的文件传输、电子邮件等应用，也有面向管理和控制的应用，以及搜索、即时信息和浏览等应用。

3.1.4　OSI模型与TCP/IP体系结构比较

OSI模型和TCP/IP两种体系结构有许多相似之处，也存在明显的差异。图3-5列出了两个体系结构的对比。就相似之处而言，首先是两个体系结构都采用了层次型结构，而且划分层的功能大体相似。两个体系都有传输层，而且该层以上是端到端的传输服务。网络层与互联网层功能基本相同，都是面向通信子网的传输协议。其次是两个体系结构中各层的协议都是相互独立的。

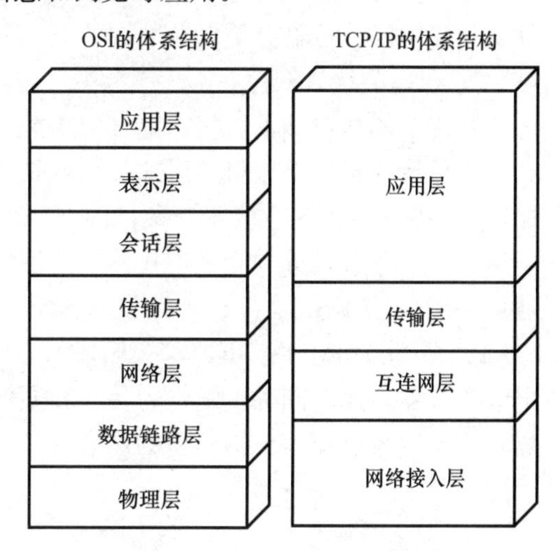

图3-5　OSI模型与TCP/IP体系结构比较

两个体系结构的不同之处则远多于相似之处。首先是层的数量不同，OSI模型分为7层，而TCP/IP只有4层。再者，各层提供的服务不同，OSI体系结构在网络层支持面向连接和无连接服务两种模式，但在传输层只支持面向连接的服务；TCP/IP模型在网络层只支持无连接服务模式，但在传输层同时支持两种服务模式。此外，OSI体系结构中对服务、接口和协议的概念非常明确，而TCP/IP模型则没有那么清晰。OSI模型具有很高的通用性和可借鉴性，而TCP/IP模型则不具有模仿性。

造成上述差异的原因是，OSI是作为标准提出的一个参考模型，没有迁就任何特定的协议，然后才陆续提出与各层相适配的协议，因此该模型是通用的。TCP/IP正好相反，首先出现的是协议，模型是根据协议的功能划分的。尽管该体系结构中协议与模型完全匹配，但是对其他任何一个非TCP/IP网络结构并不适用。

不管是OSI模型和协议，还是TCP/IP模型和协议，都不是十全十美的。OSI的七层体系结构概念清楚，体系完整，但过于复杂而显得很不实用。例如，会话层对于大多数的应用都没有用，表示层几乎是空的，而数据链路层和网络层功能太多，不得不再划分为若干子层。此外，OSI模型以及与之相关的服务定义和协议都极其复杂，实现困难，某些功能，如寻址、流量控制和差错控制在各层重复出现，造成工作效率低下，OSI模型未考虑数据安全和加密事宜。

3.2 OSI 层次结构

3.2.1 物理层

物理层（physical layer）是网络体系结构中的最低层。英文“physical”意为实际的、物理的。正是在这一层实现通信设备的连接，计算机及其网络设备是实际相连的，完成比特流的发送和接收。物理层的主要作用是将上一层处理过的数据格式转换成适合在某种传输介质（如双绞线、光纤或无线等）中传送的比特流。完成这样一个任务还需要建立一个连接，并且在比特流的传输过程中维持这种连接，当输出结束后释放该连接。实际相连的设备之间的比特流的发送和接收必然涉及采用何种接口、传输协议、传输介质和传输技术等问题。在第 2 章中已经对数据通信的基本传输技术做了介绍，下面将对物理层的接口特性、传输协议、传输介质以及数据传输和交换技术进行解释。

1. 物理层接口特性

物理层的接口涉及机械、电气、功能和规程方面的特性。

机械特性指的是接口的形式，也就是连接器的类型。比如日常应用的双绞线快速以太网，采用的是 RJ45 连接器（参见图 2-30）；光纤以太网采用 LC 或 SC 连接器，在图 3-6 中展示了几种最常见的光纤连接器；使用串口通信，常常采用 EIA-232-D 接口，高速串口通信一般采用 RS449 接口，其连接器形式如图 3-7 所示；采用高速数字同步传输，如 64kbps 或 2.048Mbps（E1），一般采用 G.703 接口，其机械结构有两种，一是 BNC 同轴电缆连接器，用于同轴电缆作为传输介质的场合，另一种是 RJ48 屏蔽/非屏蔽双绞线连接器，用于双绞线作为传输介质的场合。

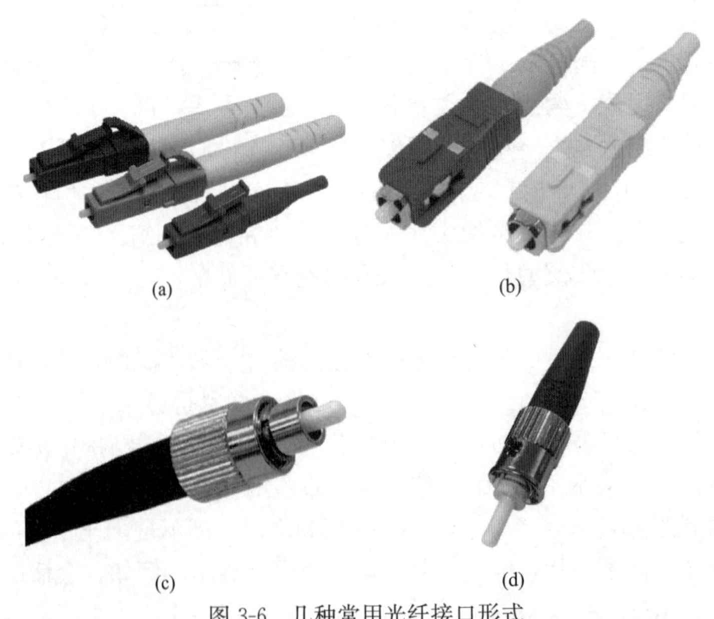

图 3-6　几种常用光纤接口形式

(a) LC 口；(b) SC 接口；(c) FC 接口；(d) ST 接口

电气特性是指传输信号的电平的高低、线路的阻抗与阻抗匹配、传输速率、传输的距离等。以 10Base-2 以太网为例，采用特性阻抗为 50Ω 的同轴电缆作为传输介质，传输速率为10Mbps，在不考虑增加中继器的情况下最大传输距离为185m，最多可以连接30台设备，设备之间的最小间距为0.5m。又如100Base-T快速以太网，采用Cat5双绞线，交换机到PC机等终端设备的距离是100m，传输速率最高为100 Mbps。

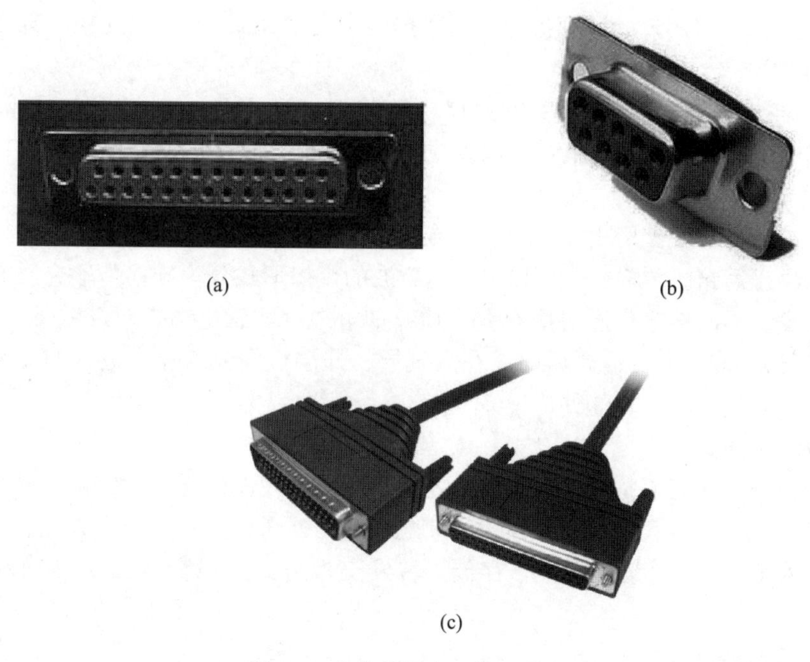

(a) (b) (c)

图3-7 几种常用串口接口形式

(a) 25针RS-232；(b) 9针RS-232；(c) RS-449

功能特性一般是指各种传输线对（引脚）的功能定义及其相互间的操作说明。以100Base-T快速以太网为例，采用2对双绞线进行数据的传输，一对定义为发送，另一对定义为接收。每对线又分别定义传输或接收高电平和低电平信号。再比如，EIA/TIA568对RJ45接口的4对双绞线定义为一对用于语音通信，两对用于数据通信，一对用于供电。

规程特性规定了信道的类型、各信号传输线之间的相互关系、动作顺序及维护测试操作等内容。信道类型有三种，即单工、半双工和双工信道。信号传输线之间的相互关系和动作顺序是指发送和接收信号的时序等。

2. 物理层协议

物理层协议有时又被称为通信规程，也就是由国际上各标准化组织颁布的通信标准，就通信的调制方式、编码方式等提出要求。通信相关技术已在第2章中有详尽的解释，本节仅对一些常用网络的物理层协议做简要介绍。

将计算机联网，需要借助于通信装置或设备。根据ITU的定义，把计算机等信源设备叫作数据终端设备，即DTE或DCE。ITU提出了V系列和X系列两大类标准（建议）。

V系列标准针对基于公用电话交换网（PSTN，Public Switched Telephone Networks）的计算机联网业务，也就是过去使用调制解调器在家里拨号上网的模式。典型的V系列规程有V.32，采用TCM格形编码调制技术，数据传输速率为9600bps；V.34bis，采用了QAM-128调制技术，速率可达33600bps；支持传输速率最高的是V.90，采用了压缩和模

/数转换技术，使得传输速率可以达到 56kbps 的极限值。不论哪种协议，Modem 均通过 RS-232C 25 针串口与 PC 机连接。

X 系列标准则是针对基于公共数据交换网的计算机联网业务而制定，比如在第一代的公用分组数据交换网 X. 25 网络（在我国被称为 ChinaPAD）中，其物理层的协议为 X. 21，规定了如何将用户的计算机与公用数据网中的数字式 DCE 相连接，其接口是一个 15 针连接器。

以太网的物理层协议有四个基本协议，即 10Base-5、10Base-2、10Base-T 和 10Base-F，分别对应粗同轴电缆、细同轴电缆、双绞线和多模光纤四种不同的传输介质。

3. 传输介质

物理层与传输介质密切相关。信息的传送需要借助于某种传输介质。传输介质担当了信息发送的物理通路。传输介质可以根据电磁波的传播形式分为导向传输介质和非导向传输介质两大类。导向传输介质对应有线介质，如电缆（同轴电缆、双绞线等）、光缆（单模或多模光纤），非导向传输介质对应在大气层、外层空间或海洋中进行的无线通信，如长波、中波、短波、微波、红外、激光等。

4. 数据交换技术

采用交换技术，人们打电话可以与地处全球各地的人进行通话。计算机网络也需要采用交换技术，以便实现大量的主机系统相互之间的数据通信。数据交换方式有两大类，电路交换方式和存储-转发交换方式，存储—转发交换方式又可分为报文交换和分组交换方式。

3.2.2 数据链路层

数据链路层架构在物理层之上，是计算机网络体系结构中极为重要的一层，涉及两个相连的通信实体间在本层进行可靠且有效的通信事宜，要完成许多特定的功能，如为网络层提供良好的服务接口、组成本层传输的数据单位——帧、处理传输过程中产生的错误、调整发送和接收端的数据传输速率。实现这些功能需要借助于硬件和软件技术，涉及通信协议的问题。

数据链路层使用的链路有两类，即点—点链路和广播链路。两种类型链路的基本功能是相同的，但是实现的方法有较大差异。在介绍基本功能之后，本节侧重于点—点链路类型的数据链路层协议的介绍，而广播链路的数据链路层协议将在第 4 章中介绍。

1. 数据链路层的功能

数据链路层基于物理层提供的比特流传送服务，通过一系列的管理和控制，建立对上一层透明的、无差错的数据链路，进而向上一层提供可靠、有效的数据帧传送服务。数据链路层完成的主要功能如下。

（1）组成帧

在数据链路层，数据以帧为单位进行处理。在发送端，数据链路层负责把上一层交给的数据分组转变成帧，然后交给下面的物理层去传输。在接收端，数据链路层则要把物理层提交的比特流转变为帧，经过适当处理，再提交给上一层。之所以按帧传输，主要是便于对物理层传输过程中出现的错误进行检错或纠错。在不同的网络中，帧的大小和具体格式各不相同。

（2）链路管理

链路的管理涉及计算机网络系统提供的服务类型。不同的服务类型采用了不同的链路管理方式。通常情况下网络系统可以提供三种可能的服务及相应的链路管理策略。

1）无确认的无连接服务。在网络中，源计算机向目标计算机发送独立的帧，目标计算机接收到帧后并不对收到的帧进行确认。传送帧不需要事先建立逻辑链接，事后也不用释放逻辑链接。若由于线路原因造成帧的丢失，数据链路层不会负责，而是交由上面的各层完成。这样的服务类型特别适用于高质量的、高速率的传输信道和实时业务应用，比如大多数 LAN 和语音、图像等业务的传输。

2）有确认的无连接服务。为了提高无连接服务的可靠性，目标计算机对收到的每一帧都向源计算机发出确认。如果在规定时间内发送方未得到某一帧的确认，则会对该帧重发。因此收到的帧是完整的，但不保证帧是按顺序的。这样的服务类型适用于不可靠的信道，例如无线网络系统。

3）有确认的面向连接的服务。源计算机向目标计算机发送帧之前，首先建立一个逻辑链接。然后发送的每一帧都被编号，数据链路层保证每一帧都会按正确的顺序接收。当所有的帧都发送完成后，释放该逻辑链接。这种服务最可靠、最复杂，也最昂贵。

（3）流量控制

网络中连接的计算机是多种多样的，既有高速的大型机和服务器，也有 PC 机和智能手机，网络接口的传输速率各不相同。此外，网络还会发生拥塞现象。因此，需要对发送方和接收方的数据处理能力进行协调，这就是网络的流量控制。

（4）差错控制

计算机网络使用了不同的传输介质，因此信道的质量高低不一。传输过程中的错误率有差异，传输的业务类型也各不相同，需要采用不同的编码技术和差错控制策略，如纠错和检错。

2. 帧的组成与透明传输

一般来说，帧由两部分组成，一部分是数据部分，也就是上一层交给要传输的内容，也被称作净荷。另一部分是管理和控制的有关信息，也被称作帧的首部和尾部。组成帧的方法主要有以下述几种。

（1）基于字节填充的标识字节法

该方法采用一个特殊的字节代表一帧的开始和结束，把这个特殊字节称为标识字节（Flag Byte），如图 3-8 所示。多数情况下，Flag 字节为 01111110 模式。Flag 的引入会带来一个严重问题，如果在数据部分恰巧有 Flag 字节，就会被误认为是帧的结束。解决办法是在发送端当数据部分出现 Flag 时，在其前面插入一个转义字节 ESC；在接收端收下该帧时再把这个转义字节删除，然后提交给上一层。这一方法称之为字节填充。需要采用字节填充的不仅是 Flag，还有其他几种情况，详见图 3-9。

早期的 ARPANET 中，接口报文处理机（IMP，相当于现在的路由器）之间的通信协议 IMP-IMP 协议即采用这种成帧的方法，计算机采用拨号上网使用的 PPP 协议（Point-to-Point Protocol）采用的也是类似的字节填充方法。使用字节填充的成帧方法随着网络的发展显得越来越笨拙，严重影响信息的传输效率。

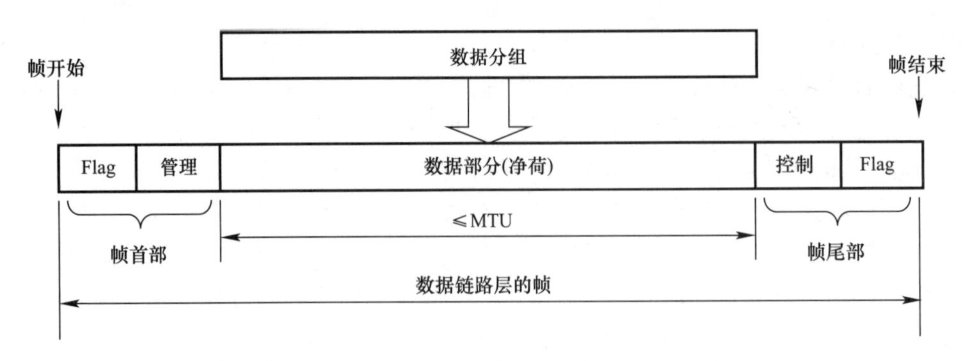

图 3-8　基于字节填充的标识字节成帧结构

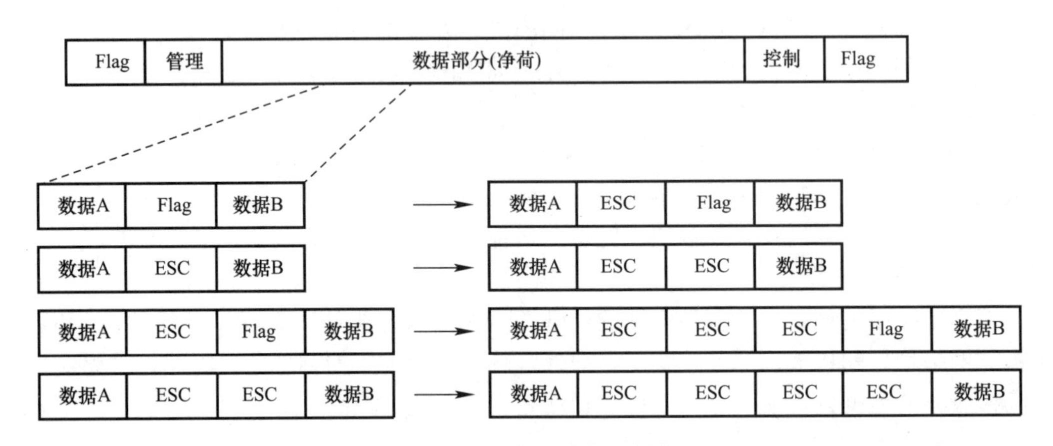

图 3-9　字节填充的使用场合

(2) 基于比特填充的首尾标识法

基于比特填充的首尾标识成帧方法，允许帧中包含任意比特组合，不再对字节做出任何的限制。它的工作原理如下：与字节填充法相同，每一帧的开始和结束采用一个特殊的Flag字节。当发送端的数据链路层在数据中遇到5个连续的“1”时，它自动在其后插入一个“0”到输出比特流中。在接收端，当收到5个连续的“1”后面跟着一个“0”时，自动将这个“0”删除。图3-10给出了一个比特填充的例子。

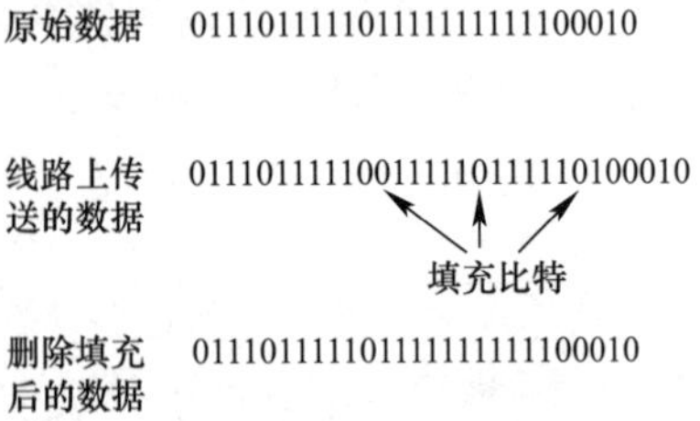

原始数据　011101111101111111111100010

线路上传送的数据　0111011111001111101111110100010

填充比特

删除填充后的数据　011101111101111111111100010

图 3-10　比特填充的实例

在比特填充机制中，利用Flag模式可以唯一地标识出帧与帧之间的边界。因此，如果接收方失去了帧同步信息，它只需在输入的码流中扫描Flag序列即可。此外，该机制可以提高信息的处理效率。前面提到的PPP协议在高速同步链路传输时便使用了比特填充技术。

不论是字节填充还是字符填充，其目的都是为了保证数据的透明传输，不管通信链路中出现何种字节或比特组合形式，都不会影响数据传输的正常进行。因此，有些教材把字节填充和比特填充技术统称为透明传输技术。

(3) 违规编码法

这是一种仅用于信道编码中包含冗余信息的网络中使用的成帧方法。以曼彻斯特编码为例，其编码波形如图 2-8 所示。在任何一个码元周期内，都存在一次电平从高到低或从低到高的跃变。这种跃变包含了冗余信息。这样，对于码元中不发生电平跃变的编码便属于违规编码，如低—低或高—高电平编码。于是便可以利用这些违规编码作为帧的边界。

3. 流量控制和差错控制

进行流量控制是为了协调链路两端的发送站和接收站之间的数据流量，以保证数据发送和接收达到平衡，同时对传输过程中产生的数据错误进行处理。流量控制和差错控制不仅在数据链路层要实施，而且在其他层也要应用。但是在数据链路层介绍流量控制和差错控制原理最为简单和直接，便于理解和掌握。

计算机网络系统采用了滑动窗口技术用来实现流量控制和差错控制。

（1）滑动窗口的基本概念

这里的“窗口”代表处理数据的能力，窗口大意味着能够处理的流量大。“滑动”表示窗口的大小可以调整。在数据链路层，窗口以帧为单位进行流量处理。在发送端和接收端分别设置发送缓存和接收缓存。缓存区的大小取决于窗口的大小。通信采用全双工方式进行。

为方便介绍，假设数据只在一个方向上传送，A 站发送数据，B 站接收数据并给出确认。这便涉及两个窗口，即 A 的发送窗口和 B 的接收窗口。为了让双方都掌握哪些发出的帧被接收并得到确认，每个帧都分配一个序号。由于使用的序号随帧发送，需要占用帧中的一个字段（属于管理和控制部分），因而对序号的大小有一定的限制。假如该字段为 3-bit，序号的范围为 0～7。相应的，帧的序号则是以 8 为模的数值。该值就是发送窗口的最大值。一般讲，对于 k-bit 长的字段，序号范围为 $0 \sim 2^k-1$，最大窗口尺寸为 2^k-1。k 的取值要兼顾系统硬件造价、帧的控制开销和链路传输效率等多个因素。在传播延迟较小的链路上，常取 $k=3$。在传播延迟较大的链路上，常取 $k=7$ 或 $k=49$。

（2）滑动窗口流量控制

滑动窗口流量控制的工作原理如图 3-11 所示。帧序号 0～7，最大发送窗口和最大接收窗口相同（不是必须的），都是 8 帧。在发送端，待发送的帧被存放在发送缓存区中，每发送出一帧，发送窗口的后沿往前滑动一格，最多可以发送 8 帧，但帧信息仍保存在发送缓冲区中。当收到接收端发出的确认后，每确认一帧，发送窗口的前沿向前滑动一格，同时可以删除发送缓存中已发送成功一帧的信息。如果某一帧没有在规定时间收到接收端的确认，或者直接收到接收端对某一帧的否认，则发送端要从发送缓冲区中调出该帧重传。

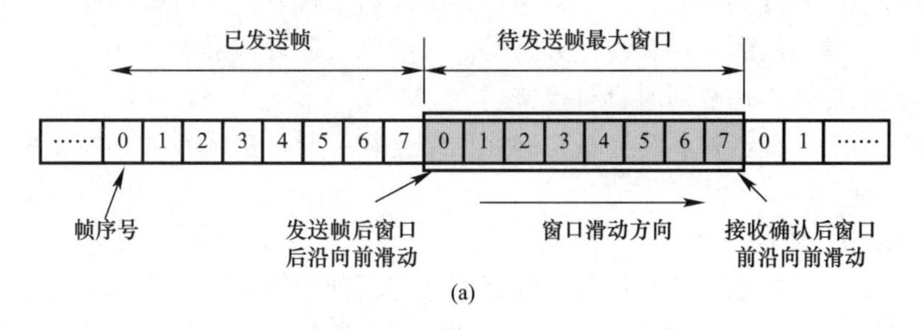

图 3-11　帧序列号为 3bit 的滑动窗口（一）

（a）发送窗口

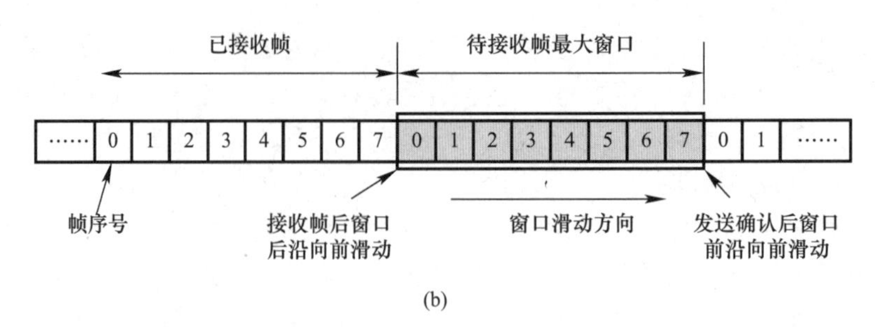

(b)

图 3-11 帧序列号为 3bit 的滑动窗口（二）

（b）接收窗口

在接收端，每收到一帧后，首先要检查该帧的序号是不是在接收窗口内。如果帧的序号正好等于接收窗口的后沿，随后进行错误检查。如果内容正确，就将该帧的数据部分提交给上一层处理，同时向发送端发送该帧的确认，并且使接收窗口向前滑动一格。如果收到的帧序号落在接收窗口内，但不是接收窗口后沿的帧，也进行错误检查，如果正确就把它保存在接收缓冲区中，直到正确地接收到了接收窗口后沿的帧，才将其连同前面保存在接收缓冲区中正确的帧按顺序提交给上一层，并发出确认，同时向前滑动接收窗口。对于接收到落在接收窗口之外的帧，接收端只是丢弃，不做其他处理。

实际的应用中，数据是双向交换的，每个站都要管理两个窗口，一个用于发送，另一个用于接收，且双方都需要向对方既发送数据又发送确认。为更加有效地工作，确认的发送采用称为捎带（piggybacking）的技术，即在每个标准的帧中设置了一个用于存放确认序号的字段。因此，确认是随数据一同发送出去的，这样可以节省通信资源。

（3）差错控制

实际的物理信道总会受到各种噪声的干扰，使得数据在传输过程中发生码间串扰，造成误码。为保证信息传送的正确性，必须采取差错控制技术对传输过程中的错误进行检测和纠正。差错控制是通过采用差错控制编码技术实现的。在通信专业中，差错控制编码又称为信道编码。差错控制编码的原理是在发送端通过添加冗余码元使原来随机的、不带规律性的待传数字信号变换成为有规律性的编码数字信号，经信道传输后在接收端再利用与发送端相同的编码技术对这种规律性进行检验（译码），检测是否发生错误，进而纠正错误，提高通信的可靠性。

根据误码产生的根本原因，对差错的控制一般有三种方式。即前向纠错方式（FEC）、反馈重发（ARQ）和混合纠错方式（HEC）。

常用的检错码有奇偶校验码、水平与垂直奇偶监督校验码、行列校验码、群记数监督码及恒比码等。常用的纠错码有线性分组码、汉明码、循环码和卷积码。其中，线性分组码除具有纠错功能外，一般同时具有检错功能。

在实际网络中，差错控制与流量控制往往结合在一起，集成在通信协议中，实现数据链路的传输控制。

4. 数据链路层协议实例

前面介绍的流量控制、差错控制等都是通过一系列的规则来表现和实现的。这些规则就是数据链路层协议。不同的传输链路和通信方式，所使用的数据链路协议是不同的。下面介绍两个常用、典型的数据链路层协议——HDLC 和 PPP 协议。

(1) 面向比特的传输控制协议——HDLC 协议

HDLC (Gigh-level Data Link Control，高级数据链路控制) 协议是基于 IBM 在其 SNA (System Network Architecture，系统网络结构——一种计算机网络体系结构) 网络中应用的同步数据链路控制 (SDLC，Synchronous Data Link Control) 协议，是面向比特而非字节的数据链路层协议，采用同步传输方式，具有较高的数据传输效率。HDLC 的帧结构如图 3-12 所示。

位长:	8 bit	8 bit	8 bit	≥0 bit	16 bit	8 bit
	F(标志)	A(地址)	C(控制)	I(信息)	FCS(校验)	F(标志)

图 3-12　HDLC 帧结构

F (Flag) 字段是帧的分界标志。帧的开始和结束是相同的标志，序列格式为 01111110。如果有与 F 相同的序列出现在帧中间 (如信息字段)，则采用比特填充技术实现透明传输。

A (Address) 字段是地址字段。在点—点链路中，没有使用。

C (Control) 字段是控制字段。根据该字段的不同，可以把 HDLC 帧分为信息帧 I (Information)、管理帧 S (Supervisory) 和无编号帧 (Unnumbered) 三类。其中 I 帧属于长帧，而 S 和 U 帧属于短帧，没有信息字段。

I (Information) 字段是数据字段。该字段可以包含任意的比特序列，但必须是由字节的整数倍组成。该字段长度不固定，可以达到系统设定的最大值。使用 ARQ 机制时，流量和差错控制信息也包括在该字段中。

FCS (Frame Check Sequence，帧校验序列) 字段是用于帧的差错检验。采用线性分组码循环冗余校验。检验范围包括地址、控制、信息字段等，不包括 Flag 字段，也不包括为透明传输而额外插入的 0。

(2) Internet 中的数据链路层协议——PPP 协议

PPP 协议是采用拨号或专线方式接入 Internet 时使用的一个协议，也被称作是 Internet 中的数据链路层协议。该协议完成三个主要的功能。

第一，成帧。它可以毫无歧义地标识一帧的开始和结束，实现透明传输和差错控制。

第二，通过子协议 LCP (Link Control Protocol) 建立、配置、测试和释放链路，支持同步和异步传输方式，支持面向 bit 和面向字节的编码方法。

第三，通过子协议 NCP (Network Control Protocol) 建立和配置不同的网络层协议，实现在单一 PPP 链路上可支持运行多种网络协议。

PPP 协议的格式如图 3-13 所示。

字节数:	1	1	1	1 或 2	<1500	2 或 4	1
	F(标志) 01111110	A(地址) 11111111	C(控制) 00000011	P (协议)	I(信息) 净荷	FCS (校验)	F(标志) 01111110

图 3-13　PPP 帧结构

所有的 PPP 帧都以一个标准的 HDLC 标志字节 (01111110) 作为开始和结束。如果它出现在净荷段，则需要进行字节填充。

在地址字段，设置为全“1”，表示所有的站都可以接收该帧。

控制字段的缺省值为00000011，表示是一个无序号帧。绝大多数情况下都采用这种方式。

协议字段的作用是表明净荷中数据的分组类型。已定义了代码的协议有：LCP、NCP、IP、IPX、AppleTalk等。以0作为开始的协议代码表示的是网络层协议，以1作为开始的代码表示的是链路或网络控制数据。该字段缺省设置为2字节。

净荷字段是变长的，最多可以达到一个商定的最大值。如果在链路建立过程中没有通过LCP商定长度，则缺省值为1500个字节。

校验字段缺省值为2字节，采用CRC循环校验，对帧进行错误检查。

3.2.3 网络层

网络层要考虑的事情是如何保证连接在网络中的各计算机之间可靠的通信，即源计算机发送的分组如何快捷地到达目的计算机。与数据链路层最大的不同是，数据链路层面对的是两个彼此相连的计算机或通信设备之间的通信问题，而网络层面对的是两个可能处在完全不同的通信网络的计算机或通信设备之间的通信问题。因此，网络层需要考虑的事情更加复杂，要解决网络路由和拥塞控制等问题。本节将对网络层的基本功能作介绍，重点讲授路由算法和网络的拥塞控制机理。

1. 网络层的基本功能

网络层的职责是完成各种不同的网络中计算机之间的相互通信。为此，网络层要实现以下功能。

（1）编址和地址分配

不同的物理网络有不同的编址方式，但是若要想在不同的物理网络中的计算机共享资源，则必须要有统一的编址方式。Internet是由无数的物理网络互连而成的，之所以能够共享信息，就是因为所有连接Internet的计算机都使用了IP协议规定的编址方式（有关因特网的编址方案，详见第6章）。

此外，对于一个覆盖全球、无国界的广域网，怎样有效地分配地址也是网络层要考虑的重要事情。

（2）分组的发送

通常情况下，一个计算机发出的数据分组要经过多个网络才能到达目的计算机。让分组在尽可能短的时间内在众多物理网络中可靠地传送便是计算机网络要研究的路由问题。路由选择是网络层最重要的功能。安装了路由软件的网络设备称为路由器（Router）。有关的解决方法被称为路由算法。

路由算法可以大致分为两类：静态路由算法（或称作非自适应路由算法）和动态路由算法（也被称作自适应路由算法）。静态路由算法根据事先预定的路由，对分组进行接收和转发，不会因网络流量和拓扑结构的变化而改变路由策略。动态路由算法则会根据网络的流量的变化或拓扑结构的变化灵活的改变路由策略。这两类路由算法在当今的Internet中都有应用。

（3）网络拥塞控制

当某一个网络或网络中的局部有大量的分组等待转发时，网络的性能便会劣化。这种现象称为网络拥塞。造成网络拥塞的最根本的原因是负责分组转发的网络设备（路由器）的处理能力跟不上网络流量的变化。

网络拥塞的控制策略也有两类，即开环策略和闭环策略。开环策略基于良好的网络设计，避免拥塞的发生。完成开环控制的手段有：确定何时接收新流量、当待转发的分组过多时有选择地丢弃某些分组、在网络的不同节点执行调度决策。闭环策略基于反馈原理，由三部分组成：拥塞检测、拥塞告警和系统调整。

（4）网络服务质量

由于网络的千差万别，拓扑结构、路由器及路由算法和拥塞等因素的影响，使得网络中传送的分组会发生延迟、丢失、失序、抖动等现象。对于某些应用，如图像和语音等实时信息的传送，对网络的延迟和抖动非常敏感，而文件传输等非实时业务则对丢包率要求高。因此不同的应用业务对网络层的要求是不同的，网络提供的服务质量是不一样的。

2. 网络层提供的服务

在本章的第 1 节已介绍了面向连接的服务和无连接服务的概念。网络层向上一层提供的服务就包含了面向连接的和无连接的两种服务类型。

（1）无连接服务的实现

所谓无连接的服务，意味着被传送的分组采用了各自独立的路由通过通信子网，在源主机和目的主机之间不需要提前建立固定的逻辑链接，如图 3-14（a）所示。借用 ARPANET 的术语，这样的通信子网被称为数据报子网（Datagram Subnet），在数据报子网中传输的分组被称为数据报（Datagram）。

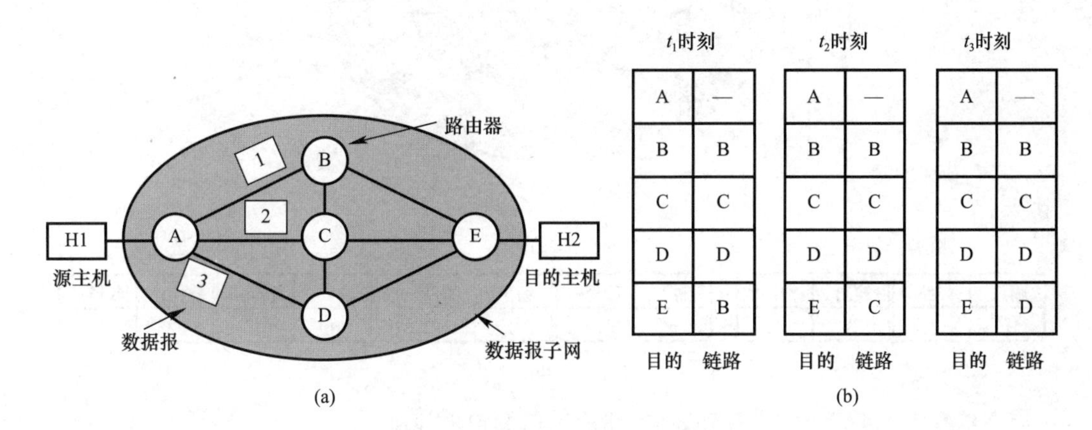

目的	链路
A	—
B	B
C	C
D	D
E	B

目的	链路
A	—
B	B
C	C
D	D
E	C

目的	链路
A	—
B	B
C	C
D	D
E	D

(b)

图 3-14　数据报子网的工作原理

（a）数据报子网拓扑结构；（b）路由器 A 的路由表

在本例中，主机 1 的一个应用进程经过上层到达网络层。该进程数据长度较大，被分割成 3 个分组（数据报），分别是分组 1、分组 2 和分组 3，每个分组中都有完整的主机 1（源计算机）和主机 2（目的计算机）的地址。这 3 个分组根据数据链路层的协议依次发送给与主机 1 相连接的路由器 A。在数据报子网中，每个路由器都有一个路由表，标示出分组到达子网中任何地方应输出的链路（端口）。该路由表随网络的变化定期更新。路由器 A 在传送上述 3 个分组时，由于路由表的变化先后使用了 3 个链路发送分组，见图 3-14（b）。因此，3 个分组分别按不同的路由经通信子网中的路由器由源站发送到目的站。如何建立路由表并作出路由选择正是本节要介绍的路由算法（Routing Algorithm）的作用。

（2）面向连接服务的实现

若要提供面向连接的服务，在发送分组之前，通信子网必须首先建立起一条从源路由器到目的路由器之间的逻辑通路。这个逻辑通路类似于电话交换系统中建立的物理连接，被称为“虚电路（Virtual Circuit）”。它之所以是“虚”的，是因为这条通路不是专用的，子网中传送的分组每经过一个路由器，首先被路由器缓存起来，并排队等待转发，也就是说采用的是分组交换而非电路交换。提供这样服务的通信子网被称为虚电路子网（Virtual Circuit Subnet）。

在这种服务方式下，当一个连接建立起来后，便被保存在沿途的路由器的路由列表中。一旦该连接被选用，所有从源主机发送到目的主机的分组将依次经过这个“虚电路”传送，如图 3-15（a）所示。所有分组发送完毕后，释放连接，中断“虚电路”。在面向连接的服务中，每个分组都包含一个虚电路号标识字段，路由器根据分组的标识字段确定分组的转发出口。

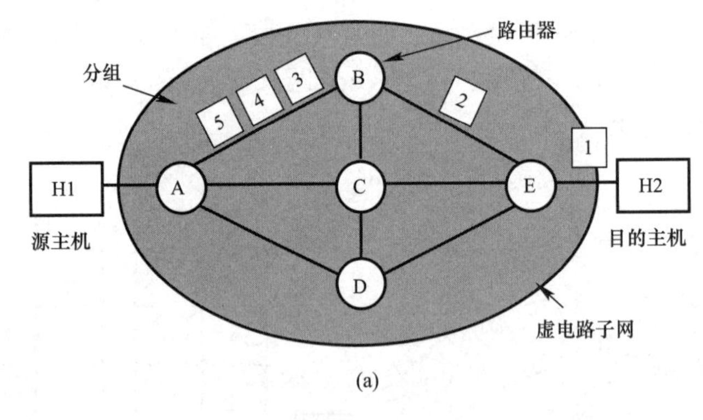

(a)

路由器A的表

输入	线路	输出	线路
H1	1	B	1

路由器B的表

输入	线路	输出	线路
A	1	B	1

路由器E的表

输入	线路	输出	线路
B	1	H2	1

(b)

图 3-15　虚电路子网的工作原理

（a）虚电路子网拓扑结构；（b）路由器 A、B 和 E 的路由表

（3）数据报子网与虚电路子网的比较

数据报通信子网和虚电路通信子网各有其特点。数据报子网最突出的特点是子网的鲁棒性好，传输的可靠性高。当子网中某个路由器发生故障时，仅会对少数分组有影响，因为每个分组都有地址信息，可以独立路由。而对虚电路子网来说，一旦发生路由器故障，虚电路将被中断，其影响将是致命的。

数据报子网不需事先建立连接，对于发送数据流量不大的应用业务工作效率会很高。反之，如果是大流量的应用业务，特别是流媒体业务，虚电路子网有明显的优势。

从分组的格式来看，数据报方式要求每个分组都有完整的地址字段。当分组中的载荷较小时，地址字段所占比例很大，需要消耗相当的传输开销，浪费带宽。虚电路方式下分组中的虚电路序号相比较而言占用的比例较小，传输成本会更低。

就网络提供的服务质量和子网内拥塞避免而言，虚电路有一定优势，可以提前预留网络资源，如缓存空间、带宽和优先级等，而且分组顺序传送，不需缓存重新排序。对于数据报子网，实现起来非常困难。

两种子网对路由器的要求也是不同的。数据报子网中的路由器需要有较大的存储空间，以便存放子网中所有路由器的地址信息，而且查找一个庞大的路由列表对路由器的 CPU 的要求会更高。而在虚电路子网中，路由器仅存储虚电路号索引，要求的存储空间相对要小，对 CPU 的处理能力要求也较低。

3. 路由机制

网络层的主要功能是将分组从源主机经过选定的路由发送到目的主机。在大多数情况下，分组的转发要经过多个路由器，穿越多个网络才能到达目的地。唯一的例外是源主机与目的主机都连接在一个网络交换机群内或通过一个无线接入器 AP 接入同一个 WLAN。

路由选择由路由算法确定。路由算法是网络层软件的一部分，运行在路由器中。它确定一个进入路由器的分组应该被转发至哪一条输出线路上。如果通信子网采用数据报服务方式，对收到的每一个分组都要进行路由选择，重新选择路径，以适应网络的变化。如果通信子网采用虚电路方式，通常只是在一个新的虚电路建立起来时，才需要确定路由路径。

路由器中有两个主要进程，一是确定路由并更新和维护路由信息，二是接收并根据路由表转发分组。对路由算法一贯的要求是：正确、简单、健壮、稳定、公平和最优化。

（1）最短路径路由算法

最短路径路由是一种最简单、最基本的静态路由算法，也是许多高级路由或动态路由算法的基础。它是由荷兰科学家 Edsger Wybe Dijkstra 于 1959 年提出的，也被称作 Dijkstra 算法。该算法的基本思路是，首先建立一个网络拓扑图，图中的每个节点代表一个路由器，连接路由器的线段代表一条链路，每条链路的长度是已知的，每个节点用从源点沿已知最佳路径到本节点的距离来标注。算法的目标是获得图中任意两个节点之间的最短路径。

下面举例来说明 Dijkstra 算法，在图 3-16（a）中，找出从 A 到 D 的最短路径。以节点 A 作为源点，是一个永久性的节点，用实心圆表示。然后依次检查与 A 相邻的每个节点，并用它们到 A 的距离重新标注这些节点，对于其他节点，到 A 的距离未知，暂且标注为无穷大，如图 3-16（b）所示。在检查了所有与 A 相邻的节点之后，再查看图中的临时标记的节点，选择具有最小距离值的节点作为永久性的节点，用实心圆表示，并将该节点最为查找下一个节点的工作点，用箭头指示。

节点 B 被选定为工作点，接下来检查与 B 相邻的节点，步骤同上。如果 B 的标注与从 B 到所检查的节点的距离之和小于此节点的标注，意味着得到了一条更短的路径，则应对该节点重新标记。

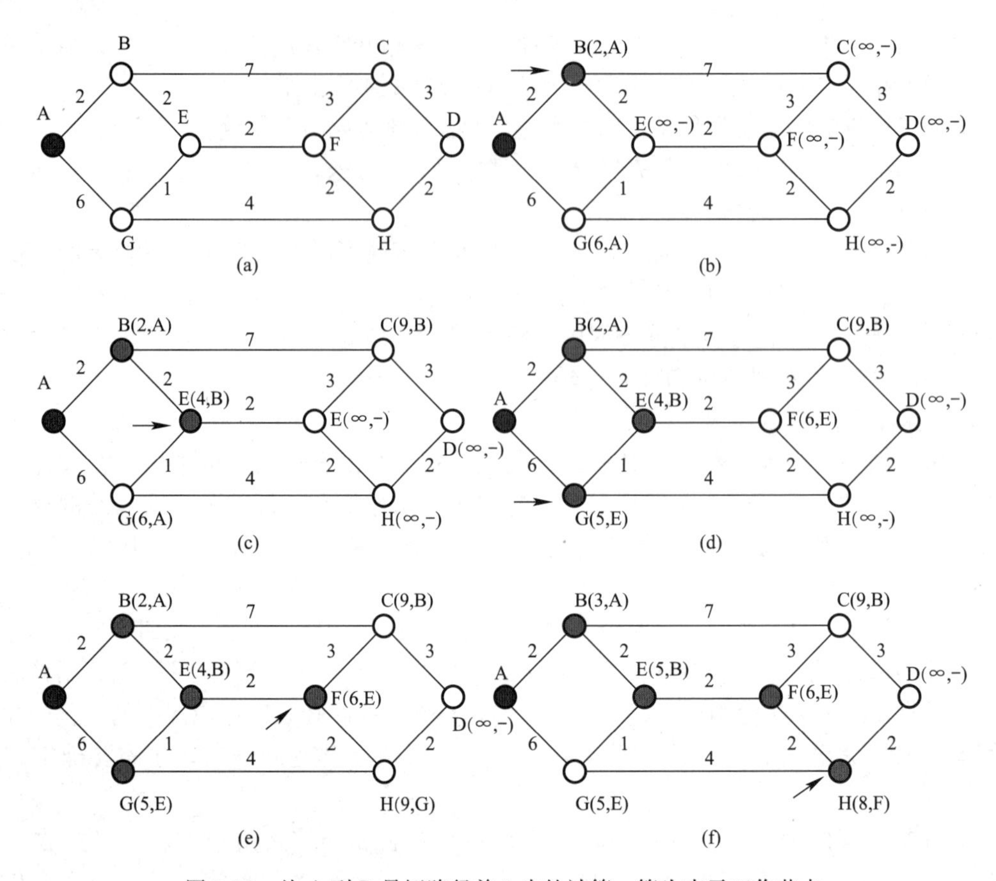

图 3-16　从 A 到 D 最短路径前 5 步的计算，箭头表示工作节点

在检查了所有与工作节点相邻的节点，并且在可能的情况下修改了临时性的标记后，算法需要对整个图进行搜索，以便找到具有最小标记值的临时性节点，并把该节点作为永久性节点，并且成为下一轮的工作点。图 3-16（b）到（f）显示的是寻找节点 A 到节点 D 最短路径的前 5 个节点的过程。其中在（c）中，节点 G 的距离和路径经比较被重新标记；在（e）中，节点 F 是经过全图比较确定为工作节点的；在（f）中，节点 H 的距离和路径经比较被重新标记并被确定为工作节点。

最后，对“路径”的概念做必要的解释。在图上的最短路径，其物理意义可以代表其他含意。它既可以是地理意义上的最短距离，也可以是经济意义上的最低成本，还可以是最短延时、最高传输速率、最大传输带宽、最短排队长度、最大流量等通信参数，或者是多个参数的加权集合，在有些实际的网络中甚至用经过的路由器的跳数代表距离。

（2）距离矢量路由算法

距离矢量路由算法是一种动态路由算法，也是现代计算机网络通常使用的一种路由算法。它最初在 ARPANET 中获得使用，后来被 Novell 和 Internet 中的 RIP（Routing Information Protocol）协议采用。AppleTalk 和 Cisco 路由器使用了这种算法的一个改进版本。

距离矢量路由算法的思想非常简单。每个网络节点（路由器）都保存有一个路由表，以路由器为索引，记录着到各节点的首选输出线路（下一级路由器）和到达该节点的最短路径值。

通常，一个路由器获得相邻路由器的“距离”是比较容易的。如果“距离”表示的是传输延迟，它只需要向相邻路由器发送一个测试分组（ECHO），并加盖时间戳，得到回复后便可获得延迟量。如果是路由器跳数，则该距离便是 1。如果是队列长度，那么只需检测它的每一个队列即可。

下面以图 3-17（a）所示的子网拓扑图为例，说明距离矢量算法的工作原理。在该子网中共有 6 个节点，与节点 D 相邻的有 4 个节点。节点 D 从相邻节点可以获得它们到网络其他节点的距离信息，见图 3-17（b）。在此处假使用传输延时作为度量的“距离”，单位是毫秒（ms）。节点 A 声明到节点 F 的延时是 4，节点 B 声明到节点 F 的延时是 8，节点 C 声明到节点 F 的延时是 3，节点 E 声明到节点 F 的延时是 2 等。D 经过测量，获得了到相邻 4 个节点 A、B、C 和 E 的延时分别是 2、3、1 和 3ms，见图 3-17（c）。

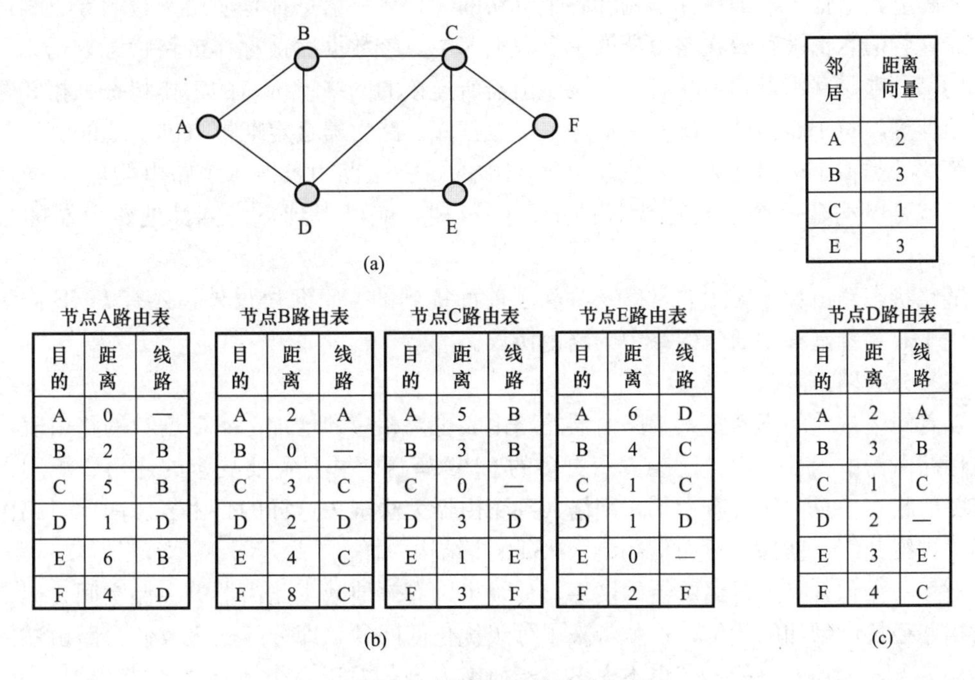

邻居	距离向量
A	2
B	3
C	1
E	3

节点A路由表

目的	距离	线路
A	0	—
B	2	B
C	5	B
D	1	D
E	6	B
F	4	D

节点B路由表

目的	距离	线路
A	2	A
B	0	—
C	3	C
D	2	D
E	4	C
F	8	C

节点C路由表

目的	距离	线路
A	5	B
B	3	B
C	0	—
D	3	D
E	1	E
F	3	F

节点E路由表

目的	距离	线路
A	6	D
B	4	C
C	1	C
D	1	D
E	0	—
F	2	F

节点D路由表

目的	距离	线路
A	2	A
B	3	B
C	1	C
D	2	—
E	3	E
F	4	C

图 3-17　距离矢量算法路由表

（a）通信子网拓扑图；（b）节点 D 的相邻节点路由表；（c）节点 D 测量的距离矢量及更新后的路由表

现在考虑节点 D 如何计算它到节点 F 的新路径。它知道在 1、3、1 和 3ms 内可以分别到达 A、B、C 和 E，而 A、B、C 和 E 到 F 的延时分别是 4、8、3 和 2ms。经计算和比较，最好的结果是 4ms，所以在 D 的路由表中，对应于节点 F 的延迟是 4ms，经过的路径要通过节点 C。仔细观察，会发现有些节点之间的延迟不一致，这是因为对于一个双向信道，由于流量的不同和测量时间的不一致，有可能出现延迟时间不同。

通过本例可以看到，子网中的节点获得距离信息的路径有两种，对于与其直接相连的节点，通过测量获得距离信息；对于非相邻的节点，则要通过从其他节点获得的距离信息，经过计算和比较，确定距离信息。因此，采用距离矢量算法总是能够得到正确的答案。但是距离矢量路由算法在实际应用中有一个严重缺陷，那就是它得到正确结论的时间可能会很长。特别是，它对好消息的反应迅速，对坏消息却反应迟钝。

(3) 链路状态路由算法

在1979年之前，ARPANET通信子网一直使用距离矢量路由算法，之后开始采用链路状态路由算法。目前在Internet中使用的内部网关协议OSPF（Open Shortest Path First，开放的最短路径优先）便采用了这种算法。

所谓的链路状态路由算法的内容并不复杂，每个路由器需要完成以下5项工作：

1）发现它的邻居节点，并知道其网络地址；

2）测量出到每个邻居节点的延迟或“距离”；

3）建立一个分组，分组中包含所有它知道的最新信息；

4）将这个分组发送给所有的路由器；

5）计算到每个路由器的最短路径。

实际上，通信子网的拓扑结构和各个链路的“距离”信息都是使用实验的方法测量得到的。这些信息都被存放在路由器的一个数据库中，该数据库被称作链路状态数据库。数据库的每一项是路由器本地状态，如该路由器所连接的网络、接口的工作状态、相邻路由器的地址等。每个路由器都维护着这样一个数据库。路由器会定期把自己本地的状态使用扩散算法（类似于广播的方式）发送到子网中的每一个路由器。每个路由器运行Dikstra算法，就可以构建一个以自己为根的最短路径树，就可得到自身到其他路由器的最短路径。

链路状态路由算法应用非常广泛，除了前面提到的OSPF协议外，还有IS-IS协议以及应用于数字蜂窝移动通信网络中的路由协议。

(4) 分级路由

随着网络规模的不断扩大，路由器的路由表也要相应的增加。不断增长的路由表不仅要占用路由器的内存，而且还会占用更多的CPU资源，并且需要更多的通信资源用来发送有关的状态信息。终会有一刻，网络大到路由器无法维护这样的路由表。因此，路由选择必须进行分级，就像电话通信网络（PSTN）结构一样。

对于一个包含有大量路由器的网络，分级可以有效地减少路由器的存储空间，但是也会付出路径长度增加的代价，这就带来了分级优化的问题，即分级的级数使得路由器的列表不应太大，增加的路径长度也不太多。经研究发现，对于一个拥有N个路由器的网络，最优级数为$\ln N$。这时每个路由器的表项总数为$e\ln N$。

Internet是一个巨大的网络，它是怎样分级的呢？

在Internet中，分级是通过划分自治系统（AS，Autonomous System）实现的。一个AS是一组互相连通的有单一的和明确定义的路由策略的IP网。它是互联在一起的路由器的集合。AS中的路由器分为两类，一是普通路由器，类似于PSTN中的端局；二是边界路由器（border router），其作用类似于PSTN中的长途局。每个AS都有一个编号，就像电话系统中的区号一样。Internet可被看作是随机连接的AS的集合。在AS内部使用的路由协议叫作内部网关协议（IGP，Interior Gateway Protocol）。目前常用的有RIP、OSPF和IGRP。在AS之间使用的路由协议称之为外部网关协议（EGP，Exterior Gateway Protocol）。目前Internet唯一在用的EGP是BGP-4（Border Gateway Protocol version 4）。

4. 拥塞控制

繁华的城市道路交通，经常由于车多造成交通的拥堵，车速缓慢，道路的车流量很低。在计算机网络中，也会发生由于分组太多，使得分组的传送缓慢，网络的性能下降的情况。这种情况称之为拥塞（Congestion），图 3-18 描述了这种状态。计算机网络，特别是计算机广域网，必须尽量避免拥塞发生。因此拥塞控制是计算机网络中的一个很重要的问题。

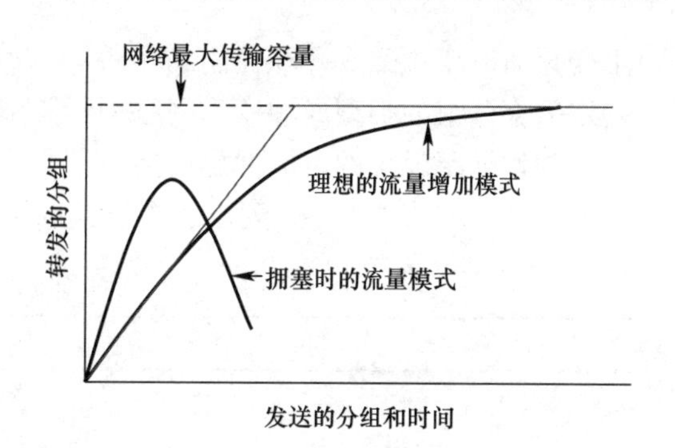

图 3-18 网络拥塞与网络传输性能

造成网络拥塞的根本原因是对网络资源的需求超越了网络能够提供的资源，可以用公式（3-1）描述。

$$\sum \text{对网络资源的需求} > \sum \text{网络可用资源} \tag{3-1}$$

网络的资源概括起来有以下几种类别。

（1）路由器的存储空间。通信子网中的路由器要有足够大的存储空间，对到达的分组进行缓存，以便等待处理和转发。但是存储空间不可能无限大，也并非越大越好。过大的存储空间会造成延时增加，从而使网络的拥塞加剧。

（2）路由器的 CPU 处理速度。CPU 的处理能力弱，将会容易造成拥塞。更快的处理速度有助于减缓拥塞的发生。

（3）链路带宽。高速链路可以使分组更快地传输，减少延迟。

对拥塞的控制很容易想到前面提到的流量控制。需要指出的是，拥塞控制与流量控制有密切关系，但两者不是一回事，有着很大的不同。流量控制只与一段链路的两端的发送和接收有关。它的任务是确保发送端发送的数据能够被接收端可靠及时地接收。流量控制几乎总是可以得到接收端的某种直接的流量状态反馈，使得发送端知道接收端的状况。因此，实现流量控制相对容易。

拥塞控制是一个全局性的问题，要保证这个通信子网的传送性能，这涉及所有联网的主机、所有的路由器、与网络传输性能有关的所有因素，如路由、带宽等。单纯地改善或升级网络系统的某一部分，而非整体，往往只是将网络传输的瓶颈从一个地方移到另一个地方，不会解决根本问题。这一问题的根本解决需要整个的网络系统中各项性能的相互平衡。因此。实现网络的拥塞控制难度更大。

为说明拥塞控制与流量控制概念上的差异，请看这样一个例子。一台大型服务器通过一个传输速率为 10Gb/s 的光纤线路以 1Gb/s 的速度向一台 PC 机发送一个文件。显然，网络本身不存在拥塞的问题，但是流量控制是必须的：服务器必须经常暂停传输，以便使 PC 机来得及接收。再举一例，有 1000 台 PC 机组成一个网络，链路的传输速率为 1Mb/s，有 500 台 PC 机分别以 100kb/s 的速率向另外 500 台 PC 机发送文件。这时，基本不存在流量控制的问题，但总的通信量却可能轻易地超过了网络的传输能力，需要进行拥塞控制。

由于网络的流量是动态的，实现拥塞控制是一个很复杂的事情。从控制论的角度看待拥塞控制，可以把它分为两类，一类是开环的控制方法，另一类是闭环控制方法。

（1）开环拥塞控制

开环拥塞控制方法的指导思想是通过良好的系统设计，从根本上保证不会发生拥塞。一旦系统启动，不再对系统的参数做整定。也就是说，开环控制策略不会因网络的状态发生变化而改变。完成开环控制的手段有：确定接收新流量的时间、确定丢弃分组的时间、确定丢弃分组的类型或顺序、网络中不同节点上采取不同的处理策略等。

为使拥塞发生的可能性尽可能小，需要在网络系统的多个相关层的设计时考虑拥塞避免的问题。在表 3-1 中，列出了数据链路层、网络层和传输层对拥塞有影响的各种策略。

影响拥塞的策略　　表 3-1

层	策略
传输层	重传策略
	乱序缓存策略
	确认策略
	流量控制策略
	超时终止
网络层	子网内虚电路与数据报
	分组队列与服务策略
	分组丢弃策略
	路由选择算法
	分组生存期管理
数据链路层	重传策略
	乱序缓存策略
	确认策略
	流量控制策略

依照惯例，自下而上对各层的策略进行论述。

在数据链路层，当发生传输错误时会要求发送端重发。重发一般有三种方式或策略，即等待—重发、回退重发和选择重发，选择何种策略需要根据发送端和接收端的处理速度进行协调，以使得传输载荷最小。缓存策略同样对拥塞有影响，对乱序的分组处理不当，将不得不重传，会造成额外的载荷。确认策略也会影响拥塞，因为确认分组带来了额外的通信量，捎带技术虽然可以提高信道利用率，但可能会造成不应有的超时和重传。一般来说，小窗口能降低数据传输速率，进而减少拥塞。

在网络层，采用虚电路子网还是数据报子网将会对拥塞产生不同的影响；路由器的输入和输出端的队列长度和分组的处理策略也将影响到拥塞，队列越长越容易造成拥塞，而优先级策略则比顺序排序花费更多的时间；恰当的丢弃策略可以有效缓解拥塞的发生；良好的路由算法可以有效分散传输负荷，从而避免拥塞的发生。分组的生存期的设定同样对网络拥塞产生很大的影响，生存期过长或过短都可能使得网络中失效的或重复的分组增多，增加网络负担，加剧拥塞。

在传输层，再次涉及重传的问题。但是在该层要解决重传比数据链路层要复杂和困难。因为数据链路层解决两台直连设备的重传，而传输层要解决两台通过网络连接的设备的重传。网络的延时是变化的，难以预测，超时设定得短，会发送一些多余分组，设定时间过长，一旦分组丢失，响应时间将会增大。

（2）闭环拥塞控制

闭环控制基于反馈原理。通过检测网络的某些指标，判断网络是否发生拥塞，一旦确定发生了拥塞，立即采取措施加以控制。与网络拥塞相关的指标可以是平均队列长度、分组时延的标准差、因缓存不足而被丢弃的分组的百分数、超时重传分组的平均时延等。这些指标的增大都标志拥塞的发生。

闭环的控制措施有多种，下面介绍几种主要的措施。

1）设置告警位（warning bit）

在分组的头部设置一个告警字段，用来指示拥塞告警状态，通常设置为 1 位。一旦有拥塞产生，发送的分组的告警位被启动，同时该分组的确认分组也包含了告警，并被送回到源主机。源主机收到该确认分组后就可以降低发送速率。

2）降速分组（choke packet）

设置告警位是以一种相对缓慢和间接的方式通知源主机削减流量。而降速分组则是一种直接通知源端放缓发送的数据量的方式。当网络中的任何一个路由器发现有阻塞迹象时，则直接给源主机发送一个降速分组，并在该分组中标明原分组的目的地址。同时，给待转发的分组的头部做一个标记，以免它在前行的路径中再产生更多的降速分组。降速策略一般是每次降低当前速率的一半。若在规定的监听周期内不再有降速分组到达，源主机可尝试增加发送流量。

3）逐跳（hop-by-hop）降速分组

对于高速网络或是规模很大的网络，即使采用降速分组技术，但反应可能还是不够快，不能及时地对拥塞采取解决措施。为了能够快速缓解拥塞，需要对降速分组技术进行改进。改进的方法是在降速分组经过的沿途，各路由器接收到降速分组后立即采取降速措施，而不是等到降速分组到达源点后再降低发送速率。降速分组技术与逐跳降速分组技术的对比如图 3-19 所示。在一个由 6 个结点构成的网络中，在极端情况下逐跳降速分组技术的拥塞响应速度可以比降速分组技术提高 5 倍。为此付出的代价是需要为各路由器配置更大的缓存。使用该方法可以将拥塞现象消灭在萌芽状态。

4）分组丢弃

当上述各种方法都无法消除拥塞时，最后的撒手锏就是丢弃分组了，即把路由器处理不了的分组做舍弃处理。舍弃的策略也有两种。一种策略是舍弃新到达的分组，保留到达相对较早的分组。另一种是保留新到的分组，舍弃老的分组。前者被称为“牛奶策略”，后者则被称为“葡萄酒策略”。究竟采用哪种策略，取决于传输的数据属于何种应用。一般而言，对于如文件传输类的应用，应采用葡萄酒策略，而对于流媒体应用，则采用牛奶策略更佳。

为了使分组丢弃带来的影响最小，应用程序可以在分组中标明优先级。当路由器必须要丢弃分组时，可以根据优先级的高低，从低到高依次选择丢弃的顺序。

分组丢弃的应用实际上是在一检测到有拥塞现象时便采取丢弃措施了，这样比等到拥塞现象严重时再采取措施要有效得多，损失会更小。分组丢弃法可以避免拥塞，但是对丢弃分组的控制和管理是非常复杂的事情，正因如此，拥塞控制目前仍然是一个非常活跃的研究课题。

3.2.4　传输层

传输层是计算机网络体系结构中最为重要的一层，是计算机与网络的边界，是应用进程与数据传输的接口和桥梁。因此传输层是体系结构的核心层，在主机与网络之间起着承上启下的作用。

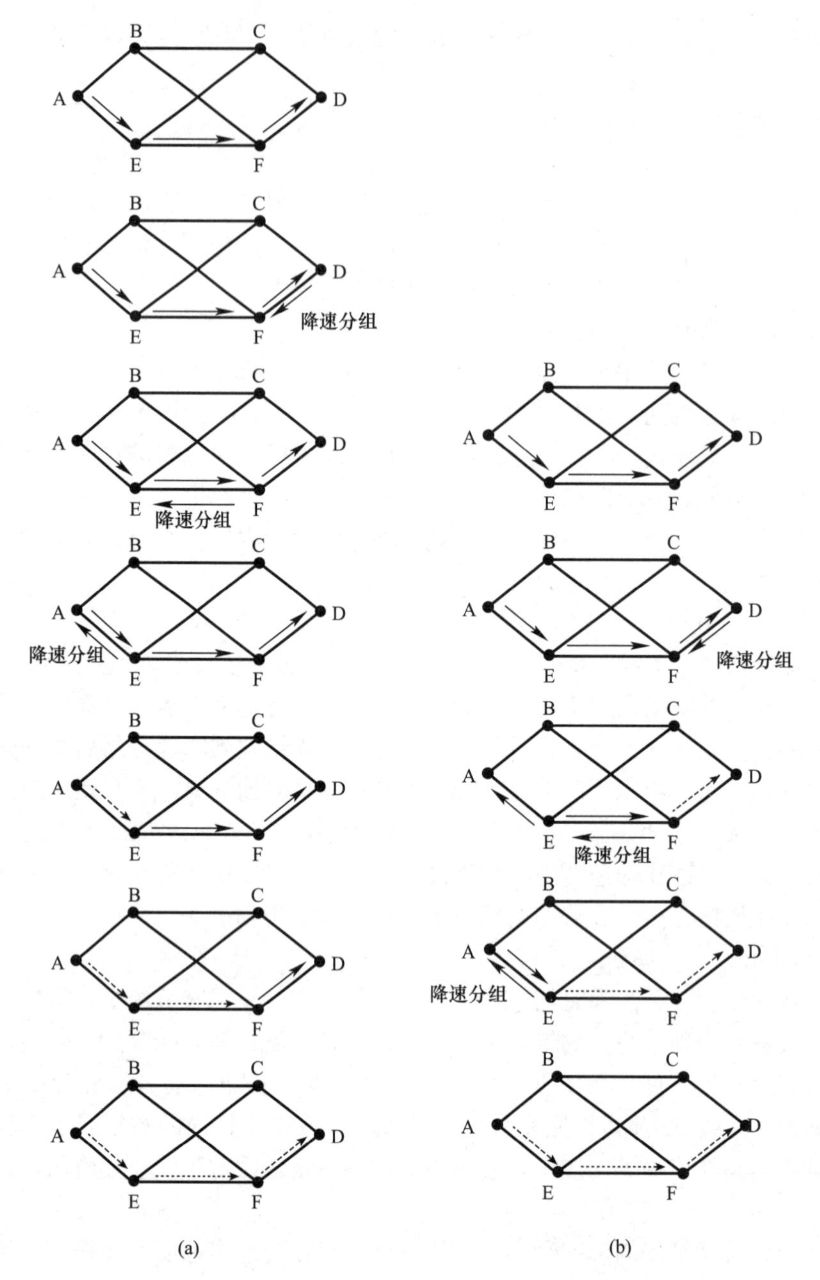

图 3-19　降速分组与逐跳降速分组技术对比
（a）降速分组；（b）逐跳降速分组

1. 传输层的功能与协议

传输层的终极目标是为应用层的各项应用进程提供高效、可靠、高性价比的服务，传输层之间的对等通信是源点与信宿（目的地）之间的通信，也被称作端-端通信。为此，传输层一方面要充分利用网络层提供给它的服务，另一方面还要弥补网络层功能的不足带来的缺陷。

正如网络层存在两种类型的服务——面向连接的和无连接的服务，传输层也存在这两种服务，而且服务的方式也很类似。为何在不同的分层结构中设置相同的服务方式？根本原因是因为网络本身的不可靠性和不可控性。如果网络层提供的面向连接的服务不可靠，经常发生分组丢失或路由器故障。用户对这类网络问题是无法控制的，唯一可行的办法是在网络层上再增加一层以改善服务质量。因此，传输层的服务比网络层更可靠，分组丢失、数据残缺均会被传输层检测到并采取相应的补救措施。也因为有了传输层，使得应用层的各种程序代码的编写可以根据一组标准的原语，不必考虑具体的网络层接口类型和网络传输的可靠性，使得其应用程序可以运行在各种不同的网络平台上。传输层起着将通信网络的技术、设计和各种缺陷与上层相隔离的关键作用。

传输层的功能是通过传输层协议实现的。传输层协议实现的功能在某些方面与数据链路层协议有相似之处，两者都必须解决差错控制、分组顺序、流量控制等问题。但是两者之间的差别是显著的，这是由两个协议运行的环境不同造成的，如图 3-20 所示。数据链路层协议处理的是两个直接相连的设备（主机与路由器或路由器之间）的通信问题，而传输层协议则要处理经过网络相连的主机之间的通信问题。这一差异对协议提出了不同的要求。

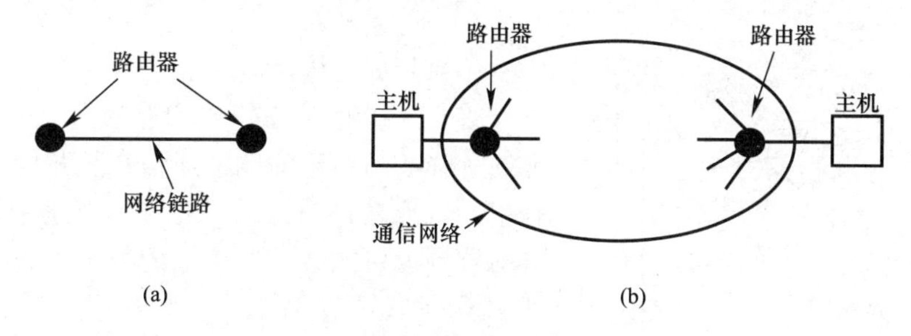

图 3-20　数据链路层与传输层对比

（a）数据链路层环境；（b）传输层环境

首先，在数据链路层，链路两端的路由器是确定的。在传输层，需要显式地给出目的地的端地址。其次，在链路上建立连接的过程很简单。而在传输层，初始连接的建立要复杂得多。第三，链路的延迟相对较小，且可以控制。但是网络的延迟则要大得多，而且不可控制。最后，流量控制和缓存策略有区别。

（1）传输层端口

在计算机网络系统中，所谓主机之间的通信实际是进程之间的通信，比如浏览网页、发送电子邮件、文件传输等。当一个应用进程要与一个远端的应用进程建立连接时，它必须指定与哪个应用程序相连。就像网络层通信需要为每一个网络节点至少分配一个网络地址一样，传输层也需要相应的传输地址。该传输地址与应用进程相对应，通常被称为端口。传输地址的结构可以是层次型的，类似于目前使用的电话号码，如

地址＝＜国家代码＞＜地区代码＞＜城市代码＞＜主机代码＞＜端口＞

传输地址也可以是非层次型结构，设置一个端口名字服务器，采用映射的方法将传输地址进行定位。

（2）建立连接

在传输层的对等体之间建立连接远比数据链路层复杂得多。主要原因是网络有可能对连接请求分组产生丢失、长延迟和重发等现象。为实现传输层的可靠连接，一般采用三次

握手（three-way hand shake）的方法，如图 3-21 所示。图中 CR 代表连接请求，ACC 代表连接接受，ACK 代表确认。

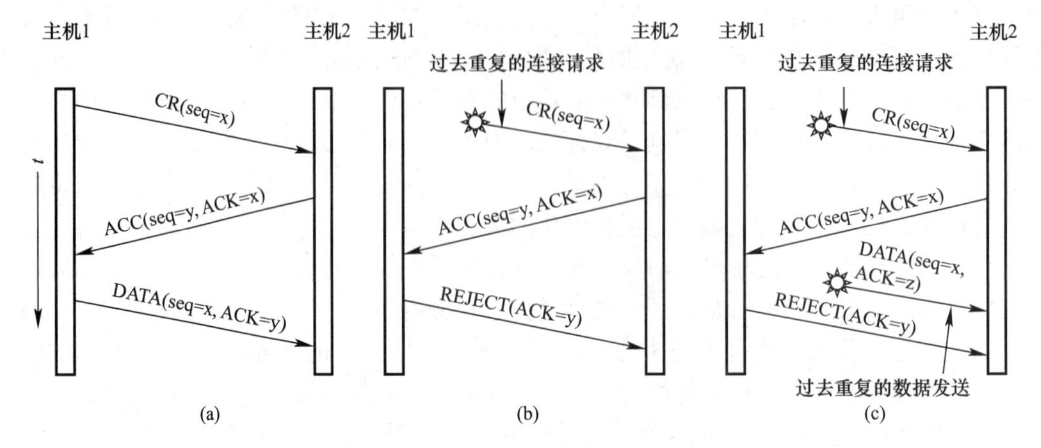

图 3-21　三次握手方法建立连接的三种情形

（a）正常情形；（b）出现过去的重复 CR 情形；（c）出现过去的重复 CR 和 ACK 的情形

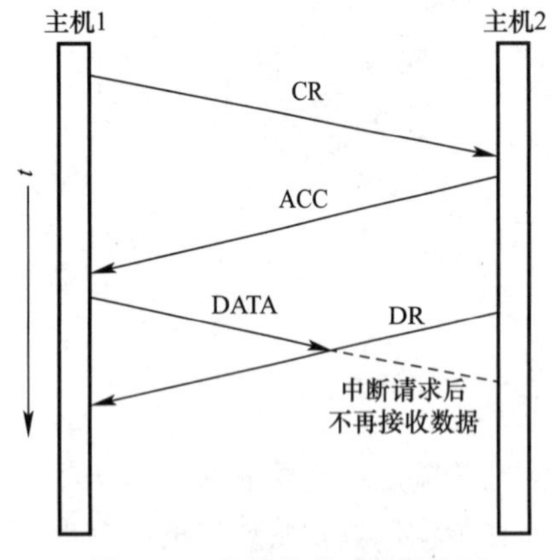

图 3-22　连接的非对称释放可能造成传输的数据丢失

（3）释放连接

终止连接有对称释放和非对称释放两种方式。非对称释放与普通的电话通信系统相同，只要一方挂机后，连接即告终止。但是在数据通信系统中，非对称释放可能会导致传输的数据丢失，如图 3-22 所示。

对称释放方式对于每个用户的进程有固定数量的数据发送，而且可以确定何时发送完毕，可以保证不会发生数据丢失。但是对称释放方式无法保证在任何情况下都能有效工作。可以证明，不存在百分之百安全可靠的释放方式。不过采用三次握手方法并结合定时器设置，基本可以保证数据释放的可靠性。图 3-23 对正常情况的释放和其他几种异常情况的释放的结果进行了介绍。图中（b）、（c）和（d）所示的情况并没有产生数据的丢失。DR 代表释放连接请求。

（4）流量控制和缓存策略

传输层的流量控制与数据链路层的流量控制相比既有相同之处又有所区别。相同的是都需要采用滑动窗口等机制，以实现发送方和接收方的速率适配。主要的不同是，在数据链路层路由器连接的线路相对较少，而在传输层主机面对多个连接，因此不能使用数据链路层中实施的固定缓存区的策略。

（5）多路复用

两个主机之间进行的通信实际上是两个主机中的进程相互通信。通常，一个主机中经常有多个应用进程同时分别与另一个主机中的多个应用进程通信。因此，传输层需要同时支持多个进程的连接，具有复用（multiplexing）和分用（demultiplexing）功能，如图 3-24 所示。

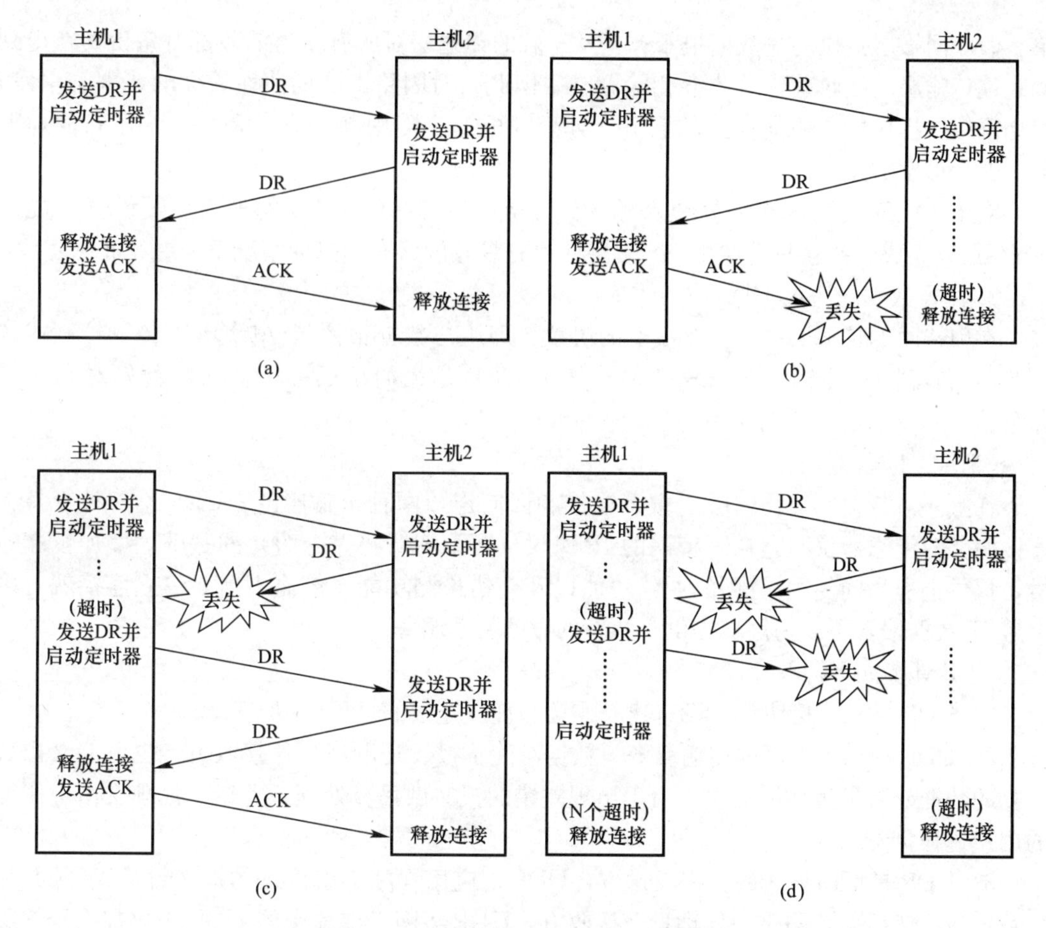

图 3-23　三次握手释放连接的四种情形

（a）正常情形；（b）最后的 ACK 丢失；（c）应答丢失；（d）应答和后续 DR 丢失

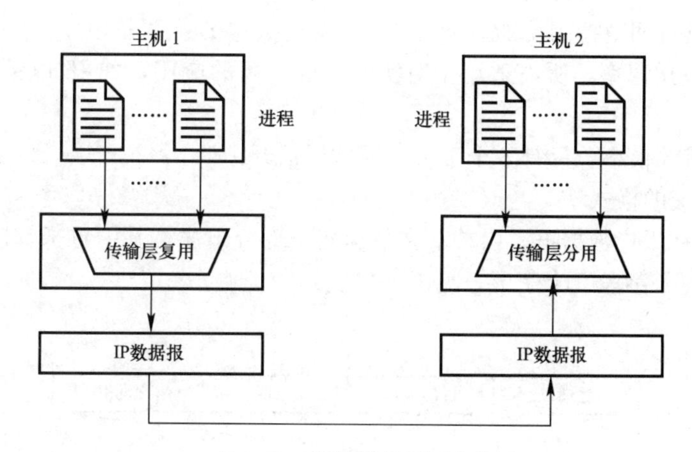

图 3-24　传输层的复用和分用

（6）崩溃恢复

联网的主机和网络中的路由器都有可能发生宕机的情况，或称为崩溃。一旦主机或路由器发生崩溃，如何恢复系统的运行呢？如果崩溃发生在路由器上，恢复的策略相对简单。假如网络层提供的是数据报服务，发送端的传输层对所有发送的段都有备份，在得到接收端传输层的接收确认后才会删除副本。因此，对因路由器崩溃而丢失的数据会重发。假如网络层提供的是面向连接的服务，处理虚电路突然中断的方法是建立一条新的虚电路，然后重发数据。

对于主机崩溃而进行的恢复策略，结论是：在第 N 层发生的崩溃，其恢复只能由 $N+1$ 层来完成，并且只有在第 $N+1$ 层保留有足够的状态信息的情况下才能完成。

2. 用户数据报协议 UDP

在因特网的传输层中有三个主要的协议，即用户数据报协议（UDP）、传输控制协议（TCP）和流控制传输协议（SCTP）。其中 UDP 是最简单的一个协议，首先对它作一介绍。

（1）UDP 概述

在上一节曾提到，传输层提供无连接和面向连接两种传输服务。UDP 是一种支持无连接服务的传输协议。它在因特网的 IP 协议（在第 6 章将做介绍）的基础上增加了端口号，提供进程之间复用/分用的通信功能以及差错检测功能，传输不需要建立连接就可以发送 IP 数据报，可以为用户提供高效率的数据传输服务。

UDP 具有如下特点：

1）UDP 是无连接协议，没有建立连接和释放连接的过程。

2）UDP 提供不可靠的传输服务。数据可能不按发送顺序到达接收方，也可能会出现重复的数据或者发生数据丢失。对于出现差错的报文做丢弃处理。差错的处理交由应用层的用户进程负责。

3）UDP 是面向报文的。在发送方，UDP 把应用程序交给传输的报文封装成 UDP 用户数据报，然后交给网络层处理；在接收方，UDP 将网络层提交的 UDP 用户数据报去除首部之后提交给应用程序。UDP 对报文不进行合并和分拆处理，保留原始报文的边界。因此，UDP 适合传输短的报文。

4）UDP 不具有拥塞控制功能。因此 UDP 发送数据的速率是恒定的，即使发生网络拥塞也不会降低发送速率，所以适用于对实时性要求高的应用，如 IP 电话业务、视频会议业务等。

5）UDP 的首部很小，只有 8 个字节，因此通信开销低。

（2）UDP 报文的格式

UDP 报文又称用户数据报，由首部和数据两个部分组成，其中首部长度仅 8 个字节，分为 4 个字段，每个字段 2 个字节，见图 3-25。

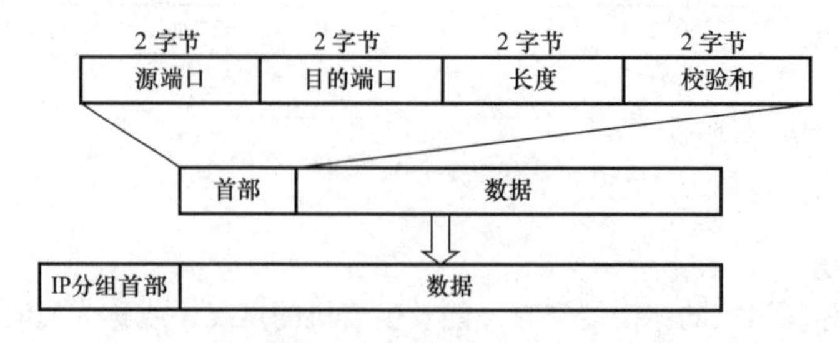

图 3-25　UDP 数据报和首部格式

首部中的前两个字段分别是源主机和目的主机的端口号。长度字段表明包括首部在内的整个 UDP 报文的长度（以字节计），最小值为 8。首部的最后一部分检验和字段用于检验 UDP 报文在传输中是否存在差错。该字段是一个可选项。

UDP 数据报的结构比较简单，只是在 IP 的数据报服务之上增加了端口复用、分用和差错控制的功能。

UDP 适用于实时应用，比如客户端/服务器（C/S，Client/Server）交互过程和多媒体应用。很多应用层协议采用 UDP 作为传输层的协议，表 3-2 列出了部分常见的应用层协议。

使用 UDP 的常用应用层协议　　**表 3-2**

应用协议名称	协议	默认端口
动态主机配置协议	DHCP	67
域名系统	DNS	53
简单网络管理协议	SNMP	161
路由信息协议	RIP	520
实时传输协议	RTP	5004
实时传输控制协议	RTCP	5005
简单文件传输协议	TFTP	69

3. 传输控制协议 TCP

TCP 是专门为了在不可靠的互联网络提供端到端可靠字节流的传输而设计的，它是在因特网上承担任务最为繁重的一个协议。

（1）TCP 概述

TCP 是 TCP/IP 协议族中最为重要的协议之一。在互联网络中，有各种不同的网络特性，如拓扑结构、传输带宽、传输延迟、分组大小等，需要有一个功能强大的传输协议，能够动态地适应网络的不同特性，实现可靠传输的要求。TCP 协议具有如下特点：

1）TCP 是面向连接的。应用进程之间的通信必须经历建立连接、数据传输和释放连接 3 个阶段。

2）应用进程之间的通信是通过 TCP 连接进行的。该连接属于逻辑连接（虚连接），每条 TCP 连接有两个端点，只能实现点—点通信。

3）TCP 提供可靠的服务。TCP 可以保证传输的数据按发送顺序到达，且不存在差错、丢失、重复等现象。

4）TCP 提供全双工通信服务。所有的 TCP 连接都是全双工的，允许通信双方的应用进程同时发送数据。也正因如此，TCP 不支持点-多点的多播和广播传输模式。

5）TCP 是面向字节流的。发送方的 TCP 将应用程序交下来的数据视为无结构的字节流，并且分割成 TCP 报文段进行传输。在接收方应用程序提交的也是字节流。

（2）TCP 报文格式

图 3-26 给出了 TCP 报文的格式，与 UDP 相似，也由首部和数据两部分组成。但 TCP 的首部比 UDP 要长，且长度可变，其内容也复杂得多。

TCP 报文首部的前 20 个字节是固定，随后的可选项的长度是可变的，为 4 字节的整数倍。固定部分各字段的内容如下。

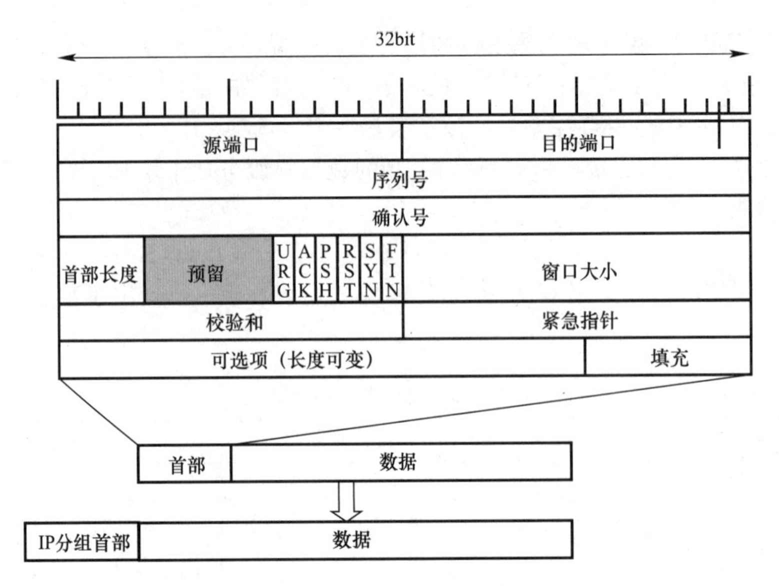

图 3-26　TCP 报文格式

1）源端口（16bit）和目的端口（16bit）。这两个字段分别写入发送报文应用程序的源端口号和接收该报文的应用程序的目的端口号。端口号加上其主机的 IP 地址构成了一个唯一的端点，源端点和目的端点合起来标识一个连接。

2）序列号（32bit）。TCP 发送的报文是连续的字节流，报文中的数据部分的每一个字节都有一个编号。该字段指明本报文所发送的数据部分第一个字节的序列号。

3）确认号（32bit）。表示期望收到对方下一个报文数据部分第一个字节的序列号，也就是下一个报文首部的序列号。

4）首部长度（4bit），也被称作数据偏移。顾名思义，该字段指明本报文首部的长度，以 4 个字节为一个单位。因为首部中有可选项，长度是可变的，因此需要设该字段。该字段最大值是 15，表示最大长度为 60 字节，则可选项的最大长度为 40 字节。

5）预留（6bit）。是备用字段。该字段迄今未被使用。

6）6 个 1bit 控制字段，又称标志字段，用于 TCP 的流量控制、连接建立、连接释放、数据传输方式等。

① 紧急指针（URG）。URG=1，表示本报文具有高优先级，应被尽快处理。

② 确认（ACK）。仅当 ACK=1 时，首部的确认号字段才有意义。ACK=0 时，确认号无效。TCP 规定，在连接建立后所传送的报文都必须把 ACK 置为 1。

③ 推送（PSH）。当 PSH=1 时，接收方收到该报文后应立即请求将数据提交应用程序，而不是将它缓存起来直到整个缓冲区被充满后再向上提交。

④ 复位（RST）。当 RST=1 时，表示当前 TCP 连接出现严重错误，必须立即释放连接并重新建立新连接。该字段还可以用来拒绝非法报文或非法连接请求。

⑤ 同步（SYN）。用于建立连接。当 SYN=1，而 ACK=0 时，表示本报文是一个连接请求报文。若对方同意建立连接，则在应答报文中使 SYN=1，ACK=1。

⑥ 终止（FIN）。用于释放连接。当 FIN=1 时，表示数据发送完毕，请求释放连接。

7）窗口大小（16bit）。TCP 采用滑动窗口机制进行流量控制。窗口的大小为 $0\sim2^{16}-1$。

此窗口值由接收端确定，表明现在允许对方发送的数据量，以字节为单位。

8）校验和（16bit）。该字段的检验范围是整个报文，包括首部和数据部分。

9）紧急指针（16bit）。该字段仅当 URG＝1 时才有意义，它指出了紧急数据的末尾在报文中的位置，使得接收端能够知道紧急数据的字节数。即使窗口为 0，也可发送紧急数据。

10）可选项与填充（可变）。长度在 0～40 字节可变。但要求该字段必须是 4 字节的整数倍，不足时需填充。最常用的可选项是 MSS（Maximum Segment Size），表示 TCP 报文中的数据部分的最大长度。其他选项还有窗口尺寸选项，使窗口的尺寸进一步加大，以适应长延迟信道的应用；时间戳选项，以便计算往返时间（RTT）和防止序列号出现溢出；选择性重传选项，以便减少重传量，提高传输效率。

首部后边是数据部分，用于封装应用层报文，也称作 TCP 的净荷。

（3）TCP 连接管理

1）建立连接

TCP 是面向连接的协议，因此传输连接的建立和释放是通信中必不可少的过程。TCP 使用了在本节介绍过的三次握手方法来建立连接。

正常的连接建立如图 3-27（a）所示。主机 1 的 TCP 向主机 2 的 TCP 发出连接请求报文，其首部的 SYN 置为 1，ACK＝0，同时选择一个初始序列号 x，然后等待应答。

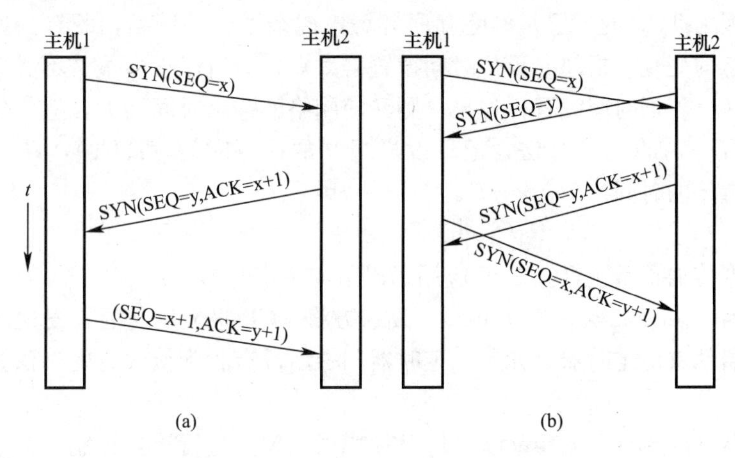

图 3-27　TCP 三次握手的建立过程

（a）正常情况建立；（b）连接请求发生碰撞

主机 2 的 TCP 收到该连接请求报文后，返回一个确认报文，ACK 置为 1，初始序列号为 y，确认号为 x＋1。

主机 1 的 TCP 收到此报文后，再向主机 2 发回一个确认，其序列号为 x＋1，确认号为 y＋1。

如果两台主机同时试图建立连接，则可能发生如图 3-27（b）所示的情况。尽管如此，结果是只有一个连接建立起来，不会建立两个连接。

2）连接释放

TCP 是全双工通信的。为了释放一个连接，任何一方都可以发送一个将 FIN 置为 1 的 TCP 报文，表示本方已没有数据要发送了。当该 FIN 被确认后，这一方便停止传输新数据。然而，另一个方向上可能还在继续发送数据。当两个方向都停止的时候，连接才会被释放。如前所述，理论上不存在完美的释放解决方案，为使释放连接尽可能可靠，需要使用定时器配合释放连接。

(4) TCP 可靠传输

TCP 可靠传输功能的实现，主要是采用了确认机制、超时重传和定时器机制。

1) 确认机制

TCP 将所有要传送的应用层报文看做是一个由众多字节组成的字节流，对每一个字节按顺序编号（分配一个序列号）。连接建立时，通信的双方商定初始序列号，如前所述。TCP 将每一次所传输的报文中的第一个字节的序列号放在 TCP 首部的序列号字段中。

TCP 的确认是对接收到的数据的最高序列号（即收到的数据流中最后一个字节的序列号）进行确认，返回的确认序列号是已收到字节最高序列号加 1，即准备接收的下一个字节的序列号，意味着之前的序列号对应的字节已被正确接收。

由于 TCP 是双向通信，通常确认报文采用捎带技术传送，以便提高传输效率。

2) 超时重传机制

在 TCP 发送报文过程中，接收到的报文经校验，如发现有错，或者发出去的报文丢失了。出现上述两种情况时，发送方在规定时间内都不会得到确认，因此需要重传。

TCP 使用了定时器处理等待确认和重发的时间。但是设置重传时间的长短是一件非常困难的事情，因为 TCP 的下层是网际互联环境，混杂了各种网络，既有高速的，也有低速的，并且动态的变化。把超时重传时间设置得太短，会造成很多报文不必要的重传，从而增加网络负荷。若把时间设置得过长，则又使网络的空闲时间增大，造成传输效率的下降。TCP 采用了一种自适应算法，记录发送报文的往返时间（RTT），动态地加权取平均，确定超时重传的时间。

3) 定时器

为保证数据传输正常进行，TCP 应用了以下 4 个定时器。

重传定时器（retransmission timer）：发送方将 TCP 报文发送后，发送的数据暂存到缓存中，同时启动重传定时器。如果在定时器归零后没有收到接收方的确认报文，则将缓存中的数据重发。

持续定时器（persistence timer）：TCP 使用滑动窗口进行流量控制。为了避免窗口出现死锁现象，在发送方设置持续定时器，定时发送探寻接收方窗口信息。

保活定时器（keepalive timer）：当一个 TCP 连接出现空闲时，保活定时器开始计时，当定时器归零时，某一方要查看另一方是否仍然还在。如果另一方无应答，则释放连接。

释放连接定时器：为安全释放连接，该定时器设为两倍的最大分组生存期，以确保当连接断开后，该连接上创建的所有分组都完全消失。

(5) TCP 流量控制

TCP 采用滑动窗口技术，通过调整窗口的大小进行流量控制。发送端在连接建立时由双方商定发送窗口的初始值。在通信过程中，接收端可根据 CPU 的处理能力、缓存大小等资源情况，动态调整自己的接收窗口，并把窗口大小的信息放入报文首部中的“窗口”字段，传送给发送端，使发送端的窗口值和接收端的窗口相一致，以免在接收端因接收数据处理不及时造成丢失和过多的重传。

（6）TCP 拥塞控制

当网络承载的负荷超过了它的处理能力时，就会发生拥塞。在 Internet 中，对网络拥塞进行控制的主要任务是 TCP 完成的。为了进行拥塞控制，TCP 主要依靠 4 种拥塞控制算法，即慢启动、拥塞避免、快重传和快恢复。

在 TCP 的发送端，需要维护两个窗口值，一个是接收端告知的接收窗口大小的数值 rwnd（receiver window），第二个是反映网络拥塞状态的窗口大小的数值 cwnd（congestion window）。发送端能够允许发送的字节的数量，也就是发送窗口的大小由这两个窗口的最小值决定。

当一个 TCP 建立后，发送端将拥塞窗口初始化值设为一个最大报文段长度，然后发送一个最大报文。如果该报文在定时器到时之前被确认，则发送端将拥塞窗口加倍，然后发送两个最大报文段长度的数据。如果这两个报文仍然能够被按时确认，则拥塞窗口再加倍，然后发送 4 个最大长度报文的数据。也就是说，每一批被确认的数据都会使拥塞窗口加倍，拥塞窗口一直呈指数增加，直至发生超时，或者是达到接收端窗口的大小。这个算法被称作慢启动算法（slow start）。

除了接收窗口和拥塞窗口之外，TCP 还使用了另外一个参数，拥塞阈值（congestion threshold）。初始时，该参数设为 64kB。当第一次超时发生时，将该阈值设置为当前拥塞窗口值的一半，而拥塞窗口被重置为初始值，然后使用慢启动算法确定网络的处理能力。但是当拥塞窗口增长到阈值时，将不再以指数增加，而是线性增加，即每次增加一个最大报文段的长度。这个算法称之为拥塞避免算法。

慢启动和拥塞避免算法的工作原理如图 3-28 所示，阈值初始值为 64kB。拥塞窗口达到 40kB 时发生一次超时，阈值减小为 20kB。

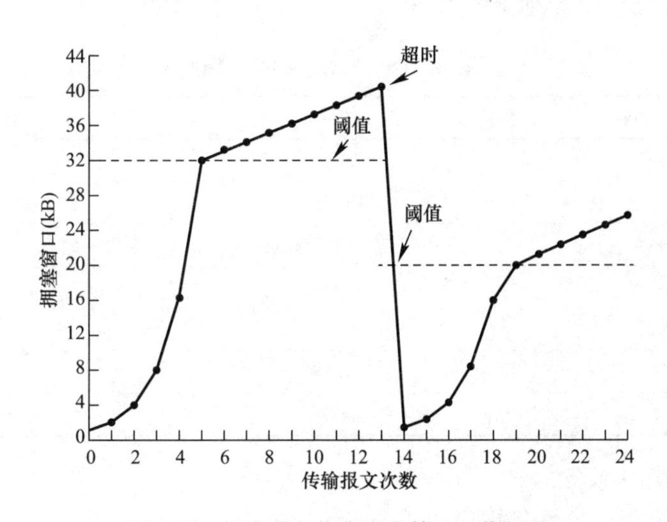

图 3-28　慢启动与拥塞避免算法工作原理

后来对上述两种算法进行了改进，提出了快重传和快恢复算法，与慢启动和拥塞避免算法结合使用。

快重传算法的基本原理是，接收端每收到一个报文后立即发出确认，而不再采用捎带技术，等待自己有数据时才捎带发送确认。发送端只要连续收到三个重复的确认报文，就认为该报文发生了丢失，但不一定是网络拥塞所致，于是立即重传被丢失的报文，而不必等待重传计时器的到时。

快恢复算法的基本原理是，当出现传输超时后，阈值降低为超时时刻拥塞窗口的一半，而把拥塞窗口也设为阈值相同大小。再发送报文时按线性增大拥塞窗口值，如图 3-29 所示。

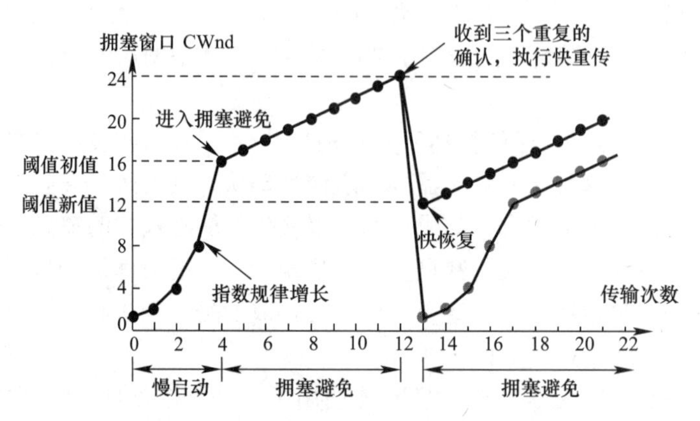

图 3-29 快重传与快恢复算法与慢启动和拥塞避免算法的对比

由图 3-29 可以看出，采用快重传和快恢复算法后，TCP 拥塞控制性能得到明显提高。

TCP 是面向连接的，具有序列号与确认、流量控制、拥塞控制等机制保障其传输的可靠性。使用 TCP 协议的常见应用层协议有文件传输（FTP）、远程登录（TELNET）、简单邮件传输（SMTP/POP3）、万维网（HTTP）等。表 3-3 列出了一些使用 TCP 协议的几个重要的应用层协议及其使用的熟知端口号。

使用 TCP 的常用应用层协议 **表 3-3**

应用协议名称	协议	默认端口
文件传输协议	FTP	20 和 21
远程登录协议	TELNET	23
简单邮件传输协议	SMTP	25
邮局协议	POP3	110
万维网协议	HTTP	80
网际报文存取协议	IMAP	143
边界网关协议	BGP	179

4. 流控制传输协议 SCTP

SCTP 是 IETF 于 2000 年推出的一个工作在传输层的新协议。SCTP 最初是被设计用于在因特网上开展 IP 电话业务，传输电话信令（SS7），把 SS7 信令网络的一些可靠特性引入因特网。同时也提出了这个协议的其他一些用途。

与 TCP 相同，SCTP 也是提供基于不可靠的网络协议之上的可靠的数据报传输协议，即面向连接的协议。但是 SCTP 又具有一些 TCP 不具备的特点。SCTP 的特点归纳如下：

(1) SCTP 是面向连接的协议，并且支持多宿主 (multi-homing)，即建立的连接可以支持多个 IP/端口对通信。

(2) SCTP 支持数据报传送，保留报文边界，不需上层数据界定。

(3) SCTP 具有安全、可靠、顺序传送、拥塞控制、流量控制和差错控制机制。

(4) SCTP 支持全双工通信。

SCTP 相比较 TCP，更适合对实时性、安全性、可靠性高的业务的传输。SCTP 提供如下服务：①确认用户数据的无错误和无复制传输；②数据分段以符合发现路径最大传输单元的大小；③在多数据流中用户信息的有序发送，带有一个选项，用户信息可以按到达顺序发送；④选择性地将多个用户信息绑定到单个 SCTP 包；⑤通过关联的一个终端或两个终端多重宿主，提高容错性能和传输实时性。

SCTP 数据报的格式如图 3-30 所示，由一个公共的首部和若干块组成。

在一些实际的网络中，会话层与传输层被融合为一层，不单独出现。

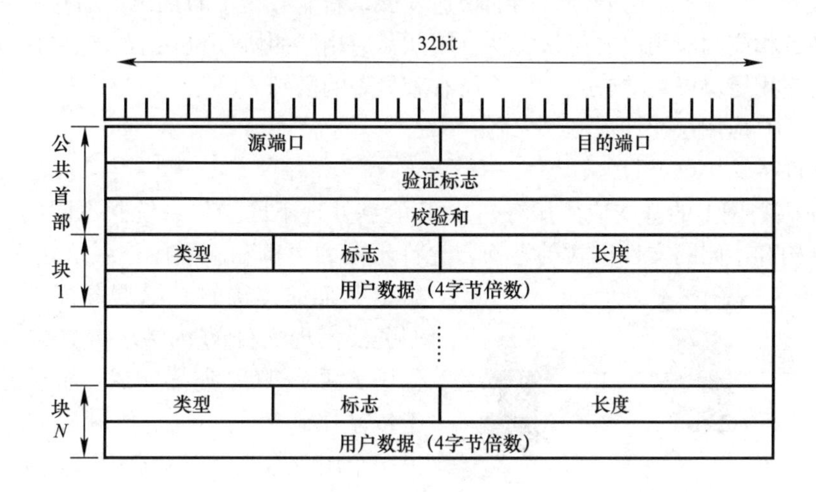

图 3-30　SCTP 数据报格式

3.2.5　会话层

所谓“会话 (session)”是指两个主机的应用进程之间的一个连接。会话层实际上是用户或应用进程进入网络的真正接口。该层的主要功能既让不同的两个主机的应用进程建立会话连接，并对会话进行管理。会话可以是双工的，也可以半双工的。若属于后者，会话层则采用令牌管理的模式管理会话。该层的另一项重要功能是会话的同步，也被称作“断点续传”，即当两台主机正在传输较大的文件过程中，网络突然中断，传输失败。会话层负责保护“中断现场”，当网络恢复后，不必从头开始传输，而仅在断点处继续传输。

3.2.6　表示层

表示层，顾名思义，对上一层要传输的信息进行某种形式的表述，比如数据压缩或文件加密等。表示层以下的各层关心的是可靠地传输比特流，而表示层关心的是所传输信息的语法和语义。

不同的主机因操作系统等的不同因而用不同的代码来表示字符串，为了能让这些计算机之间能够通信，表示层试图使用一种大家一致同意的标准方法对传输的数据进行编码，而表示层负责在计算机内部的数据表示形式和网络的标准表示形式之间进行转换。

3.2.7 应用层

应用层是计算机网络体系结构的最高层，直接为用户的应用进程提供服务。人们利用网络所从事的各项业务和实现的各种应用功能，都是通过本层的某一个或几个应用层协议完成的，例如电子邮件（E-mail）业务，就使用了简单邮件传输协议（SMTP，Simple Mail Transfer Protocol）和邮局协议（POP3，Post Office Protocol 3）或因特网报文存取协议（IMAP，Internet Message Access Protocol）；在网络上的各主机之间发送文件，使用了文件传输协议（FTP，File Transmission Protocol）或简单文件传输协议（TFTP，Trivial File Transmission Protocol）；浏览任何一个网站，则离不开超文本传输协议（HTTP，Hyper Text Transfer Protocol）。针对不同类型的应用进程，必须选用相应的应用层协议提供服务。事实上，随着因特网的快速发展，新业务在不断推出，而每一项业务的应用，背后必有相应的应用层协议做支持。因此，应用层的协议也在不断地快速发展着，不断诞生新的应用层协议。这一点与传输层有着显著的区别。

1. TCP/IP 应用层协议

（1）文件传输协议 FTP

FTP 是因特网上的基本应用服务。FTP 能够处理不同操作系统、不同的字符集、不同的文件结构和不同的文件格式的转换，允许不同的主机和不同操作系统之间传输文件。

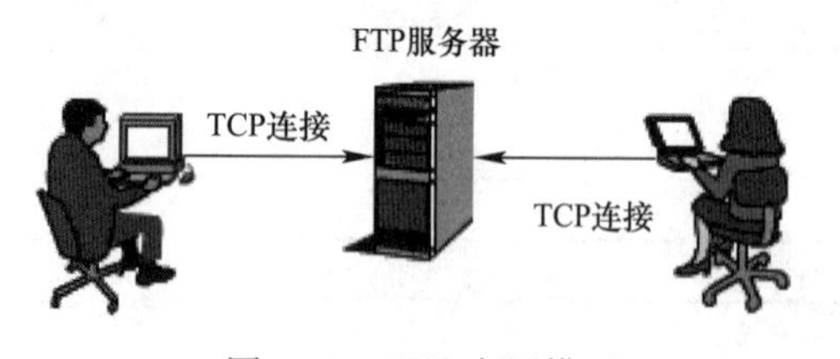

图 3-31　FTP 应用模型

FTP 是面向连接的 C/S 服务模式，通过 FTP 服务器实现文件的共享，如图 3-31 所示。它使用了两个 TCP 连接完成文件传输，一个用于传输控制信息，使用传输层的 21 号端口，另一个用于数据传输，使用 20 号端口。由于控制信息和数据信息的连接是分开的，提高了 FTP 的效率，一个 FTP 服务器进程可同时为多个客户进程提供服务。

FTP 服务器进程由两部分组成。一个是主进程，另一个是从属进程。前者负责接收客户的请求；后者负责处理请求，可根据需要有多个从属进程。主进程与从属进程的处理是并发进行的。

FTP 的工作原理如图 3-32 所示。通常，服务器主进程的 21 号端口总是在等待来自客户进程的连接请求。在用户要求传输文件前，客户端进程发出连接请求。服务器主进程随即启动一个从属进程，在 FTP 客户和服务器 21 号端口之间建立一个控制连接，用来传送客户端的命令和服务器端的响应。该连接一直保持到 C/S 通信完成为止。当客户端发出数据传输命令时，服务器的 20 号端口主动与客户建立一条数据连接，专门在该连接上传输数据。数据传输完成后，该数据连接关闭。

（2）万维网与 HTTP

万维网 WWW（World Wide Web）是一个规模宏大的联机式信息储藏库，英文简称为 Web。它具有独特的灵活性、可移植性和与用户的友好特性。万维网是在 TCP/IP、MIME、Hypertext 等技术之上发展起来的。1989 年 3 月欧洲粒子物理实验室的 Tim

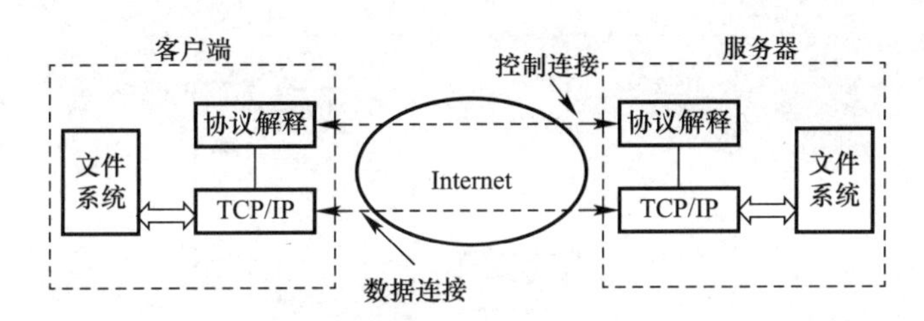

图 3-32　FTP 连接示意图

Berners-Lee 提出了最初的 Web 构想，其目的是想利用它让分散在不同地域的物理学家们能共享和编辑学术文档，并在此基础上，开发了超文本传送协议（HTTP，Hyper Text Transfer Protocol）、超文本标记语言（HTML，Hypertext Markup Language）和统一资源定位符（URL，Uniform Resource Location）技术。随着 1993 年第一个图形化界面的浏览器（其名为 Mosaic）开发成功，Web 规模开始迅速扩张。如今 Web 浏览器和服务器已几乎遍布所有的操作系统平台。用户使用 Web 浏览器访问 Web 上的内容，根据导航链接，可方便地从一个站点访问另一个站点，在因特网上遨游，快捷方便地获取丰富的信息。因特网是 Web 存在的基础，Web 的出现，反过来又极大地推动了因特网的普及和推广。

万维网也是一个分布式的超媒体（Hypermedia）系统，是超文本（Hypertext）系统的扩充。

超文本是一个包含指向其他文档的链接的文本。换句话说，一个超文本是由多个文档链接而成的，而这些文档可位于世界上任何一个连接在因特网上的超文本系统当中。超文本包含一个或多个指向其他信息源的链接，称为超链接（Hyperlink）。用户利用这些链接可找到另一个文档，而这个文档又可以是超文本，也向用户提供访问其他信息源的链接。超媒体与超文本的区别在于文档内容不同，超文本仅包含文本信息，而超媒体除包含传统的文本信息外，还包含图形、图像、声音、动画、视频等多种媒体信息。

万维网以 C/S 模式工作。在用户主机上运行的万维网的客户程序通常称为浏览器。驻留万维网文档的主机称为万维网服务器，它运行着服务器程序。浏览器（即客户程序）向服务器发出服务请求，万维网服务器向浏览器回送客户所需要的万维网文档。在用户主机屏幕上显示的万维网文档，称为页面。

为了突出万维网采用的 C/S 模式的特点，通常称它为浏览器/服务器模式（Browser/Server 模式，简称 B/S 模式）。与 C/S 模式相比较，B/S 模式具有以下特点：①B/S 模式把任务重心移到了 Web 服务器上，客户端使用的浏览器仅负责与用户交互并显示服务器返回的信息，因此无需开发和安装针对某一具体应用的客户端软件，从而简化和降低了客户机的运行环境要求；②B/S 模式可以随时根据应用的变化，及时集中更改服务器的相关内容；③B/S 模式便于应用到因特网环境，扩大了应用的范围；④由于浏览器使用的普及程度很高，B/S 模式有利于缩减一般客户软件使用前的培训开支。

根据浏览器实现技术的不同，浏览器的功能和结构不尽相同。但是，浏览器的基本功能是解释和显示万维网页面。浏览器通常由 3 个部分组成：控制程序、客户协议和解释程序。控制程序接收来自键盘或鼠标的输入，使得客户程序访问需要浏览的文档。文档找到之后，控制程序使用某一个用户协议（如 FTP、TELNET、SMTP 或 HTTP 等）。解释程序有 HTML、Java 或 JavaScript，这取决于文档的类型。图 3-33 所示为浏览器的基本结构。

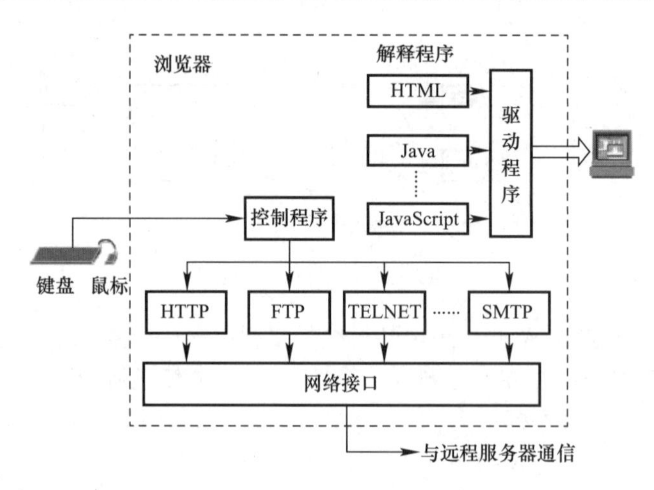

图 3-33　浏览器的基本结构

万维网服务器是提供因特网 WWW 服务的软件及其运行所需的硬件环境。它负责向提出信息请求的浏览器提供服务。为了提高效率，服务器通常采取高速缓存技术。在服务器的高速缓存中存储着刚被访问过的文档。如通过多线程或多进程，服务器在同一时间内能够响应多个请求，提高了服务器的工作效率。

综上所述，要了解万维网必须解释以下问题：如何定位分布在因特网上的万维网文档？如何实现万维网文档的连接？以及如何高效地找到所需要的信息？

要解答这些问题，有必要对万维网所使用的一些技术，包括统一资源定位符（URL）、超文本传送协议（HTTP）超文本标记语言（HTML），以及搜索引擎技术，逐一进行介绍。

1）统一资源定位符 URL

因特网上的“资源”是指可访问的任何对象，包括目录、文件、文档、图片、图像、声音等，以及与因特网相连的任何形式的数据。随着因特网（特别是 Web）的迅速发展，其信息资源也急剧膨胀。如何在浩如烟海的信息海洋里定位一个资源显得尤为重要。

URL 是对因特网上资源的位置和访问方法的一种简洁的表示方法。资源通过 URL 被定位后，系统就可以对其进行操作，如存取、更新、替换和查看属性等。

URL 相当于一个文件名在网络范围的扩展，成为与因特网相连的任何计算机上任何可访问资源对象的一个指针。由于访问对象所使用的协议不同，所以 URL 还需指出对象所使用的协议。URL 是由协议、主机、端口和路径（即目录）4 个部分组成的，其一般形式为：

＜协议＞：//＜主机＞：＜端口＞/＜路径＞

其中，＜协议＞指明访问该万维网文档需用何种协议。现在最常用的协议是 HTTP 和 HTTPs。＜主机＞是指万维网文档存放在哪一台主机上。这里所指的主机是在因特网上的域名，或者使用以字符“WWW”开始的别名。在＜协议＞和＜主机＞之间必须用“：//”隔开，不可省略。＜端口＞是指服务器的端口号，＜路径＞是指文档存放的路径名，这两者之间需用“/”隔开。若省略＜端口＞，表示使用协议的默认端口。如省略＜路径＞，则 URL 就指向因特网上的某个主页（home page）。URL 里面的字母没有大小写之区分。

更复杂一些的路径还可指向层次结构的从属页面。下面以使用 HTTP 的 URL 为例，来说明 URL 各项的含义。例如：

http://www.microsoft.com/download/index.html

其中，http://表示资源访问需用超文本传送协议（HTTP）。www.microsoft.com 是 Web 服务器的地址，/download 是文件所在目录，index.html 则是文件名，后缀名.html（或用 htm）表示这是一个用超文本标记语言（HTMI）编写的文件。

2）超文本传输协议 HTTP

HTTP 是万维网的核心，是浏览器与服务器之间的通信协议。HTTP 具有以下特点。

① HTTP 是面向事务的。所谓事务是指一系列不可分割的信息交换事件，即要么信息交换事件一次性完成，要么信息交换事件不可进行。这就保证了在万维网上进行多媒体文件传送的可靠性。

② HTTP 是无连接的，尽管它使用了运输层提供面向连接的 TCP 服务。这就是说，虽然 HTTP 使用了 TCP 连接，但通信双方在交换 HTTP 报文之前，并不需要先建立 HTTP 连接。

③ HTTP 是无状态的。服务器无记忆功能，并不记住曾经为客户服务的次数。这种无状态特性简化了服务器的设计，使服务器更容易支持大量并发的 HTTP 请求。

从协议功能角度来看，HTTP 和 TELNET、FTP 等应用程序一样，也是以 C/S 模式工作的。HTTP 的功能犹如 FTP 和 SMTP 的组合。HTTP 比 FTP 简单，是因为它只使用一条 TCP 连接，即数据连接，而没有控制连接。HTTP 与 SMTP 相似之处在于客户与服务器之间传送的数据很像 SMTP 报文，报文格式则受类似于 MIME 首部的控制。HTTP 与 SMTP 不同的地方是，HTTP 报文是由 HTTP 客户（浏览器）和 HTTP 服务器读取和解释。SMTP 报文采用存储转发方式，HTTP 却是采用立即交付。客户发给服务器的命令是嵌入在请求报文中，而服务器回送的内容或其他信息则嵌入在响应报文当中。

用户浏览页面可采用两种方法：一种是在浏览器的地址窗口中键入所要寻找的页面的 URL；另一种是在某个页面上标志可链接的地方（呈“小手”等形状）用鼠标单击之，此时浏览器就会自动地在因特网上寻找到所要链接的页面。

现假设用户拟访问 Web 服务器 A 上的网页，其 URL 是

http://www.mysamples.com/show/index.html

该页面还包含了指向 Web 服务器 B 上内容的一个超链接。

以下是客户访问万维网的基本工作过程（见图 3-34）。

① 客户端浏览器根据用户输入的 URL 或者鼠标单击“超链”的标志处，向 DNS 查询 www.mysamples.com 的 IP 地址。

② 浏览器根据 DNS 返回的 IP 地址，与服务器的熟知端口 80 建立 TCP 连接。

③ 浏览器向服务器提交一 HTTP 请求，内含取文件命令：GET/show/index.html。

④ 基于该请求的内容，服务器找到相应的文件，并根据文件的扩展名，形成一个 MIME 类型的 HTTP 回答报文，回送给浏览器。

⑤ 服务器释放本次 TCP 连接。

⑥ 根据 HTTP 回答报文首部，浏览器按某种方式显示该文件内容。如果该文件中有

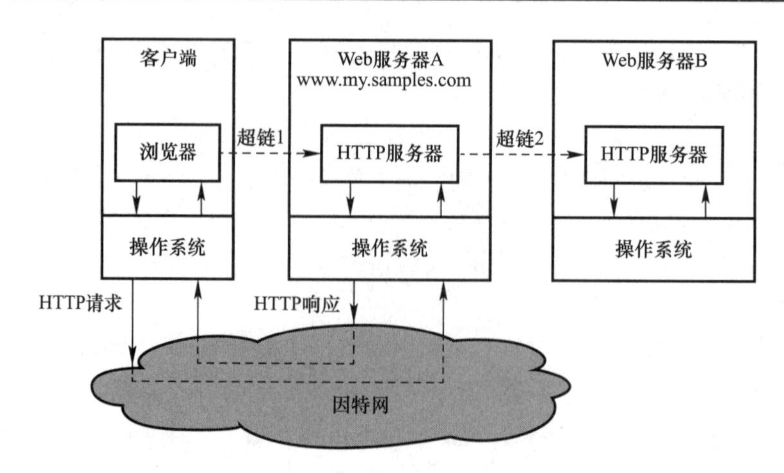

图 3-34　万维网的基本工作过程

〈... SRC＝URL〉之类，浏览器将随时发出新的请求（可能对不同的服务器），以获得有关内容。其中，第②～④步是 HTTP 的一次操作，也称为 HTTP 的一次事务。在一次事务操作过程中，HTTP 首先要与服务器建立 TCP 连接，如前所述，这需要经历三次握手。而万维网客户的 HTTP 请求报文是作为三次握手的第 3 个报文的数据才发送给万维网服务器的。服务器收到了这个请求报文后，再把所请求的文档作为响应回送给客户。显然，这是一种花费在 TCP 连接上的开销。另外，万维网客户与服务器为每一次建立 TCP 连接都需要分配缓存和变量则是另一种开销。尤其是服务器为多个客户提供服务时，这会使服务器的负担更重。

为了解决这些问题，HTTP1.1 使用了持续连接（persistent connection）的概念。所谓持续连接是指万维网服务器在发送响应后仍保持这条连接一段时间，以使同一客户（浏览器）与该服务器可以继续在这条连接上传送后续的 HTTP 请求报文和响应报文。这些文档只要来自同一服务器，而不局限于同一个页面上链接的文档。HTTP1.1 把持续连接作为默认连接。

HTTP1.1 使用的持续连接有两种工作方式：非流水（without pipelining）方式，其工作特点是，客户收到前一个 HTTP 响应报文后才能发出下一个请求；流水线（with pipelining）方式，其工作特点是，客户收到来自服务器的 HTTP 响应报文之前，能接着发送新的请求报文。显然流水线工作方式可减少 TCP 连接中的空闲时间，从而提高了访问文档的效率。

3）超文本标记语言 HTML

HTML 是一种制作万维网页面的标准语言，具有平台无关性，无论用户使用何种操作系统，只要有相应的浏览器程序，就可以运行 HTML 文档。它是设计制作 Web 页面的基础。目前，大部分网页都是由 HTML 或以其他程序语言嵌套在 HTML 中编写的。

每个 HTML 文档包含两个部分：首部（head）和主体（body）。图 3-35 是用微软 FrontPage 编写后的 HTML 基本文档。

首部以标签＜head＞，＜/head＞作为始/末，包含文档的标题（title），这里标题相当于文件名，用户可使用标题来搜索页面和管理文档，并以标签＜title＞，＜/title＞作为始/末。

文档的主体（body）是 HTML 文档的信息内容。以标签＜body＞，＜/body＞作为始/末。主体部分可分为若干小元素，如段落（paragraph）、表格（table）和列表（list）等。

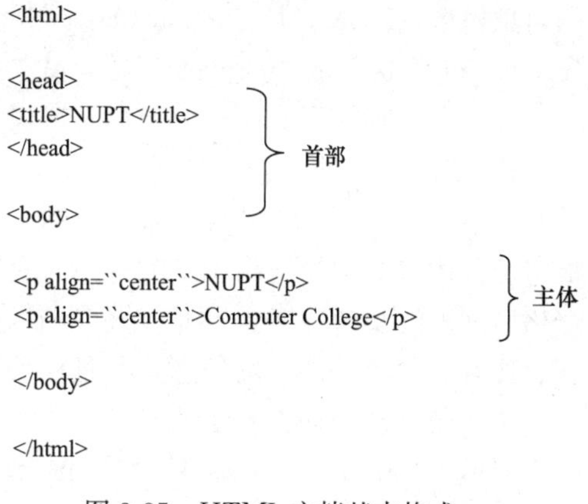

图 3-35　HTML 文档基本格式

HTML 还设有超链（hyperlink）标记，用来把一些文档相互链接起来。超链是指从一个网页指向一个目标的连接关系。这个目标可以是另一个网页，也可以是同一网页上的不同位置，还可以是一个图片、一个电子邮件地址、一个文件，甚至是一个应用程序。而在一个网页中用来超链接的对象，可以是一段文本或者是一个图片。

在网站中，经常会看到“联系我们”的链接，单击这个链接，就会触发邮件客户端，比如 Outlook Express，然后显示一个新建 mail 的窗口。用＜a＞可以实现这样的功能。例如，＜a href＝" mailto：info@sina. com"＞联系新浪＜/a＞。

超链接在本质上属于网页的一部分，它是一种允许与其他网页或站点之间进行连接的元素。各个网页链接在一起后，才能真正构成一个网站。当浏览者单击已经链接的文字或图片后，链接目标将显示在浏览器上，并且根据目标的类型来打开或运行。

按照链接路径的不同，网页中超链接一般分为以下三种类型：内部链接、锚点链接和外部链接。如果按照使用对象的不同，网页中的链接又可以分为：文本超链接、图像超链接、E-mail 链接、锚点链接、多媒体文件链接、空链接等。

超链接是一种对象，它以特殊编码的文本或图形的形式来实现链接，如果单击该链接，则相当于指示浏览器移至同一网页内的某个位置，或打开一个新的网页，或打开某一个新的 WWW 网站中的两页。

网页上的超链接一般分为三种：一种是绝对 URL 的超链接，即网络上的一个站点、网页的完整路径，如 http：// www. sdjzu. edu. cn；第二种是相对 URL 的超链接，如将自己网页上的某一段文字或某标题链接到同一网站的其他网页上面去；第三种称为同一网页的超链接，这就要使用到书签的超链接。

在浏览器所显示的页面上，链接的起点容易识别。当以文字作为链接起点时，为醒目起见，这些文字往往用不同的颜色显示字体（如一般文字用黑色，链接起点用蓝色），甚至还加下划线。当鼠标移动到一个链接起点时，表示鼠标位置的箭头就呈“小手”等形状。此时只要单击鼠标，这个链接就被激活，就可以直接跳到与这个超链接相连接的网页或 WWW 网站上去。如果用户已经浏览过某个超链接，这个超链接的颜色就会发生改变，通常是变浅。只有图像的超链接访问后颜色不会发生变化。

其实，目前链接的文档已不限于万维网文档，在 Word 文字处理软件中也可以进行超链接的操作。万维网提供了分布式服务，没有超链接也就没有万维网。

HTML 存在的不足是非结构化风格以及表现力较弱。作者可以按自己的设计意图在源文件主体部分随意设置标记，没有严格的规范。HTML 只注重文档内容，信息内涵的表达。目前逐渐被一些新的技术所取代，如 CSS（Cascading Style Sheets）、XHTML、文档对象模型（DOM，Document Object Model）、XSL（eXtensible Style Language）、XML（eXtensible Markup Language）等，从文档结构化和表现力两个方面都得到了改善。

（3）电子邮件 E-mail

E-mail 是因特网的前身 ARPANET 上的基本应用之一，已经存在 50 多年了，可以说具有“悠久”的历史，并且一直在不断发展，如今它已是因特网最成功的应用之一，拥有最广泛的用户，大受网络用户的欢迎。它不仅使用方便，而且快捷、廉价。它虽不是一个严格意义上的实时业务，却恰恰弥补了电话通信等实时业务的不足，可以传送文字、语音、图片、视频等形式的信息，而且还具有复制和群发功能。

电子邮件从存储方式上来说可以分为两类，一类是基于 SMTP 的电子邮件系统，另一类是基于 WEB 的电子邮件系统。前者的邮件收下来后存放在用户本地的计算机上，后者的邮件始终存放在 WEB 网站（公共邮箱系统）上。

1）基于 SMTP 电子邮件系统的组成

一般来说，电子邮件系统的体系结构包括 3 个主要构件：用户代理（UA，User Agent）、邮件传送代理（MTA，Mail Transfer Agent）和邮件读取代理（MAA，Mail Access Agent）。

电子邮件系统采用 C/S 工作模式。图 3-36 所示为电子邮件系统的组成。

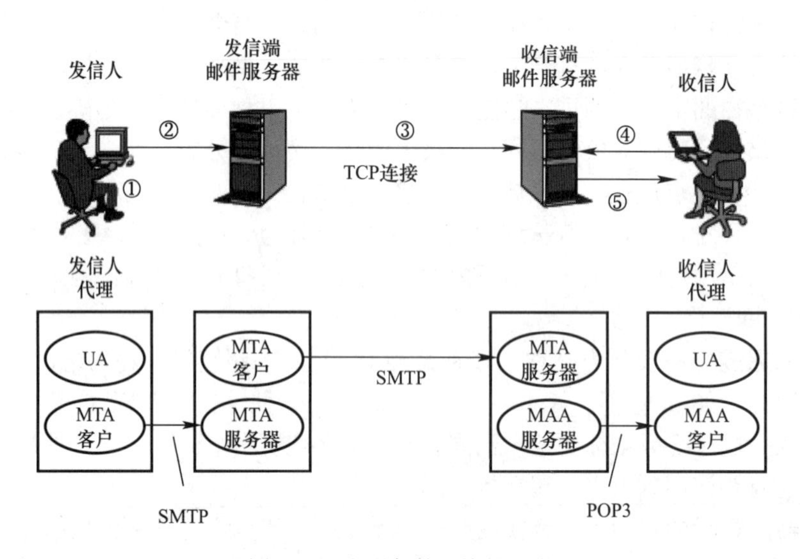

图 3-36　电子邮件系统的组成

为了提高电子邮件系统的运行效率，因特网的电子邮件系统把邮件工作系统与邮件发送和接收系统分开。UA 为用户与邮件系统之间的交流提供了一种机制，是用户对邮件进行编辑、阅读、发送、存储和管理的工具。它是运行在客户机上的一个程序，是用户与电子邮件系统的接口。现代的用户代理都是基于图形用户界面（GUI，Graphics User Interface）的，用户可通过键盘、鼠标与邮件系统进行交互，为发送和接收电子邮件提供了方便。用户代理可提供的服务有以下几种。

① 撰写。为用户提供编辑电子邮件的环境。用户可直接在屏幕上撰写、编辑电子邮件的内容，并进行必要的文字处理工作。用户也可创建通信录，以方便用户在发送邮件时

提取收信人及其邮箱地址。

② 阅读。为用户检查接收到的电子邮件，并在屏幕上显示邮件的内容。

③ 回复。当阅读完邮件后，用户可使用用户代理对发信人做出回复。回复的邮件通常既有撰写的新邮件又包含收到的原邮件。

④ 转发。用户可通过用户代理把接收到的邮件转发给第三者，并允许在转发邮件中加上额外的注释。

⑤ 处理。用户代理通常创建两个信箱：发信箱和收信箱。发信箱保留所有已发送的电子邮件，收信箱保存所有接收到的电子邮件。用户可根据需要按不同的方式对电子邮件进行处理，如删除、保存、分类、打印等。

MTA负责在因特网上传输邮件。客户端邮件传送代理（MTA）从发信人那里接收待发送的邮件，将它传送给本地的MTA服务器。本地邮件服务器中的MTA客户通过因特网把邮件发送出去，最终传送到收信端的MTA服务器。

MAA负责读取邮件，也就是把邮件从收信端邮件服务器中“拉回”到客户。

电子邮件在实际传递过程中，需要多个起到中继作用的邮件服务器。邮件服务器的主要功能是接收和转发邮件。为了便于用户随时使用，邮件服务器全天不间断工作。由于电子邮件系统以C/S模式工作，在发送邮件时作为客户，而在接收邮件时作为服务器。因此邮件服务器需安装两种协议：一种是用于客户机向邮件服务器发送邮件，或在邮件服务器之间发送邮件的协议，如SMTP；另一种是用于客户机从邮件服务器读取邮件的协议，如POP3和IMAP。

图3-36的上半部所示为电子邮件的发送和接收的操作步骤。

① 发信人在PC上调用用户代理UA，撰写和编辑要发送的邮件。

② 发信人通过MTA客户把邮件发送给发信端的MTA服务器。因为邮件服务器为多个用户代理提供服务，邮件服务器设有缓存，邮件是送入邮件缓存队列的。

③ 发信端MTA客户与收信端的MTA服务器建立TCP连接，并通过此连接把邮件发送到收信端邮件服务器的收信人邮箱中，等待收信人来读取。如果此连接无法建立，稍后再进行新的尝试。如果邮件在规定时间内不能发送出去，那么发信端邮件服务器将把这种情况通知发信人用户代理。

④ 收信人拟读取邮件时，在PC上调用用户代理UA，并通过邮件读取代理MAA利用POP3读取自己的邮件。

⑤ 收信端邮件服务器中的MAA服务器把邮件传送给MAA客户，再经用户代理UA传送给用户。

从上述操作中可以看出，步骤②和步骤③使用的SMTP是一个“推送”协议，把邮件从客户推向服务器。而步骤④和步骤⑤使用的POP3（或IMAP）是一个“拉回”协议，把邮件从服务器拉向客户。

2）电子邮件的格式

因特网电子邮件由信封和内容两部分组成。信封通常包括发信人地址、收信人地址和邮件主题等。TCP/IP体系结构规定的电子邮件地址的格式如下：

收信人邮箱名@邮箱所在主机的域名

其中，符号“@”读作“at”，表示“在”的意思。收信人邮箱名即用户名，是收信人自已定义的字符串标识符，用户往往希望使用易记的字符串作为邮箱名。每个用户必须在邮件服务器上拥有一定的存储信息的空间（称为邮箱），以便存放邮件。为了保证邮件能在整个因特网范围内准确交付，邮箱名在同一个邮箱主机域名下必须是唯一的。邮件传送程序只使用邮件地址的后一部分，即目的主机的域名。只有在邮件到达目的主机后，收信端邮件服务器才根据收信人邮箱名，将邮件放入收信人的邮箱中。

电子邮件的内容包括首部和主体两大部分。用户写好首部后，邮件系统将自动地把信封所需的信息提取到信封上，所以用户就不必填写信封上的信息了。

邮件内容首部包含一些关键字，如：

"Date:"表示发信日期。

"From:"表示发信人的电子邮件地址。

"To:"填写（或从通信簿中选取）收信人地址。

"Subject:"是邮件的主题，表明邮件的主要内容，便于用户查找和管理邮件。

"Cc:"表示此邮件可同时抄送其他收信人。

"Bcc:"表示发信人可将此邮件暗送给其他收信人，但此发信操作并不为收信人知道。

"Reply-To:"是收信人回信所用的地址，这个地址可以与发信人发信时的地址不同

邮件主体则是用户撰写邮件的内容。

3）SMTP 协议

如前所述，在发信人与发信端邮件服务器以及两个邮件服务器之间是通过 MTA 来传送邮件的。因特网中 MTA 客户和 MTA 服务器的传输协议是 SMTP。SMTP 的最大特点是简单，它只定义了发信端和收信端 SMTP 进程之间如何连接并传送邮件，而未规定其他任何操作。

SMTP 定义了一些命令和响应，供 MTA 客户与 MTA 服务器之间交互使用。命令共有 14 条，是从客户发送到服务器的，它包含关键词，后接零个或数个变量。响应共有 21 种，是从服务器送到客户的，由 3 位十进制数字组成，后接附加的文本信息。下面通过邮件传送机制的介绍，来说明主要的命令和响应。

SMTP 邮件传送包括以下 3 个阶段。

① 第一阶段，连接建立。当 MTA 客户与 MTA 服务器的熟知端口（25）建立 TCP 连接后，MTA 服务器就开始了它的连接阶段。连接阶段包括以下 3 个步骤。

a. 服务器发送代码为 220（服务就绪），告知客户它已做好了接收邮件的准备。若服务器未准备就绪，就发送代码为 421（服务不可用）。

b. 客户发送 HELO 报文，并附有标志自己的域名。

c. 服务器发送代码为 250（请求命令完成）。

② 第二阶段，邮件传送。在 MTA 客户与 MTA 服务器之间建立连接后，发信人就可以把邮件发送给收信人。邮件传送阶段包括下列步骤。

a. 客户发送 MAIL FORM 报文，告知发信人的邮件地址。

b. 服务器发送代码为 250 或其他代码。

c. 客户发送 RCPT TO 报文，告知收信人的邮件地址。

d. 服务器发送代码为 250 或其他代码。（若同一邮件发送给多个收信人，步骤③和

④将重复执行。）

e. 客户发送 DATA 报文，并对报文的传送进行初始化。

f. 服务器发送代码 354（开始邮件输入）或其他适当的报文。

g. 客户发送邮件的内容。发送完毕后，再发送〈CRLF〉.〈CRLF〉，表示邮件内容结束，这里〈CRLF〉是“回车换行”，在两个回车换行之间用一个“.”隔开。

h. 服务器发送代码 250 或其他代码。

③ 第三阶段，连接释放。邮件传送成功后，客户就释放 TCP 连接。释放连接阶段包括以下两个步骤：a. 客户发送 QUIT 命令。b. 服务器发送代码 221（关闭传输信道）或其他代码。

必须指出，上述邮件发送过程用户是完全感觉不到（即透明）的，因为所有过程都被用户代理所屏蔽。其实，使用 Outlook、Express 等客户软件发送邮件，其后台进行的交互也类似。虽然 SMTP 使用 TCP 连接试图使邮件的传送可靠，但它并不保证不丢失邮件，而且邮件服务器也可能出现故障，使收到的邮件全部丢失。不过，一般认为基于 SMTP 的电子邮件是可靠的。

4）邮件读取协议 POP3 和 IMAP

邮件读取是通过 MAA 来进行的，在用户机上有 MAA 客户，在收信端邮件服务器上有 MAA 服务器。现在常用于 MAA 客户和 MAA 服务器之间的邮件读取协议有两个：一个是邮局协议（POP3）；另一个是网际报文存取协议（IMAP）。目前，POP3 的使用比 IMAP 要广泛得多。

POP3 比较简单，但功能有限。它通过一组简单指令和响应实现客户与服务器间的交互操作。POP3 采用客户/服务器模式工作。客户机必须运行 POP 客户程序，而收信人邮件服务器则需运行 POP 服务器程序。当用户需要从邮件服务器的邮箱中读取电子邮件时，首先由 MAA 客户与 MAA 服务器的 110 端口建立 TCP 连接。客户等待服务器发出问候信息，进入认证状态（Authorization state），用户通过 USER 指令和 PASS 指令实现身份认证。认证成功后进入事务状态（Transaction state），系统邮箱被复制至一个临时文件。此时，用户可以使用 LIST 命令列出邮件首部的信息，并用 RETR 指令将指定邮件取回本地主机，DELE 命令将指定邮件标识为删除等。服务器接到 QUIT 指令后，进入更新状态（Update state），系统将没有被标识为删除的邮件重新复制回系统邮箱，然后关闭连接并退出。

POP3 使用上有两种工作方式：删除方式和保存方式。删除方式指每次读取邮件后，就把邮箱的该邮件删除。保存方式是在读取邮件后，仍将该邮件保存在邮箱中。删除方式通常适用于使用固定计算机的场合，而保存方式则适合于用户临时读取邮件的场合。

IMAP 与 POP3 相似，但功能更强，也更复杂。IMAP 也采用 C/S 模式工作。客户机的用户代理运行 IMAP 客户程序，而收信人邮件服务器需运行 IMAP 服务器程序。由于 IMAP 允许用户可在用户机上直接操纵邮件服务器的邮箱，因此它是一个联机协议。

当用户要从邮件服务器的邮箱中读取电子邮件时，MAA 客户与 MAA 服务器端口 143 建立 TCP 连接，打开邮件服务器上的邮箱时，用户就可看到邮件的首部（含邮件的发送时间、主题等信息）。当用户需要打开某个邮件，该邮件才传送到用户的计算机。除非用户发出删除该邮件的命令，IMAP 服务器将始终保存该邮件。

IMAP 使用上最大的特点是可在不同地方、不同的计算机上随时上网处理自己的邮件，还允许收件人读取邮件的某一部分，这就大大方便了用户地使用。

SMTP 是一个简单的电子邮件传送协议，但它只能传送 NVT（Net Virtual Terminal）7 位 ASCII 码格式的报文。对于不使用 NVT 7 位 ASCII 码格式的语种（如中、法、德、日、俄、希伯来语等）就不能传送，也不能传送音频和视频数据。为此，在 1993 年提出了通用因特网邮件扩充协议（MIME，Multipurpose Internet Mail Extensions）。它是一个辅助性的协议，并非要取代 SMTP，而是对 SMTP 的补充。MIME 增加了邮件主体结构，并定义了传送非 ASCII 码的编码规则。MIME 的功能是允许非 NVT 7 位 ASCII 码格式的数据能够通过现有的电子邮件程序和协议进行传送。

MIME 在发送端将非 ASCII 码格式的数据转化成 NVT 7 位 ASCII 码格式的数据，并把它交付给 MTA 客户，然后通过因特网发送出去。在接收端，接收到的 NVT 7 位 ASCII 码格式的数据再交给 MIME，由 MIME 还原成非 ASCII 码格式的数据。因此，MIME 相当于一个非 ASCII 码数据与 NVT 7 位 ASCII 码数据之间进行转换的软件。图 3-37 表示了利用 MIME 进行代码格式的转换。

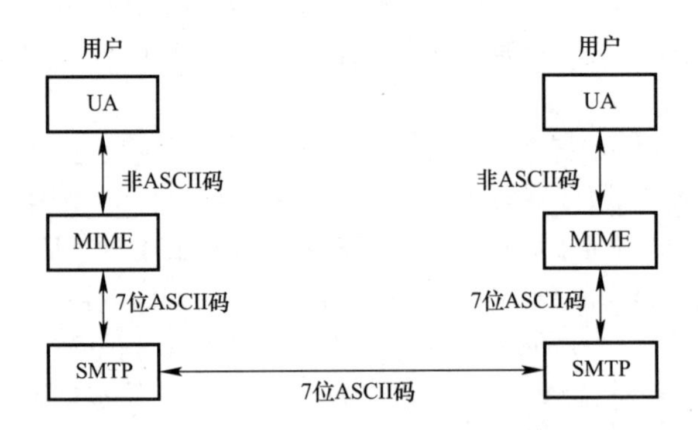

图 3-37　利用 MIME 进行代码格式的转换

MIME 定义了 5 种首部，把它加入到原始的电子邮件首部，用来定义参数的转换。这 5 种首部的名称及含义如下。

① MIME 版本（MIME-Version）。定义 MIME 使用的版本。

② 内容描述（Content-Description，可选项）。定义邮件主体的是否为图像、音频或视频。

③ 内容标识（Content-Id，可选项）。定义邮件的唯一标识符。

④ 内容传送编码（Content-Transfer-Encoding）。定义邮件在传送时是如何编码的。MIME 可采用 5 种类型的编码，因其中的两种（即 8 位非 ASCII 编码和 8 位二进制编码）不推荐使用，下面介绍常用的 3 种编码。

a）NVT 7 位 ASCII 编码。这是最简单的编码。每行的长度不得超过 1000 字符。MIME 无需对 ASCII 码构成的邮件主体进行转换。

b）base64 编码。这种编码可把发送的数据转换为可打印字符，以便作为 ASCII 字符或者邮件传送机制支持的任何类型字符集进行传送。其编码规则是：先将二进制数据（以位流形式）划分为 24 位的块，再把每块划分成 4 个组，每组 6 位。每个 6 位组再按以下方法转换成 ASCII 码。对 6 位组的编码是这样的：6 位二进制码共有从 0～63 的 64 种不同值，分别代表大写英文字母、小写英文字母、数字 0～9、“+”号和“/”号（详见表 3-4）。再用连续的两个等号“==”和一个等号“=”分别表示最后一组代码只有 8 位或 16 位。回车和换行可插入在任何地方。例如：

24 位的二进制数据	11001100 10000001 00111001
划分成 4 个 6 位组	110011　001000　000100　111001
对应的 base64 编码	z　I　E　5
对应的 ASCII 码	01111010 01001001 01000101 00110101

base 64 编码表　　**表 3-4**

二位进制	代码	二位进制	代码	二位进制	代码	二位进制	代码	二位进制	代码
000000	A	001101	N	011010	a	100111	n	110100	0
000001	B	001110	O	011011	b	101000	o	110101	1
000010	C	001111	P	011100	c	101001	p	110110	2
000011	D	010000	Q	011101	d	101010	q	110111	3
000100	E	010001	R	011110	e	101011	r	111000	4
000101	F	010010	S	011111	f	101100	s	111001	5
000110	G	010011	T	100000	g	101101	t	111010	6
000111	H	010100	U	100001	h	101110	u	111011	7
001000	I	010101	V	100010	i	101111	v	111100	8
001001	J	010110	W	100011	j	110000	w	111101	9
001010	K	010111	X	100100	k	110001	x	111110	+
001011	L	011000	Y	100101	l	110010	y	111111	/
001100	M	011001	Z	100110	m	110011	z		

c）引用可打印编码（Quoted-printable）。这种编码适用于所传送的数据中只有少量的非 ASCII 码。其编码规则是：对于可打印的 ASCII 码（除等号“=”外），不做任何编码；对于等号“=”和非 ASCII 码，则用 3 个字符替代，第 1 个字符是等号“=”，第 2 个和第 3 个字符是用十六进制表示的字节。例如：

二进制数据　0010011 01011001 10011101 01001110 01000111

&　L　|　9　K

引用可打印编码　|　非 ASCII 码→ASCII 码

00100011 01011001 00111101 00111001 01000100 01001110 01000111

&　L　=　9　D　9　K

同样，引用可打印编码后也增加了开销，此例增加了开销达 40%。

⑤ 内容类型（Content-Type）。定义邮件主体使用的 7 种基本内容类型和 15 种子类型。除此之外，MIME 还允许发信人和收信人自己定义专用的内容类型。但为避免可能出现的名字冲突，标准要求为专用的内容类型选择的名字要以字符串 X-开始。表 3-5 所列为在 MIME Content-Type 说明中可出现的类型及其意义。

在 MIME Content-Type 说明中可出现的类型及意义　　表 3-5

内容类型	子类型	说明
Text（文本）	plain	无格式的文本
	richtext	带有简单格式的文本，如粗体、斜体、下划线等
	enriched	richtext 类型的明确化，简化和精炼
	html	超文本标记语言文本
Image（图像）	gif	GIF 格式的静止图像
	jpeg	JPEG 格式的静止图像
Audio（音频）	basic	可听见的声音
Video（视频）	mpeg	MPEG 格式的影片
Application（应用）	octet-stream	连续的二进制数据流
	postscript	PostScript 可打印文档
Message（报文）	rfc822	MIME RFC 822 邮件
	partial	报文主体是更大报文的分片
	external-body	从网上获取报文主体
Multipart（多部分）	mixed	按规定顺序的几个独立部分
	alternative	不同格式的同一邮件
	parallel	必须同时读取的几个部分
	digest	摘要，默认的是 RFC822 子类型报文

5）基于 WEB 的电子邮件

20 世纪 90 年代中期，Hotmail 网站引入了基于万维网的电子邮件。后来，不少著名网站（如 Sina、网易等）都提供了基于万维网的电子邮件服务。在这种电子邮件系统中，从作为发信人用户代理的万维网览器到发信端邮件服务器都使用 HTTP，而从收信端邮件服务器到作为收信人用户代理的万维网浏览器也使用 HTTP，只有发信端邮件服务器到收信端邮件服务器仍使用 SMTP。图 3-38 所示为基于万维网的电子邮件系统。

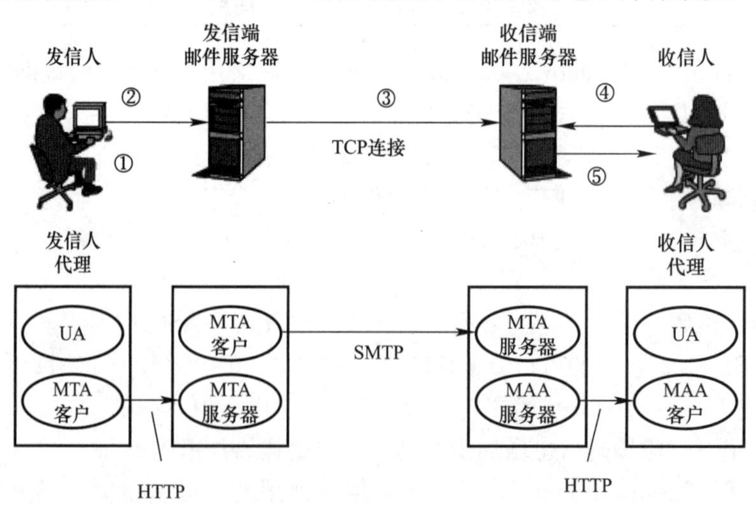

图 3-38　基于万维网的电子邮件系统

不难看出，基于万维网的电子邮件与前面介绍的电子邮件系统有两点不同：一是从万维网浏览器到发信端邮件服务器使用的是 HTTP，而不是 SMTP；二是从收信端邮件服务器到万维网浏览器使用的是 HTTP，而不是 POP3 或 IMAP。但它们在发信端邮件服务器到收信端邮件服务器仍都使用的是 SMTP。

2. 动态主机配置协议 DHCP

如前所述，任何一台计算机欲访问因特网，必须获得一个有效的 IP 地址，需要对 IP 协议进行必要的参数配置，如 IP 地址、掩码、DNS 地址等。动态主机配置协议（DHCP，Dynamic Host Configuration Protocol）。DHCP 为 IP 地址分配提供了两种机制：静态地址分配和动态地址分配，分配可以是人工的或自动的。静态地址分配是人工配置。DHCP 服务器有一个数据库，它静态地把物理地址绑定到 IP 地址。动态地址分配是自动配置，当一个 DHCP 客户请求临时的 IP 地址时，DHCP 服务器就从数据库查找可用的 IP 地址，从中指派有一定使用期限的有效 IP 地址。DHCP 为位置固定且运行服务器程序的计算机分配永久的 IP 地址。

DHCP 使用 C/S 模式。DHCP 服务器对所有的网络配置数据进行统一的集中管理，并负责处理客户端的请求。DHCP 服务器所使用的端口号为 67，DHCP 客户为 68。

由于每个网络不可能都设有 DHCP 服务器，因此可以通过设置 DHCP 中继代理（relay agent）来解决这个问题。DHCP 中继代理配置了 DHCP 服务器的 IP 地址，当它收到客户机发来的发现报文后，便以单播方式向 DHCP 服务器转发此报文。待 DHCP 中继代理收到 DHCP 服务器回答的提供报文后，它再把此提供报文转发给客户机。图 3-39 所示为以 DHCP 中继代理实现网络配置信息的传递过程。

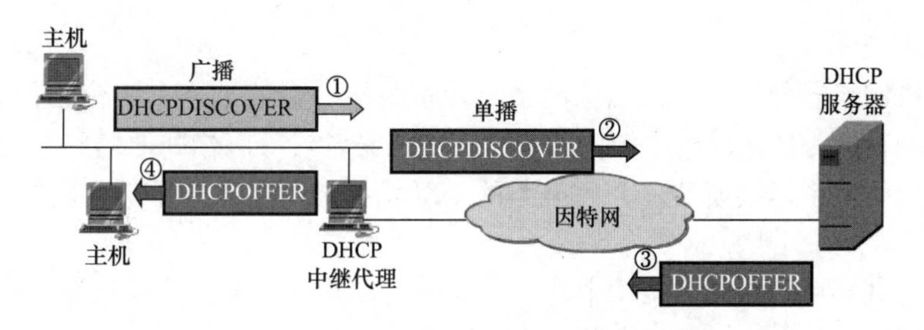

图 3-39　以 DHCP 中继代理实现网络配置信息的传递过程

DHCP 服务器为 DHCP 客户机配置的 IP 地址是临时的，它有一个租用期（lease period）。租用期的设置既可以由 DHCP 客户机提出，也可由 DHCP 服务器设定。

客户机获取 IP 地址的过程如下。

① 需要 IP 地址的主机运行 DHCP 客户程序（此时该主机称为 DHCP 客户机），把 DHCP 请求作为数据封装在 UDP 数据报中，以全 0 为源 IP 地址，全 1 为目的 IP 地址，用广播方式向本地网络发送发现报文（DHCPDISCOVER）。

② 凡收到 DHCP 发现报文的 DHCP 服务器都对此广播报文作出响应，在其数据库中查找该客户机的配置信息。若找到，则将配置信息返回给客户机。若找不到，则从尚未租用的 IP 地址中取一个分配给该客户机，DHCP 服务器把配置信息放入提供报文（DHCPOFFER）内回送给客户机。

③ 客户机收到提供报文后，从中选择一个 DHCP 服务器，并向其发送 DHCP 请求报文（DHCPREQUEST）。

④ 被选择的服务器回答确认报文（DHCPACK）。

⑤ 客户机收到确认报文后，就获得了临时的 IP 地址。

⑥ 当租用期达到一半时，客户机向服务器发送请求报文（DHCPREQUEST）要求更新租用期。若服务器同意，则回答确认报文（DHCPACK），客户机得到新的租用期，即可重新设置计时器。若服务器不同意，则回答否认报文（DHCPNAK），此时客户机必须停止使用原来申请的 IP 地址。返回到步骤②重新提出 IP 地址的请求。

⑦ 若 DHCP 服务器未响应步骤⑥，则在租用期达到 87.5%时，客户机重新发送请求报文（DHCPREQUEST）要求更新租用期，重复步骤⑥的动作。

⑧ 若 DHCP 客户机需提前终止租用期，可向 DHCP 服务器发送释放报文（DHCPRELEASE）告知服务器此 IP 地址不再使用。

DHCP 的安全性并不高，因为它是基于 UDP 和 IP 的，而且在开始的时候 DHCP 主要用于无盘站，在这样的环境中实现保密十分困难，因此 DHCP 到现在也是不安全的。非法的服务器和非法的客户都可能对系统造成危害。

DHCP 很适合于便携式计算机的使用。使用 Windows 操作系统时，点击控制面板中的网络图标，就可以找到某个连接中的“网络”下面的菜单。找到 TCP/IP 后点击其“属性”按钮，并选择“自动获得 IP 地址”和“自动获得 DNS 服务器地址”，就表示使用 DHCP。

3.3 小　　结

对计算机网络的分析和研究是从网络的体系结构入手的。体系结构包括分层、协议、服务。分层的目的是便于简化系统的实现，而协议是各对等层之间通信的规约。目前最完整的计算机网络体系结构模型是 ISO 推荐的 OSI 模型，而当今应用最普遍的则是 TCP/IP 模型。

物理层是计算机网络体系结构中的最下面一层，涉及传输介质的种类、网络接口的物理特性，不同的传输交换方式以及各种物理层的传输协议。数据传输的交换方式有电路交换、报文交换和分组交换三种，其中应用最多的是分组交换方式。

数据链路层是计算机网络中任务最重的一层，要完成组帧、拆帧等透明传输以及流量控制和差错控制等功能。滑动窗口技术是一种被广泛使用的流量控制和差错控制技术。介绍两个基本的数据链路层传输协议 HDLC 和 PPP。

网络层是体系结构中有关网络互联的层，也是通信子网的最高层，主要任务是将分组从源端有效地传送到目的端。有两种通信子网，虚电路子网和数据报子网。不同的通信子网有不同的路由机制，引出不同的路由算法和协议。路由算法有静态和动态算法，静态算法最常用的是最短路径算法。最常用的动态路由算法是距离矢量算法和链路状态算法。为了防止通信子网发生拥塞，需要采用重传、缓存、流控制等策略。

传输层是在通信子网通过的服务基础上，为应用层提供可靠、有效和合理的服务。传输层的协议必须能在不可靠的网络提供可靠、无差错的连接服务，又能在满足一定通信质量的前提下提供及时、快速的服务。在 Internet 中，主要有 TCP 和 UDP 两个传输层协议，前者提供面向连接的可靠、无差错服务，后者提供无连接的快速服务。

应用层是计算机网络体系结构中的最高层，直接为用户的应用进程提供服务。Internet 上使用了域名系统（DNS）将 IP 地址与主机名进行映射。域名系统是一个分层结构的数据库系统。文件传输（FTP）是最基本的应用层应用，而万维网（WWW）和 HTTP 则是最为广泛的应用，电子邮件则是最为有效的通信应用。

习　　题

1. 什么是计算机网络的体系结构？

2. 计算机网络为何采用分层结构？分层的基本原则有哪些？

3. 什么是网络协议？它由哪些要素组成？

4. 在 ISO 的 OSI 模型中，各层的数据传输单位分别叫什么？

5. OSI 模型中哪一层处理以下问题？

（1）数据流按帧处理。

（2）前向纠错。

（3）确定最佳传输路径。

（4）根据应用选择通信连接方式。

6. 试分析比较 OSI 模型和 TCP/IP 两种体系结构的异同点。

7. 去 ISTF 官方网站 http：//www. ietf. org 浏览有关内容，选择一个感兴趣的项目，写出一个短报告。

8. 浏览 ITU 的网站 www. itu. int 和 IEEE 标准联盟的网站 http：//standards. ieee. org，选择一个感兴趣的项目，写出一个短报告。

9. 什么是无连接通信？什么是面向连接的通信？两者的主要区别是什么？举出生活中的应用实例。

10. 一帧中包含的比特数多还是一个分组中包含的比特数多？

11. 电磁波在有线介质中的传播速度大约是光速的三分之二。设有线介质的长度分别为 10cm（相当于在一个电路板上）、100m（相当于局域网）、100km（相当于城域网）和 10000km（相当于广域网），试计算当传输速率 10Mbps 和 10Gbps 时，1bit 的传输长度和在以上介质中正在传播的比特数。

12. 设用户进程的数据长度为 100 字节，交给应用层传输需增加 20 字节的首部，再交给传输层还要增加 20 字节的 TCP 首部，然后交给网络层，也需要 20 字节的首部，数据链路层组成帧后需加 18 个字节的首部和尾部，最后送到物理层传输。试计算网络数据传输的效率。如果应用进程的数据长度为 64kB，那么传输效率又是多少？

13. 物理层接口包括哪些方面的特性？

14. 为何现在的局域网大多采用双绞线作为传输介质？

15. 什么是光纤的通信窗口？光纤的通信窗口有哪些？各窗口的带宽大约是多少？

16. 卫星数据通信网中的卫星为何多选用低轨道卫星？

17. 三颗静止轨道卫星能覆盖整个地球吗？

18. 无线局域网为何选择 ISM 频段？

19. 简述电路交换和分组交换的优缺点。

20. 简述数据链路层的主要功能。

21. 在数据链路层组成帧的方法有哪些?

22. 数据链路层的透明传输是如何实现的?

23. 一段数据为：A　B　ESC　C　ESC　ESC　FLAG　FLAG，共8个字节。若采用字节填充的方法组成一帧进行传输，则实际传输的帧的形式是什么样的?

24. 比特流1011111111001101111111011若要在数据链路层上传送，经过比特填充后实际发送的比特流是何形式?

25. 为何高速局域网不再采用曼彻斯特或差分曼彻斯特编码?

26. 数据链路层是如何实现流量控制和差错控制的?

27. 网络互联的实际意义是什么? 需要解决哪些问题?

28. 网络层提供了哪两种服务? 试对它们做一比较，举出几个具体的应用实例。

29. 面向连接的服务出现乱序的可能性存在吗?

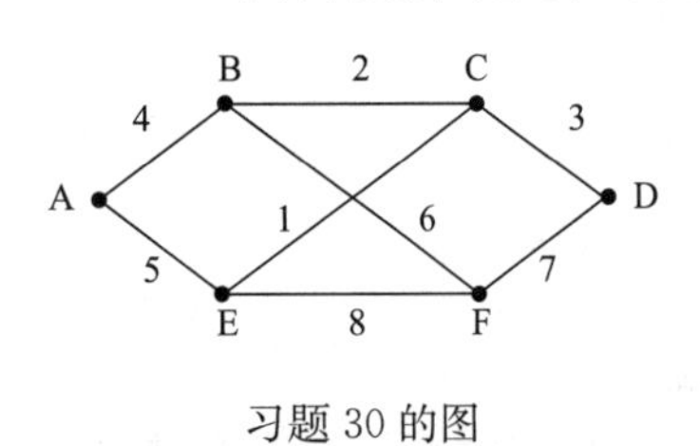

习题30的图

30. 考虑左图中的子网，使用距离矢量算法计算路由延迟。路由器C刚接收到的路由信息为：来自B的矢量（5，0，8，12，6，2），来自D的矢量（16，12，6，0，9，10），来自E的矢量（7，6，3，9，0，4），括号内的数值分别对应路由器A、B、C、D、E和F。经测量，C到B、D和E的延迟分别是6、3和5。请问C的新路由表会是怎样? 并给出将使用的输出线路以及期望的延迟。

31. 传输层的基本功能是什么?

32. 试述UDP和TCP协议的主要特点及它们的应用场合。

33. 端口的作用是什么? 端口分哪几类?

34. 套接字地址与端口是何关系?

35. TCP协议在数据传输过程中是如何保证报文段的可靠性的?

36. 使用TCP对实时语音通信数据的传输有何影响? 使用UDP对数据文件的传输有何影响?

37. 一个TCP报文段的数据部分最大长度是多少字节? 为何有这个限制? 如果传送的数据的长度超过TCP报文段中的序号字段可能编出的最大序号，试问还能用TCP传送吗?

38. 计算机网络的应用模式有几种? 各有何特点?

39. Internet的应用层协议与传输层协议之间有何关系?

40. 在电子邮件系统中，为什么必须使用SMTP和POP3这两个协议? POP3与IAMP有何区别?

41. 基于万维网的电子邮件系统有何特点? 在传送邮件时使用什么协议?

42. DHCP的作用是什么? 其适用于何种场合?

参 考 文 献

1. 杨庚等. 计算机通信与网络（第2版）[M]. 北京：清华大学出版社，2009.

2. 陈伟，刘会衡等. 计算机网络与通信 [M]. 北京：电子工业出版社，2010.

3. 张卫，余黎阳. 计算机网络工程 [M]. 北京：清华大学出版社，2010.
4. Andrew S. Tanenbaum，David J. Wetherall. Computer Networks（Fifth Edition）[M]. 北京：机械工业出版社，2011.
5. Andrew S. Tanenbaum. Computer Networks（Fourth Edition）[M]. 北京：清华大学出版社，2004.
6. Stanford H. Rowe，Marsha L. Schuh. Computer Networking [M]. 北京：清华大学出版社，2006.
7. 谢希仁. 计算机网络（第 5～7 版）[M]. 北京：电子工业出版社.
8. 杨心强. 计算机网络 [M]. 北京：人民邮电出版社，2010.

第4章　局　域　网

局域网（LAN）是一种在较小的地理范围内，通过通信设备和线路将计算机、服务器、各种外部设备及其他数据终端设备等连接起来，实现数据传输和资源共享的计算机网络。LAN的覆盖半径通常从数十米到数千米不等，如在一间办公室内，一座酒店大楼或办公楼中，一个厂区内或者一所大学内的一群建筑物。

LAN具有如下特点：

（1）网络所覆盖的地理范围比较小。通常半径不超过10km。

（2）采用分层结构。大型网络分为核心层、汇聚层和接入层，中型网络分核心层和接入层，小型网络只有接入层。

（3）数据的传输速率比较高。接入层的速率一般为10Mbps/100Mbps，高的可达1Gbps；核心层的速率通常在1～10Gbps，甚至可达100Gbps。

（4）具有极低的传输延迟和较低的误码率，其误码率一般为10^{-11}。

（5）局域网络的经营权和管理权属于某个单位或个人所有，这与广域网通常由服务提供商管理经营形成鲜明对照。

（6）便于安装、维护和扩充，建网成本低、周期短。

LAN技术始终是计算机网络研究与应用的一个热点，是目前发展最快的领域之一。近些年随着信息资源共享需求的飞速增长和云技术的出现以及移动网络终端的大量普及，高速LAN技术发展异常迅猛。

4.1　局域网拓扑结构

如果把LAN中的各种计算机、数据终端设备和网络传输设备抽象成点，再把连接这些设备的通信线路抽象成线，由这些点和线所构成的图形称为网络拓扑结构。网络拓扑结构反映出网络的结构关系，它对于网络的性能、可靠性以及建设管理成本等都具有重要影响，因此，网络拓扑结构往往是网络构建前首先要考虑的因素之一。常见的网络拓扑结构有星形、环形、总线形、树形以及混合型等。

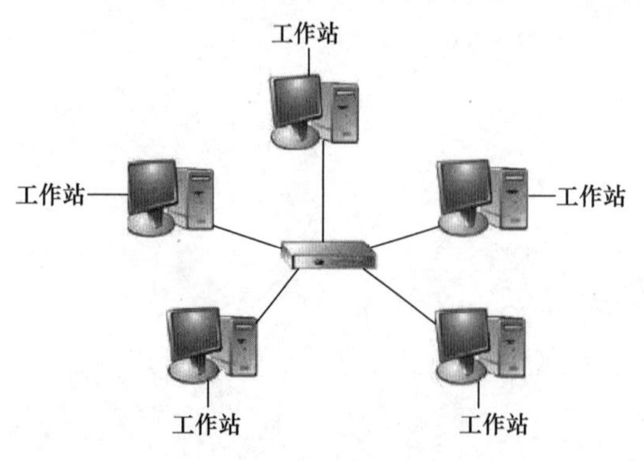

图4-1　星型拓扑结构

4.1.1　星形拓扑结构

星形拓扑通过点对点链路将中央结点和各站点（计算机、服务器及其他数据终端设备等）组成，如图4-1所示。这种结构以中央节点为中心，执行集中式通信控制策略。中央节点是网络的核心，工作负担重，而各个站点的通信处理负担则很小，因此又称集中式网络。中央控制器是一个具有信号分离和交换功能的“隔离”装置，它能放大和改善网络信号，有一定数量的网络端口，每个端口连接一个数据终端设备或网络设备。

这种拓扑结构网络的基本特点如下：

（1）实现简单。连接方便、组网简单、建网周期短。

（2）扩容方便。当中央节点端口不足时，可以用一个端口级联另一个中央节点设备，扩展网络连接的能力。

（3）维护容易。一个节点出现故障不会影响其他节点的连接，可任意拆走故障节点。

（4）中央节点负担重，形成“瓶颈”，一旦中央节点发生故障，则全网受影响。

（5）与综合布线系统及电信网络的拓扑一致，易实现系统间的融合。

星形拓扑结构是目前局域网普遍采用的一种拓扑结构。采用星形拓扑结构的局域网，一般使用双绞线或光纤作为传输介质，能够满足多种宽带需求。

4.1.2　总线拓扑结构

总线形网络采用一根线缆作为传输介质，所有的站点都通过相应的硬件接口直接连接到传输介质或称总线上，如图 4-2 所示。早期的局域网所采用的介质是同轴电缆（有粗缆和细缆之分），后期也有采用双绞线和光缆作为总线型传输介质。工业控制网，如各种现场总线网，大多采用总线拓扑结构。

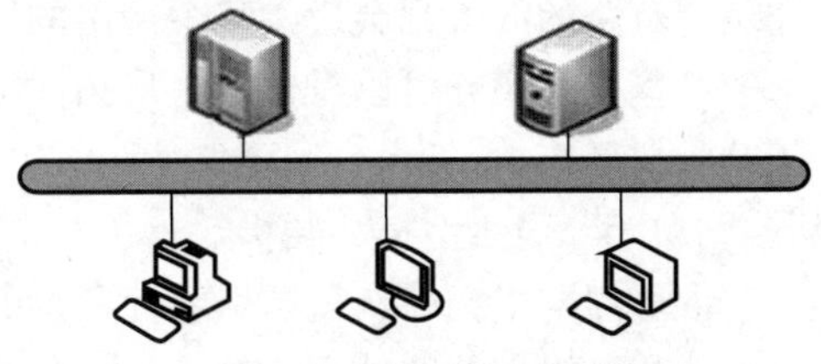

图 4-2　总线型拓扑结构

总线拓扑结构具有以下特点：

（1）结构简单。网络各节点通过一定的连接器（接头）接入总线即可联网。

（2）线缆用量少。总线型网络所有节点共用一条电缆，用线量要比星形拓扑少许多。

（3）组网费用低。联网的所有设备直接与总线相连，不需要其他网络连接设备。

（4）各节点共享总线带宽，所以在传输速度上会随着接入网络的设备的增多而下降。

（5）网络用户扩展不够灵活。如果要接入的计算机不在总线经过的区域，需要延长总线，可能会因线路过长而必须增加中继器。

（6）可靠性不高，网络维护工作量大。如果总线出了问题，则整个网络都不能工作，而总线上网络接头与接入的计算机等数据终端设备数呈正比，接头越多，网络中断概率越大，网络中断后查找故障点也比较困难。

早期的 LAN 多采用总线拓扑，但现在已很少使用。目前这种拓扑主要是应用在一些控制类的网络中。

4.1.3　环形拓扑结构

环形网络如图 4-3 所示，由连接成封闭回路的网络节点组成，每一节点与它左右相邻的节点连接。在环形网络中信息流只能是单方向的，每个收到信息包的站点都向它的下游站点转发该信息包。信息包在环网中“旅行”一圈，最后由发送站进行回收。

环形拓扑结构的网络主要特点如下：（1）采用点—点传输方式。（2）网络中传输的信息单向绕环运行。（3）网络管理复杂。（4）扩展性能差。如果要新添加或移动节点，就必须中断整个网络。

4.1.4　树形拓扑结构

树形拓扑，如图 4-4 所示。形状像一棵倒置的树，顶端是树根，树根以下带分支，每个分支还可再带子分支。它是星形结构的扩展，可看作是多级星形网络级联形成的，可有多条分支，但不形成闭合回路，树形网是一种分层网，一般一个分支和节点的故障不影响另一分支节点的工作。

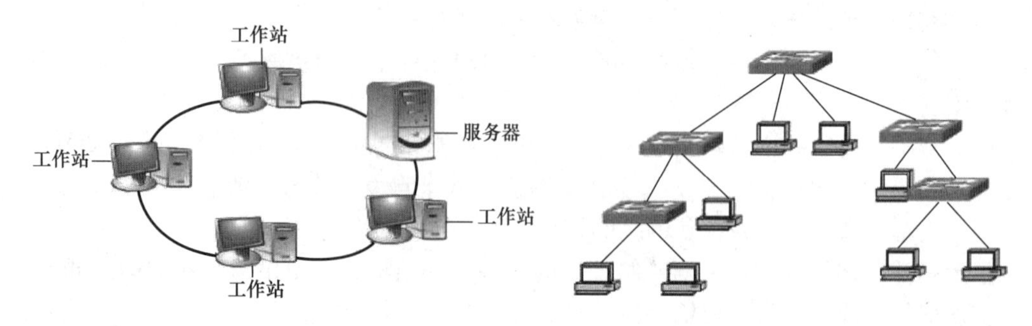

图 4-3　环形拓扑结构　　　　图 4-4　树形拓扑结构

树形拓扑结构有如下特点：(1) 连结简单，维护方便，适用于汇集信息的应用要求。(2) 易于扩展。(3) 故障隔离较容易。(4) 资源共享能力较低，可靠性不高，任何一个工作站或链路的故障都会影响整个网络的运行，各个节点对根的依赖性太大。

某些树形拓扑可以看作是星形拓扑级联形成的。建筑物与建筑群综合布线系统即采用了这种树形拓扑。

4.1.5　混合型拓扑结构

混合型网络拓扑结构是由前面所讲的各种拓扑结构结合在一起的网络结构，最常见的是星形与总线拓扑的结合。在建筑设备管理系统（BAS）中，底层的数据采集和控制系统往往采用总线拓扑，而上位机则采用星形拓扑与各种管理信息系统（MIS）相连。

4.2　局域网标准与体系结构

LAN 的体系结构既遵循了 OSI 模型，又与该模型有所不同。LAN 具备的功能主要由 OSI 模型的最低两层，即数据链路层和物理层实现。但由于数据链路层要实现的功能很多，LAN 的体系结构将数据链路层做了进一步的划分。

4.2.1　局域网协议与标准

IEEE 下属的 802 委员会是专门制订计算机通信与网络标准的部门。该委员会下设若干工作组，专门针对某一特定的网络或技术指导标准。由于技术的不断推陈出新，有些工作组已经解散停止工作了，但又有新的工作组成立，表 4-1 列出了部分与计算机网络相关的标准工作组及相应标准以及当前状态。

IEEE 802 委员会工作组与计算机网络标准　　表 4-1

工作组编号	标准主题	当前状态
802.1	局域网（LAN）概述与体系结构	活动
802.2	逻辑链路控制	不活跃
802.3	以太网	非常活跃
802.4	令牌总线	不活跃
802.5	令牌环	活动

续表

工作组编号	标准主题	当前状态
802.6	城域网（基于双队列两总线技术）	不活跃
802.7	宽带技术	不活跃
802.8	光纤技术	解散
802.9	匀速局域网（ILAN，用于实时应用业务）	不活跃
802.10	虚拟局域网（VLAN）与安全	不活跃
802.11	无线局域网（WLAN）	非常活跃
802.12	优先级（惠普公司 HP 的 AnyLAN）	不活跃
802.14	电缆调制解调器（Cable MODEM）	不活跃
802.15	个域网（PAN）（蓝牙、Zigbee）	非常活跃
802.16	宽带无线（WiMax）	非常活跃
802.17	弹性分组环	活动
802.18	无线电规则事宜	活动
802.19	委员会内标准的共存技术咨询	活动
802.20	移动宽带无线网	活动
802.21	传输介质独立切换（不同技术的网络之间漫游）	活动
802.22	无线区域网（WRAN）	活动

工作组的编号同时也是该工作组制订的标准的编号，如 IEEE 802.3，既是一个工作组编号，同时也是有关以太网的标准。802.1 工作组负责制订了有关 LAN 的定义及体系结构、网络互连、网络管理和性能测量、编址、高层接口、流量优先级、虚拟局域网（VLAN）、生成树协议等。正是在 802.1 中，将 OSI 模型的数据链路层分为逻辑链路控制（LLC）和介质访问控制（MAC）两个子层。LLC 子层在上，与网络层相邻，MAC 子层在下，与物理层相邻，如图 4-5 所示。

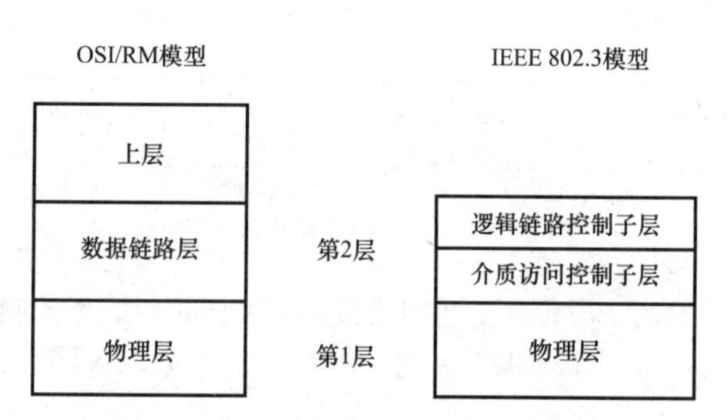

图 4-5　局域网的数据链路层结构

4.2.2　局域网体系结构

LAN 的体系结构包括了物理层、介质访问控制（MAC）子层和逻辑链路控制（LLC）子层。IEEE 802.2 标准是 LLC 子层的协议标准，为 IEEE 802 标准系列共用；而 MAC 子层协议则依赖于各工作组根据不同的 LAN 制订具体的标准。

在 IEEE 802.2 中定义了逻辑链路控制（LLC）协议，用户的数据链路服务通过 LLC 层为网络层提供统一的接口，并提供流量控制和差错控制等 OSI 模型的第 2 层规定的功能。它是面向比特流的数据链接协议，其传输单位称为 LLC 帧，格式如图 4-6 所示。

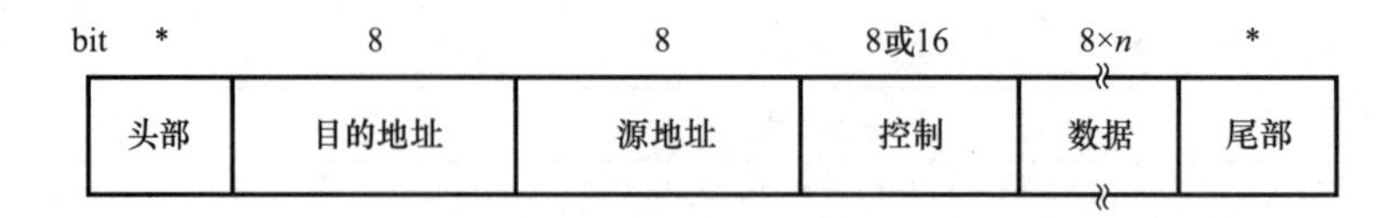

图 4-6　LLC 帧格式

LLC 帧头和尾部的长度取决于 LAN 所采用的传输介质；8 位的目的地址服务接入点和源地址服务接入点用来保证在不同网络类型中传输；控制字段包括控制数据链路必要的命令、响应和序列号；信息字段以字节为单位，其长度取决于网络的 MAC 协议，采用位填充（或称比特填充，bit stuffing)，实现透明传输。

在 LLC 中提供了两种无连接和一种面向连接的三种操作方式：

方式一：无回复的无连接方式。发送帧时，它允许向单一的目的地址（点到点协议或单点传输）发送帧；向相同网络中的多个目的地址（多点传输）发送帧；向网络中的所有地址（广播传输）发送帧。多点和广播传输在同一信息需要发送到整个网络的情况下可以减少网络流量。单点传输不能保证接收端收到帧的次序和发送时的次序相同。发送端甚至无法确定接收端是否收到了帧。

方式二：面向连接的操作方式。对每个帧进行编号，接收端就能保证它们按发送的次序接收，并且没有帧丢失。利用滑动窗口流控制协议可以让快的发送端也能流到慢的接收端。

方式三：有回复的无连接方式。它仅限于点到点通信。

MAC 层确定了 LAN 上所有设备通过不同介质对网络的访问方式，实现对介质或信道有序、高效的使用。MAC 子层的传输和处理单位称为 MAC 帧，一般格式如图 4-7 所示，具体格式由其他 802 系列标准确定。LLC 帧和 MAC 帧是嵌套关系，LLC 帧以数据的形式包含在 MAC 帧中。

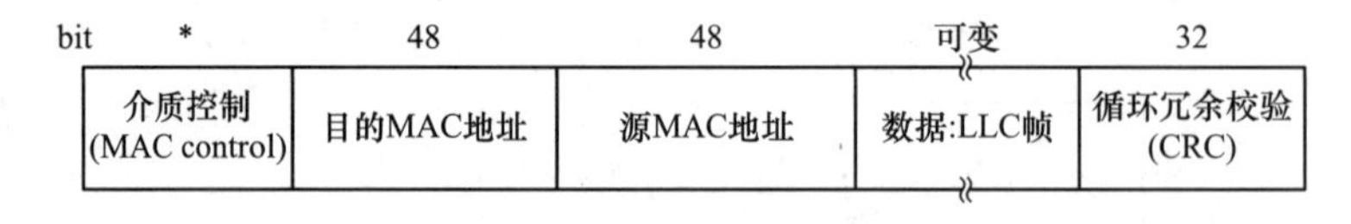

图 4-7　MAC 帧格式

MAC 帧中的介质控制字段包含了与网络接口类型所指定的流控制、连接建立和拆除、差错控制等有关的信息，其字段长度取决于具体的网络，如以太网等。数据字段实际就是整个 LLC 帧。

4.3　MAC 层接入技术与协议

局域网体系结构中的物理层和计算机网络 OSI 参考模型中物理层的功能一样，主要处理物理链路上传输的比特流，实现比特流的传输与接收、同步前序的产生和删除；建立、维护、撤销物理连接，处理机械、电气和过程的特性。

大多数 LAN 的数据链路层使用的是广播信道，如总线型和无线局域网（WLAN)，某些星形网络也是由总线型网络演变而来。对于广播型信道，数据链路层不仅要完成成帧、透明传输和检错/纠错等基本功能，还要解决信道的争用事宜，为此引入了若干广播型信道的访问控制机制和相应的协议。

4.3.1　CSMA 载波监听多路访问协议

在局域网中，所有主机通过某种传输介质相互连接起来形成一个网络。在同一个时刻，如果只有一个主机发送数据，其他主机都可以收到。但是如果有两个以上的主机同时发送数据，则数据在传输介质上就会发生冲突，其他主机收到的便是无用的信息或称为噪声。为使各主机有序发送数据，必须制定通信规则，这就是各种传输协议。在这种网络环境下最简单的通信协议显然应该满足以下几点：(1) 如果某个主机有数据要发送，首先监测网络中是否有其他的主机在发送数据。(2) 如果没有任何主机发送数据，则它可以发送数据。(3) 如果有主机正在发送数据，则需要等待。

上述规则便是所谓的载波监听多路访问（CSMA，Carrier Sense Multiple Access）协议的主要内容。名称的由来是源于 20 世纪 70 年代夏威夷大学的一个基于无线传输的主机—终端网络 ALOHA。监测网络实际上是对网络数据传输信道的监测，监测到有载波存在，意味着有数据在传输，即信道被占用，或称信道忙。若没有监测到载波，则意味着信道空闲。

如果联网的主机不多，或者每个主机发送的数据很少，也不频繁，这个协议是实用而有效的。反之，该协议则暴露出缺陷，各主机发送数据会频繁发生碰撞，形成坏帧，致使数据传输的成功率大大降低，即网络的吞吐率不高。对该网络深入的研究发现，当有多个主机都有数据要发送时，一旦监测到信道空闲了，有可能同时发送数据，造成网络传输的失败。为提高网络的性能，有必要对上述协议做进一步完善。

进一步完善的思路和模式主要有以下几种：一个是激进的，即持续监听信道模式，信道一旦空闲立即发送数据；另一个是谦恭的，即使信道空闲，也不发送，而是谦让给其他站发送，称作非持续监听信道模式。理论上还存在第三种选择，即当信道空闲时，等待一个随机时间后再尝试发送，也被称作概率 p 持续监听信道模式。实际上，当 $p=1$ 时，便是持续监听模式，当 $p=0$ 时，既是非持续监听模式。上述三种模式的网络吞吐率如图 4-8 所示。

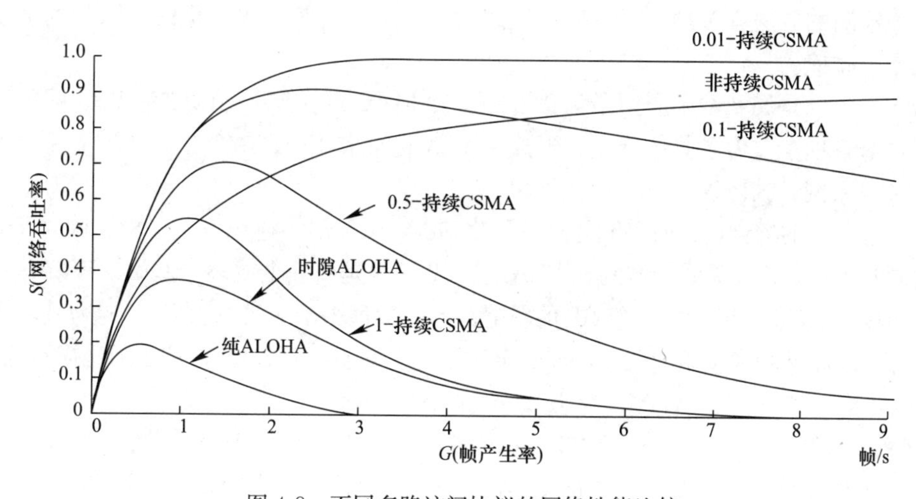

图 4-8　不同多路访问协议的网络性能比较

用 G 表示网络中每帧时传送的帧数量，即网络负荷。由图 4-8 可见，网络中要传送的帧越多，即 G 越大，非持续和 p 值较小的网络的吞吐率 S 越高；而随着 p 值的增大，网络吞吐率 S 很快出现峰值，并开始下降。当 $p=1$ 时（即持续监听模式），网络吞吐率 S 的最大值出现在 G 大约为 1，S 最大值仅为 55%左右。但 p 值小带来的最大问题是网络信道的利用率低。另外，传输已经损坏的帧也占用信道，并进一步降低了信道的利用率。

提高信道利用率的一种行之有效的技术是对发送过程进行碰撞检测（CD，Collision Detection），即 CSMA/CD（CSMA with Collision Detection）。其新增协议内容为，当发送站一旦检测到网络中发生了帧的碰撞后，立即停止发送，等待一个随机的时间后，再重新监听信道。这样做既节省了时间，又节省了带宽。

CSMA/CD 协议的工作模型如图 4-9 所示。在 $t=t_0$ 时刻，网络中的某个站完成了一帧的发送，其他要发送数据的站监听到网络空闲，则可以尝试发送数据。如果两个或两个以上的站同时发送数据，将会发生帧的碰撞，任何一个发送站检测到碰撞后，立即终止自己的发送，按照协议规定，等待一段随机时间，再重新监听信道。因此，模型由竞争期、发送期和空闲期组成。

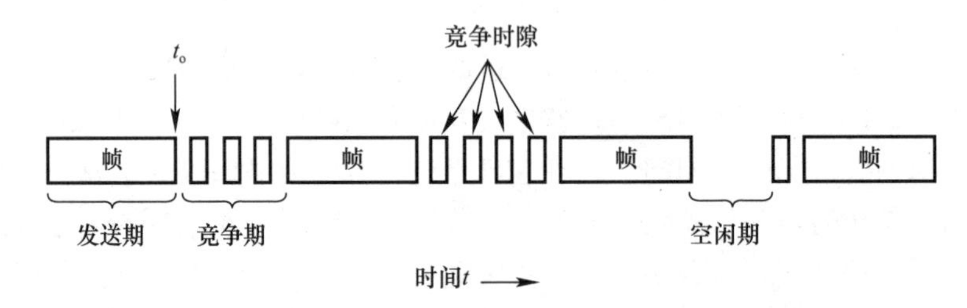

图 4-9　CSMA/CD 的三种状态：竞争、传输和空闲

发送期的大小与帧长、网络传输速率和信号传播延迟有关；竞争期的大小与信号传播延迟、网络长度和确认发生碰撞的时间有关。可以推断，检测到发生碰撞的最大时间是信号沿网络最大路径传播时间 τ 的两倍，即 2τ。为使发送的帧能够可靠的传输，帧长必然有所限制，最短帧长的发送时间不能小于 2τ。

碰撞检测的方法有多种。可以通过检测信号电平的高低，或者是信号脉冲的宽度确定是否发生了碰撞。

CSMA/CD 是局域网中应用最为普遍的一种 MAC 层访问控制协议。以太网即采用了该协议，对各项参数做了具体规定，形成了 DIX 标准和 IEEE 802.3 标准。下一节将详细介绍有关以太网及其协议。

在有些特殊的场合，碰撞可能是难以检测到的，需要尽力避免发生碰撞，同时又允许多个传输同时进行，比如无线局域网（WLAN）。WLAN 是由一个或多个基站（WLAN 的专业术语称为接入点 AP）组成。一个 AP 的覆盖范围一般远小于 LAN 的范围。这种小型的无线网络，存在暴露站和隐藏站的现象，如图 4-10 所示。因此，WLAN 往往采用碰撞避免的 CSMA 协议，即 CSMA/CA（CSMA with Collision Avoidance）。

CSMA/CA 采用了 RTS/CTS（Request To Send/Clear To Send）机制，如图 4-11 所示，基本工作原理是发送站（图中的 A 站）首先向接收站发送一个 RTS 短帧，包含有随后要发送的数据帧的长度等信息。接收站（图中的 B 站）收到 RTS 后发送一个 CTS 短帧作为应答，帧中同样带有即将接收的数据帧的长度信息。发送站收到 CTS 后便开始发送数据帧。在发送站和接收站的接收范围内，收到 RTS 和 CTS 后都必须保持沉默，从而避免发送数据产生碰撞。而且因为 RTS 和 CTS 帧中带有占据信道的时长，因此其他站不必持续监听信道。这一技术又被称为虚拟载波监听（virtual carrier sense）。目前广为应用的 IEEE 802.11 系列标准 WLAN，又被称作 Wi-Fi，即采用了该项技术。

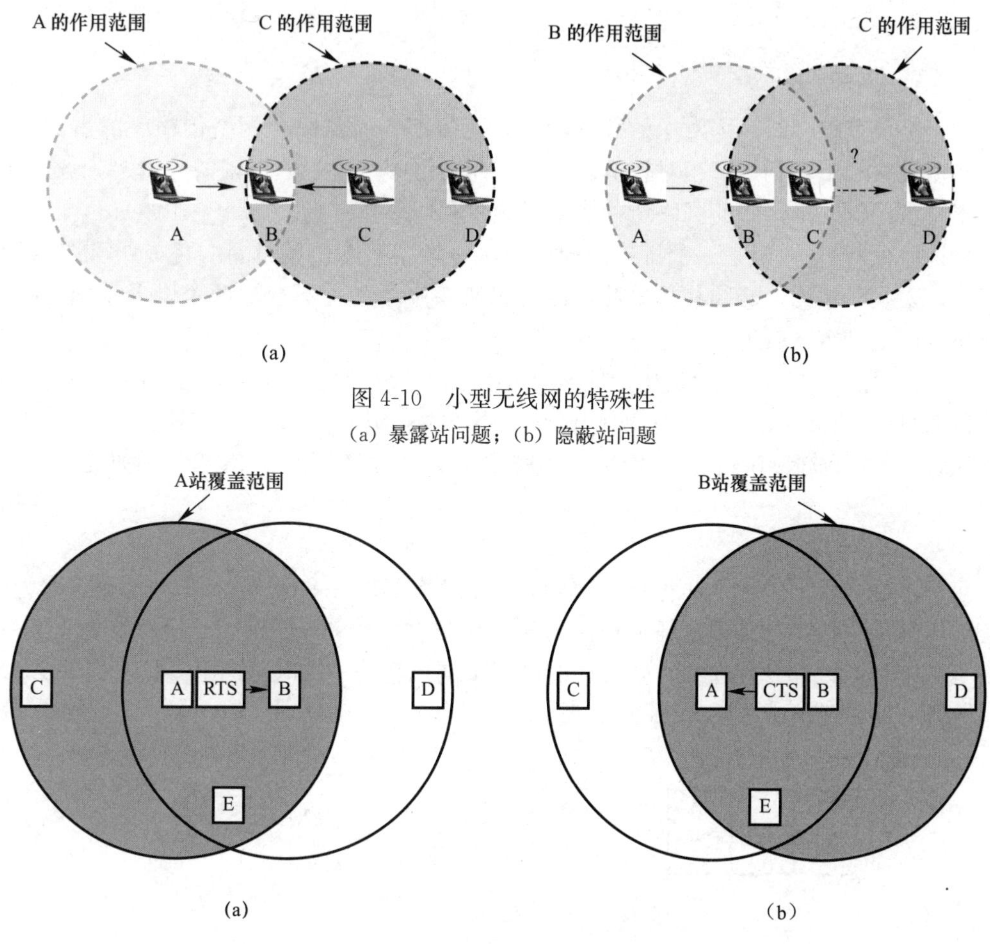

(a)　　(b)

图 4-10　小型无线网的特殊性

（a）暴露站问题；（b）隐蔽站问题

(a)　　(b)

图 4-11　CSMA/CA 协议

（a）发送站 A 发送 RTS；（b）接收站 B 反馈 CTS

4.3.2　令牌协议

对于一个负载较重的网络，采用 CSMA/CD 协议会因频繁发生碰撞而使网络性能降低。这是持续监听模式的网络不可避免的。解决这一问题的关键是必须让网络中的各站发送必须有序。令牌（Token）技术便是其中的一种无碰撞、无冲突的共享信道传输技术。

令牌协议的核心是比特图技术（bit-map method）。对于有 N 个站的网络，设置 N 个时隙，构成竞争期，每个站对应一个固定的时隙。若有数据要发送，当竞争期的时隙串到来时，将对应本站的时隙置为“发送”，即声明有数据要发送。竞争期过后，发送站按竞争期中时隙的先后顺序依次发送数据，因此不会发生冲突或碰撞，如图 4-12 所示。当最后一个站发送完毕，新的一轮竞争期重新开始。像这种在实际发送数据之前先要声明的协议，也被称为预订协议（reservation protocol）。

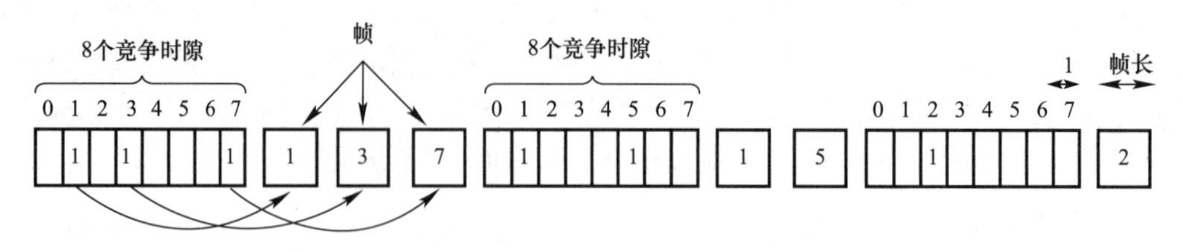

图 4-12 bit-map 技术原理

当网络负荷较轻时，因发送的数据帧少，竞争期的时隙串在网络传输中的占比较大，网络传输效率和带宽利用率相对较低。但在重荷网络中，由于数据帧的数量多，竞争期的时隙串所占比例很小，因此网络传输效率和频带利用率非常高。

所谓“令牌”，一般是一个特殊的控制短帧，帧中有专门的预订、优先级和令牌管理等字段。要发送数据，必须获得令牌，因为只有一个令牌，不会被两个以上站同时拥有，所以不会产生冲突或碰撞。

需要说明的是令牌协议仅适用于环形网络或逻辑环形网络。这项技术的实际应用并形成工业标准的有 IEEE 802.4 令牌总线（token bus）网络、IEEE 802.5 令牌环（token ring）网络和光纤分布式数据接口网络（FDDI）。令牌型协议远比 CSMA/CD 复杂，特别是令牌总线协议。

1. 令牌环协议

令牌环是 IBM 公司于 20 世纪 80 年代初开发成功的一种网络技术。之所以称为环，是因为这种网络的物理结构是环形拓扑。环上有多个站逐个与环相连，相邻站之间是一种点对点的链路，因此令牌环与广播方式的网络不同，它是一种顺序向下一站广播的 LAN。

令牌环网的帧格式如图 4-13 所示。

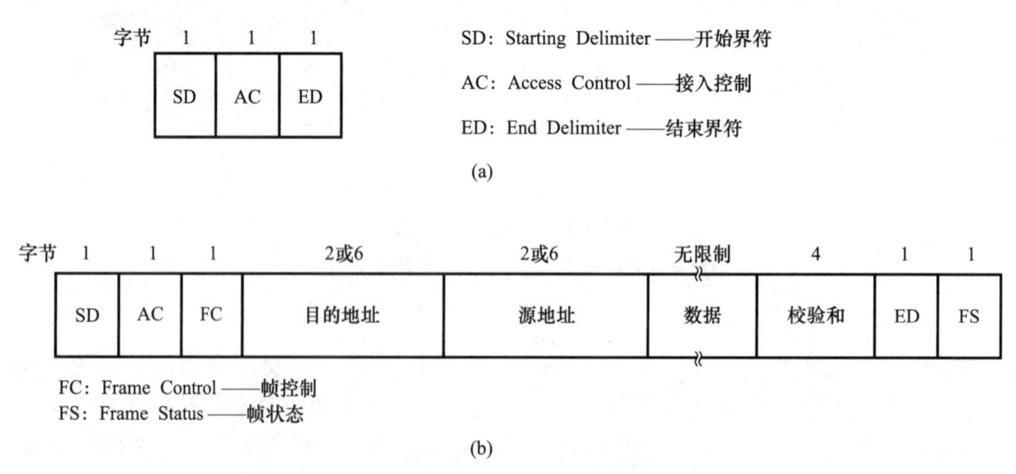

图 4-13 IEEE 802.5 令牌环协议帧格式

（a）令牌格式；（b）数据帧格式

令牌由开始界符（SD）、接入控制（AC）和结束界符（ED）3 个字段组成，每个字段都是 1 个字节。开始界符和结束界符用于标识帧的开始和结束，采用差分曼彻斯特为例编码。接入控制字节包含了令牌位（1-bit，空为 0，有数据发送为 1）、监视位（1-bit）、优先级位（3-bit）和预订位（3-bit）。当环中的各站无数据传输时，3字节的令牌帧一直在环上循环。当有站要发送数据时，在令牌帧到来时，把令牌位反转，由0变为1，将令牌帧变为数据帧，输出数据帧的其余部分。帧控制（FC）字段用于区分数据帧和其他的各种控制帧。帧状态（FS）字段实际只使用了2位，用A（access）和C（copy）表示，提供了确认功能和帮助各站确定位置。

为了使环网可靠工作，环的维护至关重要。每个令牌环网都有一个监控站（monitor station）总管整个环网。通常第一个加入环网的站自动成为监控站。监控站的职责有：确保令牌的存在；在环断开时采取措施（如初始化环等）；清除非法帧和无主帧。

2. 令牌总线协议

令牌总线协议是由通用汽车公司（GM）等提出的，结合了总线网和环网协议的一种共享信道的数据发送协议。网络的物理拓扑结构为总线或树形网，而逻辑上各站构成一个逻辑环，如图4-14所示。逻辑环初始化后，站号最大的站可以发送第一帧数据。然后把令牌传给逻辑环中站号第二大的站，依次发送数据。网络中只允许同时存在1个令牌，因此不会发生竞争和冲突。

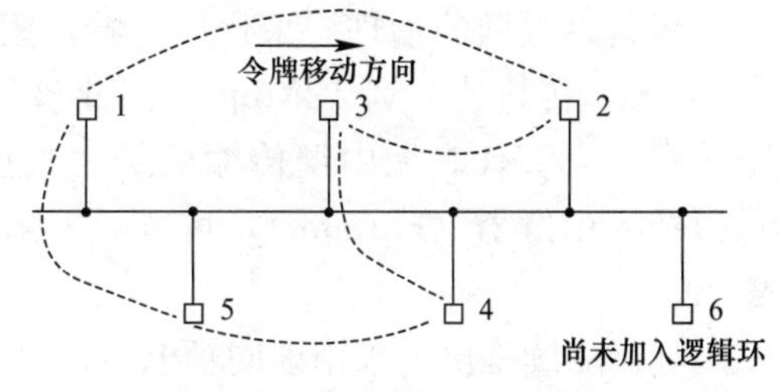

图4-14　令牌总线网的拓扑结构与逻辑环

IEEE 802.4令牌总线网帧的格式如图4-15所示。与令牌环协议不同，令牌总线中没有单独的令牌帧。令牌信息包含在帧控制（FC）字段中。FC字段说明帧的类型，分为数据帧和控制帧两大类。数据帧的FC字段中还包含优先级和确认，有0、2、4和6四种优先级，6级最高，确认标识用于帧的可靠接收。控制类帧包括令牌传递以及各种维护，如新站加入环的机制、老站脱离环的机制等。令牌总线协议十分复杂，为正常工作，每个站必须保持10个不同的计时器以及24个以上的内部状态变量。

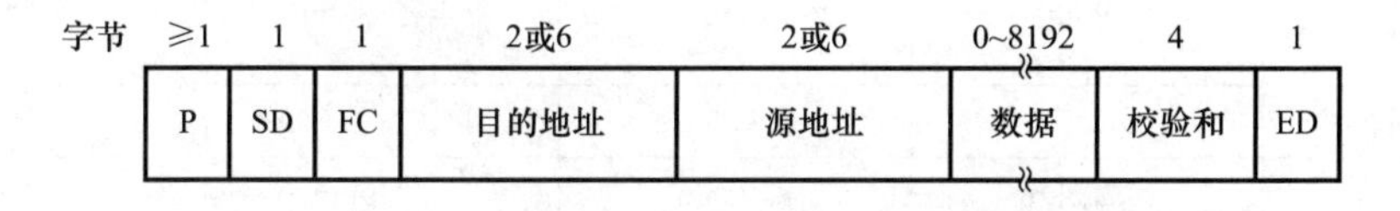

图4-15　IEEE 802.4令牌总线协议帧格式

图4-15中，P（Preamble）为先导字段；SD（Starting Delimiter）为开始界符；FC（Frame Control）为帧控制；ED（End Delimiter）为结束界符。

4.4　以太网技术与协议

以太网（Ethernet）是目前应用最为广泛、市场占有率最高的LAN。以太网技术诞生于20世纪70年代，由美国施乐（Xerox）公司推出，发明者是该公司Palo Alto Research Center工程师Bob Metcalfe。他在就职施乐公司之前曾在夏威夷大学计算机中心实习，接触了该校的ALOHA网络系统。来到研究中心后，看到该中心设计制造的个人计算机（PC，Personal Computer），萌生了用电缆将一台台孤立的计算机联网的想法。他与同事David Boggs一起研究设计了第一个LAN，采用一根粗同轴电缆作为传输介质，总线拓扑结构，在物理层采用曼彻斯特编码，传输速率达到 3Mbps，远超当时拨号上网每秒千比特量级的速率。他们命名这个新的网络为以太网。早期的以太网采用共享信道的方式传输帧，可以称作是经典以太网，而后期随着 LAN 技术的不断发展，帧的传输变成了点对点方式，称之为交换式以太网。

4.4.1 经典以太网

施乐公司成功推出以太网之后，联合了 Intel 公司和 DEC 公司（Digital Equipment Company）于 1978 年提出了著名了 DIX 标准。这是一个 10Mbps 的以太网，它是经典以太网的代表。DIX 标准被 IEEE 802 委员会做了微小修改，于 1983 年成为 802.3 标准。

1. 以太网的物理层

经典以太网的物理层采用的是特性阻抗为 50Ω 的粗同轴电缆，每段电缆的最大长度为 500m，传输速率为 10Mbps，因此该网络又称为 10Base-5。“Base”的含义为基带信号传输，“5”代表无中继传输的最大长度是 500m。每段电缆可连接 100 台网络设备。通过接入中继器（repeater），可以延长网络长度，最多可接入 4 个中继器，网络总长为 2500km。

随后陆续推出了采用细同轴电缆、双绞线和多模光纤作为传输介质的以太网，分别惯称为 10Base-2、10Base-T 和 10Base-F，网络特性见表 4-2，网络连接如图 4-16 所示。

经典以太网组网特性 **表 4-2**

特性 \ 名称	10Base-5	10Base-2	* 10Base-T	* 10Base-F
传输速率（Mbps）	10	10	10	10
传输介质	50Ω 粗同轴电缆	50Ω 细同轴电缆	Cat3 双绞线	62.5/125 多模光纤
最大无中继传输距离	500m	185m	半径 100m	半径 2km
站接入间距	≥2.5m	≥0.5m	—	—
网络总长度	≤2.5km	≤925m	≤2.5km	—
物理拓扑	总线	总线	星形	星形

* 采用集线器（Hub）组网。

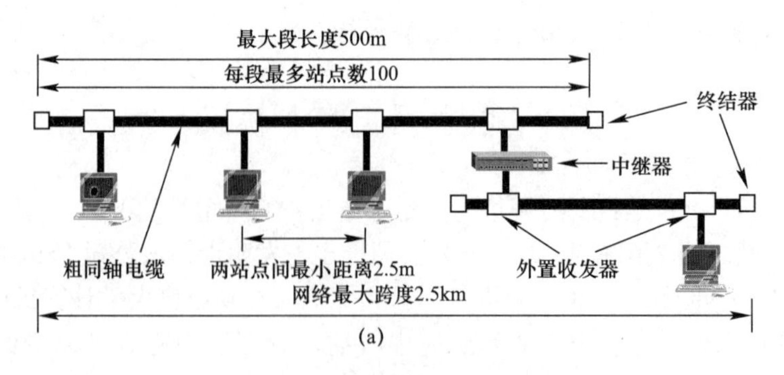

图 4-16 经典以太网连接（一）

(a) 10Base5

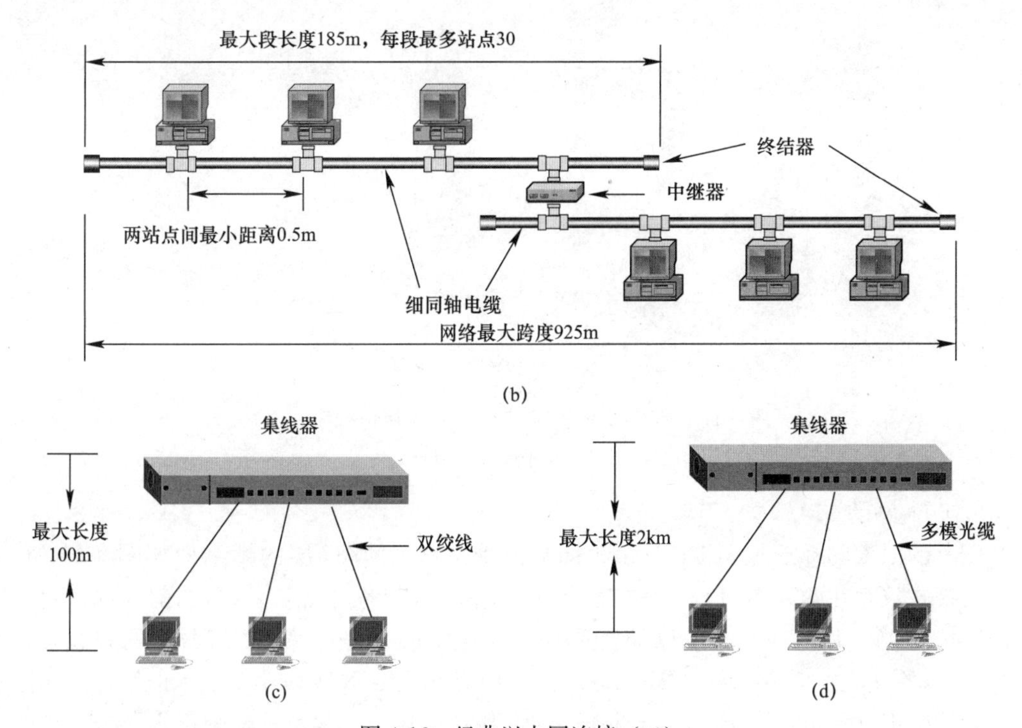

图 4-16　经典以太网连接（二）

（b）10Base-2；（c）10Base-T；（d）10Base-F

10Base-T 采用 Cat3 等级（电话通信）双绞线作为传输介质。线缆一般由 4 对对绞线构成，但 10Base-T 实际通信只使用其中的两对，一对用于发送，一对用于接收。缆线的接口为 RJ45，线序符合 T568A 和 T568B 标准，实际使用第 1、2、3 和 6 脚，如图 4-17 所示。

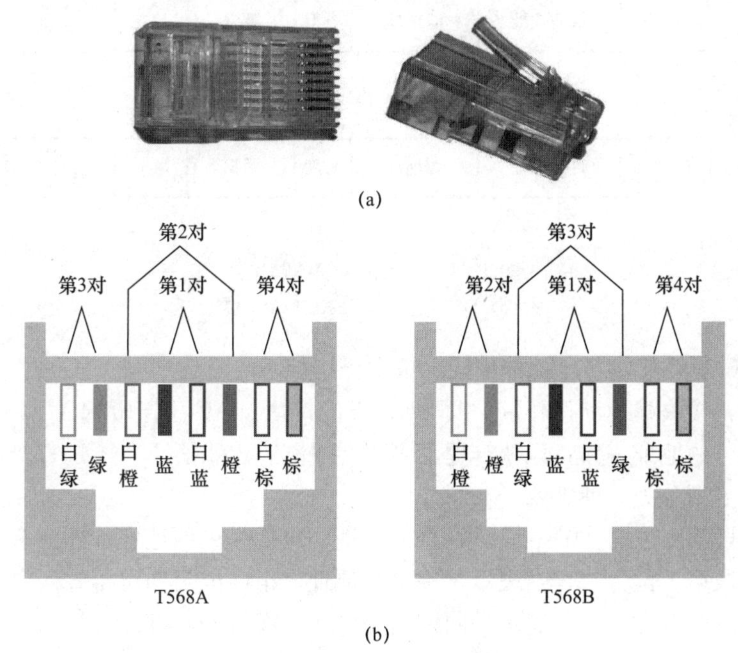

图 4-17　T568A/B 线序与 10Base-T 接口线序（一）

（a）RJ45 接头；（b）T568A/B 线序

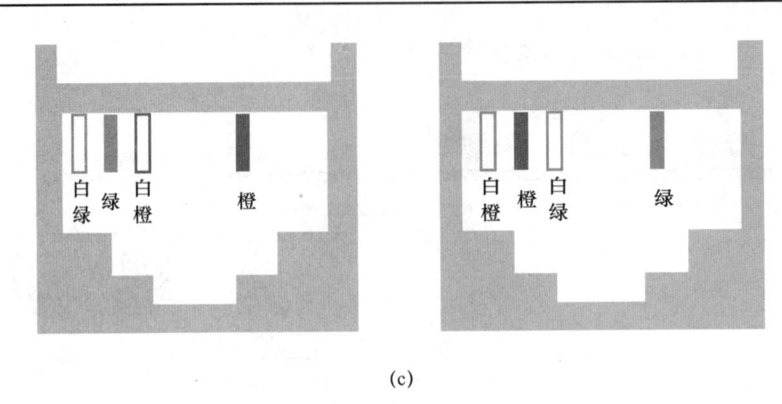

(c)

图 4-17　T568A/B 线序与 10Base-T 接口线序（二）
（c）10Base-T 线序

2. 以太网的 MAC 层

DIX 的以太网标准与 IEEE 802.3 标准差别细微，MAC 层的帧结构如图 4-18 所示。两者的格式仅存在两处不同。一是在前导码字段，DIX 格式规定了 8B 的前导码，每个字节内容均为 10101010，对于曼彻斯特码而言，这实际上是频率为 10MHz 的方波，持续 6.4μs，以便使收发双方同步。IEEE 802.3 的前导码比 DIX 少一个字节，但增加了 1 字节的帧开始标识（SOF，Start of Frame），码型为 10101011，表示一帧的正式开始。

两种 MAC 帧的第二个不同点是地址字段后的 2B 字段的含义不同。DIX 标准为“类型（type）”字段，指明高一层协议的类型，如 IP 等；802.3 中为“长度（length）”，指明“数据字段的长度，即 LLC 帧的长度，而对类型的说明放在了 LLC 帧的帧头。

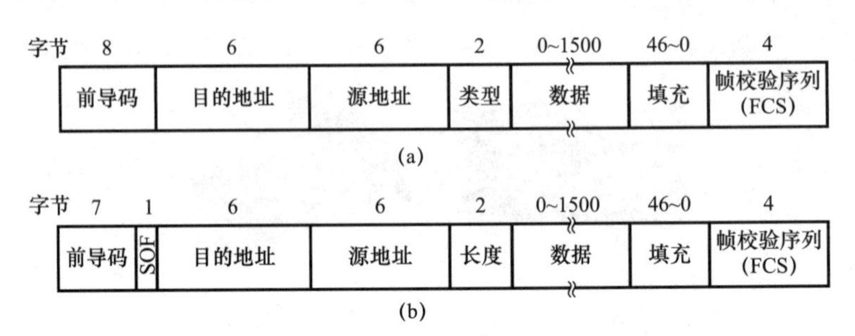

图 4-18　以太网 MAC 帧格式
（a）DIX 帧；（b）IEEE 802.3 帧

两种 MAC 帧的其他字段基本相同，依次介绍如下。

目的地址：接收站地址，48bit，即 6B。当接收站 MAC 子层收到 MAC 帧后，检查该字段是否与自己的地址一致，以决定是否接收并上交 LLC 子层，还是直接删除。目的地址的类型进一步划分为 5 种。

（1）该字段第 1 位为“0”，表示是普通地址，也称为单站地址，即只有一个接收站。

（2）该字段第 1 位为“1”，表示是一个组地址，组内成员均可接收。

（3）该字段全部为“1”，表示是向网络上广播，所有的站都能够接收。

（4）该字段次高位为“0”，表示全局地址，意味着该地址在全球唯一，没有相同的站点。

(5) 该字段次高位为“1”，表示局部地址，由网管人员指定，在本LAN之外无意义。

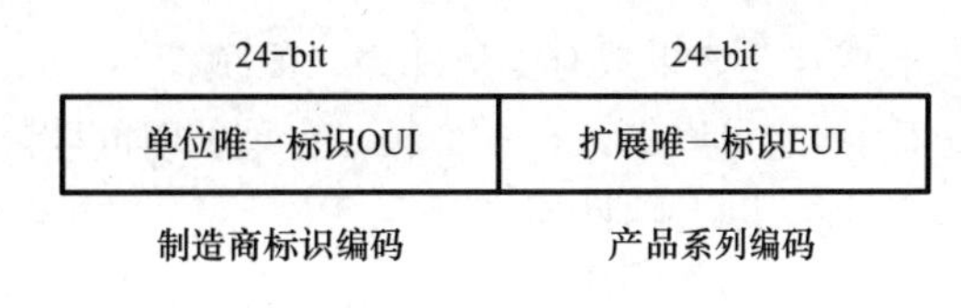

图4-19　MAC地址构成

源地址：发送站地址，与目的地址等长。该地址由IEEE统一分配。它由两部分组成，如图4-19所示。前3个字节称为单位唯一标识(OUI，Organizationally Unique Identifier)，其值由IEEE分配，实际是制造商的代码。后3个字节称为扩展唯一标识(EUI，Extended Unique Identifier)，由制造商分配。制造商可以获得2^{24}个地址，亦即产品的序列号。以该方式编址的MAC地址称为EUI-48，在出厂前，每个网络适配器(即网卡)都获得了一个全球唯一的EUI-48地址，被固化在适配器的ROM中。因此，MAC地址又常被称作物理地址。

数据字段的长度在0～1500B之间，即最大1500B，最小可以为0。但是以太网对最小帧长有限制，最短为64B(不计前导码字段)，原因稍后解释。当数据字段长度不符合以太网要求时，需要填充补长。这正是随后“填充”字段的意义。

帧校验序列(FCS)：4个字节，采用循环冗余校验码(CRC)，校验的范围包括两个地址字段、类型(长度)字段和数据及填充字段。接收站从目的地址字段开始边接收边逐位校验，最后的校验和若与帧的校验码相同，表示接收无误，反之接收帧有错，丢弃该帧。

从上述对两种标准MAC帧的说明可知，两者的主要不同点在“类型”和“长度”字段。由于DIX标准面世早于IEEE 802.3标准，大多数制造商都按DIX标准推出了产品。为使这两个标准兼容，IEEE后来对该字段做了规定，以0600H(十进制1536)为界，任何小于或等于该值的，被视为长度字段，任何大于该值的可解释为类型字段。例如，0800H代表数据部分是IPv4协议，0805H代表数据部分是X.25协议，0806H代表数据部分是ARP协议，而86DDH代表数据部分是IPv6协议，都是类型说明。

需要注意的是，以太网为何必须有最短帧长限制？最短帧长为何是64B？

如前所述，以太网采用的CSMA/CD协议。每个站发送了数据后要监听所发数据是否与其他站发生冲突，如果在两倍的网络最大传播延迟(2τ)内未检测到冲突，则认为发送成功。传输速率10Mbps和最大网络长度2500m，最多4个中继器是经典以太网的设计指标。这样，网络的最大传播延迟约是$25\mu s$，即2τ约为$50\mu s$，以10Mbps速率，可发送500bit，考虑适当裕量，取值512bit，即64B。

3. 二进制指数退避算法

二进制指数退避算法用于解决发送冲突后各站的随机等待时间。

在经典以太网中，时隙的长度等于网络最大长度情况下信号的往返时间2τ，与最短帧长相同，为512bit的发送时间，即$51.2\mu s$。

第一次冲突发生后，每个站随机等待0个或1个时隙，之后重试发送。如果两个站选择了相同的时隙数，将再次发生冲突。二次冲突后，每个站在0、1、2、3个(即2^2)时隙中随机选择等待。如果第三次发生冲突，等待的时隙数为从0到2^3-1之间选择。第i次冲突后，从$0\sim 2^i-1$之间随机选择一个等待时间。当$i=10$时，随机数的选择被固定在最大值1023，当$i=16$时，网络适配器放弃努力，给计算机主机返回一个发送失败的报告。该算法称为截断二进制指数退避算法(truncated binary exponential backoff)。该算法的优点是如果只有少量冲突（低负荷），可以保证较低的等待时延，如果冲突较频繁（高负荷），也可以保证在一个相对合理的时间间隔内解决冲突，截断在1023可避免延迟过大。

4. 以太网性能

关于以太网的性能分析，有许多理论成果，但参考价值极其有限。其主要原因是，对以太网的定量分析必须基于某种数学模型，而以太网（包括其他LAN）呈现出极强的自相似性和突发性，很难用某种数学模型精确描述，因此得出结果往往与实际情况出入较大。但是从这些理论研究成果中，可以获得一些有关以太网性能定性的结果。

以太网的性能主要是指信道的利用率。由于以太网采用的是共享信道方式及CSMA/CD协议，发送会产生碰撞，从而导致信道利用率的降低，且碰撞概率越大，信道利用率越低。假设竞争期长度设为2τ，帧长为L，发送速率为R，帧发送时延$T_0=L/R$。网络总线上接入N个站，每个站发送的概率相同，则竞争时段的平均长度为N_c。

一个以太网MAC帧从开始发送，然后经过若干次碰撞检测和重传，到最后发送成功的整个过程中占用信道的时间如图4-20所示。

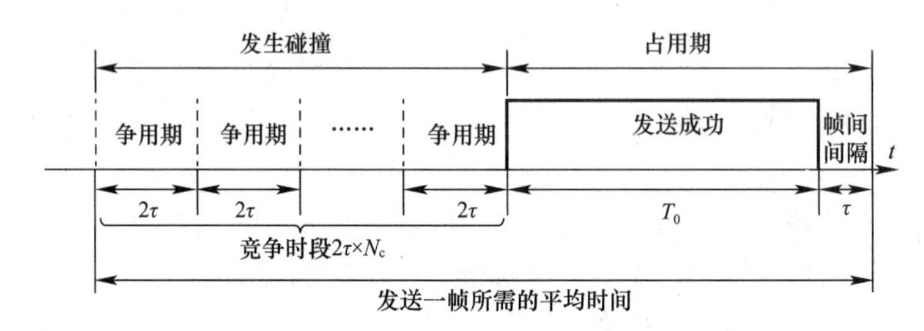

图4-20 CSMA/CD发送帧对信道的占用

设发送一帧所需的平均时间为T，则

$$T = 2\tau \times N_c + T_0 + \tau \tag{4-1}$$

CSMA/CD工作方式的经典以太网平均信道利用率（也被称作归一化吞吐量）为

$$\eta = \frac{T_0}{T} = \frac{T_0}{2\tau \times N_c + T_0 + \tau} \tag{4-2}$$

利用概率公式，可推得

$$\eta = \frac{T_0}{2\tau \times N_c + T_0 + \tau} = \frac{1}{1 + a(2P_A{}^{-1} - 1)} \tag{4-3}$$

式中，P_A为N个站中一个站发送帧成功的概率；$a=\tau/T_0$，是网络最大传播延迟与帧的发送延迟之比。

由此可以得到以下结论：

（1）帧长L越长，T_0越大，a值越小，信道利用率越高。

（2）网络越长，传播延迟τ越大，a值越大，信道利用率越低。

（3）传输速率越高，T_0越小，a值越大，信道利用率越低。

（4）接入的站越多，信道利用率越低。

对于经典以太网，端到端的最大传播延迟$\tau=51.2\mu s$，发送速率$R=10$Mbps。信道利用率与接入网络的站数之间的关系如图4-21所示。当帧长为1024B时（接近1500B的最大值），效率可达85%；当帧长为64B（以太网最短帧长），多站接入时仅有30%左右的利用率。

4.4.2　交换式以太网

交换式以太网是一种与经典以太网完全不同的网络，是高速以太网发展的基础。交换式以太网与经典以太网的最大不同在于传输的信道不再是共享型，而是类似于电话交换系统的点—点信道，发送和接收的双方共享一个单独信道，允许一个 LAN 中有多个发送和接收同时进行，如图 4-22 所示。

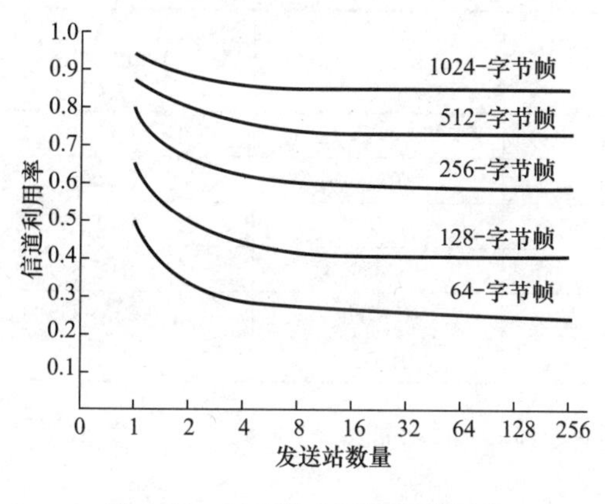

图 4-21　经典以太网信道利用率

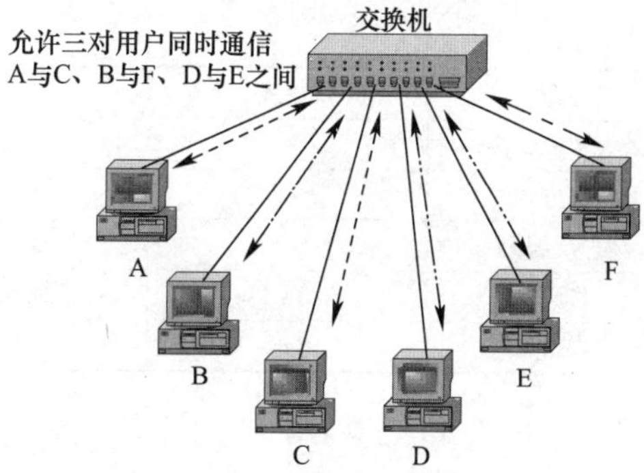

图 4-22　交换式以太网

交换技术的应用，使 LAN 发展到一个新的阶段。

利用交换技术，对于以太网，意味着可以不再担心发生碰撞，因而也就不需要 CSMA/CD 协议了，还可以实现全双工传输，网络的传输效率得到极大提高；不再采用总线拓扑，而采用星形拓扑，联网更加方便；不再使用同轴电缆，而主要采用价廉可靠的双绞线及光缆作为传输介质；交换机可以级联和分级，能组成更大规模的多级 LAN。

利用交换技术，还可以将不同 MAC 协议的 LAN 组合，构成一个异构 LAN。

利用交换技术，诞生了虚拟局域网（VLAN，Virtual Local Area Network），使得网络的拥有者或管理员可以按照逻辑关系而非物理位置来配置 LAN。

交换式以太网可以与经典以太网兼容，经典以太网中的集线器（Hub）可以接入到交换机的任意一个端口。但集线器直接连接的站仍采用经典以太网工作模式。为了与经典以太网兼容，交换式以太网仍然采用 DIX 或 IEEE 802.3 的帧格式。物理层的连接与 10Base-T 相同。

4.4.3　高速以太网

1. 快速以太网

高速以太网泛指传输速率超过 10Mbps 的所有以太网，但传输速率为 100Mbps 的以太网一般被称作快速以太网（fast Ethernet）。IEEE 802.3 工作组为快速以太网提出的标准编号为 IEEE 802.3u，于 1995 年 6 月正式推出。

快速以太网是对经典以太网的直接升级：保留原来的帧格式及协议，仅将传输速率提高 10 倍，代价是网络的最大长度降低到原来的十分之一。

在传输介质方面，快速以太网摈弃了安装繁琐、连接不可靠的同轴电缆，主要采用普通双绞线，也可以使用多模光缆。

快速以太网既可以使用集线器，也可以使用以太网交换机进行组网。与经典以太网完全兼容。

与经典以太网一样，快速以太网也有多个版本。首先推出的快速以太网是 100Base-TX 和 100Base-FX，分别采用 Cat5 双绞线和光纤作为传输介质。为了能充分利用已有的基于 Cat3 的布线系统，随后相继又推出了 100Base-T4 和 100Base-T2。各种快速以太网基本性能见表 4-3 所示。

快速以太网基本特性 **表 4-3**

性能 \ 名称	100Base-TX	100Base-T4	100Base-T2	100Base-FX
传输介质	Cat5 双绞线，2 对	Cat3 双绞线，4 对	Cat3 双绞线，2 对	多模光纤，2 芯
最大传输距离	100m	100m	100m	2000m
传输方式	全双工	半双工	半双工	全双工
物理层编码	4B/5B	8B/6T	PAM5×5	4B/5B
工作频率	125MHz	25MHz	25MHz	125MHz
兼容性	10Base-T	10Base-T	10Base-T	10Base-F

IEEE 802.3u 是对 802.3 的升级，发送速率提高，而参数 a 仍保持不变。参数 a 是网络端到端传播时延与帧发送时延之比，即

$$a=\frac{\tau}{T_0}=\frac{\tau}{L/R}=\frac{\tau \cdot R}{L} \tag{4-4}$$

当速率 R 提高 10 倍后，为保持 a 不变，一是可以将帧长同样增加 10 倍，但无法满足与经典以太网的兼容。二是将网络端到端的长度减小到原值的十分之一，这是唯一选择，是提速的代价。

另外，物理层的编码和传输与经典以太网完全不同了。

100Base-TX 采用了 4B/5B 编码，频带利用率为 80%。意味着主频要比信息速率高 25%，因此需要采用 Cat5 双绞线传输，一对线用于发送，一对线用于接收，可以全双工工作；网络接口与 10Base-T 相同，同样采用了 RJ45 连接器，且线序与 10Base-T 一致。100Base-FX 与之相似，只是用一根光纤发送，一根光纤接收；网络接口大多采用 ST 型。

100Base-T4 和 100Base-T2 的物理层编码要复杂得多。因为要采用 Cat3 线缆作为传输介质，不得不考虑 Cat3 线缆的带宽限制。

为此 100Base-T4 选用了 8B6T（将 8 个二进制位映射到 6 个三进制位）编码。采用 4 对双绞线传输，其中一对总是用于发送，一对总是用于接收，其他两对则在两个方向上切换，但始终是发送，即在同一时刻始终有三对线是发送。工作频率为 25MHz，对于 3 对线，传输三态信号，共有 27 种不同的码型组合，这使得发送 4bit 数据还有一定的冗余。如果每个时钟周期发送 4bit，在线总传输速率即为 100Mbps。相当于每对线的传输速率为 $33\frac{1}{3}$Mbps。对比 10Base-T，为使传输速率提高 10 倍，代价是主频仅提高了 25%，但另外增加 2 对线缆。

100Base-T2 则选用了更为复杂的 PAM（脉冲幅度调制）5×5 编码，选用了 5 级电平传输信号，每一级电平可携带 1bit 信息，4 级电平共携带 4bit 信息，工作频率为 25MHz，采用 2 对双绞线传输，在线总传输速率为 100Mbps，可以全双工工作。多出的

一级电平用于前向纠错（FEC）。对比10Base-T，为使传输速率提高10倍，主频仅提高了25%，代价是多电平编码需要多位A/D和D/A转换，要求信道更高的信噪比和更好的均衡性。

快速以太网的物理层还有一个很重要的功能，即不同快速以太网之间以及与经典以太网的自动协商和自适应功能。IEEE 802.3u规定了一种自动协商模式，要求采用自适应技术识别通信的双方采用的是何种快速以太网或经典以太网。符合IEEE 802.3u标准的交换机/集线器和网卡要遵照规定的优先级顺序选择合适的工作模式，优先级最高的是100Base-T2，然后依次是100Base-T4、100Base-TX和10Base-T。协商功能的实现是通过上网设备加电后首先发送快速链路脉冲（FLP）信号，包含有自身工作模式的信息，通信的双方通过FLP进行自动协商，根据协商结果自动配置端口的正确模式。

2. 千兆以太网

千兆以太网又称吉比特以太网。第一个关于该网络的标准是IEEE 802.3z，于1998年被正式批准。该标准的制定遵循了以太网工作组一贯的原则，即新的标准一定要与原有的以太网完全兼容。因此，千兆以太网仍采用经典以太网的帧格式，最大和最小帧长与后者完全一致，但传输速率提高100倍。为此，千兆以太网规定了两种工作模式，全双工模式和半双工模式。全双工模式不再使用CSMA/CD协议，而半双工模式仍使用CSMA/CD协议。

IEEE 802.3z的物理层规定可以使用单模光纤、多模光纤和屏蔽双绞线作为传输介质，但后者的传输距离限制为25m，使它的实际应用受到了很大限制。为此，以太网工作组于1999年又批准了一个基于普通双绞线的千兆以太网标准，即IEEE 802.3ab。所以，千兆以太网有两个标准，IEEE 802.3z和IEEE 802.3ab。

千兆以太网的正常工作模式是全双工模式，不论是计算机与交换机通信，还是交换机与交换机通信，均不会发生碰撞，而网络的最大长度由信号的场强决定。

当网络中接入了10M或100Mbps的设备，特别是集线器时，千兆以太网便转为半双工模式，采用CSMA/CD协议。根据前面的分析可知，若最小帧长保持不变，而传输速率比经典以太网提高100倍，网络的最大长度将减少到1%，即25m。这将失去实用价值。为此千兆以太网标准中增加了两个特性，以增大网络的长度。

（1）载荷扩展

载荷扩展又被称作载波延伸，其实质是变相地把最短帧长加长，由64B通过某种形式的填充增大8倍，达到512B，以保证网络的最大长度可以达到200m。当发送的MAC帧不足512B时，网络适配器便在原MAC帧后用特殊字符填充，使之达到512B，接收方收到填充的帧后，再由适配器删除填充的内容，恢复原来的MAC帧，提交给上一层。显然，这是以牺牲网络传输效率为代价的。载荷扩展后的帧结构如图4-23所示。

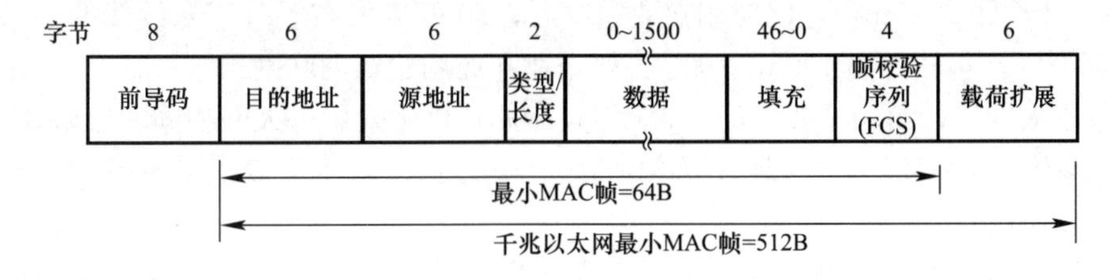

图4-23 千兆以太网帧结构

（2）帧串

帧串特性是将若干小的帧级联起来，一起发送出去，短帧之间仅留有最小间隔，如果级联后的帧串不足 512B，则适配器再次对帧串填充。

上述两种特性仅在半双工模式时采用。

千兆以太网的基本特性见表 4-4。

千兆以太网基本特性　　表 4-4

标准名称	IEEE 802.3z			IEEE 802.3ab	EIA/TIA854
网络名称	1000Base-SX	1000Base-LX	1000Base-CX	1000Base-T	1000Base-TX
传输介质	50/125μm 光纤 62.5/125μm 光纤	50/125μm 光纤 62.5/125μm 光纤 10/125μm 光纤	150ΩTW 屏蔽双绞线	4 对 Cat5 双绞线	4 对 Cat6 双绞线
光源	850nm LD	1300nm LD	—	—	—
距离	275m：62.5/125 光纤 550m：50/125 光纤	550m：50/125 光纤 5km：10/125μm 光纤	25m	100m	100m
编码	8B/10B	8B/10B	8B/10B	4D PAM5	8B/10B

IEEE 802.3z 规定物理层的编码为 8B/10B，即将 8bit 信息码映射为 10bit 编码。选择 10bit 码字时，遵循以下两条规则，以便收发双方同步。

（1）一个码字中不允许出现超过 4 个连续的相同比特，即不允许出现 4 个连续的“0”或“1”。

（2）一个码字中“0”和“1”的数量都不允许超过 6 个。

IEEE 802.3ab 的物理层则采用了与 100Base-T2 相同的 PAM 编码，但是使用了 4 对线，每对线的传输速率为 250Mbps，线缆的总传输速率达到 1000Mbps。

1000Base-TX 是 EIA/TIA 标准，规定采用 Cat6 以上的双绞线作为传输介质，2 对用于发送，2 对用于接收，全双工工作模式。因为 Cat6 双绞线的带宽远高于 Cat5，因此 1000Base-TX 可以采用相对简单的 8B/10B 编码。

千兆以太网的自动协商协议中增加了对 8B/10B 编码的支持以及半双工和全双工模式的协商。

3. 万兆以太网

尽管以太网的传输速率在不断以 10 倍的步伐前进，但高速率带来的新应用，反过来又对传输速率提出了更高的要求。更高速的以太网标准在 21 世纪初陆续推出。2002 年首次发布了基于光纤的万兆以太网（10GE）标准 IEEE 802.3ae，传输距离可达 40km，并且可以应用到广域网（WAN）领域；2004 年发布了基于双芯同轴电缆的 10GE 标准 IEEE 802.3ak，传输距离 15m，可以应用在数据中心；2006 年发布了基于双绞线的 10GE 标准 IEEE 802.3an，传输距离 100m，满足一般企业和商用建筑的联网需求。

秉承以太网工作组向下兼容的一贯原则，10GE 仍然采用以太网相同的帧格式及最大、最小帧长参数。10GE 与经典以太网的不同则在于传输仅采用全双工工作模式，不再使用 CSMA/CD 协议。

IEEE 802.3ae 的物理层均采用光纤作为传输介质，定义了 3 种标准、7 个类型，基本特性见表 4-5 所示。

光纤万兆以太网基本特性　　表 4-5

标准名称	IEEE 802.3ae						
物理层子类	10GBase-LX4	10GBase-SR	10GBase-LR	10GBase-ER	10GBase-SW	10GBase-LW	10GBase-EW
编码	8B/10B	64B/66B					
传输介质	OM/OS	OM3	OS1		OM3	OS1	
波长	1310nm	850nm	1310nm	1550nm	850nm	1310nm	1550nm
传输距离	300m/10km	300m	10km	40km	300m	10km	40km
应用领域	LAN	LAN	LAN	LAN	WAN	WAN	WAN

10GBASE-LX4 使用了粗波分复用（CWDM）技术，采用 8B/10B 编码，10Gb/s 的信息码速率经分组编码后变为 12.5Gb/s，然后分成 4 路在光纤中传播，每一信道速率为 3.125Gb/s。这种接口类型的优点是应用场合比较灵活，既可以使用多模光纤，应用于传输距离短的 LAN 场合，也可以使用单模光纤，支持较长传输距离的 LAN 应用。

10GBase-R 和 10GBase-W 两种物理层标准均采用 64B/66B 编码串行方式传输，编码的开销仅为 3.125%，比 8B/10B（开销为 25%）显著降低，带宽利用率大大提高。

10GBASE-SW、10GBASE-LW 和 10GBASE-EW 是应用于广域网的接口类型，其传输速率与 SDH 的 STM-64（SONET OC-192）相近（9.58464Gbps），通过 10GE 的 WIS（WAN Interface Sub-layer）把以太网帧封装到 SDH 的帧结构中去，并做了速率匹配，以便实现和 SDH 的无缝连接。

两种铜缆的 10GE 标准 IEEE 802.3ak 和 IEEE 802.3an 的基本特性如表 4-6 所示。更值得关注的无疑是后者。IEEE 802.3an 又被称作 10GBase-T 标准。

铜缆万兆以太网基本特性　　表 4-6

标准名称	IEEE 802.3ak	IEEE 802.3an
物理层子类	10GBase-CX4	10GBase-T
编码	8B/10B	64B/66B
传输介质	双芯同轴电缆	Cat6A/Cat6 双绞线
传输距离	15m	100m/55m
应用领域	数据中心	LAN

10GBase-T 的传输方式和编码技术均沿用了 1000Base-T，利用双绞线缆的四对线全双工传输，每对线的速率高达 2.5Gbps，传输的总速率高达 10Gbps。采用 Cat6A 线缆传输距离 100m，采用 Cat6 线缆传输距离 55m。

在编码方面，仍采用 PAM 技术，但比 1000Base-T 的 PAM-5 更加复杂，采用了 PAM-16 编码方式，即 16 级电平的幅度调制。每个波形可携带 4bit 信息，其中 3.125bit 是有效数据，另外的 0.875bit 用于辅助和校验等。码元速率为 800baut，占用带宽为 400MHz。

为了降低误码率，10GBase-T 加入校验码进行前向纠错，采用的校验码称为低密度奇偶校验码（LDPC，Low Density Parity Check）。LDPC 是一种（1723，2048）线性分组码，具有优越的纠错性能。

在 10GBase-T 编码过程中，每 64bit 信息加上控制/数据的标志位组成一个 65bit 块

(block)，然后 50 个块编成一个组（Group），每个组加上 8bit CRC 校验码，一共生成 65×50+8=3258bit，再附加上一个通道附加码一共是 3259bit。将 3259bit 再分成两部分，3×512bit（含通道附加码）通过无保护方式传输；另外 1723bit 再加上 325bit 校验码，合计 2048bit，通过 LDPC 保护方式传输。这样总共有 512 个 128DSQ（double square）编码（3×512+4×512），也就是 1024 个 PAM16 符号。最终相当于每个 PAM16 携带 3.125bit 信息（64×50/1024=3.125），总的传输速率=3.125bit×800Mbaut×4 对=10Gbps。

10GE 目前已是大型 LAN 中主干链路的应用首选，应用日趋普遍。

4. 40G/100G 以太网

以往以太网速率升级，都是以 10 倍为刻度。但是从 10G 以太网到 100G 以太网，有很大的技术难度。2006 年成立了制订超过 10GE 的高速研究工作组（HSSG），但是工作组对下一代网络的发展趋势有不同的看法。从市场应用来看，网络应用（链路聚合和核心网）的带宽大约 18 个月增加一倍，而计算应用（服务器和存储应用）的带宽大约每 24 个月增加一倍，网络应用的带宽需求远高于服务器和存储应用带宽的增长。有人觉得 100Gbps 的速率，只在运营商的骨干网上有需求。2007 年，企业网络界人士说，企业网 40Gbps 就可以满足需求了，而且开发 40G 的以太网和开发 100G 的以太网，所需要做的工作很多是相近的。于是在 2007 年，802.3ba 工作组成立，同时开发 40G 和 100G 以太网。2010 年关于 40GE/100GE 的标准 IEEE 802.3ba 得到批准。

40GE/100GE 的基本特性见表 4-7 所示。同样保持了经典以太网的帧结构，最小帧和最大帧参数不变。40GE/100GE 与 10GE 有许多相似之处，比如都采用全双工、64B/66B 编码等。与 10GE 的主要不同是采用了多纤并行传输，以及更为复杂和高成本的波分复用（WDM）技术。多纤并行传输的示意图如图 4-24 所示，40GE 采用 12 芯光缆，其中发送 4 芯、接收 4 芯；100GE 采用 24 芯光缆，发送 10 芯、接收 10 芯。

40GE/100GE 光缆以太网基本特性 表 4-7

标准名称	IEEE 802.3ba				
物理层子类	40GBase-SR4	100GBase-SR10	40GBase-LR4	100GBase-LR4	100GBase-ER4
编码	64B/66B				
传输介质	OM3	OM3	OS	OS	OS
传输线缆	12 芯	24 芯	2 芯	2 芯	2 芯
工作波长	850nm	850nm	1310nm	1310nm	1310nm
传输方式	多纤（8）并行	多纤（20）并行	单纤 CWDM（4）	单纤 DWDM（4）	单纤 DWDM（4）
单信道速率	10Gbps/纤	10Gbps/纤	10Gbps/波长	25Gbps/波长	25Gbps/波长
传输距离	≥100m	≥100m	≥10km	≥10km	≥40km
应用领域	数据中心	数据中心	LAN/MAN	LAN/MAN	LAN/MAN

4.4.4 虚拟局域网

虚拟局域网（VLAN）是一项诞生于 20 世纪 90 年代的网络技术。该技术基于网络交换机对帧的转发和控制能力，在一个物理网络中建立若干逻辑组，各逻辑组的成员不受地理位置和物理连接的限制，享有普通 LAN 的一切功能，而不同逻辑组之间不能直接访问。VLAN 不是一个新型网络，本质上是给用户提供的一种网络服务。IEEE 802.1Q 对 VLAN 做出了相关规定。

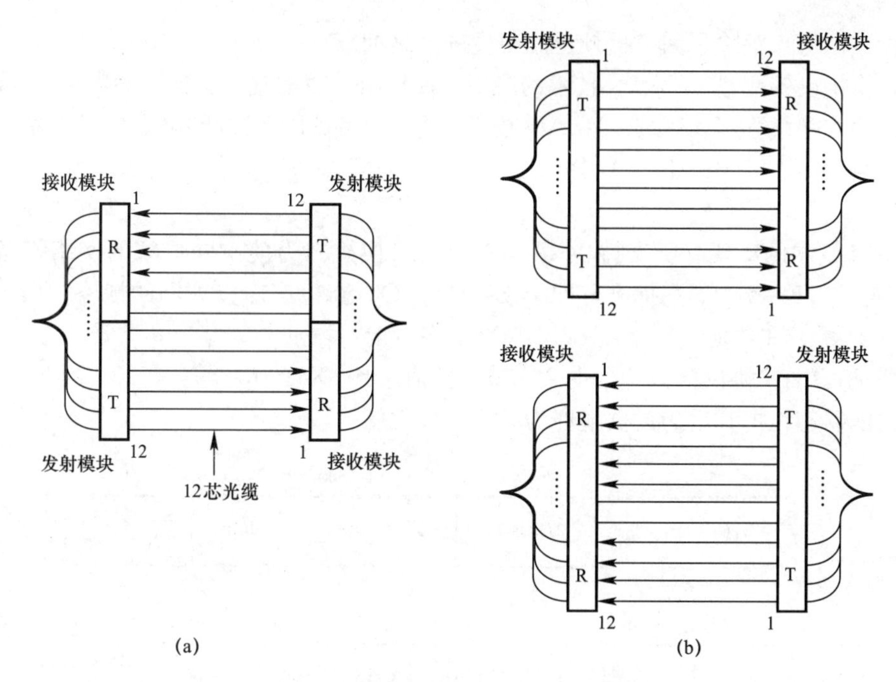

图 4-24　40GE/100GE 多纤并行传输

(a) 40GE；(b) 100GE

图 4-25 是 VLAN 的一个示例。在本示例中，LAN 由 4 台交换机组成，其中 3 台是接入级交换机，1 台为汇聚级交换机。VLAN1 和 VLAN3 各包含 3 台 PC，分别位于不同的两个楼层并与两台交换机连接，而 VLAN2 包含的 3 台 PC 分布于不同的楼层，连接了不同的交换机。

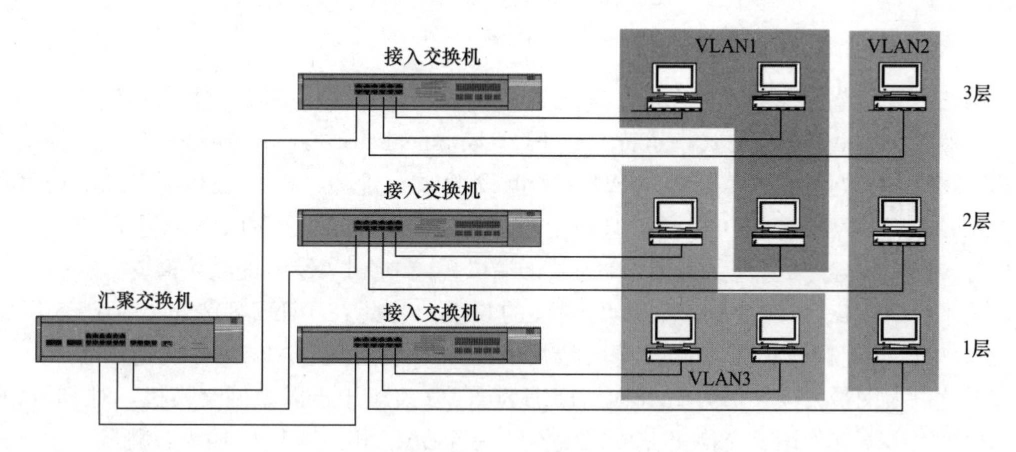

图 4-25　VLAN 示例

VLAN 技术的应用给 LAN 的设计和组网带来了很多的优点，归纳如下。

(1) 增强网络安全。VLAN 技术将分散在不同地点的利益相关人员的 PC 和服务器连接起来，避免了无关人员的接入和信息共享。

(2) 提高网络性能。VLAN 减少了跨 VLAN 的流量，网络负荷更加均衡。

(3) 限制广播域，隔离广播风暴。VLAN 限定了某些广播业务的范围，如 ARP、

DHCP 的应用等，消除了因广播帧泛滥引发的网络拥塞。

（4）简化设备配置。VLAN 技术的应用，使得组网时配置的交换机的数量大大减少。

（5）简化网络管理和运维。VLAN 技术使得不同部门的贵重网络设备可以集中放置，减少机房数量。由于 VLAN 的划分可以通过网络远程配置，降低了网络运维人员的工作强度。

VLAN 技术的实现需要支持 VLAN 功能的交换机。为使不同厂家的网络设备互联，IEEE 制定了 VLAN 的通用标准，即 IEEE 802.1Q。新标准对以太网的帧格式做了修改，如图 4-26 所示。在“地址”字段后、“长度”字段前，增加了 4 字节，共计 4 个字段。第一个字段是 VLAN 协议标识符，占 2 字节，其值总是 0X8100，大于 1500。因此，所有的以太网适配器都将把其后的数据解释为类型（type）。

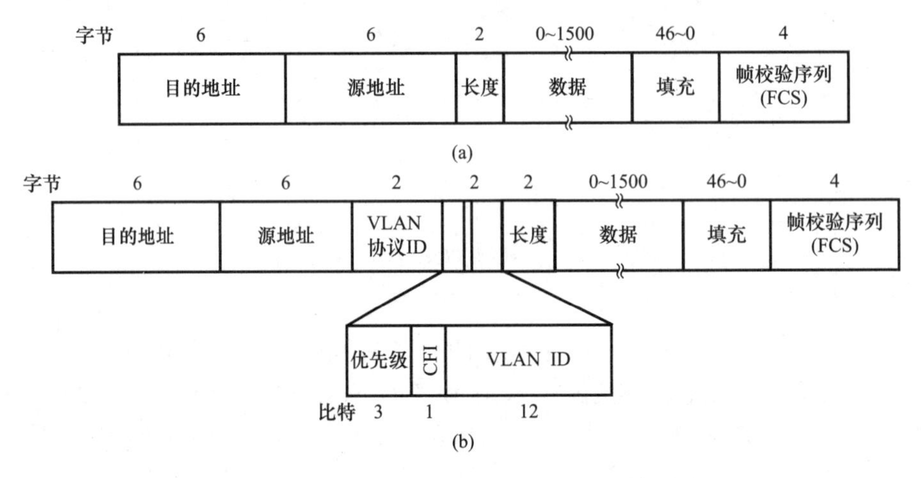

图 4-26　IEEE 802.3 帧与 802.1Q VLAN 帧的对比

（a）802.3 帧；（b）802.1Q 帧

第二个 2 字节包含了 3 个字段。首先是 3bit 的“优先级”字段，对 VLAN 没有任何意义。然后是 1bit“规范格式指示符”（CFI，Canonical Format Indicator）字段，主要与 IEEE 802.5 协议有关，实际上与 VLAN 也没关系，置为“0”。最后是 12bit 长度的“VLAN 标识”（VLAN ID）字段，理论上最多可以划分 4096 个 VLAN，但全“0”表示未划分 VLAN；全“1”保留未用，1 为基于端口方式中 VLAN 号的默认值。

为了容纳 VLAN 相关信息，影响到帧的长度。为此在 IEEE 802.3ac 中配合 IEEE 802.1Q 对以太网帧长做了修改，最大帧长由 1518B 增大到 1522B，但仅适用于 VLAN 帧，其他以太网最大帧长仍为 1518B。IEEE 802.1Q 仅应用于以太网交换机，对 PC 和服务器中的网卡不起作用。交换机完成以太网帧中 VLAN 相关字段的插入或删除。插入或删除时均需重新计算 CRC 校验值，而且插入后帧长增加 4B，删除后帧长减少 4B。

应用 VLAN 需要对交换机进行 VLAN 划分。VLAN 划分方式有静态和动态两类，可以根据不同的需要进行划分。静态划分方式的代表是基于交换机端口的划分。对交换机进行 VLAN 设置时，将各端口按预先的 VLAN 配置划分到不同的 VLAN。基于端口的划分方法具有配置简单、安全和实用的特点，是目前最为常用的方法。

动态划分 VLAN 的方法有两个，分别是基于 MAC 地址分划分和基于 IP 地址的划分。

前者需要统计汇总 LAN 中各网络终端设备的 MAC 地址，是一件不太轻松的事情。后者需要给 LAN 中的所有网络终端设备分配固定的 IP 地址，将无法使用 DHCP，增加了用户的配置工作量。不论哪种方法，当网络足够大时，划分 VLAN 都有很大的网管运维工作量。

4.5　无线局域网

随着人们工作和生活方式越来越趋于移动化和个性化，推动了无线局域网（WLAN）的快速发展，近几年的发展势头远超固定 LAN。WLAN 一般工作在 ITU-R 规定的 ISM 无线频段中的三段，即 900MHz、2.4GHz 和 5GHz，其中 2.4GHz 频段应用最多，相互影响较大。5GHz 频段拥有更宽的频率资源，为高速通信提供了良好条件，是目前发展的主要趋势。900MH 频段主要为中低速的传感网络，如 ZigBee 等所使用。本章主要讲授基于 IEEE 802.11 标准的 WLAN、蓝牙和 ZigBee 三种无线网络。

4.5.1　IEEE 802.11

1997 年 IEEE 制定了它的第一个 WLAN 标准 802.11。它提供了物理层和 MAC 子层的规范，定义了多种传输速率，但却没有规定发送方应使用哪一种速率与对方通信，换言之，规范不够细致，选项过多，互操作性很差。为解决该规范存在的问题，以 AT&T 等为首的几个生产商于 1999 年发起成立了“无线以太网相容性联盟”（WECA，Wireless Ethernet Compatibility Alliance），后于 2002 年 10 月改名为 Wi-Fi 联盟（Wireless-Fidelity Alliance），总部设在美国的奥斯汀市。目前该联盟有 300 多家会员，包括生产商、标准化机构、监管单位、服务提供商及运营商等，是 WLAN 领域内行业和技术的引领者，为全世界提供基于 IEEE 802.11 标准的产品和系统测试认证。Wi-Fi 联盟影响力非常大，以至于知道 Wi-Fi 的人数远高于知道 IEEE 802.11 的人。它的商业化运作模式，是世界范围内罕见成功先例。正因此，人们一般将 IEEE 802.11 和 Wi-Fi 视为一体，但是规范的称谓应是 IEEE 802.11。

IEEE 802.11 是 IEEE 在 1997 年正式发布的第一个 WLAN 标准，工作频率在 2.4GHz，传输速率 1～2Mbps。

1999 年，IEEE 先后推出了 802.11b 和 802.11a 两个升级标准。802.11b 的工作频率仍在 2.4GHz，传输速率有 1、2、5.5 和 11Mbps，可与 802.11 兼容。802.11a 工作在 5GHz 频段，最高传输速率可达 54Mbps，但既不兼容 802.11b，也不兼容 802.11。

2003 年 7 月推出了 IEEE 802.11g 标准。802.11g 工作在 2.4GHz 频段，整体传输速率提高到 54Mbps，兼容 802.11b。

2009 年 9 月 802.11n 正式推出，它可同时工作在 2.4GHz 和 5GHz 两个频段，意味着它既可以兼容 802.11a，又可以兼容 802.11b，传输速率可达 600Mbps。

更新的 WLAN 标准 802.11ac 于 2013 年 12 月获得批准。在这个标准中，工作频段只有 5GHz，不再支持 2.4GHz，接入带宽达到 80MHz 和 160MHz，整体传输速率最高可达 7Gbps。

以太网从 10Mbps 提高到 1Gbps 用了近 20 年的时间，而 WLAN 在 15 年左右的时间里，传输速率从1Mbps提高到7Gbps，发展十分惊人，这得益于许多新技术的应用。

1. WLAN结构

IEEE 802.11的WLAN结构有两种基本形式，如图4-27所示。应用最多的是图4-27（a）中的结构，即基于固定设施的结构，网络中安装了许多固定的基站，在WLAN中的术语称为接入点（AP），通过线缆与以太网交换机相连。移动终端设备采用无线通信方式与AP互联，可以实现移动终端之间以及移动终端与固定终端之间的网络互联。另外一种无基站形式称为自组网（Ad hoc），主要应用于一些传感网络和现场控制网络。

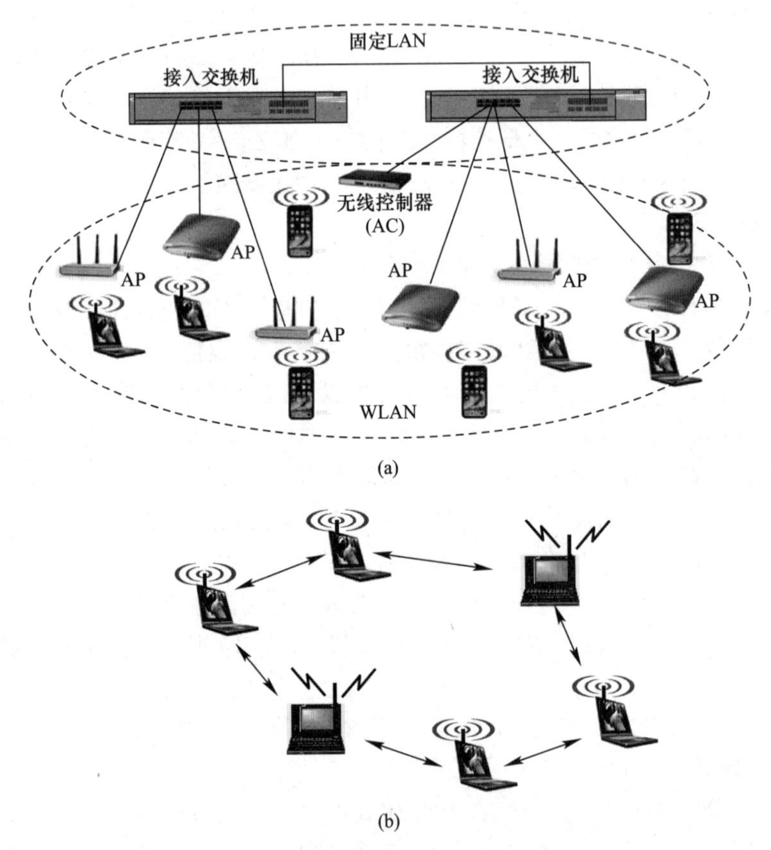

图4-27　IEEE 802.11网络结构

（a）基于固定设施的WLAN；（b）自组网（Ad hoc）

2. MAC子层协议

尽管一开始人们把IEEE 802.11称为无线以太网，但是IEEE 802.11的MAC子层协议与以太网有本质上的不同，这是由无线通信的特点所决定的。IEEE 802.11将MAC子层又分为两个子层，分别是点协调功能（PCF，Point Coordination Function）子层和分布协调功能（DCF，Distributed Coordination Function）子层，如图4-28所示。PCF是一项可选的模式，使用集中控制方式，向上提供无争用服务。集中控制由AP实现，用类似轮询的方法使各移动终端站得到发送权。PCF很少使用，一般仅用于对时间敏感的业务。

DCF 向上提供争用服务，各移动终端站通过竞争得到发送权。它采用的是 CSMA/CA 协议（在本章第 3 节已经提到），而非 CSMA/CD 协议。DCF 是基本的 MAC 接入方法，所有移动终端站都要支持 DCF，自组网移动终端站只使用 DCF 一种方式（没有 PCF 子层）。

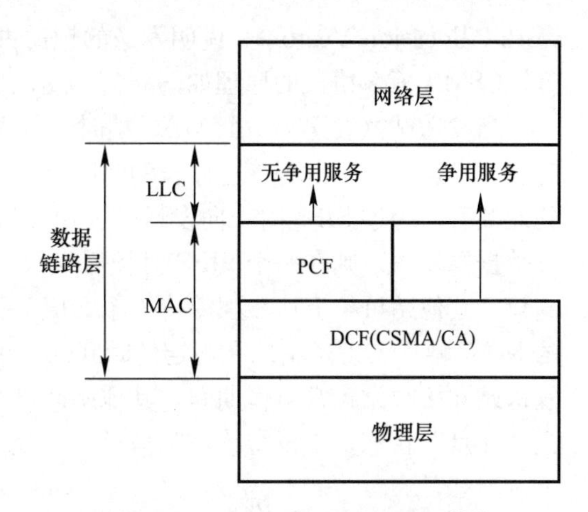

图 4-28　IEEE 802.11 的 MAC 结构

CSMA/CA 协议规定，在发送数据之前仍要监听载波，查看信道是否空闲。当信道空闲时，还要等待一个随机时间（随机退避）才发送，使信号发生碰撞的几率减小。以太网的退避是在碰撞之后进行，而 CSMA/CA 协议是在发生碰撞之前使用。IEEE 802.11 等待的随机时间，也被称作帧间隔（IFS，InterFrame Spacing），共有六种，其中常用的有五种，如图 4-29 所示。

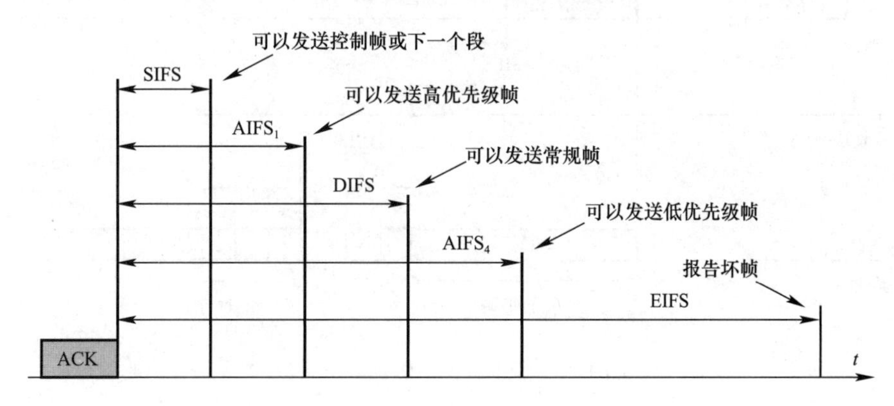

图 4-29　IEEE 802.11 中的帧间隔

（1）短帧间隔（SIFS，Short IFS）。最短的时间间隔，仅为 28μs，用于分隔一次对话中的各帧。

（2）PCF 帧间隔（PIFS，PCF IFS）。在 PCF 方式下接入的 IFS，长度为 78μs。不常用。

（3）DCF 帧间隔（DIFS，DCF IFS）。常规的数据帧间隔，长度为 128μs。

（4）仲裁帧间隔$_1$（$AIFS_1$，Arbitration IFS_1）。AP 将语音等高优先级流量移动到队列头部。它比 SIFS 长，但比 DIFS 短。

（5）仲裁帧间隔$_4$（$AIFS_4$，Arbitration IFS_4）。AP 用来发送可以延迟到常规流量之后发送的低优先级背景流量。它比 DIFS 长。

（6）扩展帧间隔（EIFS，Extended IFS）。最长的帧间隔，仅用于一个站收到坏帧或未知帧后，报告问题。

IEEE 802.11 在使用 CSMA/CA 协议的同时，还使用了停止-等待协议，发送站发出一帧后，要等到接收了确认（ACK）后才发送下一帧。此外，也采用了虚拟载波监听机制（已在本章第 3 节介绍），通过发送 RTS 和 CTS 短帧，携带网络分配矢量（NAV，Netwotk Allocation Vector)，说明发送的帧需占用信道的时间。

CSMA/CA 协议的原理如图 4-30 所示。

当发送站欲发送第 1 个 MAC 帧时，首先检测信道是否空闲。若空闲，则在等待 DIFS 时长后发送。之所以等待这样长的时间，是为了让优先级高的帧可优先发送。当接收站收到此帧后，经过 SIFS 时长向发送站发送确认应答 ACK 帧。发送站收到该 ACK 后，若还有数据要发送，则在一个 SIFS 时长后继续发送；若没有数据发送，则暂时释放信道的控制权，其他站可依上述步骤等待一个 DIFS 后依据退避算法确定监听信道，然后发送各自的 MAC 帧；若发送站未在规定的时间内（由计时器控制）收到 ACK，则重发第 1 帧。在发送站和接收站正常工作期间，其他站因已由虚拟载波监听机制获取了 NAV 信息，而转入“休息”状态，不再持续监听信道。

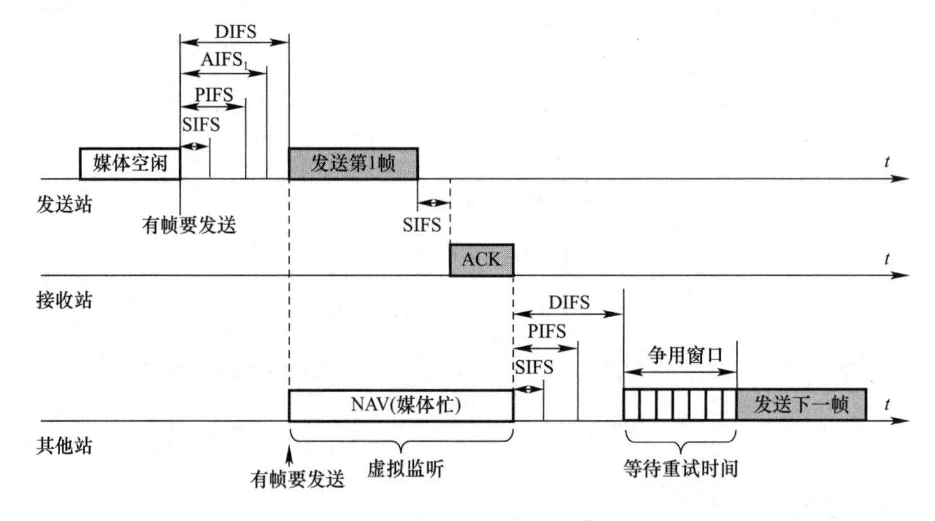

图 4-30　CSMA/CA 协议工作原理

IEEE 802.11 的退避算法也是二进制指数退避算法，但具体做法与以太网不同，第 i 次退避是在 2^{i+2} 个时隙中随机选取一个，而非 2^i-1。时隙的编号从 0 开始，最大 255，对应 $i_{max}=6$，即最多 6 次碰撞。i 被称为退避变量。

CSMA/CA 是 IEEE 802.11 的核心。另外，IEEE 802.11 还采用了其他一些机制用于提高传输的可靠性、节省功耗和提供服务质量（QoS）。

在提高传输可靠性方面，IEEE 802.11 采用了两种机制。一是速率调整。当网络环境较为恶劣时，通过降低传输速率，使用更加健壮的调制技术，以保证传输的成功率。二是短帧策略。IEEE 802.11 允许把帧拆为更小的单元——片（fragment），减少传输过程受到的损害，以提高传输的成功率。

在降低移动终端设备的功耗方面，IEEE 802.11 同样也使用了两种机制。一是主动省电机制。该机制基于 AP 发送的信标帧（Beacon Frame）。信标帧由 AP 每隔 100ms 广播一次，通告它的存在，同时传递一些系统参数，如 AP 标识、下一帧到来时间和安全设置等。移动终端设备在向 AP 发送的帧中有一个功率管理（Power-Management）字段（1 比特，帧结构详见下一段），可告知 AP 自己进入了省电模式（Power-Save mode）。在该模式下，移动终端设备进入“休眠”状态，AP 将缓存所有发给该站的流量，直到下一个信标帧到来时唤醒该站，信标帧中有缓存各站的流量标识。如果有缓存流量，该站将向 AP 发送一个查询（Poll）消息，示意 AP 将缓存的流量发过来，收下流量后再次“休眠”。二是自动省电分发机制。该机制与上一机制不同之处在于休眠的时间更短、更频繁，该站只要有帧要发送就苏醒，发送帧并接收缓存在 AP 的帧。对于一些实时性要求高的应用，这种模式节能效果很有效。

最后一个是优先级机制。以太网不具有该机制，所有的帧都是平等的，这对于某些实时性要求高的应用，如 VoIP（Voice Over IP）等，会造成延迟的抖动过大，影响通话质量。IEEE 802.11 通过一个巧妙的机制提供了优先级服务，使 WLAN 有了 QoS 功能。该机制的实现主要是设置了多种帧间隔，前面已介绍，不再赘述。

3. IEEE 802.11 帧结构

IEEE 802.11 定义了三种不同类型的帧：数据帧、控制帧和管理帧。每一种帧都有一个头部。

数据帧的格式如图 4-31 所示。与以太网相比，帧头部的字段数增加了，而且更加复杂。

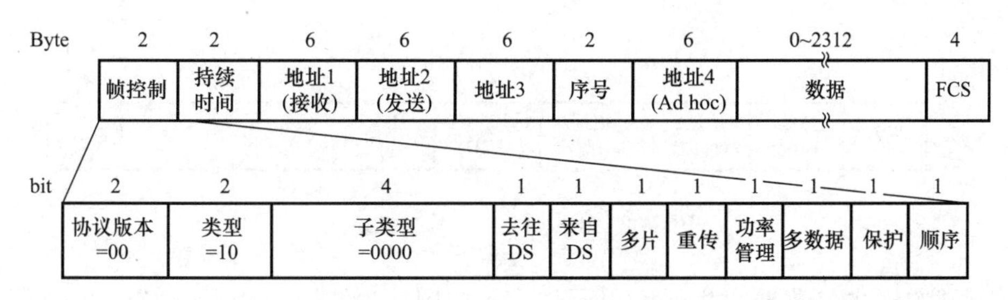

图 4-31　IEEE 802.11 数据帧格式

首先是帧控制（Frame Control）字段。它由 11 个子字段组成。第一个子字段为协议版本，现在是 00，将来可以在同一个 WLAN 内同时运行不同版本的协议。接下来是类型（Type）字段，指明本帧的类型，可以是数据帧、控制帧和管理帧。子类型（Subtype）字段，指明控制帧或管理帧的子类型，如 RTS、CTS 和 ACK 等。去往 DS（To DS）和来自 DS（From DS）字段分别表明该帧是发送到 AP 和接收自 AP。多片（More Fragment）字段表明本帧是拆分为多个片后的短帧。重传（Retry）字段说明本帧是之前发生的某一帧的重传。功率管理（Power Management）字段表明发送方接入节电模式。多数据（More Data）字段表明本帧后还有更多的数据帧要发送。保护帧（Protected Frame）字段表明本帧已加密（WEP 加密算法）。最后是顺序（Order）字段，通知接收方按顺序处理帧序列。

数据帧的第二个字段为持续时间（Duration），通告本帧将会占用信道的时间，按微秒计时，最高位为 0 时有效，最长 $2^{15}-1=32767\mu s$。其他站使用该字段管理自己的 NAV 机制。

涉及地址的有 4 个字段，都是标准的 IEEE 802 格式，长度 6B，其中地址 4 仅用于自组网（Ad hoc），因此一般的数据帧只有三个地址。地址 1 是接收方地址，地址 2 是发送方地址，地址 3 则取决于地址 1 和地址 2，见表 4-8。

IEEE 802.11 帧中的地址 表 4-8

去往 AP	来自 AP	地址 1	地址 2	地址 3
0	1	目的地址	AP 地址	源地址
1	0	AP 地址	源地址	目的地址

序号（Sequence）字段是帧的编号，确认帧（ACK）根据收到的帧的该字段发出接收确认。序号字段的低 12 位为帧序号，从 0 开始，每发送一新帧就加一，到 4095 后再回 0，循环反复。高 4 位为片序号，不分片为 0，如分片，从 1 开始，最大 15，然后回到 1 循环。

数据字段最大数据长度可达 2312B，比以太网的最大长度大很多，但是由于 WLAN 通常与以太网并网，802.11 帧的长度一般都小于 1500B。

最后是帧校验序列（FCS）字段，4 字节长，与其他 IEEE 802 网络的完全相同。

管理帧的格式与数据帧相同，数据字段的格式因子类型的不同而各异。图 4-32 示出了一般管理帧的格式。地址 1 和地址 2 分别为目的站和源站地址，而地址 3 则是该 AP 的序列号。

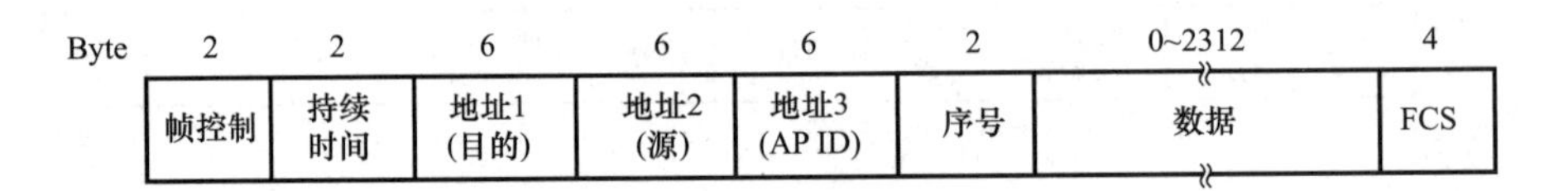

图 4-32 IEEE 802.11 管理帧格式

控制帧的格式与数据帧相比简单了许多，如图 4-33 所示。RTS 帧有 20B，CTS 和 ACK 帧均为 14B。

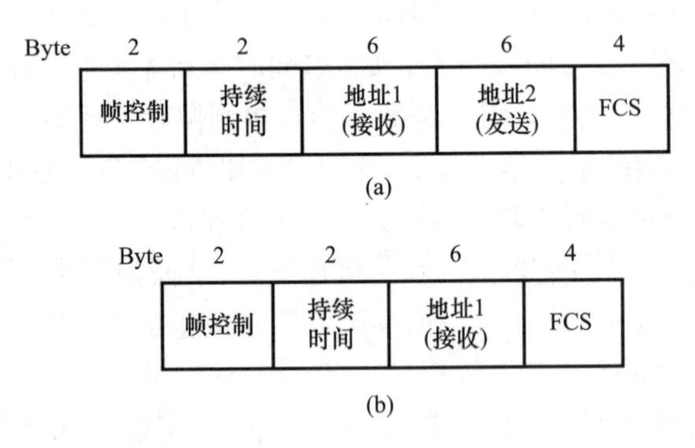

图 4-33 部分 IEEE 802.11 控制帧格式

(a) RTS 控制帧格式；(b) CTS 和 ACK 控制帧格式

4. IEEE 802.11 物理层

所有的 IEEE 802.11 都采用低功率的 ISM 波段无线电波传输信号，所有的传输方法都定义了多个传输速率，以适应不同的网络环境，即速率自适应。各标准的物理层基本特性见表 4-9。

IEEE 802.11 系列物理层主要特性　　　　表 4-9

标准	802.11			802.11b	802.11a	802.11g	802.11n	802.11ac
物理层 编码/调制	红外	扩频 FHSS	扩频 DSSS	扩频 HR-DSSS	OFDM BPSK QPSK QAM-16 QAM-64	OFDM BPSK QPSK QAM-16 QAM-64 扩频 HR-DSSS CCK	OFDM BPSK QPSK QAM-16 QAM-64 MIMO 4-SDMA	OFDM QAM-256 多用户 MIMO 8-SDMA
工作频段（GHz）		2.4	2.4	2.4	5G	2.4，5	2.4，5	5
信道带宽（MHz）		22，25	22，25	22，25	20	20，25	20，40	20，40，60，80，160（可选）
最高传输 速率（bps）	1 或 2M	1M	2M	11M	54M	24M/54M	600M	7G
向下兼容性	—	—	—	802.11		802.11b	802.11a/b/g	802.11a/n

最初的 IEEE 802.11 工作在 2.4GHz 的无线频段和红外频段，支持慢速跳频（FH，Frequency hopping）和直序列扩频（DSSS，Direct Sequence Spreading Spectrum），传输速率 1～2Mbps。

IEEE 802.11b 仍然工作在 2.4GHz 频段，但是采用了扩充了的高速 DSSS，支持的传输速率有 1、2、5.5 和 11Mbps，兼容 802.11。扩频码采用巴克序列（Barker Sequence），传输速率为 1Mbps 时，采用 BPSK 调制，速率为 2Mbps 时，采用 QPSK 调制。5.5Mbps 以上传输速率则采用补码键控（CCK，Complementary Code Keying）编码，而不再使用巴克序列。信道带宽 22MHz（包括与邻信道的重叠部分）。

IEEE 802.11a 工作在 5GHz 频段，采用了频谱效率更高，抗多径衰弱能力更强的正交频分复用（OFDM，Orthogonal Frequency Division Multiplexing）技术，而不再使用扩频技术。正因此，未遵守无线电管理部门当时的规定。虽然标准工作组成立的早于 802.11b，但标准的推出晚于 802.11b。信道带宽 20MHz。802.11a 将工作频带划分为 52 个子带，其中 48 个用于传输数据，4 个子带用于传输同步控制信号。规定了 4 种调制方式，分别是 BPSK、QPSK、QAM-16 和 QAM-64，采用卷积码进行纠错编码，码率为 1/2（24Mbps 以下）和 3/4（36Mbps 以上），可以运行在 8 个不同的速率上，从 6～54Mbps。尽管 802.11a 传输速率远高于 802.11b，但因受到 5GHz 频段的使用限制，加之 5GHz 的电波穿透性差，覆盖范围不如 802.11b，因此它的应用远落后于 802.11b。

受困于 802.11b 的低速和 802.11a 的不兼容，IEEE 提出了 802.11g。它采用了 802.11b 的 OFDM 调制技术，但工作在 2.4GHz 频段，整体的传输速率可达 54Mbps，同时帧头部的设计和调制编码方面依然保持对 802.11b 的向下兼容。

自 IEEE 802.11n 起，WLAN 进入了高速新时代。802.11n 对物理层和 MAC 子层进行了改进和增强，主要采用了 4 项措施，其中物理层有两项，MAC 层有两项。

（1）首次使用了多输入多输出（MIMO，Multiple-Input Multiple-Output）技术，利用多天线收发，实现分集和信号复用。

（2）将两个相邻的信道结合在一起，并利用了原有的保护间隔频段，使信道的带宽达到 40MHz，传输速率提高两倍以上。

(3) 数据帧汇聚。把多个数据帧结合在一起，减少了帧的管理字段的开销。

(4) 向下兼容机制，使其可与802.11a/b/g兼容，设备共存，使得用户可以分阶段迁移升级AP和移动终端设备。

MIMO技术是802.11n的核心技术。MIMO使用多个天线，每个天线发射的信号称为一个空间流。802.11n采用4天线，允许最多4个空间流。配合传输波束赋形技术，可以显著提高接收信号电平。同时，利用多天线，可以实现分集，大大降低接收信号受到的干扰。此外，还可以实现空分复用。

802.11n的调制方式与802.11a/g相同，但是因为信道带宽可以增加到40MHz，使传输数据的子载波数达到108个，通过采用5/6码率的编码器，配合QAM-64调制，单一天线的传输速率可达135Mbps，4天线时达到540Mbps。

上述四项增强措施的实现非常复杂，涉及的许多专业技术已超出本书的范围，有兴趣者可参阅参考文献。

为满足移动办公和个体娱乐业务对高速信息传输的需要，提供千兆比特级的高速传输，需要更高的带宽。802.11ac只选择了5GHz的工作频段，不再支持2.4GHz频段。它在802.11n的MIMO+OFDM技术基础上，将带宽从20MHz/40MHz提高到80MHz/160MHz；采用了比802.11n更强的OFDM，子载波数量由108个增加到234个；采用了更高效QAM-256调制方式；空间流由4个增加到8个；更强的MAC帧聚合，使整体的数据传输速率达到7Gbps。

4.5.2 蓝牙

严格意义上讲，蓝牙属于无线个域网（WPAN，Wireless Personal Network），而非WLAN，因为它的覆盖范围通常在10m以内。与其他网络不同，蓝牙是一个有特点的网络，正如其组织的名称一样。它是一个面向具体应用的网络，在初期的标准中列出了13种专门的应用（在规范中被称作轮廓“profile”），见表4-10，并且为每一种应用提供了不同的协议栈，这导致了极大的复杂性，也是影响蓝牙推广的一个重要原因。

蓝牙应用轮廓 **表4-10**

英文名称	中文译名	说明	属性
Generic access	一般访问	链路管理程序	必备
Service discovery	发现服务	为发现的服务配协议	必备
Srial port	串行通信端口	替代串口线缆	可选
Generic object exchange	一般的目标变换	定义运动目标的客户-服务器关系	可选
LAN access	接入LAN	便携PC与固定LAN通信协议	可选
Dail-up networking	拨号上网	允许笔记本电脑通过手机拨号上网	可选
Fax	传真	允许便携式传真机通过手机呼叫	可选
Cordless telephony	无绳电话	座机与手机连接	可选
Intercom	内部通信	数字对讲	可选
Headset	头戴式送受话器	允许免提通话	可选
Object push	对象推送	提供一种变换简单对象的方式	可选
File transfer	文件传送	提供一种更通用的文件传送机制	可选
Synchronization	同步	批准PDA与另一个电脑同步	可选

蓝牙工作在2.4GHz的ISM频段，与IEEE 802.11重叠，是一个自组网（Ad hoc）网络结构。第一个标准版本蓝牙1.0发布于1999年7月，传输速率为1Mbps。蓝牙2.0发布于2004年11月，引入了增强数据速率（EDR）技术，传输速率可为1、2或3Mbps。蓝牙3.0发布于2009年，可以结合802.11的设备，以获得更高的传输速率，同年12月发布4.0，规定了低功耗运行，进一步方便了应用。

1999年，IEEE 802.15工作组成立，致力于开发WPAN标准。蓝牙SIG是唯一响应该工作组的组织，蓝牙不久就与802.15成了同一个概念。因蓝牙的名称叫得早，而且名字好记，因此很少称呼802.15。

1. 蓝牙网络结构

蓝牙网络的基本单元称为皮网（Piconet）或微微网。一个皮网内包括一个主节点（Master）和10m范围内的最多7个活的从节点（Slave）组成。皮网可以互联组成更大范围的网络，成为级联网（Scatternet），如图4-34所示。

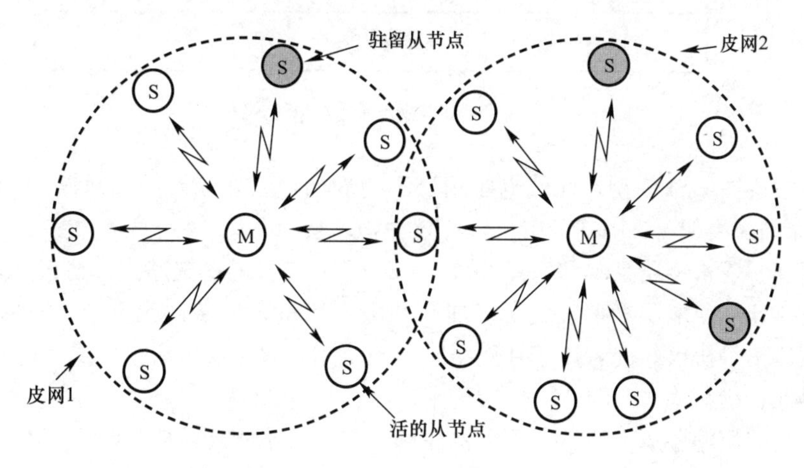

图4-34 蓝牙网结构

皮网的建立是通过节点发现过程和主节点与被发现的从节点的配对（Pairing）来实现的，不断地重复上述过程。在一个皮网中，除了7个活的从节点外，还可以有最多255个驻留节点（Parked Node），处于低功耗的休眠状态，可以由主节点唤醒。

为节省能源，蓝牙为进入网络连接的设备设计了3种不同功率的工作模式，即呼吸、保持与休眠模式，其中呼吸模式的功率要求最高、休眠模式最低。

蓝牙给每个微微网提供了特定的跳转模式，其允许同时存在大量的微微网，同一个区域内多个微微网互联就形成了分布式网络。不同的微微网信道有不同的主地址，因而存在不同的跳转模式。分布式网络靠跳频顺序识别每个微微网。同一微微网中的所有用户都与这个跳频顺序同步。一个分布网络中可以有数十个微微网运行。欲进行连接的设备可加入到不同的微微网中，但由于无线信号只能调制到单一跳频载波上，因而任一时刻设备只能在一个微微网中通信。通过调整微微网的信道参数，设备可以从一个微微网跳到另一个微微网中。

2. 蓝牙协议栈

蓝牙协议栈如图4-35所示，可分为两大类，一是固化在芯片上的最下面3个层协议，相当于 OSI 的物理层和数据链路；二是之上的各层协议，运行在主机设备上。

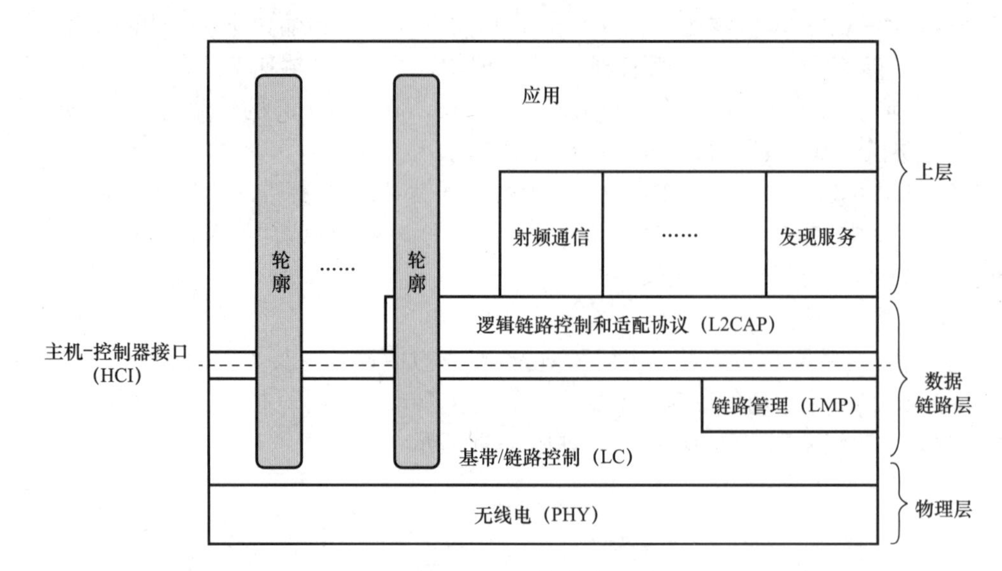

图 4-35　蓝牙协议栈

蓝牙并不遵循 OSI 模型，无线电层相当于物理层，但还涉及数据链路层的部分功能。基带/链路控制层类似于 MAC 子层，但又包含物理层的元素。

链路管理、逻辑链路控制和适配协议（L2CAP）是标准的链路控制协议，处理设备之间的逻辑信道建立、电源管理、配对、加密和服务质量。许多协议需要 L2CAP，如发现服务和射频通信等协议。前者用于在网络中寻找可用的服务，后者模拟 PC 上的标准串口，用于连接鼠标、键盘或 MODEM 等设备。

最上层是应用程序所在位置。不同的轮廓各自定义了实现特定应用目标的协议包，有些需要 L2CAP 的支持，有些不需要而直接跃过该层。

在物理层，蓝牙在 2.4GHz 频段使用跳频扩频系统，跳频频率为 1600 次/s，驻留时间 625μs。有 79 个信道，每个信道带宽 1MHz。一个皮网中的跳频模式由主节点的 48bit MAC 地址控制，所有节点同步跳频。蓝牙 1.0 采用高斯移频键控（GFSK）调制技术。传输速率为 1Mbps；蓝牙 2.0 采用$\frac{\pi}{4}$-DQPSK 调制技术，传输速率可达 2Mbps，当采用 8-DPSK 时，可达到 3Mbps 的速率，但只用在帧的数据部分传输。

基带/链路控制（LC）层管理物理信道和链路，包括蓝牙节点的发现、链路连接与管理及功率控制。

在皮网中，用时分复用方式划分节点的接入信道，时隙按主节点的时钟进行编号，并由主节点分配给从节点链路。

主从节点之间可以建立两种基本的物理链路，一是同步面向连接（SCO，Synchronous Connection-oriented）链路，主要用于传送语音数据，无重传机制。二是异步无连接（ACL，Asynchronous Connetionless）链路，用于主节点与所有从节点的连接，有出错重传机制。

LC 通过查询程序发现一定范围内的其他节点，并判断它们的地址和时钟偏移量；通过寻呼程序建立主从节点之间的连接，并将从节点的时钟与主节点同步。一旦建立连接，从节点将处于以下四种状态中的一种：激活、呼吸（也被称作嗅探（Sniff），一种低速监听状态）、保持（Hold，暂无数据传输的节能状态）和休眠（Resident，即驻留，保持同步但不通信状态）。

一般意义上讲，蓝牙无法取代WLAN。它不是用来连接一个完整的网络，仅能作为WLAN的补充，在对传输速率要求不高的场合使设备进行点对点连接，取代一些网络终端设备的连接线缆。

4.5.3　ZigBee

ZigBee属于低速的WPAN，传输速率最高为250kbps，具有超低的功耗，主要应用在数据采集、过程控制等自动化监测与控制领域。

ZigBee的一个突出特点是网络容量大。一个ZigBee网络最多可以有255个节点，其中一个是主（Master）节点，其他是从（Slave）节点。通过网络协调器（Network Coordinator），可以与其他ZigBee网级联起来，最多可以容纳65535个节点。

ZigBee定义了两类设备（Device），一是全功能设备（FFD，Full-Function Device），具有全部协议栈，能够与节点同步，与任意设备相连并具有路由器功能。二是简化功能设备（RFD，Reduced-Function Device），仅具有简化的协议集，在简单的拓扑（星或点对点）中作为端节点。

每个ZigBee网络都有一个PAN协调器，由一个FFD担任，负责网络的管理，如新设备的关联和信标的传输。ZigBee支持的拓扑结构有星形、树形和网状（点对点）。在星形网中，所有的设备都与该协调器进行通信，但星形网不支持路由器。通过路由器（FFD）可以实现PAN的互连，形成更大规模的ZigBee网络，如图4-36所示，最多可接入65535个节点。

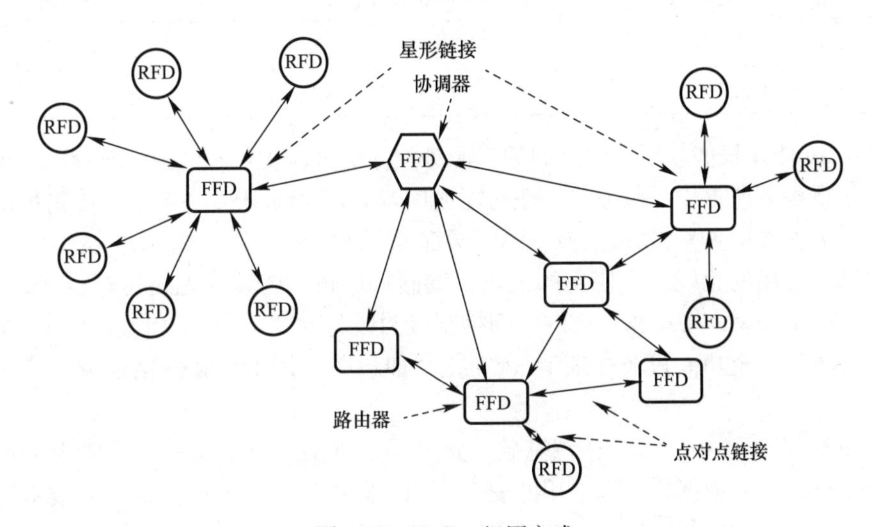

图4-36　ZigBee组网方式

ZigBee的协议栈由两部分组成，一是IEEE 802.15.4标准规定的，二是ZigBee联盟发布的标准规定的，如图4-37所示。IEEE 802.15.4的物理层规定了三个ISM频段及相应的频道数量，见表4-11。在我国，ZigBee一般仅使用2.4GHz频段。

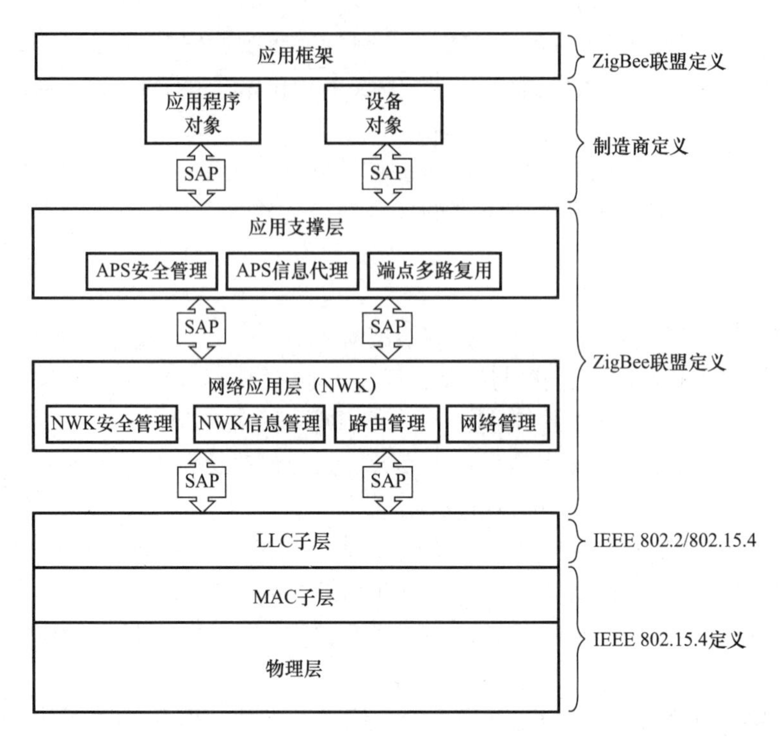

图 4-37　ZigBee 协议栈

IEEE 802.15.4 物理层频段及信道数量　　　　表 4-11

工作频段	传输速率	信道数量
2.4GHz（全球）	250kbps	16
915MHz（北美）	40kbps	10
868MHz（欧洲）	20kbps	1

在 ZigBee 协议栈中，层与层之间通过服务接入点（SAP，Service Access Point）作为接口，上层得到下层提供的服务。一般每层之间都有两个 SAP，一个用于传输数据，一个用于管理（如参数配置）。物理层及 MAC 层都是 IEEE 802.5.14-2003 标准中定义的。物理层规定了所使用的频段，所使用的编码、调制、扩频、调频等无线传输技术。MAC 层采用 TDMA 和 CSMA/CA 相结合的访问控制机制，与 802.11 非常相似。MAC 层可以识别三种设备类型：全功能设备（FFD）、简化功能设备（RFD）和网络协调器——一种特殊的 FFD。

ZigBee 协议栈在 802.15.4 协议基础上定义了网络层。网络层的主要作用是负责设备的连接和断开、在帧数据传递时采用的安全机制、路由发现和维护。ZigBee 技术支持多跳路由，可以实现星形拓扑、树形拓扑和网状拓扑等不同的网络拓扑结构。

ZigBee 的应用层的内部又分了三个部分：应用框架、应用支持子层（APS）及 ZigBee 设备对象（ZDO）。与蓝牙相似，在 ZigBee 的最顶层是应用框架，定义了若干特定的应用模式。应用框架中包含至少一个应用程序对象，也就是 ZigBee 设备的应用程序，是 ZigBee 产品开发人员所要实现的部分。

4.6　LAN 设备

LAN 设备是指组建 LAN 系统需要用到的硬件装置。它们为 LAN 中的服务器、网络终端设备提供物理连接支持。这些设备提供多种不同的功能，包括信号再生、介质互连、速率变换、拓扑转换及高层协议转换等功能。网络设备的种类繁多，基本的有：计算机（无论其为个人电脑或服务器）网络接口卡（NIC）、中继器、调制解调器、集线器、交换机、网桥、路由器、网关、无线接入点（WAP）和无线控制器等。本节将学习中继器、集线器、网桥、交换机、路由器和网关等网络设备的相关知识。

4.6.1　中继器与集线器

1. 中继器

所有介质（包括铜线、光纤和无线电）传输的数据信号的强度，都会随着距离的增加而降低，通常称为信号衰减。信号衰减对数据通信的影响很大，中继器（Repeater）的作用就是对经过一定传输距离后衰减了的数据信号进行整形和放大，用以增大 LAN 的直径。

中继器是 LAN 中最简单的设备，工作在 OSI 体系结构中的物理层。它接收并识别网络信号，然后再生信号并将其发送到网络的其他网段。用中继器互连的两个网段必须采用相同的物理层编码。

中继器一般仅用作扩大 LAN 的传输距离，结构简单，造价便宜。组网时使用的数量要遵守相关的规则。中继器没有隔离和过滤功能，不能阻挡含有异常的数据包从一个网段传到另一个网段。这意味着，一个网段出现故障可能影响到其他的网段。

2. 集线器

集线器（hub）可看作是有多个端口的中继器。它是早期 LAN 中常用的组网设备。集线器能够将输入的失真信号进行整形放大，可以滤掉外界的干扰，恢复原先的数字信号波形。

图 4-38 是简单的集线器，每个集线器都有多个端口供网络设备连接使用，服务器、工作站、打印机和其他计算机设备都可连接到集线器上。集线器不能解释任何流过的数据。它们不知道所有流经它们的报文的源地址和目标地址，所有流经它们的报文都被广播到所有连接到该集线器上所有其他计算机设备。

图 4-38　集线器

4.6.2　网桥与交换机

1. 网桥

网桥是工作在 OSI 体系结构中数据链路层的设备，其功能是根据数据帧的 MAC 地址进行存储、过滤和转发，主要目的是在连接的网络间提供透明的数据传输。

网桥包含了中继器/Hub 的功能和特性，不仅可以连接多种介质，对信号进行整形和放大，还可以对数据链路层不同的帧格式进行转换，如采用网桥可以将以太网和令牌环网互连在一起，将数据包在更大的范围内传送。网桥不仅可以连接两个或多个 LAN 网段，而且还可以过滤局域网段之间的数据传输。图 4-39 给出了局域网网桥连接的示例，两个局域网段通过网桥相互连接，网段内计算机相互发送消息，则传输的帧停留在本局域网段上；如果局域网段 1 的计算机发送消息给局域网段 2 的计算机，网桥就会将报文转发给局域网段 2。两个局域网段都不需要监听停留在另一局域网段本地的信息流量，因此大大改善了局域网的性能。

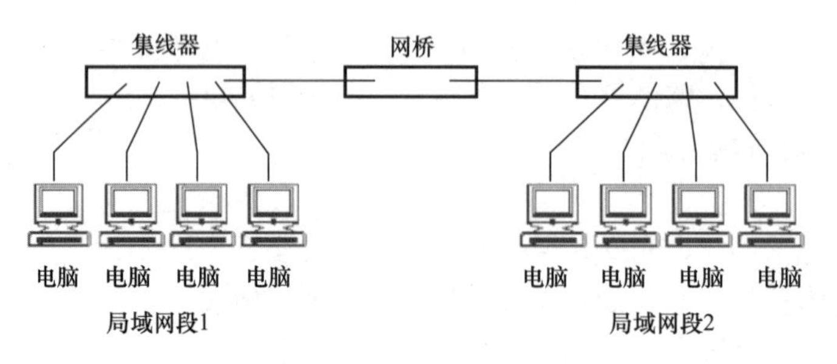

图 4-39　网桥连接两个局域网段

网桥有两大类，一类称作内桥，另一类称作外桥。所谓内桥是将一台 PC 或服务器，安装运行网桥软件，配置多块网络接口卡，每块接口卡对应一个 LAN，便构成了一个网桥。外桥是一台专用网络设备，一般有多个端口。

网桥的典型应用主要有两种，一是将若干小的 LAN 通过网桥组成更大的 LAN；二是将一个较大的 LAN 通过网桥划分为几个小的 LAN/网段，优化网络流量，并减小冲突域的范围，从而改善互联网络的性能与安全性。

2. 交换机

交换机是工作在 OSI 体系结构中数据链路层的设备。与网桥一样，交换机按每个数据包中的 MAC 地址进行决策和转发，一般不考虑数据包中的其他信息，因此又被称作二层交换机。它相当于一个多端口网桥，每个端口对应一个节点或一个 LAN。交换机的关键功能是快速地建立输入/输出端口之间的连接通道，按照这一功能来观察，可以分为 4 种结构：软件执行交换结构、交换矩阵结构、总线交换结构和共享型存储器交换结构。按交换单元划分，有插板交换、模块交换和端口交换等形式。

交换机和网桥有许多相似之处：都是多口设备；都具有学习算法以便计算所有连接的网络设备的 MAC 地址；都有过滤算法用于帧的转发或销毁；都可以使用冗余链路来实现容错传输。

与网桥相比，交换机转发延迟很小，转发性能远远超过了普通网桥，所以现在的 LAN 中很少应用专门的网桥，几乎都采用交换机实现网桥的功能，并且因为基于交换机可以实现 VLAN，根本不需要网桥设备。

4.6.3　路由器

路由器是工作在 OSI 体系结构中网络层的设备。路由器可以用于连接两个或多个完全不同的网络，比如帧的格式完全不同，传输介质完全不同，LAN 和 WAN 等。

路由器的主要作用是连接异构网络，如以太网与 Wi-Fi 的互连，LAN 与 WAN 的互连。路由器的主要功能是路由选择和拥塞控制。

在 WAN 中，有两种不同的通信子网，即面向连接的通信子网（虚电路网络）和无连接通信子网（数据报网络），因此路由器也被分为两大类，分别用于上述两种通信子网。这两种路由器的主要不同点是路由表的结构及算法不同。

在虚电路通信子网中，路由器的路由表主要记录的是源主机和虚电路号。源主机发送的分组中包含一个标识符，指明传输该分组使用的虚电路号，沿途各路由器根据虚电路号对其转发，直至目的主机。采用虚电路通信子网的典型网络有 X.25、帧中继（Frame Relay）、ATM（Asynchronous Transfer Mode，异步传输模式）和多协议标签交换（MPLS，MultiProtocol Label Switching）。不过除了 MPLS 外，其他网络技术现都已被淘汰。

数据报通信子网中的路由器其路由表记录的是各路由器或主机的网络地址。源主机发送的分组中包含有源主机和目的主机的网络地址，各路由器根据分组中的地址结合路由算法确定该分组的转发路径。采用数据报通信子网的典型网络有 ARPANET 以及目前广泛应用的互联网（Internet）。

路由器完成对分组的转发，也是一种交换，因此也有人把它称为三层交换机，意为在网络层实现数据的交换。与二层交换机相比，路由器或三层交换机实现的功能更多，配置更高，要求更快的 CPU 处理能力，更大的缓存空间，更丰富的接口类型。

4.6.4　网关

网关通常是指在网络层以上实现网络互连的设备，或称作高层协议转换器。大多数的网关是由纯软件实现的，运行在普通的 PC 或服务器平台上。按层次划分，网关可分为传输层网关和应用层网关。传输层网关最常用的是用于连接现场总线网络与管理网络的网关，如 485 总线与以太网互联网关，实现 485 总线的数据格式与 TCP/IP 格式的转换，网关软件安装并运行在上位机（一般是由普通 PC 机或工控机承担）。应用层网关有很多，如电子邮件网关、数据库网关等。

4.7　小　　结

本章首先介绍了局域网（LAN）各种拓扑结构及其特点，以及目前计算机网络主要应用的拓扑形式。

作为 LAN 标准的主要制订机构，介绍了 IEEE 802 委员会各工作组的分工及标准制订。802 委员会制订了统一的 LAN 体系结构标准，包括 MAC 帧的基本结构。在 MAC 层接入技术方面，由各工作组分别制订特定网络的协议标准。目前该委员会最活跃的工作组是 802.3 和 802.11。所有高速以太网和 WLAN 的标准出自这两个工作组。

接入技术主要介绍了 CSMA 类和令牌类的工作原理及 MAC 帧结构。重点介绍了以太网技术与协议以及以太网的演进过程。以太网采用了 CSMA/CD 协议及二进制退避算法。802.3 工作组接收了以 DEC、Intel 和 Xerox 公司提出的以太网标准并略加修改，形成了 IEEE 的 802.3LAN 标准。随后在 10Mbps 的基础上不断发展，先后推出了 100Mbps 的快速以太网及更高速度的以太网，并且保持了一贯的向下兼容的特点。对每一代以太网物理层的传输技术和工作原理均做了较详细的介绍。

虚拟局域网（VLAN）是一项基于网络交换机的子网划分技术，具有极高的实用价值。介绍了 VLAN 的特点与应用以及划分类型和方法。

无线局域网（WLAN）近几年得到了快速发展，这得益于笔记本电脑的普及和 3G/4G 蜂窝移动通信技术的应用。WLAN 的突出代表是 IEEE 802.11 系列标准所规定的无线网。详细介绍了 WLAN 的体系结构、基本协议和工作原理。

蓝牙技术作为 WLAN 的一种补充，目前应用仍很广泛。介绍了蓝牙网络的基本结构与特点。

ZigBee 网络作为一种无线传感网络技术，获得了较为广泛的应用。介绍了 ZigBee 的基本结构及网络特点。

组建 LAN 离不开网络设备。在 LAN 中应用最为普遍的设备是中继器、交换机和路由器。不同的网络设备具备不同的联网功能。对各种网络设备完成的基本功能以及应用场合做了说明。

习　　题

一、选择题

1. 下面关于以太网的描述哪个是正确的?（　　）

A. 数据以广播的方式发送的。

B. 所有节点可以同时发送和接收数据。

C. 两个节点通信时，第三个节点不检测总线上的信号。

D. 网络由一个控制中心控制所有节点的发送和接受。

2. 网络中用集线器或交换机连接各计算机的这种结构属于（　　）。

A. 环形结构　　B. 总线结构　　C. 星形结构　　D. 网状结构

3. 决定局域网特性的主要技术要素是：网络拓扑、传输介质和（　　）。

A. 网络操作系统　　B. 服务器软件

C. 体系结构　　D. 介质访问控制方法

4. 在 IEEE 802.3 的标准网络中，10BASE-TX 所采用的传输介质是（　　）。

A. 粗缆　　B. 细缆　　C. 双绞线　　D. 光纤

二、填空题

1. 局域网的传输介质主要有________、________、________等。

2. FDDI 使用________为传输介质，网络的数据传输率可达________，采用________为拓扑结构，使用________作为共享介质的访问控制方法，为提高可靠性，它还采用了________结构。

3. IEEE 802.1～802.6 是局域网物理层和数据链路层的一系列标准，常用的介质访问控制方法令牌环符合________标准，CSMA/CD 符合________标准，令牌总线符合________标准，数据链路控制子层的标准是 IEEE ________。

4. 在计算机网络中，双绞线、同轴电缆以及光纤等用于传输信息的载体被称为________。

5. 非屏蔽双绞线由________对导线组成，10BASE-T 用其中的________对进行数据传输，100BASE-TX 用其中的________对进行数据传输。

三、简述题

1. 什么是局域网，简述局域网的主要特点。
2. 常见的局域网的拓扑结构有哪些？各有什么优缺点？
3. 什么是 MAC 地址？
4. 高速以太网有哪几种类型？
5. 划分 VLAN 的好处有哪些，有哪些划分方法？
6. 简述以太网 CSMA/CD 介质访问控制方法发送和接收的工作原理。
7. 简述令牌环的工作原理。
8. 简述蓝牙的网络结构。
9. 简述 ZigBee 的组网方式。
10. 什么是集线器？在局域网中使用集线器有什么好处？
11. 网桥具有哪些基本特征？
12. 交换机与网桥功能上有什么不同？
13. 简述路由器的基本功能。
14. 简述网关的功能。

参 考 文 献

1. Andrew S. Tanenbaum，David J. Wetherall. Computer Networks（Fifth Edition）[M]. 北京：机械工业出版社，2011.
2. Andrew S. Tanenbaum. Computer Networks（Fourth Edition）[M]. 北京：清华大学出版社，2004.
3. Stanford H. Rowe，Marsha L. Schuh. Computer Networking [M]. 北京：清华大学出版社，2006.
4. 张卫，余黎阳. 计算机网络工程（第 2 版）[M]. 北京：清华大学出版社，2010.
5. 杨庚等. 计算机通信与网络 [M]. 北京：清华大学出版社 2009.
6. 张增科. 计算机网络与通信 [M]. 北京：机械工业出版社，2008.
7. 史志才. 计算机网络 [M]. 北京：清华大学出版社 2009.
8. 广州杰赛通信规划设计院. 无线局域网络设计与优化 [M]. 北京：人民邮电出版社，2015.
9. Steve Rackley. 无线网络技术原理与应用 [M]. 电子工业出版社，2012.
10. 王景中等. 计算机通信网络技术 [M]. 北京：机械工业出版社，2010.
11. 武奇生. 计算机网络与通信 [M]. 北京：清华大学出版社，2009.
12. 王洪等. 计算机网络应用教程 [M]. 北京：机械工业出版社，2011.

第5章 广 域 网

广域网（WAN，Wide Area Network），顾名思义，一个覆盖范围很大的计算机网络，比如覆盖一个城市或地区，甚至一个国家。与局域网（LAN）相比，广域网不论是从技术方面还是建设和运维管理方面都有很大不同。

WAN 分为公共网和专用网两类。公共 WAN 通常由电信运营商建设并管理与维护，简称公网。它属于公共基础设施。WAN 的客户既有个体，如家庭等，又有群体，如校园网、企业网等 LAN 和专用公网，提供的服务也是多种多样，而且一般都有服务质量（QoS）要求。这决定了 WAN 的传输技术远比 LAN 复杂得多。专用 WAN 是指一些由行业、部门或大机构和公司等建立的跨地区为本行业、部门和单位服务的大型网络，如电力、铁路、公安和国防等。本章将介绍 WAN 的基本概念、基本结构及目前常用的传输技术。

5.1 通信网概述

在人们的日常工作和生活中，接触和使用了形形色色的通信网，比如提供有线电视业务的有线电视网、提供电话业务的固定电话网和蜂窝移动通信网、提供访问 Internet 的数据通信网等。不同的通信网提供了大量不同的业务。按照 ITU-T 的建议，可以把所有的应用业务分为四类：语音业务、数据业务、图像业务及视频和多媒体业务。

过去，上述不同通信网之间的本质区别有以下方面：

（1）传送信息的类型不同。

（2）传输信息的方式不同。

（3）信息交换的方式不同。

（4）网络管理机制不同。

（5）服务范围不同。

（6）业务种类不同。

尽管如此，它们在网络结构、基本功能、实现原理上相似。随着计算机网络和通信技术的高速发展，不同的通信网络在信息传输方面趋于融合。目前主导这种融合的是计算机网络技术，特别是 IP 技术。

鉴于长期以来因所提供的主要业务不同，各通信网分属不同的行业进行管理，对网络的结构划分和命名各不相同。

按照电信行业传统的思想，将整个通信网划分为三个不同层次的结构，即核心网、接入网和用户驻地网，如图 5-1 所示。

核心网是通信网的骨干部分。它是一个高速传输、高效交换和安全可靠的网络。它由大量的大容量传输线路和高速交换设备组成，实现全网范围的信号汇聚、分配、传输、交换及网络互连。

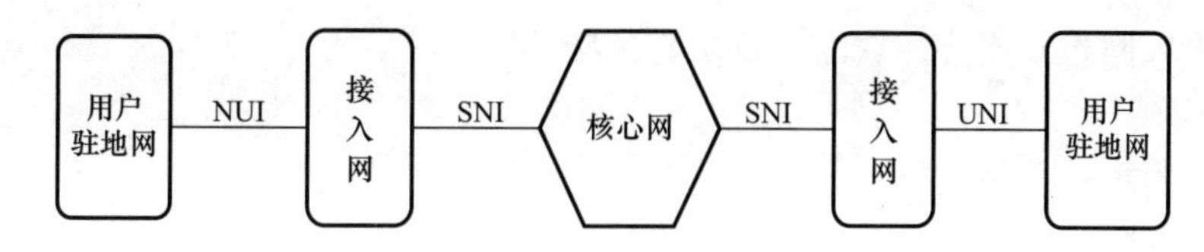

图 5-1　电信网结构

用户驻地网是通信网的边缘部分。它是用户所拥有的局域型专用通信网或机线设备，如用户电话交换机（PBX）、局域网（LAN）、家庭电话座机和 PC 机等。其功能是发送和接收用户信息，接受网络服务。

接入网为沟通核心网与用户驻地网的桥梁。它主要由线路设施和传输设备组成，为各项业务提供传送功能。接入网将多种不同的业务透明地传送到用户，同时为用户提供接入不同业务节点的能力。

有线电视网络脱胎于共用天线系统。当前我国的有线电视网络系统一般分为以中央、省、市（县）为中心的多级干线网络与城域网（MAN）和用户分配网两层结构。干线网络和 MAN 以 SDH（同步数字系列）和 HFC（光纤同轴混合网）系统为主，采用光纤传送广播、电视及其他业务。用户分配网络主要由放大器、分配器和分支器等组成，负责把广播、电视及其他信号分配给用户的终端设备。

计算机网络系统首先是从广域网发展起来的。第一个实用的计算机网络 ARPANET 便是覆盖全美国的 WAN。在计算机网络行业，通常把网络分为两部分，即通信子网与资源子网，如图 5-2 所示。通信子网主要由各种路由器互连而成，完成分组（packet）分发时的路由选择、流量与拥塞控制以及服务质量（QoS）的实现。资源子网则由各种 LAN、各种计算机设备及其他网络终端设备组成，为网络提供各种软件、硬件及信息资源以备用户共享。

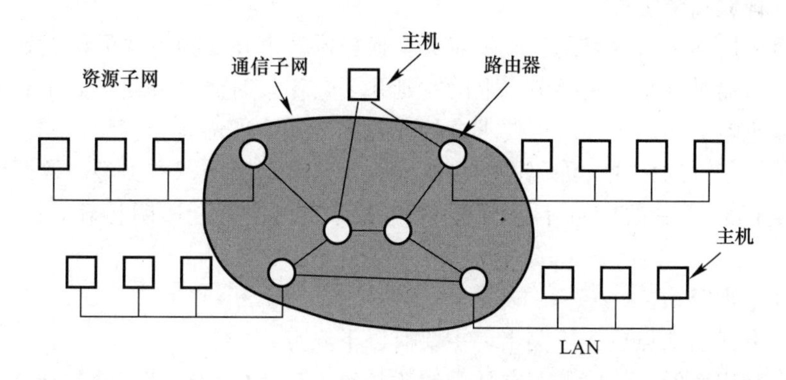

图 5-2　计算机广域网：通信子网与资源子网

由于 WAN 的建设、运行、维护和管理专业性强，在我国电信网络运营商和有线电视网络运营商也都是互联网业务提供商（ISP，Internet Service Provider），因此 WAN 一般都由它们承担建设和运维。本章对通信网络的介绍采用电信行业的分类方法和术语。

5.2　核　心　网

核心网的主要作用是将业务网提供的各项业务，通过接入网传递给用户或用户驻地网，以及将接入网相互连接。它的主要功能包括：

1. 呼叫连接

(1) 呼叫管理；

(2) 交换/路由；

(3) 移动性管理；

(4) 录音通知（智能网业务）等。

2. 用户管理

(1) 用户的描述；

(2) 用户通信记录；

(3) 安全性（身份认证与访问鉴权）等。

3. 承载连接

(1) PSTN 网络；

(2) 电路数据网络；

(3) 分组数据网络；

(4) Internet 与 Intranet

(5) 其他应用与服务设备等。

核心网包括三个域：电路交换域（CS，Circuit Switching）、分组交换域（PS，Packet Switching）和 IP 多媒体子系统域（IMS，IP Multimedia Subsystem）。

5.2.1 电路交换域

电路交换域采用电路交换技术，能为固定电话和移动电话用户提供语音和短信等业务。电路交换是一种面向连接的服务，其通信的过程包括电路（连接）建立、信息传送和电路（连接）释放三个过程。

电路交换采用同步时分复用和同步时分交换技术。电路交换方式的优点如下：

(1) 信息传输时延小。交换节点上的时延几乎为零，时延主要是链路的传输时延，多数情况下可以忽略。适用于实时性要求高的业务的传送，如语音和视频。

(2) 对数据信息的格式、编码类型没有限制，只需通信的双方类型一致即可。

(3) 交换机对传输的信息不进行存储和任何处理，完全透明传输，交换机转发效率高。

(4) 硬件实现容易。

电路交换方式的缺点也比较突出，主要有以下几点：

(1) 信道利用率低。通信的双方从开始拨号建立连接到传送结束释放连接，一直独占一条通信信道。

(2) 电路的接续时间长，不适合突发性的数据业务。

(3) 呼损较高。当通信的双方建立连接后，其他呼叫被阻塞。

(4) 不同类型的用户终端无法相互通信。

(5) 按时长计费，通信费用高。

电路交换域的核心设备是程控交换机，传输采用点-点模式，应用最多的系统是 SDH 和 SONET。前者符合 ITU 的标准，后者是美国标准。SDH 与 SONET 的速率对照见表 5-1。

SONET/SDH标准速率等级　　表5-1

SONET	SDH	数据传输速度（Mbps）		话路数*
		总速率	用户数据	
OC-1		51.84	49.536	
OC-3	STM-1	155.52（155M）	148.608	1920
OC-9		466.56	445.824	
OC-12	STM-4	622.08（622M）	594.432	7680
OC-18		933.12	891.648	
OC-24		1244.16	1188.864	
OC-36		1866.24	1783.296	
OC-48	STM-16	2488.32（2.5G）	2377.728	30720
OC-192	STM-64	9953.28（10G）	9510.912	122880
OC-768	STM-256	39813.12（40G）	38043.648	491520

注：* 以64kbps数字话路为例。

SDH/SONET应用于点-点的链路间通信。过去主要用于语音业务的传送。随着数据业务的与日俱增，电信运营商开始考虑利用SDH为Internet业务提供宽带IP传送业务，即IP over SDH。IETF为此专门制定了与SDH/SONET对接的PPP协议，将SDH/SONET传输通路视为面向字节的同步链路，提供数据链路层的数据报封装机制，PPP帧作为字节流映射进SDH/SONET净荷字段。由于PPP封装的开销较低，IP over SDH/SONET比用SDH/SONET传输语音业务传输效率更高，并且获得更好的设备利用率。

运营商通常采用光纤作为传输介质，利用SDH/SONET将路由器连接起来，构成数据主干网。按照OSI/RM模型，物理层采用SDH/SONET光纤传输，数据链路层采用PPP协议，网络层仍采用IP协议。因此没有改变互联网的结构。

5.2.2　分组交换域

分组交换域由路由器和各种网关采用分组交换技术实现交换功能。

分组交换技术过去主要应用于数据通信。数据通信具有突发性强、断续占用信道、实时性要求低等特点，采用分组交换方式传输性价比高。分组在传递过程中采用存储—转发方式，即网络中的任一交换节点（路由器）当收到一个分组后，先将分组存储起来，查看分组的目的地址，进而选择一个本节点的最佳端口转发出去。

分组交换网络中，采用统计时分复用方式，断续地占用一段接一段的链路，不需事先建立连接，不独占链路，通信成本较低。

分组交换有虚电路和数据报两种交换方式，相应的网络分别称为虚电路子网和数据报子网。虚电路子网提供的是面向连接的服务，而数据报子网则提供的是无连接服务。

1. 虚电路通信子网

在虚电路子网中，信息发送站（源站）与信息接收站（目的站）之间建立一条或几条虚拟的连接通道，如图5-3所示。图5-3中主机H1到主机H3的传输通道为H1→路由器A→路由器E→路由器C→路由器D→H3。这就是一条虚电路。之所以称为虚电路是因为与传统的电路交换技术有相似之处，即自H1到H3所有的数据分组均沿着相同的路由传递，并按顺序到达目的地，但是传输通道不是被发送方和目的接收方独占，还可以被其他传送进程共享，如图中 H2 到 H3 的数据传送有多段链路与 H1 到 H3 传送是相同的。

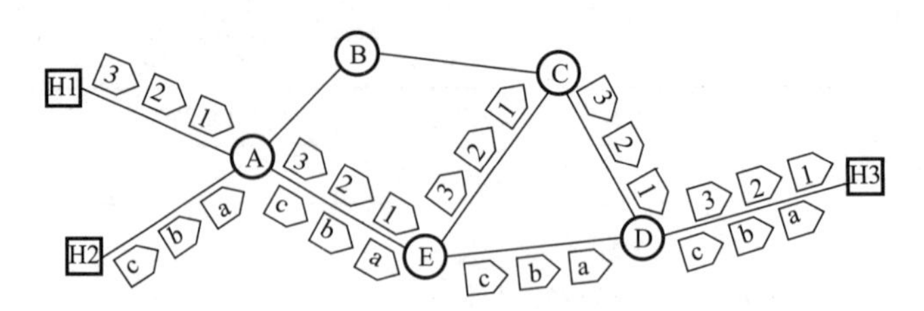

图 5-3　虚电路通信子网

虚电路子网中，路由器的路由表相对简单，对分组的转发效率较高，在保证服务质量和避免网络拥塞方面有优势，对持续性大流量数据的传输优势明显。但对于突发性的小流量数据的传输，因频繁的建立和清除虚电路会使得传输的开销过大而削弱虚电路的优势。另外，路由器的可靠性至关重要，任何一台路由器的崩溃都可以使路由表的数据丢失，造成虚电路的中断。

目前核心网中使用的多协议标签交换（MPLS）以及刚退出市场不久的异步传输模式（ATM）都是采用虚电路技术的实例。

2. 数据报通信子网

在数据报通信子网中，分组的传送是被独立处理的。每个分组自带寻址信息，传递时不需事先建立连接，各分组经过的路由可以各不相同，如图 5-4 所示。数据分组到达目的主机时的顺序与发送顺序可能不同，甚至会发生丢包等现象，需要高层协议配合纠错。

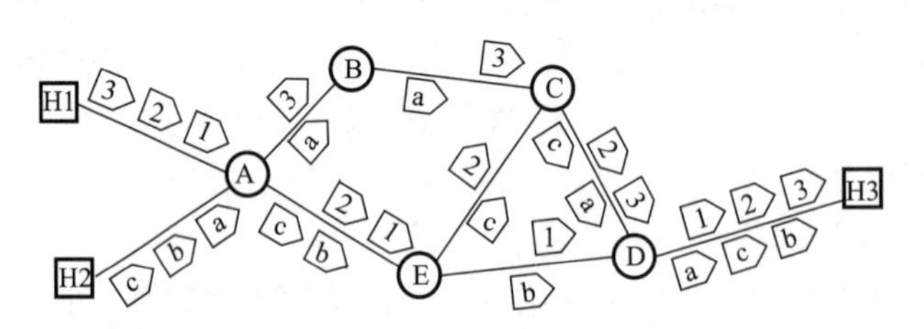

图 5-4　数据报通信子网

数据报通信子网中的路由器相对复杂，要运行一个庞大的路由列表，而查找路由的过程则需要路由器具备较强的 CPU 处理能力，对分组的转发效率相对较低，处理延时比较大。但是数据报通信子网的可靠性相对更高，子网中任何一台路由器失效后都会根据路由算法获得新的转发路由，不会使网络崩溃。性能良好的路由算法可以保障网络的流量均衡，避免拥塞。Internet 的核心网即采用的是数据报子网方式。

5.2.3　IP 多媒体子系统域（IMS）

IMS 是一个基于软交换技术、叠加在分组交换域上的、支持多媒体业务的下一代网络（NGN，Next Generation Network）体系结构和平台。它最初是为蜂窝移动通信网络定义的，但现在已能够支持各种多媒体的移动和固定接入。

1. 体系结构

传统通信网络的体系结构是纵向独立的，即每个网络由特定的网络资源和设备组成，提供特定的功能和业务，自上而下独立形成一个闭合系统，如固定电话网络、2G 移动通信网络、有线电视网络等。而 NGN 则是一种横向划分的体系结构，各种异构网络划分为不同的功能层次，各层次之间遵循开放接口，呈现出融合、分层和开放的特点。

IMS 系统架构由业务层、控制层、互通层、接入和承载控制层、运营支撑及接入层 6 个部分组成，如图 5-5 所示。

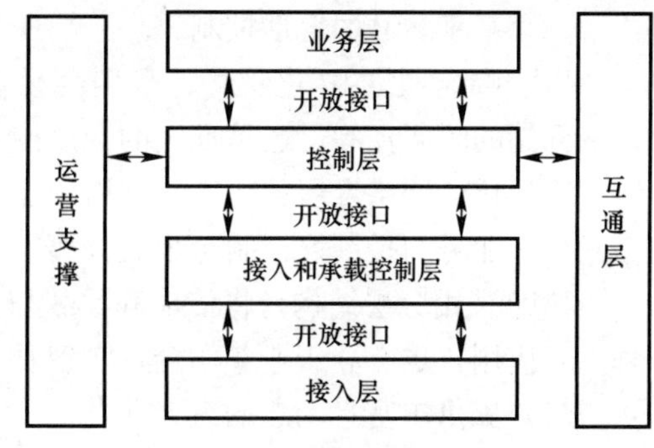

图 5-5　IMS 系统架构

（1）业务层

业务层的主要功能是创建、执行和管理 NGN 的各项业务，包括多媒体业务、增值业务和第三方业务等。该层的主要设备包括各种应用服务器、网管服务器、鉴权/认证/计费服务器等。

（2）控制层

控制层完成 IMS 多媒体呼叫会话过程中的信令控制功能，包括用户注册、鉴权、会话控制、路由选择、业务触发、承载面 QoS、媒体资源控制及网路互通等功能。该层的主要设备包括媒体网关控制器和媒体服务器等，即所谓的“软交换机”。

（3）互通层

互通层完成 IMS 网络与其他网络的互通功能，包括公共电话网络（PSTN）、公共陆地移动网络（PLMN）、其他 IP 网络等。

（4）接入和承载控制层

接入和承载控制层，也被称作传输层，负责提供各种信令流和媒体流传输的通道，完成信息传输，实现 IP 承载、接入控制、QoS 控制、用量控制、计费控制等功能。该层的主要设备包括高速路由器、交换机及策略和计费规则功能实体等。

（5）运营支撑

为 IMS 网络正常运行提供支撑，包括 IMS 用户管理、网间互通、业务触发、在线计费、离线计费、统一网管、DNS 查询、用户签约数据存放等功能。

（6）接入层

接入层的作用是利用各种接入网络为各种终端设备和网络提供访问 NGN 网络资源的入口功能，负责将不同类型的终端用户接入到核心网络，并实现不同信息格式之间的转换。这些功能主要通过各种网关设备完成，如信令网关、中继网关、接入网关、VoIP/VoDSL 接入设备和无线接入媒体网关等。

2. IMS 的特点

IMS 的主要特点如下所述。

（1）接入无关性

IMS 支持多种固定/移动接入方式的融合。理论上讲，不论使用什么设备、在什么地方，都可以接入 IMS 网络。

（2）归属地控制

与用户相关的数据信息只保存在用户的归属地。用户鉴权认证、呼叫控制和业务控制都由归属地网络完成，从而保证业务提供的一致性，易于实现私有业务的发展，促进归属地运营商积极提供吸引用户的业务。

（3）基于 SIP 的会话控制

IMS 顺应网络 IP 化趋势，采用会话发起协议（SIP，Session Initiation Protocol）进行端到端的呼叫控制，也是唯一的会话控制协议。因此，网内不再需要信令转换，顺应了终端智能化的网络发展趋势，使网络的业务提供和发布具有更大的灵活性。

（4）业务与控制、控制与承载分离

IMS 采用分层结构，将传输和承载与会话控制管理分离，有利于灵活、快速地提供各种业务应用，更有利于业务融合，实现开放的业务提供模式。

（5）提供丰富且动态的组合业务

IMS 提供直接的人到人的多媒体通信方式，同时具有在多媒体会话和呼叫过程中增加、修改和删除会话和业务的能力，并且还可以对不同的业务进行区分和计费。因此，对用户而言，IMS 业务以高度个性化和可管理的方式支持个人与个人以及个人与信息内容之间的多媒体通信，包括语音、文本、图片和视频，或这些媒体的组合。

（6）统一策略控制和安全机制

IMS 采用统一的 QoS 和计费策略控制机制。多种安全接入机制共存，并逐渐向 Fully IMS 机制过渡；部署安全域间信令保护机制；部署网络拓扑隐藏机制。

3. IMS 的主要应用

IMS 的应用主要有以下几个方面。

（1）在移动网络中，主要是在移动网络的基础上用 IMS 提供即时消息、视频共享等多媒体增值业务。

（2）在固话网络中，主要是通过 IMS 为企业用户提供融合的企业应用，向固定宽带用户提供 VoIP 应用。

（3）在融合方面的应用，主要体现在 WLAN 和 3G/4G 的融合，以实现语音业务的连续性。WLAN 的接入优先级高，以便用户享受更低的通信资费和更高的接入带宽。此外，与 4G 的融合方面，以开放的 API 平台为基础，既支持向上的一站式开发管理和高度抽象的 API，可以与企业的 OA（Office Automation）、CRM（Customer Relationship Management）、ERP（Enterprice Resource Planning）等系统集成，第三方开发时使用简单的语句即可完成，也支持向下的 Windows、Android、IOS、Linux OS 等，支持集成到各种智能终端，提供端到端 QoS/QoE（Quality of Experience）保障。

5.3 接 入 网

按照 ITU-T G902 的定义，接入网由业务节点接口（SNI，Service Node Interface）和相关用户网络接口（UNI，User Network Interface）之间的一系列传送实体组成，为传送通信业务提供所需的传送承载能力，并可经由 Q3 接口进行配置和管理。接入网对用户信令是透明的，不做处理。接入网在整个通信网中的位置和功能如图 5-1 所示。

接入网业务侧经由 SNI 与业务节点相连，用户侧经由 UNI 与用户相连，管理方面由 Q3 接口与电信网管系统相连。

业务节点是提供业务的实体，可提供规定业务的业务节点有本地交换机、租用线业务节点或特定配置的点播电视、广播电视业务节点等。SNI 是接入网和业务节点之间的接口，可分为支持单一接入的 SNI 和综合接入的 SNI。接入网与用户间的 UNI 接口能够支持目前网络所能够提供的各种接入类型和业务。

接入网的特征表现为：对于所接入的业务提供承载能力，实现业务的透明传送。接入网对用户信令是透明的。接入网的引入不应限制现有的各种接入类型和业务，应通过有限的标准化接口与业务节点相连。接入网有独立于业务节点的网络管理系统，该系统通过标准化的接口连接电信管理网（TMN，Telecommunications Management Network），TMN 实施对接入网的操作、维护和管理。

5.3.1 接入网的接口

接入网有三种接口，即用户网络接口、业务节点接口和维护管理接口，如图 5-6 所示。

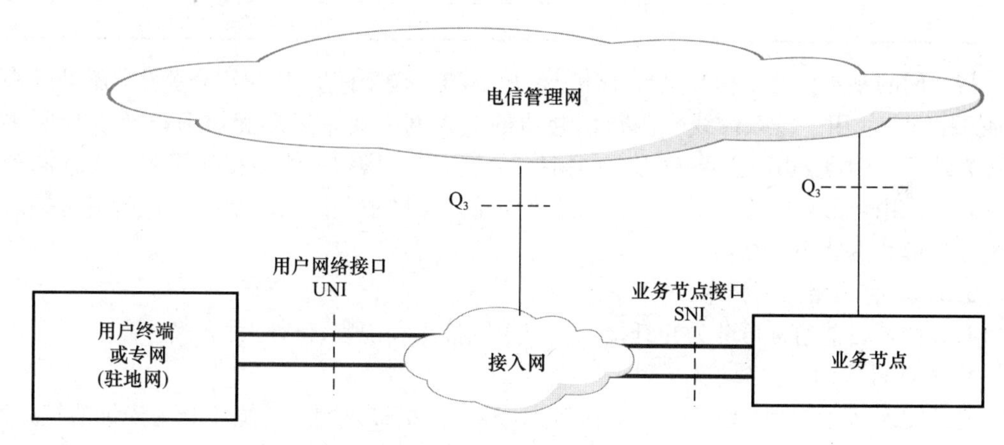

图 5-6 接入网的接口

1. 用户网络接口（UNI）

UNI 是用户与接入网的接口，主要有传统的模拟电话接口、ISDN 基本速率接口、ISDN 基群速率接口、ATM 接口、E1 接口、以太网接口以及其他接口。用户终端可以是计算机、普通电话机或其他电信终端设备。

2. 业务节点接口（SNI）

SNI 是接入网和业务节点（SN）之间的接口，可分为支持单一接入的 SNI 和综合接入的 SNI。目前支持单一接入的 SNI 主要有模拟 Z 接口和数字 V 接口两大类，其中 Z 接口对应于 UNI 的模拟 2 线音频接口，可提供模拟电话业务或模拟租用线业务；V 接口主要包括 ITU-T 定义的 V1～V5 接口，其中 V1、V3 和 V4 接口仅用于 N-ISDN，V2 接口可以连接本地或远端的数字通信业务，支持综合接入的标准化接口目前有 V5 接口。

3. 维护管理接口（Q3）

Q3 接口是管理网与通信网各部分的标准化接口。接入网作为通信网的一部分，也通过 Q3 接口和管理网相连，便于管理网实施管理功能。通过 Q3 接口，管理网可实施对接入网的运行、管理、维护和指配功能，其中对接入网来说，比较重要的是指配功能。

5.3.2 接入网分类和拓扑

接入网可依据不同的技术、传输介质和传输方式等进行分类，如表 5-2 所示。

接入网分类 **表 5-2**

网络名称	传输方式	传输介质		传输技术
接入网	有线接入网	非屏蔽双绞线（UTP）		非对称数字用户线（ADSL）
				甚高速数字用户线（VDSL）
		光纤接入	以太网	千兆以太网、万兆以太网
			无源光网络（PON）	GPON、EPON
			有源光网络（AON）	SDH、SDH/MSTP
		光纤同轴混合网接入		HFC
	无线接入网	陆地移动接入		2G、3G、4G、5G
		固定无线接入		多路多点分配业务（系统）（MMDS）
				本地多点分配业务（系统）（LMDS）
		卫星接入		甚小口径终端（系统）（VSAT）

接入网的基本拓扑结构有星形、环形、树形和总线 4 种形式，实际应用中还可以将这 4 种拓扑组合使用。以双绞线作为传输介质的接入网主要以星形和树形以及组合形式为主；光纤接入网可采用上述各种形式的拓扑结构，以星形和总线型拓扑居多；光纤同轴混合网主要采用环形和树形拓扑结构；陆地无线接入网则主要采用星形拓扑；而卫星接入网可采用星形和网状拓扑结构。

5.3.3 有线接入网技术

有线接入目前通常可分为光纤接入、双绞线接入和混合接入三种方式。

1. 光纤接入网

光纤接入网（OAN，Optical Access Network）是指接入网中传输媒介为光纤的接入网。图 5-7 给出了 OAN 功能参考配置图。它通常由光线路终端（OLT，Optical Line Terminal）、光分配网络（ODN，Optical Distribution Network）、光网络单元（ONU，Optical Network Unit）和适配功能模块（AF，Adaptive Function）组成。

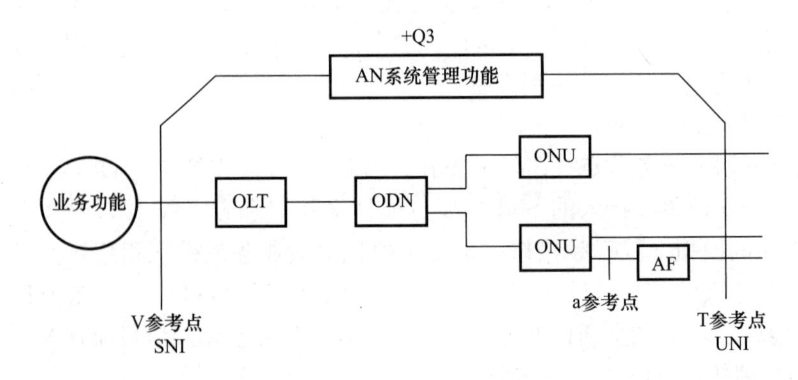

图 5-7 光纤接入网功能参考配置

OLT 为接入网提供与本地交换机之间的接口，并通过光传输与用户端的 ONU 通信，它将交换机的交换功能与用户接入完全隔开；OLT 提供对自身和用户端的维护和监控，它可以直接与本地交换机一起放置在交换局端，也可以设置在远端（用户端）。

ODN 在 OLT 与 ONU 之间提供光传输手段，其主要功能是完成光信号功能的分配。ODN 是基于 PON 设备的 FTTx 光缆网络。其作用是为 OLT 和 ONU 之间提供光传输通道。从功能上分，ODN 从局端到用户端可分为馈线光缆子系统、配线光缆子系统、入户线光缆子系统和光纤终端子系统四个部分。

ONU 的作用是为接入网提供用户侧的接口，它可以接入多种用户终端，如电话机、计算机、电视机等，可以提供各种多媒体业务。ONU 同时具有光电转换功能以及相应的维护和监控功能。其主要职能是终结来自 OLT 的光纤，处理光信号并为多个小企业、事业用户和居民住户用户提供业务接口。ONU 的网络端是光接口，而其用户端是电接口，因此 ONU 具有光/电的互转功能，还具有对话音的数/模互转功能。ONU 通常放置在用户侧。

由于光纤接入网使用的传输媒介是光纤，因此根据光纤深入用户群的程度，可将光纤接入网分为光纤到路边（FTTC，Fiber to the Curb）、光纤到大楼（FTTB，Fiber to the Building）、光纤到办公室（FTTO，Fiber to the Office）和光纤到户（FTTH，Fiber to the Home）。它们统称为 FTTx。FTTx 不是具体的接入技术，而是光纤在接入网中的推进程度或使用策略。

AF 为 ONU 和用户设备提供适配功能，即接口转换与适配。

OAN 根据其 ODN 中是否采用了有源光器件，可分为两大类：有源光网络（AON，Active Optical Network）和无源光网络（PON，Passive Optical Network）。

AON 实质上是主干网传输技术在接入网中的延伸。ODN 采用了光放大器、光复接设备或光集中器等设备，配合光纤连接部件组成。其特点是传输距离远，传输容量大，业务配置灵活。缺点是造价高昂，需要供电，运行维护复杂。AON 通常采用点到点连接方式，又可分为基于 SDH 的 AON 和基于多业务传送平台（MSTP，Multiple Service Transport Platform）的 AON。

PON 是真正的光接入网。其 ODN 采用无源光器件，如无源分光器（POS，Passive Optical Splitter），配合光纤及连接器等组成。PON 造价低廉，结构简单，抗干扰能力强，易于安装及扩容，运维容易。PON 依据传输技术目前主要有基于以太网的 EPON（Ethnet PON）和 GPON（Gigabit PON），特别是后者目前应用比较普遍。

（1）OAN 传输技术

OAN 传输技术主要是指 OLT 和 ONU 之间的通信。从 OLT 到 ONU 方向称为下行信道，从 ONU 到 OLT 方向称为上行信道。传输技术采用了双工双向传输（点到点方式）和双工多址传输技术（点到多点方式）。

双向传输采用了不同的光复用技术，可以在单根光纤或双纤上进行光信号的双向传输。采用的光复用技术包括光空分复用（OSDM，Optical Spacial Devision Multiplexing）、波分复用（WDM，Wavelength Devision Multiplexin）、时间压缩复用（TCM，Time Compression Multiplexing）和光副载波复用（OSCM，Optical Sub-carrier Multiplexing），其中 WDM、TCM 为单纤传输，OSCM 既可以单纤也可以双纤传输。

多址接入传输技术主要应用于 PON 中 ONU 到 OLT 的上行传输，主要包括光时分多址（OTDMA，Optical Time-Division Multiple Access）、波分多址（WDMA，Wavelength-Division Multiple Access）、光码分多址（OCDMA，Optical Code Division Multiple Access）和光副载波多址（OSCMA，Optical Sub-carrier Multiple Access）等技术。

目前 OAN 的 ITU-T 标准是以 OTDMA 方式为基础的，但不排除其他接入方式。

（2）宽带无源光网络（x-PON）

PON 是一种纯介质网络，在 OLT 和 ONU 之间的 ODN 没有任何有源设备，避免了室外设备的电磁干扰和雷电影响，减少了线路和外部设备的故障率，提高了系统可靠性，同时节省了维护成本，是电信维护部门长期期待的技术。

PON 的业务透明性较好，原则上可适用于任何制式和速率信号。

PON 技术采用了点到多点拓扑结构，OLT 发出的下行光信号通过一根光纤经由无源光分路器广播给各 ONU/ONT。不同的数据链路层技术和物理层 PON 技术结合形成了不同的 PON 技术，例如 ATM+PON 形成了 APON，Ethernet+PON 形成了 EPON，GFP/GEM+PON 则形成了 GPON。

当前实际应用较为广泛的是基于以太网技术的 EPON 和基于通用帧结构的 GPON。EPON 技术的主要支持者是日本和韩国的运营商，而 GPON 的市场主要是北美、欧洲等。在我国，早期的 PON 系统以 EPON 为主，当前则更多采用了 GPON。

EPON 和 GPON 主要特性的异同对比见表 5-3。

GPON 与 EPON 对比 **表 5-3**

特性		GPON	EPON
技术标准		ITU-T G. 984x	IEEE 802. 3ah
体系结构		三层： 物理媒质层 传输汇聚层 管理控制接口层	二层（与以太网兼容）： 数据链路层 物理层
帧结构		GFP（Generic Framing Procedure）/GEM（General Encapsulation Methods）	以太网帧
物理层编码		NRZ	8B/10B
传输速率	上/下行	155Mbps/1. 25Gbps（非对称） 622Mbps/1. 25Gbps（非对称） 1. 25Gbps/1. 25Gbps（对称） 155Mbps/2. 5Gbps（非对称） 622Mbps/2. 5Gbps（非对称） 1. 25Gbps/2. 5Gbps（非对称） 2. 5Gbps/2. 5Gbps（对称）	1Gbps/1Gpbs
传输方式	复用	WDM/单纤双向	WDM/单纤双向
	上行	OTDMA，1310nm 光源	OTDMA，1310nm 光源
	下行	广播方式，1490nm 光源	广播方式，1490nm 光源
	CCTV 业务	1550nm	1550nm
最大传输距离		20km	10km、20km
ONU 最大距离差		20km	—
支持分光比		1∶64，最大 1∶128	1：n，n=1～64
带宽利用率		94%	80%
QoS		高	低
技术复杂度及造价		高	低

GPON 和 EPON 采用的传输技术基本相同，都是采用单纤和 WDM 双向传输，下行采用广播方式，上行采用时分多址方式，如图 5-8 所示。

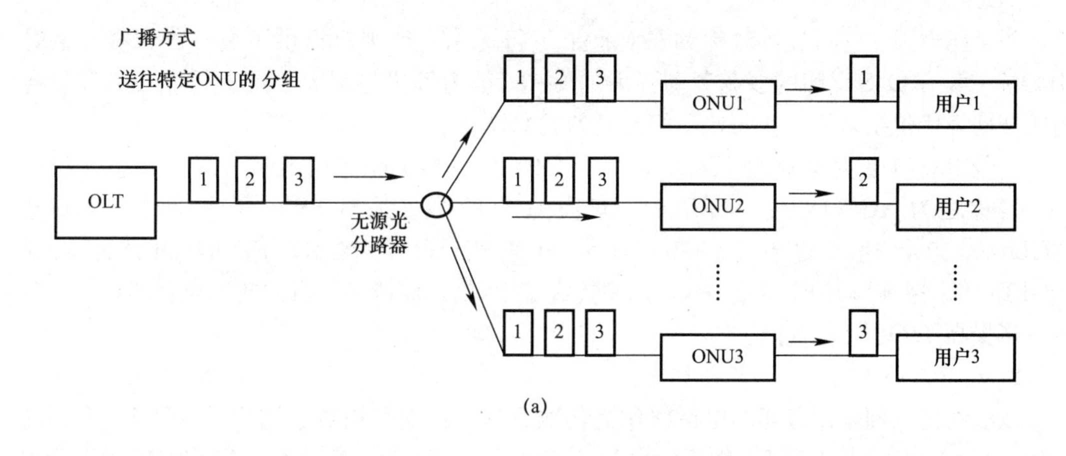

(a)

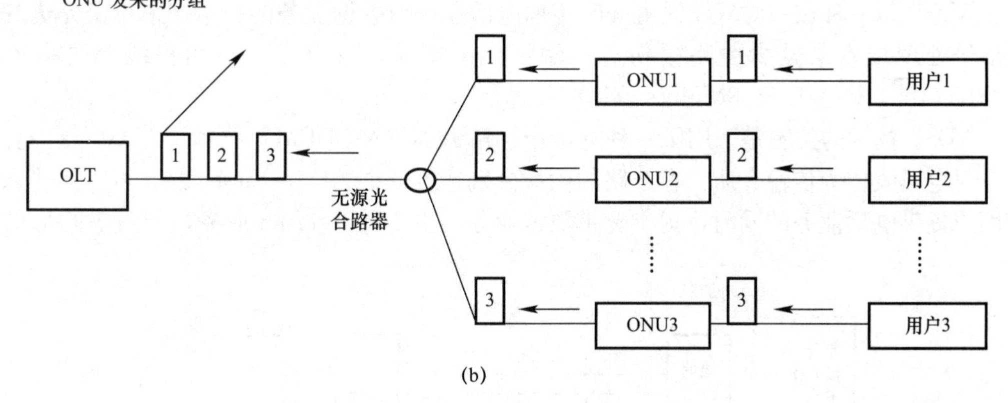

(b)

图 5-8　GPON/EPON 传输方式

(a) 下行方向；(b) 上行方向

下行方向 OLT 将数据包以广播方式传输给所有的 ONU，每个数据包带有目的地 ONU 地址。当数据包到达 ONU 后，由 ONU 的传输汇聚层或 MAC 层（介质访问控制层）进行地址解析，提取出属于自己的数据包，丢弃其他的数据包。上行方向采用时分多址（TDMA）技术，每个 ONU 被分配一个时隙用来发送自己的数据，不与其他 ONU 的数据相冲突，多个 ONU 的上行信息组成一个 TDM 信息流传送到 OLT。由于每个 ONU 到 OLT 的距离不同，传输时延不一样，到达 OLT 的时间是不同的。为使各 ONU 上传的信号不重叠，OLT 要精确测定到每个 ONU 的距离。这个过程被称为测距，即计算 OLT 到 ONU 的传输往返时间（RTT）。OLT 将时延通知到每个 ONU，每个 ONU 按照不同的补偿时延调整各自的数据发送时刻，使每个 ONU 到 OLT 的逻辑距离都相同。PON 中较复杂的功能主要集中在 OLT 中，而 ONU 的功能比较简单，因此用户端设备造价低。

EPON 是基于以太网的无源光网络，传输的是以太网帧结构。相对于 GPON，EPON 协议简单，对光收发模块技术指标要求低，因此系统成本较低。另外，它继承了以太网的可扩展性强、对 IP 数据业务适配效率高等优点，同时支持高速 Internet 接入、语音、IPTV、TDM 专线甚至 CATV 等多种业务综合接入。

GPON 的 GFP/GEM 帧封装能力强、效率高，支持的业务多，且提供多个 OAM 通道，网管能力强。它可提供对称和非对称上下行速率，给用户提供了更多的选择。但是GPON承载有QoS保障的多业务和强大的OAM能力等优势很大程度上是以技术和设备的复杂性为代价换来的，从而使得相关设备成本较高。

随着市场对带宽需求的不断增长，GPON和EPON也都在不断升级。最新一代的GPON称之为XGPON或10G-PON，对应的ITU协议是G.987，最大下行速率高达10Gbit/s，上行速率也有2.5Gbit/s，同样采用WDM技术。EPON的升级版是10GEPON，标准为IEEE 802.3av，速率提高了10倍，保持了惯有的向下兼容的传统，且进一步提高了OAM的性能。

2. 双绞线接入网

双绞线接入网采用普通的电话线作为传输介质，传输采用数字用户线（DSL，Digital Subscriber Line）技术，可提供固定电话、宽带Internet接入等业务。目前常用的为非对称数字用户线（ADSL）技术。

ADSL是一种在一对双绞线上同时传输电话业务与数据业务的技术，采用了先进的数字信号处理技术来减少线路损伤对传输性能的影响，可以在一对用户线上进行上行640kbit/s、下行达1.5～8Mbit/s速率的传输。

ADSL技术的关键是采用了一种宽带调制解调器（MODEM）技术。ADSL使用普通的一对电话线作为传输介质，在线路的两端分别连接一个ADSL MODEM，可以向普通电话用户提供电话业务的同时，提供宽带数据业务，主要是Internet业务，如图5-9所示。

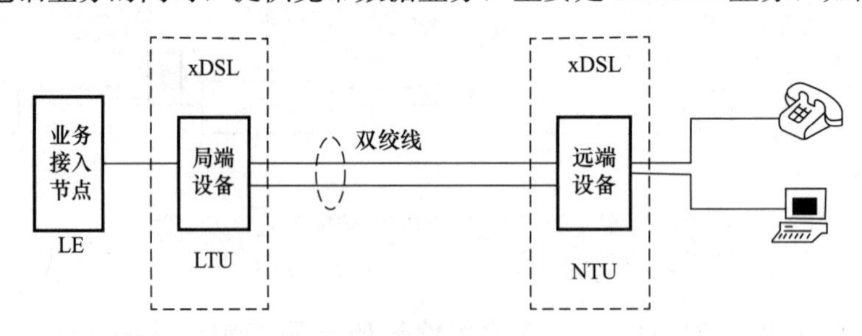

图5-9　ADSL接入原理

ADSL采用频分复用方法，把双绞线的传输频带划分为低频段、上行数据传输频段和下行数据传输频段3部分，使得一对双绞线上可以提供3种信息传输通道，即模拟电话通道、中速双向数据通道和高速下行数据通道，如图5-10所示。三个通道可同时工作。由于下行的通道占据高频端，因此下行的速率受传输距离的影响较大。ADSL系统的传输距离一般3～5km。

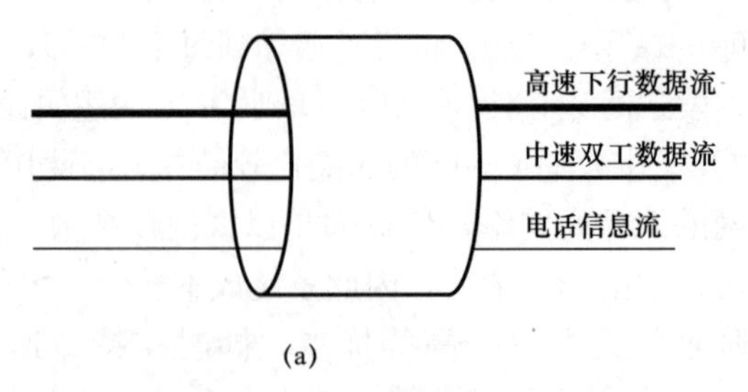

(a)

图5-10　ADSL传输通道（一）

(a) ADSL传输通道

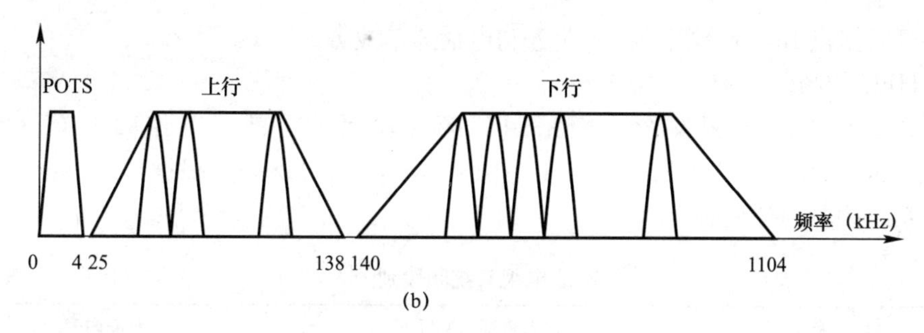

图 5-10 ADSL 传输通道（二）

（b）ADSL 频谱

在信号的调制方面，ADSL 分别采用了正交幅度调制（QAM，Quadrature Amplitude Modulation）和离散多音频（DMT，Discrete Multi Tone）调制技术以及数字相位均衡、回波抵消等数字信号处理技术。

QAM 调制技术具有带宽利用率高、抗噪能力强的优点，其工作原理已在第 2 章中介绍过了，在此不再赘述。

DMT 是一种多载波调制技术，其原理是将整个传输频带划分成若干子频带，每个子频带有不同频率的载波，在各个载波上分别进行 QAM 调制，每个子信道上传输的信息速率由当前子信道的传输性能决定。ADSL 的 DMT 调制将上、下行通道（4～1104kHz）分为 255 个子信道，子载波频率间隔为 4.3125kHz。DMT 调制系统可以根据各子信道的瞬时衰减特性、群时延特性和噪声特性使用 255 个子信道。从而使通信容量达到最高传输能力。

ITU 为 ADSL 制订了两个标准。ITU-T G.992.1 是采用分离器技术的 ADSL 标准，支持的上行数据传输速率为 640kbps，最低下行数据传输速率为 6.144Mbps，有效传输距离为 3～5km。由于要在用户端加装语音分离器，需要专业人员安装，而且系统造价高。ITU-T G.992.2（G.Lite）是不采用分离器技术的 ADSL 标准，它是一种简化的 ADSL，也被称作 ADSL G.Lite，支持的上行数据传输速率为 32～152kbps，下行数据传输速率为 64k～1.5Mbps，有效传输距离为 3～5km。ADSL G.Lite 安装简便，成本低，获得了广泛应用。

ADSL 采用先进的数字信号处理技术、编码调制技术和纠错技术，但是在推广 ADSL 业务时，用户线路的许多特性，包括线路上的背景噪声、脉冲噪声、线路的插入损耗、线路间的串扰、线径的变化、线路的桥接抽头、线路接头和线路绝缘等因素将影响高速率传输业务的性能。首先，铜线的插入损耗将随着线路距离的增加而成比例地增加，并且在同一距离下各子信道的插入损耗也发生变化，这个因素和线路固有的背景噪声、脉冲噪声、调制解调器的接收灵敏度一起将限制在单用户线上 ADSL 所能够传输的最大距离。

3. 光纤同轴混合接入网技术

光纤同轴混合网（HFC，Hybrid Fiber Coax），顾名思义就是将光纤网和同轴电缆网结合起来形成的网络。众所周知，同轴电缆是有线电视系统所采用的主要传输介质。因此，从接入技术的角度看，HFC 是从传统的有线电视（CATV）网络发展而来的。

传统的有线电视网只提供电视广播接入业务，而 HFC 则在提供电视广播业务接入的同时，还可以提供 Internet 宽带接入业务和电话通信业务。

（1）HFC 的频谱分配

目前现有的有线电视系统一般采用邻频传输系统，最高工作频率有 300MHz、450MHz、550MHz、750MHz、860MHz 和 1000M（1G）Hz 等。根据国家标准规定，对有线电视系统频段划分见表 5-4。

有线电视系统频段划分　　表 5-4

波段名称	频率范围（MHz）	业务内容
R	5～65	上行业务
X	65～87	过渡带
FM	87～108	广播业务
A	110～1000	模拟电视、数字电视、数据业务

在 HFC 网中，不同业务信号的复用和两个传输方向的隔离都是采用副载波频分复用方式。整个网络通道按方向划分为上行频段（用户发向网络前端）和下行频段（网络前端发向用户），然后在每一频段中再按业务划分频道。目前对 HFC 频谱资源的划分尚未形成统一的国际标准，图 5-11 所示为我国当前采用的频谱划分方式。

对上行频段的划分国际上有如下几种方案：5～42MHz、5～55MHz 和 5～65MHz。我国采用 5～65MHz 方案。对下行频段的最高频率，国际有 750MHz、860MHz 和 1000MHz 等方案，我国当前主要采用 750MHz 方案，正在向 860MHz 和 1000MHz 过渡。HFC 频谱的具体分配为：5～50MHz 用于普通电话业务；50～550MHz 用于 CATV，可传输 60～100 路模拟广播的 PAL 制电视信号；550～750MHz 用于 400 路压缩的数字通道，其中 200 路用于点播电视，200 路用于交互式业务；750～1000MHz 保留作为个人通信用，如移动电话接入业务。

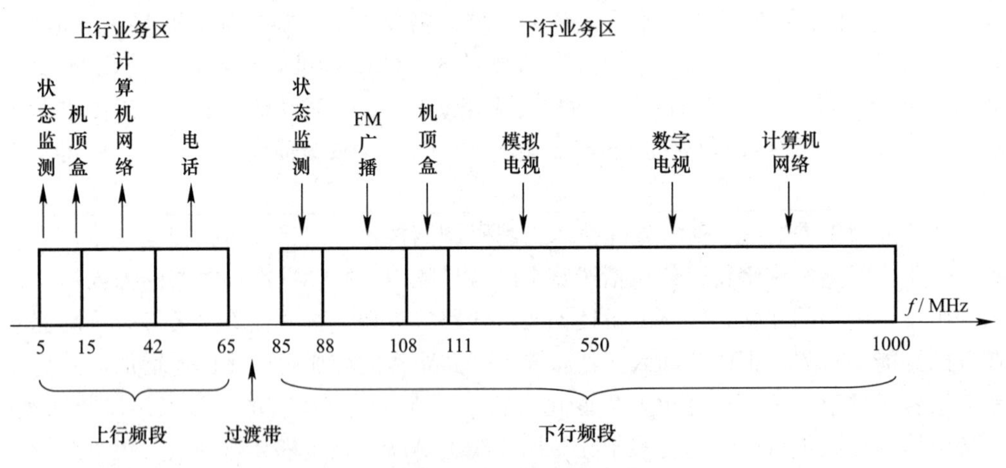

图 5-11　HFC 频谱分配

（2）HFC 网络结构

HFC 网络由光纤主干传输网络和同轴电缆分配网络组成，如图 5-12 所示。光纤干线一般采用星形拓扑结构，同轴电缆分配网络则采用树形拓扑结构。

HFC 的前端分别与 PSTN、CATV 网、Internet 主干网以及卫星网络、自办节目源等信号源设备相连，把各信号源发送的信号进行滤波、变频、放大、加扰、再生、调制、混合等处理，使其适于在 HFC 网络中进行传输和管理。在一个较大规模的 HFC 网络中，前端往往不止一个，可能会有若干个分前端。通常把与本地用户分配网直接相连的前端叫作本地前端，非直接相连的前端叫作远程前端。

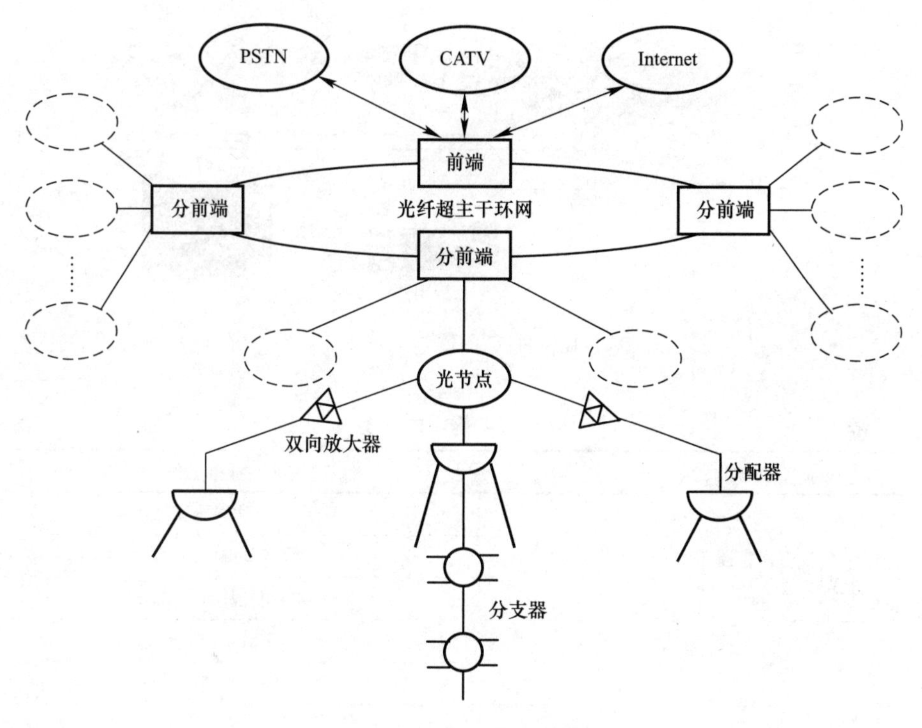

图 5-12　HFC 网络结构

前端设备输出的信号进入传输网络。在光纤主干传输网中，前端设备输出光信号，视前端与光结点的距离，可以考虑是否需要在传输线路中加入光放大装置。HFC 光纤干线传输网络的工作原理与一般光网络相同，在此不做赘述。

HFC 网络中的光节点设备负责完成光-电信号转换，然后将信号送入分配网络。分配网络主要由分配器、分支器和必要的支线放大器等组成。支线放大器将补偿同轴电缆的传输损耗。分配网络的主要功能是将一定强度的信号发送到各用户的终端设备，保证用户正常接收电视广播信号和其他的接入业务信号，同时能够把用户的上行信号发送给光节点。

HFC 网络与传统 CATV 网络有两大不同，第一个不同是 HFC 网络是双向传输网络，而 CATV 是单向传输的。第二个不同就是用户终端设备的不同。在 HFC 网络中，要实现多种业务的发送和接收，终端设备必须使用机顶盒（STB，Set-top Box），或电缆调制解调器（Cable Modem），普通 CATV 网络中可以用电视接收机直接接收电视广播。机顶盒是 HFC 网络中的关键设备，通过它连接各种业务的终端设备，如电视接收机、个人计算机、电话机等，如图 5-13 所示。

（3）HFC 提供的业务

HFC 网络具有的功能包括模拟/数字/高清电视广播、高速 Internet 接入、视频点播（VOD，Video on Demand）、电话、视频会议等，见表 5-5。

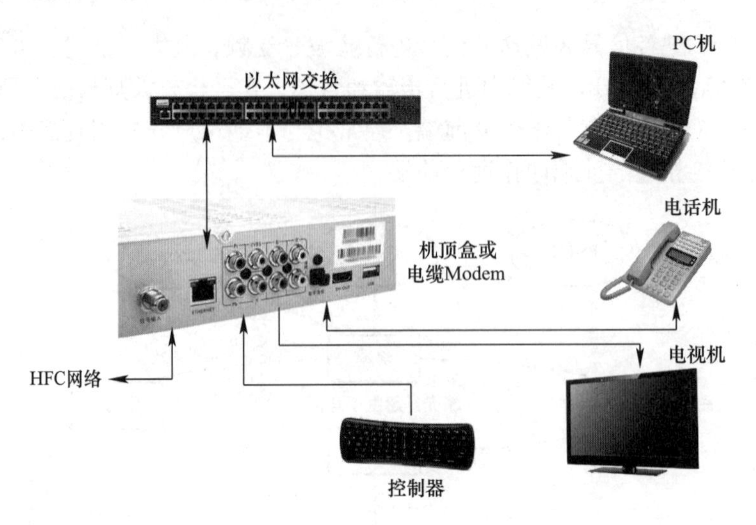

图 5-13 HFC 网络终端接入方式

HFC 网络提供的业务 **表 5-5**

业务类别	业务名称
电视广播业务	模拟电视广播
	数字电视广播（DVB）
	高清电视广播（HDTV）
语音广播业务	FM 立体声广播
	数字广播（DAB）
数据广播业务	图文电视
	无线数据广播（RDS）
交互式音、视频业务	视频点播（VOD）
	准视频点播（NVOD）
	音乐点播（MOD）
Internet 业务	WWW
	E-mail
	电子商务
	网络游戏
	远程办公/教育/医疗
电信业务	电话/传真
	可视电话
	IP 电话
	视频会议
社区/家居业务	家庭能源管理
	家庭安防
	智能家居

5.3.4 无线接入网技术

无线接入网是以无线电技术（包括移动通信、无绳电话、微波及卫星通信等）为传输手段，连接起端局及用户间的通信网。无线接入系统定位为本地通信网的一部分，它是本地有线通信网的延伸、补充和临时应急系统。

无线接入网主要应用于地僻人稀的农村及通信不发达地区、有线基建已饱和的繁华市区以及业务要求骤增而有线设施建设滞后的新建区域等，特别适用于沙漠、海岛、偏远山区等用户分散、有线设施建设难度大、成本高的地区。无线接入网能够迅捷地解决有线接入网在这些地区所面临的困难。其优点在于方便、经济、快捷、覆盖范围大、易于维护。

以 2Mbit/s 为界，低于 2Mbit/s 的无线接入网称为低速或窄带无线接入网，高于 2Mbit/s 的，称为高速或宽带无线接入网。

按照用户的移动性，无线接入网分为固定无线接入网（FWAN，Fixed Wireless Access Network）和陆地移动无线接入网（LMWAN，Land Mobile Wireless Access Network）。

1. 固定无线接入技术

固定无线接入（FWA）的基本模式是以微波为传输介质，用无线的方式将固定的用户终端设备接入到核心网络中，如图 5-14 所示。FWAN 可以向用户提供与有线接入网相同的接入服务。目前使用的宽带 FWAN 系统有以下几种。

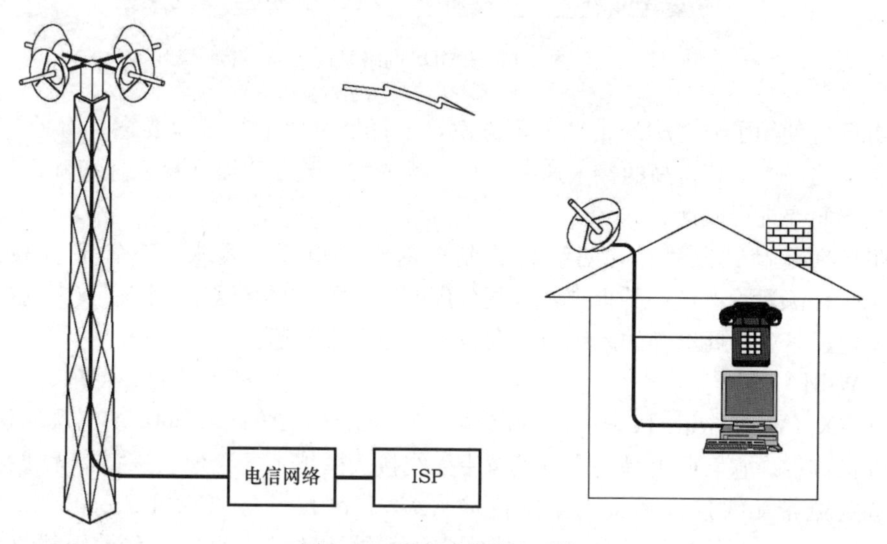

图 5-14 固定无线接入系统

(1) 多路多点分配业务系统

多路多点分配业务（MMDS，Multichannel Multipoint Distribution Service）源于开路的电视教育广播系统，后改造为双向的数字化传输系统，在用户端安装一个双向收发器和 MMDS 调制解调器，就可以为用户提供 Internet 接入、电话、VOD 等业务。

MMDS 的工作频率为 2.1～2.5GHz，波长 10～12cm，可以穿透树叶，雨衰较小，覆盖范围可达 50km，因此可以用来构建无线城域网（WMAN，Wireless Metropolitan Network）。MMDS 的最大优势是传输技术非常成熟，并且局端的设备也是现成的，所以建设成本有很大优势。但在上述频段，MMDS 的带宽相对有限，且以共享方式提供用户，因此仅适用于在用户相对分散、容量较小的地区使用。

（2）本地多点分配业务系统

本地多点分配业务系统（LMDS，Local Multipoint Distribution Service）的工作频段比 MMDS 高得多，各国给该业务分配的频段有所不同，一般在 24～40GHz 之间。在这么高的频段工作，意味着可以提供更高的接入带宽。LMDS 的可用频带可以超过 1GHz，因此可以承载各种业务，包括语音、数据和图像等。工作频率的提高也意味着传输距离的缩减。在该频段，传输范围是 2～5km，若要覆盖一个城市，需要建立多个发射塔，因此 LMDS 的网络结构类似于蜂窝移动通信系统，如图 5-15 所示。

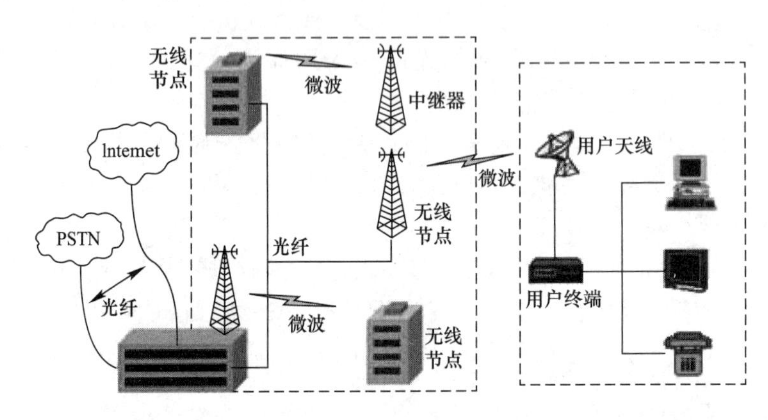

图 5-15　LMDS 网络系统

LMDS 也使用了非对称的带宽分配方案，下行带宽比上行带宽要宽。但是 LMDS 的带宽是共享的，为了获得高的接入速率，必须减少用户数。所以在接入速率和系统容纳的用户数量方面要进行权衡。

LMDS 在超高频段工作，对设备的制造提出了很高的要求，系统造价高。此外，LMDS 的工作频段没有统一的标准，各国分配的频率不一样，这就给该项技术的推广带来许多不确定因素。因此这样的系统目前在各国应用并不普遍。

（3）WiMAX 系统

WiMAX（Worldwide Interoperability for Microwave Access）的中文名称叫作全球微波接入互操作性。它实际上是一个有关宽带无线接入网技术的论坛，该宽带无线接入技术叫作“固定宽带无线接入系统的空中接口（Air Interface for Fixed Broadband Wireless Access Systems)”。WiMAX 系统既支持固定无线接入方式，也支持移动无线接入方式。2002 年 4 月 WiMAX 被 IEEE 于批准为一项正式的标准，编号为 802.16，即 IEEE 802.16，然后在 2007 年被 ITU 批准成为第 4 个 3G 国际标准。

WiMAX 使用的工作频段从 2GHz 可以延伸到 66GHz，范围非常宽。802.16 标准定义的空中接口由物理层和 MAC 层组成，其协议栈如图 5-16 所示。

IEEE 802.16 的物理层由物理介质子层（PMD，Physical Medium Dependence Sublayer）和传输汇聚子层（TC，Transmission Convergence Sublayer）两个子层组成，PMD 子层承担一般网络物理层的作用，可以支持多种调制技术，既有传统的 PSK、QAM，也有 OFDM、OFDMA（Orthoronal Freqency Division Multiple Ancress）、MIMO 等先进的编码和调制技术。在物理介质子层之上的汇聚子层，则起到将物理层与数据链路层隔离的作用。

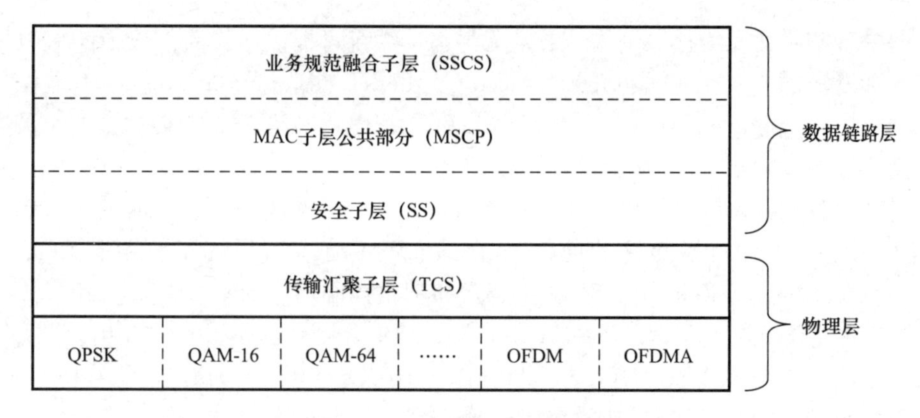

图 5-16　IEEE 802.16 协议栈

数据链路层由三个子层组成，下面的是安全子层（SS，Security Sublayer），提供认证、密钥管理和加解密处理，采用数字证书认证方式，以保证信息的安全传输。中间的子层是 MAC 子层的公共部分（MSCP，MAC Sublayer Common Part），实现 MAC 的主要功能，包括系统接入、带宽分配、连接建立和维护。802.16 的 MAC 层是面向连接的，因此可以提供 QoS 分级服务功能，这与其他的 802 系列网络截然不同。上面的子层叫做业务规范融合子层（SSCS，Service Specific Convergence Sublayer），其功能是建立与网络层的接口，汇聚上层不同的业务，实现无连接方式如 IP、以太网等和面向连接方式如 ATM 等的透明传输。

WiMAX 系统的特点归纳起来有以下几点。

1）传输速率高，覆盖范围大。通过采用 OFDM 和智能天线技术以及灵活的编码方式，WiMAX 系统的频谱利用率非常高，并且可以动态分配带宽；传输速率与距基站的距离有关，对于距离较近的用户，在典型的 25MHz 的频带下，速率可到达 150Mbps，远距离的也可实现 50Mbps 的速率。如采用宏蜂窝方式覆盖，半径一般为 6～10km。

2）具有 QoS 机制。WiMAX 系统定义了 4 种业务类型，即恒定速率（比特率）业务（可用来支持高质量的流媒体业务，如视频和未经压缩的音频）、实时变速率业务（可支持压缩的流媒体业务）、非实时变速率业务（用于支持大文件的传输等）和尽力投递业务（可以用来支持所有其他的应用，特别是典型的 Internet 应用）。

3）较高的数据安全性。通过设置一个安全子层，实现认证、加密等管理机制。

4）基于全 IP 的网络架构。802.16 设备可以接入现有 IP 网络，实现互联互通和无缝融合。

5）制定了统一的技术标准，系统建设的投资风险小。

WiMAX 是一种新兴的无线宽带接入技术，曾被寄予很高的期盼，但随着蜂窝移动通信技术，特别是 5G 技术的快速发展，它的前景很不乐观。

（4）移动无线接入技术

移动无线接入技术与固定无线接入技术的最大区别在于终端设备的不同。在移动无线接入系统中，终端设备是可移动的。根据终端设备移动范围的大小，可以把移动无线接入技术分为三类，即小范围移动系统、区域范围移动系统和全球移动系统。

小范围移动系统的移动范围一般是在一个住户内或庭院内，典型的系统是无绳电话系统，它是一种窄带的无线接入网络。数字无绳电话系统可提供话音通信或中速率数据通信等业务，如欧洲的DECT（Digital Enhanced Cordless Telecommunications）、日本的PHS（Personal Handy-phone System）等技术体制和采用PHS体制的UT斯达康的小灵通等系统，最适宜建筑物内部或单位区域内的专用无线接入系统。

区域范围移动接入网是指可以在一个地区，如一个国家或一个洲内提供接入能力的系统。这类系统往往采用蜂窝移动通信技术。蜂窝移动通信系统主要由移动交换中心（MSC，Mobile Switch Centre）、基站（BS）和基站控制器（BSC，Base Station Controller）、用户位置寄存器（HLR/VLR，Home Location Register/Visitor Location Register）、鉴权管理中心（AUC/OMC，Authentication Centre/Operation Centre）和移动终端组成。因每个基站覆盖面积的形状近似于六边形，使得整个网络的覆盖区域像一个蜂房，因此而得名，如图5-17所示。在该系统中，只要是基站覆盖的区域都可以向移动终端设备提供接入服务。3G以上的系统已可以支持2Mbps以上的数据传输业务，属于宽带移动接入网。

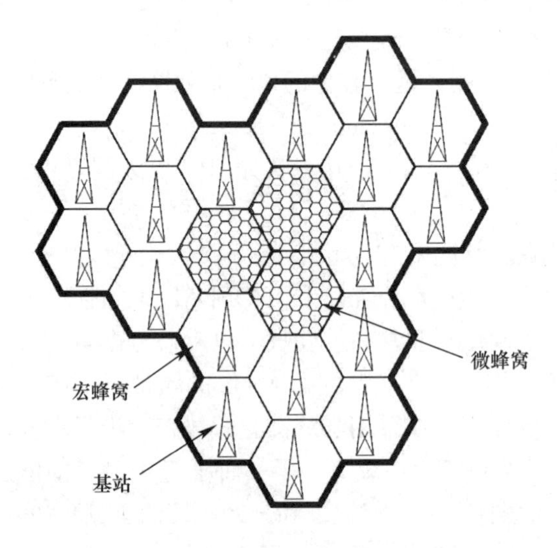

图5-17　蜂窝移动通信系统

能够在全球范围实现移动接入，需要借助卫星通信技术。传统卫星通信系统采用对地静止轨道卫星，可以实现大范围的地区覆盖，但是存在信号传播延迟大、对终端设备的发射功率要求高等不足，对高速数据通信十分不利。现代的移动通信卫星系统则采用距地面约5000km以下的低轨道卫星或10000km左右的中轨道卫星，多颗卫星组成星座，覆盖全球，可以实现无缝覆盖。

5.4　小　　结

本章介绍了通信网的一般结构。它由核心网、接入网和用户驻地网络组成。广域网主要由核心网和接入网两部分组成。

根据信息传输和交换的方式与采用的技术，可以将核心网划分由三种形式，或称为三个域，即电路交换域、分组交换域和IP多媒体子系统域（IMS）。IMS是后起之秀，采用横向功能层次结构和软交换技术，可以融合各种不同的业务应用，因此应用愈来愈广泛，最终会取代电路交换和分组交换网络。

接入网是核心网与用户网络的桥梁。它处于电信网的末端，与用户的网络或终端设备直接相连，完成各种电信业务和其他信息通信业务的接入。

接入网有三类接口，分别是与用户终端或用户专网连接的用户网络接口UNI、与核心网连接的业务节点接口SNI和与网管系统连接的Q3接口。其中UNI接口又分为模拟和数字接口。

接入网的接入方式可以分为有线接入和无线接入两类。

目前普遍采用的有线宽带接入技术有ADSL、FTTx、HFC。ADSL基于现有的电话网络，采用双绞线作为传输介质，以非对称信道向用户提供以Internet宽带接入业务和语音接入业务；FTTx采用光纤作为传输介质，以有源或无源光分配网络向用户提供宽带接入业务；HFC则是基于现有的有线电视网，经过双向改造后向用户提供以有线电视、VOD和Internet业务为主的接入服务。

无线接入网可分为固定无线接入网和移动无线接入网两种。固定无线接入网以WiMAX应用最为广泛，符合IEEE 802.16规范。WiMAX后来不仅作为固定无线接入网，而且可以支持移动接入，并于2007年10月被ITU正式批准成为继WCDMA、CDMA2000和TD-SCDMA之后的全球第4种3G标准。移动无线接入主要由各种蜂窝移动通信基站为平台的系统组成，当前主要有4G和已经开始商用的5G网络。

习　　题

1. 何为广域网？它有哪些特点？
2. 通信网是如何划分的？举例说明它们之间的不同。
3. 简述电信网络的一般结构。
4. 核心网有哪些主要功能？
5. 说明电路交换域、分组交换域的关键技术及功能。
6. IMS有何特点？为何IMS应用越来越广泛？
7. 试述接入网的定义。
8. 接入网有哪些特征和功能？
9. 接入网有哪几种接口？
10. 接入网有哪些接入类型？试举出目前应用最广泛的3种接入技术。
11. 简述光纤接入网的基本组成。
12. 简述光纤同轴混合网（HFC）的特点和系统结构。
13. 光纤接入网是如何实现双向传输的？主要应用了哪些技术？
14. 画图说明PON系统的构成。在PON中采用了哪些技术？
15. 无线接入系统有何特点？
16. 固定无线接入与移动无线接入的不同之处有哪些？
17. 试比较WiMAX与WLAN的不同。

参 考 文 献

1. 石文孝. 通信网理论与应用 [M]. 北京：电子工业出版社，2016.
2. 赵瑞玉，胡珺珺. 现代通信网络（第 2 版）[M]. 北京：北京大学出版社，2017.
3. 黄俊. 现代有线电视网络技术与应用 [M]. 北京：机械工业出版社，2012.
4. 王景中等. 计算机通信网络技术 [M]. 北京：机械工业出版社，2010.
5. 现代通信网络实用教程 [M]. 北京：机械工业出版社，2009.
6. Andrew S. Tanenbaum. Computer Networks (Fourth Edition) [M]. 北京：清华大学出版社，2004.
7. 李仲令等. 现代无线与移动通信技术 [M]. 北京：科学出版社，2006.
8. 王兴亮，李伟. 现代接入技术概论 [M]. 北京：电子工业出版社，2009.
9. 马忠贵等. 现代交换原理与技术 [M]. 北京：机械工业出版社，2009.
10. 刘剑波等. 有线电视网络 [M]. 北京：中国广播电视出版社，2006.
11. 尤克，黄静华，任力颖，吴佳欣. 通信网教程 [M]. 北京：机械工业出版社，2009.
12. 林如俭. 光纤电视传输技术 [M]. 北京：电子工业出版社，2001.
13. 李鉴增，焦方性. 有线电视综合信息网技术 [M]. 北京：人民邮电出版社，1997.

第 6 章　Internet

Internet（International Network）也称国际互联网、因特网，是一个把世界各地的计算机网络连接在一起，以 TCP/IP 协议进行通信、共享资源的计算机网络。该网络是世界上规模最大、用户最多、影响最大的计算机互联网络，通过它可以访问全世界的重要信息资源，是信息时代人类进行交流、共享资源不可缺少的手段和途径。

Internet 上的信息资源可谓包罗万象：既涉及科学技术的各种专业信息，也涉及与大众日常工作和生活息息相关的信息；既有严肃主题的信息，也有体育、娱乐、旅游、消遣和奇闻异事一类的信息；既有历史档案信息，也有现实世界的信息；既有知识性和教育性的信息，也有消息和新闻的传媒信息；既有学术、教育、产业和文化方面的信息，也有经济、金融和商业信息等。信息的类别多种多样，如文字、表格、图形、影像、声音以及它们的合成等。这些信息分布在世界各地的计算机上，以各种可能的形式存在，如文件、数据库、公告牌、目录文档和超文本文档等，而且这些信息一直处于不断的更新和变化中。可以说，Internet 是一个取之不尽用之不竭的宝库。

6.1　Internet 概述

Internet 是现代计算机技术、通信技术与信息处理技术相结合的产物，被认为是未来全球信息高速公路的雏形。一般说来，凡是采用 TCP/IP 协议并能够与 Internet 上的任何一台计算机进行通信的计算机都可以看成是 Internet 的一部分。Internet 以相互交流信息资源为目的，基于一种共同的协议，并通过许多路由器和公共互联网而成，它是一个信息资源和资源共享的集合。Internet 目前的用户已经遍及全球，有超过几亿人在使用 Internet，并且它的用户数还在按等比级数上升。

1. Internet 的定义

Internet 的中文名称为因特网，又叫作国际互联网。不同的 Internet 用户对 Internet 有不同的认识，特别是对不同领域的用户来说，更是如此。目前，经全国科学技术名词审定委员会审定的 Internet 定义有两个，一是“在全球范围，由采用 TCP/IP 协议族的众多计算机网相互连接而成的最大的开放式计算机网络”。二是“世界范围内网络和网关的集合体，使用通用的 TCP/IP 协议簇进行相互通信，是一个开放的网络系统”。

2. Internet 发展简史

Internet 起源于 20 世纪 60 年代末期，它是在美国国防部于 1969 年创建的 ARPANET（Advance Research Projects Agency Network）基础上发展起来的。ARPANET 是为了使在地域上相互分散的一些军事研究机构和大学之间实现硬件和软件资源的共享而开发的。ARPANET 是美国国防部的高级机密，当时的设计初衷是在战争情况下，当网络的某一部分被损坏后，网络中的其他部分仍能正常工作。

1983 年，ARPANET 被分成两部分，即 ARPANET 和 MILNET，但它们之间仍保持着互连状态，彼此之间仍可进行通信和资源共享。其后不久，这种网际互联的网络就被称为“Internet”，它标志着 Internet 的诞生。

1986 年，美国国家科学基金委员会网（NSFNET，National Science Foundation Network）建立，它对 Internet 的发展起到了非常重要的作用。NSFNET 也采用 TCP/IP 协议，在 5 个科研教育服务超级计算机中心的基础上建立了 NSFNET 广域网。由于美国国家科学基金委员会的鼓励和资助，很多大学、政府资助的研究机构以及私营的研究机构纷纷把自己的局域网并入到 NSFNET 中。到 1988 年底，NSFNET 已广泛地应用于全美国，开始成为 Internet 最主要的成员网。

1989 年，欧洲核子研究组织（CERN，European Organization for Nuclear Research）成功地开发出 WWW，为 Internet 实现广域超媒体信息截取/检索奠定了基础，同时，也使得 Internet 开始风靡世界，进入了迅速发展的时期。

到 1991 年，随着 Internet 规模的扩大，应用服务的不断扩展以及市场全球化需求的增长，CERFnet、PSInet 及 Alternet 这些商用网络相继问世。至此，Internet 不仅服务于教学和科研领域，也应用于经营性的商业活动中，世界各地无数企业及个人纷纷涌入 Internet，从而带来了 Internet 发展史上一个新的飞跃。

目前，Internet 已联系着超过 160 个国家和地区、4 万多个子网、500 多万台计算机主机，成为世界上信息资源最丰富的计算机公共网络。

我国于 1983 年通过计算机网络与国外进行了首次通信，1994 年开始与 Internet 相连。目前已有 5 个拥有独立出入口信道、面向公众经营业务的计算机互联网络与 Internet 相连，它们分别是：中国公用计算机互联网（CHINANET）、中国教育与科研网（CERNET）、中国金桥信息网（CHINAGBN）、中国科技网（SCTNET）和中国联通公用网（UNINET）。这五个网络是中国最主要的 Internet 服务机构，任何一个中国内地的用户必须通过上述五个服务机构之一才能连入到 Internet 之中。

3. Internet 的层次结构

从技术角度上看，Internet 本身并不是一种具体的物理网络技术，它是能够提供多种信息服务的众多网络的统称，是一种全球性的信息基础设施。Internet 具有规范的层次结构，在这个层次结构中，最上面的是主干网，由大型或巨型计算机通过专用线路直接连接，位于美国和部分欧洲国家；第二层为区域网，作为其他国家和地区的骨干网和主干网连接；第三层则是各类局域网，作为最终用户的接入层。

4. Internet 的基本服务

Internet 上有不计其数对人们有用的信息，使用搜索引擎可以帮助人们轻松地找到自己所需要的信息。用户只需输入一个或几个关键词，搜索引擎便会找到所有符合要求的网页，而用户只需要点击这些网页即可获取所需的信息。

Internet 服务实际上就是利用一些实用工具来实现人们相互通信和资源共享。从某种意义上说，正是 Internet 提供的大量服务促进了它的迅速发展和广泛应用。

Internet 上的服务资源种类可以说是数不胜数。目前，Internet 几乎渗透到人们生活、学习、工作、交往的各个方面，它使地球变得更小，工作、生活节奏变得更快，人们的交流变得越来越容易。

Internet 能够为用户提供多种服务，其中最主要的服务有电子邮件、远程登录、文件传输、电子公告板和万维网等。

（1）电子邮件（E-mail）

电子邮件可能是 Internet 上用户最多的一种服务，它是一种通过计算机网络与其他用户进行信息交换的快速、简便、高效、经济的现代化通信手段。

通过网络的电子邮件系统，用户可以用非常低廉的价格，以非常快速的方式，与世界上任何一个角落的网络用户联系，这些电子邮件可以是文字、图像、声音等各种形式。E-mail 不仅可以接收和发送文本信息，通过多媒体，还可以传送声音、图像等多种类型的文件。同时，用户还可以通过邮件系统得到大量免费的新闻、专题邮件等信息。

使用 E-mail 服务的前提是拥有一个电子邮箱，即 E-mail 地址，该地址实际上是在邮件服务器上建立的一个用于存储邮件的磁盘空间。

E-mail 的地址采用标准 Internet 地址的形式，即用户名@域名。其中，域名是指用户电子邮箱所在的邮件服务器的地址，用户名即为用户电子邮箱的名称。

E-mail 系统基于 C/S 模式，由 E-mail 客户软件、E-mail 服务器和通信协议三部分组成。E-mail 客户软件是用户用来收发和管理电子邮件的工具；E-mail 服务器为用户提供电子邮箱，并承担信件的投递业务。当用户发送一个电子邮件后，E-mail 服务器按“存储—转发”方式在网络中沿适当的路径把信件投递到目的地，即收信人的电子邮箱中；E-mail 主要采用简单邮件传输协议（SMTP）。SMTP 描述了电子邮件的信息格式及传递处理方法，以确保被传送的电子邮件能够正确地寻址和可靠地传输。

（2）远程登录（TELNET）

远程登录（TELNET）是指在 TELNET 协议的支持下，使自己的计算机与远程主机相连，并成为远程主机的仿真终端的过程。仿真终端等效于一个非智能的机器，它只负责把用户输入的每个字符传递给主机，再将主机输出的每个信息回显在屏幕上。一旦登录成功后，用户便可以实时地使用远程计算机对外开放的全部资源。

通常，要在远程计算机上登录，事先应成为该主机的合法用户，并拥有相应的账号和密码。但是，很多 Internet 中的主机都提供了某种形式的公众 TELNET 服务，对于这种开放性的服务，用户只要知道远程计算机的地址，无需密码就能够登录到该主机上。

TELNET 远程登录服务分为以下四个步骤：①本地与远程主机建立连接。该过程实际上是建立一个 TCP 连接，用户必须知道远程主机的 IP 地址或域名；②将本地终端上输入的用户名和口令及以后输入的任何命令或字符以 NVT 格式传送给远程主机。该过程实际上是从本地主机向远程主机发送一个 IP 数据包；③将远程主机输出的 NVT 格式的数据包转化为本地所接受的格式送回本地终端，包括输入命令回显和命令执行结果；④最后，本地终端撤销与远程主机的连接。该过程即是撤销一个 TCP 连接。

TELNET 是一种 C/S 模式的服务系统，它主要由客户软件、服务器软件和 TELNET 通信协议三部分组成。客户软件运行在用户计算机上，用户使用该软件，便可以使自己的计算机与远程主机相连，并成为远程主机的终端。

TELNET 服务器软件即远程登录服务器软件，是一种典型的 C/S 模型的服务，它应用 TELNET 协议进行工作。

TELNET 协议是位于 OSI 模型的第 7 层——应用层上的一种协议，是一个通过创建虚拟终端提供连接到远程主机终端的 TCP/IP 协议。这一协议需要通过用户名和口令进行认证，是 Internet 远程登录服务的标准协议。

TELNET 的主要用途有：①在用户终端与远程计算机之间建立一种有效的连接；②共享远程计算机上的软件和数据资源；③利用远程计算机提供的信息查询服务进行信息查询。

(3) 文件传输（FTP）

文件传输是指在不同计算机之间传输文件的过程，文件传输使用 FTP 协议。FTP 是一种实时联机服务，工作时用户首先登录到目的服务器上，然后在服务器目录中寻找所需文件。FTP 传输的文件类型可以是文本文件、二进制可执行文件、图像文件和声音文件等。通常，FTP 服务器都支持匿名服务，即以 anonymous 作为用户名，以用户的 E-mail 地址作为口令就可以访问该服务器。FTP 是 TCP/IP 提供的标准机制，用来将文件从一个主机复制到另一个主机。

FTP 也是一种基于 C/S 模式的服务系统，它由客户软件、服务器软件和 FTP 协议三部分组成。客户软件运行在用户计算机上，用户使用 FTP 客户软件，便可以与远程 FTP 服务器采用 FTP 通信协议建立连接或进行文件传送。FTP 服务器软件运行在远程主机上，并设置一个名为 anonymous 的公共用户账号，面对公众开放。FTP 协议用来通过网络从一台计算机向另一台计算机传送文件。

FTP 应用包括上传文件和下载文件两个方面，但出于安全目的，大多数 FTP 服务器只允许下载（Download）文件，而不允许上传（Upload）文件，也不能对目标主机上的文件执行、修改、删除等。

(4) 电子公告板（BBS）

电子公告板（BBS，Bulletin Board System）是一种在 Internet 上出现较早的服务，即在网络的某台计算机中设置一块公用信息存储区，任何合法用户都可以在这个“公共区域”存储及读取信息。

BBS 开设了许多专题，供感兴趣的用户展开讨论、交流、疑难解答、开网络会议，甚至可以进行娱乐活动。Internet 上有许多 BBS 站点，不同的 BBS 站点的服务内容差异很大，但娱乐性、知识性和教育性兼顾是其共有的特点。

BBS 通过在计算机上运行服务软件，允许用户使用终端程序通过电话调制解调器拨号或者 Internet 来进行连接，执行下载数据或程序、上传数据、阅读新闻、与其他用户交换消息等功能。许多 BBS 由站长（通常被称为 SYSOP-SYStem OPerator）业余维护，而另一些则提供收费服务。

BBS 的主要功能有：①各类话题的讨论；②交谈功能；③电子邮件收发。除此之外，利用 BBS 可以进行各类专业学科信及生活信息的查询等。

(5) 万维网（WWW）

万维网（WWW）是一种分布式超媒体系统，是融合信息检索技术与超文本技术而形成的一个使用简单、功能强大的全球信息系统。目前，WWW 技术已经成为访问 Internet 资源的最好手段。

在 WWW 系统中，使用统一资源定位器（URL）来唯一地标识和定位 Internet 中的资源。

WWW 基于 C/S 模式，整个系统由 Web 服务器、浏览器（Browser）及通信协议三部分组成。其中 Web 服务器主要以网页的形式发布多媒体信息。网页采用超文本标记语言（HTML）编写。浏览器通常被称为 Web 客户软件，主要用于连接 Web 服务器、解释执行由 HTML 编写的文档，并把执行结果显示在用户的屏幕上。超文本传输协议（HTTP）是一个 Internet 上的应用层协议，是 Web 服务器和 Web 浏览器之间进行通信的语言。HTTP 主要用于域名服务器和分布式对象的管理，它可以传送任意类型的数据对象，以满足 Web 服务器与客户之间多媒体通信的需要。

WWW 的工作过程为：用户首先通过局域网或通过电话拨号连入 Internet，然后在计算机上运行 Web 浏览器程序，在浏览器指定位置输入信息源的 Web 地址，并通过浏览器向 Internet 发出请求，这时网络中的 IP 路由器和服务器按照用户输入的地址把信息传送到所要求的 Web 服务器中，当服务器接收到用户的请求后，立即寻找目的 WWW 页面，并将找到的页面通过网络回传给用户计算机，浏览器负责接收传来的超文本文件，转换并显示在用户的计算机屏幕上。

目前，大多数浏览器软件均为免费软件，用户可以从 Internet 上获取。使用范围较广泛的全图形界面的 Web 浏览器有 Netscape 公司的 Netscape Navigator（Netscape）、微软公司的 Internet Explorer（IE）、NCSA 的 NCSA Mosaic（Mosaic）和 Sun 公司的 HotJava。

（6）其他 Internet 服务

1）网络电话。网络电话是 Internet 上的一种新科技，它使人们能够通过 PC 打电话到世界任何一部普通电话机上。作为通信及 Internet 服务的发起者，美国 IDT 公司开发的网上电话在全球网络通信中居于领先的地位，其网络电话系统可以使任何一位 Internet 上装备有声卡的多媒体电脑用户拨叫国际长途电话，信号经 Internet 传送到 IDT 公司设在美国的服务器，然后被自动转接到被叫方的任一部普通电话机上，被叫方的电话会振铃，之后通话双方即可实时、全双工地进行交流。使用该系统打国际电话时，由于信号是经 Internet 传至美国的服务器，再由服务器传递到所呼叫的电话上，而非一般的电信传输，因而所需费用比传统的国际长途电话费用要低得多。

2）IRC。IRC（Internet Relay Chat）是一种网络即时聊天系统。它的最大的优点是速度快，用户在发送信息的时候基本上感觉不到信息的停滞，而且支持在线的文件传递以及安全的私聊功能。相对于 BBS 来说，它的界面更直观、友好。近年来，IRC 的发展速度惊人，越来越多的人在从事 IRC 的二次开发以及客户端软件的制作活动，我国也有几个 IRC 聊天室。预计 IRC 聊天将会替代其他各种聊天方式而走入每个网络应用者的生活。

目前，较为流行的 IRC 软件是英国 mIRC 公司出品的 IRC 类客户端软件 mIRC，该软件一经推出，立刻风靡全球。通过该软件，只要大家用同一个地址，进入同一个服务器（甚至可以不进入服务器），便可即时将信息传输给一个或多个其他同时在线的用户，是一个十分实用且功能强大的实时聊天软件。

3）ICQ。ICQ 是英文 I seek you 的连音缩写，现在人们常称之为“网络寻呼机”，是一种免费网络软件。主要功能是可与网上同样安装有 ICQ 的用户发送信息或进行语音交流。它是以色列 Mirabilis 公司 1996 年开发出的一种即时信息传输软件，可以即时发送文字信息及语音信息，并可以让使用者侦测出朋友的连网状态。ICQ 还具有很强的“一体化”功能，可以将寻呼机、手机、电子邮件等多种通信方式集于一身。

5. Intranet

(1) Intranet 的形成与发展

Intranet 的形成与发展主要是由于下述两个原因，一是由于全球经济的发展，市场竞争越来越激烈，企业为了生存和发展产生了建立企业内部网的需求，以便加快发展新技术、新产品，并利用 Intranet 技术以适应信息时代的要求；二是 Intranet 技术的快速发展以及企业内部网络技术的发展，为 Intranet 的形成与发展奠定了基础。

最早在企业中建立 Intranet 的是美国 Lockhead 公司、Hughes 公司和 SAS 研究所。1994 年，首先由美国的 Amdahl 使用了 Intranet 这个名词。之后，很多厂商和公司制定了 Intranet 的研发计划，将 Intranet 产品推向市场。目前，Intranet 用户数量呈迅速上升的趋势，显示出了巨大的市场潜力。

(2) Intranet 的基本概念

Intranet 是一种基于 TCP/IP 协议，利用 Internet 技术建立起来的企业内部计算机网络。Intranet 提供了与 Internet 连接的功能，用户可以根据自己的需要决定是否与 Internet 连接；Intranet 使用 WWW 技术作为开发的主要工具，因而用户能够很方便地浏览企业的内部信息以及 Internet 丰富的信息资源；Intranet 采用安全防火墙等技术保护企业内部的信息安全，防止外界的非法侵入；Intranet 是一种内部计算机网络，它的规模和功能都是根据企业的规模和要求而设计的。可以是局域网，也可以是广域网。

与 Internet 相比，Intranet 的最显著的优点是安全与快速。这是因为 Intranet 在网络安全方面提供了更加有效的控制措施，如限制对外界的开放、在物理上隔离或采用防火墙技术等，克服了 Internet 在安全保密方面的缺陷。此外，由于 Intranet 大多是基于高速宽带的局域网，因而其信息传输速度比 Internet 要快得多。

(3) Intranet 的主要功能

Intranet 为企业员工在其桌面系统获得各种电子信息提供了十分方便的接入点，使得员工能够借助于网络与同事及合作伙伴共享资源、信息和协同工作。目前，大多数 Intranet 主要提供以下两种服务：

1) 提供基本的 Internet 服务。主要包括企业信息服务、目录服务、E-mail 服务、文件共享服务、打印服务、全球信息网服务、软件发布、数据交换/数据库访问、新闻组服务以及 Gopher（分布式的文件检索和获取系统）服务。

2) 保证企业的内部信息不受外界非法用户的入侵。目前，Intranet 常用的安全防范技术有分组过滤、防火墙、代理服务器、加密认证、网络监测及病毒检测技术。Intranet 常用的防止入侵的方法有：利用 IP 地址防止入侵，使用用户 ID 及密码，利用防火墙及代理服务器等。此外，还利用 ISP 方式解决远端用户进入 Intranet 的问题。即用户需按 Internet 服务提供商提供的路由，输入正确的用户 ID 及密码，Intranet 才允许其进入。

(4) Intranet 的基本结构

Intranet 一般包括以下四部分：服务器、客户机、企业内部物理网和防火墙，其基本结构如图 6-1 所示。

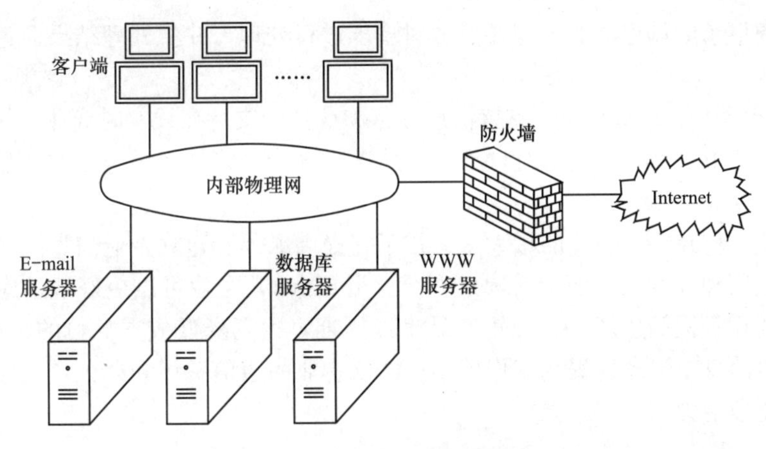

图 6-1　Intranet 的基本结构

1）服务器。Intranet 中的服务器一般包括 WWW 服务器、数据库服务器与 E-mail 服务器。

2）企业内部物理网。企业内部物理网是 Intranet 的核心，其规模、复杂程度依据企业的需求而有所不同。企业内部物理网即由通信线路把企业内所有计算机连接在一起，实现全企业的网络通信。

3）防火墙。防火墙是一种运行特定安全软件的计算机系统，是 Intranet 的一种安全机制。目前，最常用的防火墙技术分为包过滤防火墙和代理防火墙两种类型。防火墙的主要功能为：检查所有从外部网络进入内部网络的数据包；检查所有从内部网络流出到外部网络的数据包；执行安全策略，限制所有不符合安全策略要求的分组通过；具有防攻击能力，保证自身的安全性。在确保安全的同时，Intranet 在企业或机构内部同样具有开放性和易操作性。

（5）Intranet 基本应用

1）企业管理。Intranet 的应用改变了企业的传统管理模式，使企业的管理层能够对企业进行分散式集中管理。企业利用 Intranet 发布信息，并及时准确地掌握各部门的生产经营情况，协调各部门间的工作，对企业进行统一管理。通过 Intranet，企业提高了办公效率及企业的管理质量，使企业在激烈的市场竞争中更好地生存与发展。

2）协同工作环境。Intranet 能够使企业在分散环境下协同工作，利用 Intranet 的交互性质完成群体成员间的信息交流。组织机构之间的公务合作和部门之间的通信，可以通过企业快报、公务文档、新闻组等形式来实现。而个人或工作组内的通信则可通过电子邮件来完成。简言之，Intranet 为工作群体之间的信息交流、协同工作提供了一个十分理想的环境。

3）数据库管理与查询。与 Internet 相同，Intranet 的核心是 Web 服务。将 Web 服务器与数据库互联，将企业的各种信息资源组织起来，高效地加以利用，已成为 Web 应用的热点。

基于 Web 的数据库应用系统，即是将数据库和 Web 技术相结合，通过浏览器访问数据库，并可实现动态交互的 Internet/Intranet 服务系统。在这种数据库应用系统中，用户根据浏览器端显示的 Web 页面信息，用鼠标单击相应的选项，即可完成从浏览器端向服务器提交服务请求的动作。服务器端负责对请求进行处理，并将处理结果通过网络发送至浏览器端。

4）发展电子商务。Intranet 支持信息加密和认证，支持在线实时商业交易。企业可以利用 Intranet 与 Internet 相连来对自己的产品进行宣传，同时销售企业的产品，进行财务往来和数据交换。

综上所述，构建 Intranet 的最大意义在于它提供了一套建立企业信息系统完整的、开放的、易于应用和开发的、廉价的构架。通过 Intranet，企业可以更好地适应客户需求和经营环境的变化；提高生产率、缩短产品生产周期，达到降低成本的目的；使员工更快、更方便地获得信息，显著地提高工作效率；降低企业的通信费用和办公、纸张费用；增强企业的综合竞争能力。

6.2 网际协议 IP

目前的 Internet 所采用的协议是 TCP/IP 协议族。IP 是 TCP/IP 协议族中网络层的协议，是 TCP/IP 协议族的心脏，也是 OSI 模型网络层中最重要的协议。IP 是英文 Internet Protocol（网络之间互连的协议）的缩写，中文简称为“网协”，也就是为计算机网络相互连接进行通信而设计的协议。在 Internet 中，它是能使连接到网上的所有计算机网络实现相互通信的一套规则，规定了计算机在 Internet 上进行通信时应当遵守的规则。IP 在源地址和目的地址之间传输一种被称为数据报的信息，传输过程中，它能够提供对数据的重新组装功能，以适应不同网络对数据包大小的要求。任何厂家生产的计算机系统，只要遵守 IP 协议就可以与 Internet 互联互通。正是因为有了 IP 协议，Internet 才得以迅速发展成为世界上最大的、开放的计算机通信网络。因此，IP 协议也可以叫作“Internet 协议”。

IP 协议有两个重要特点，即不可靠性和无连接性。不可靠性是指 IP 协议不保证数据报传送的可靠性，在主机资源不足时，它可能丢弃某些数据报，同时 IP 协议也不检查被数据链路层丢弃的报文；但是它提供最好的传输服务，这一点可以用数据网络传输的正确率来证明。

无连接性则是指 IP 协议提供了基于无连接的数据报服务，实现互联网络环境下的端到端的数据分组传输是采用无连接交换的方式完成的。其具体过程是，当发送方主机的网络层从传输层收到一个数据段时，将该数据段封装到 IP 数据报中，在数据报中写明目的主机的地址及一些其他信息，然后将该数据报发往通往目的主机路径上的第一个路由器。在将数据报送到目的地之前，不在传输站点和接收站点之间建立对话，不维护任何关于数据报的后续状态信息。也即不对发送者或接受者报告数据报的状态，不处理所遇到的故障。这就意味着，如果数据链路故障或遇到可恢复的错误时，IP 不予通知和处理。

IP 协议是 TCP/IP 体系中两个最重要的协议之一。与 IP 协议配套使用的还有三个协议，即地址转换协议（ARP）、反向地址转换协议（RARP）及 Internet 控制报文协议（ICMP）。

目前 IP 协议的版本号是 4，简称为 IPv4（Internet Protocol version 4），它的下一个版本是 IPv6。为了给不同规模的网络提供必要的灵活性，IPv4 以网络的规模为依据，将地址空间划分为 A、B、C、D、E 五种不同的地址类别，这种方式有效地解决了早期 IP 地址使用中所出现的不便。在 Internet 的发展历程中，IPv4 起到了十分重要的作用。

6.2.1　IPv4 数据报的格式

IPv4 数据报是 Internet 中最基本的数据传输单元，包括一个报头以及与更高层协议相关的数据。网络中进行数据传输时，首先须在 Internet 层附加 IP 报头信息，然后封装成 IP 数据报，才能够进行传输。IPv4 数据报的格式如图 6-2 所示。

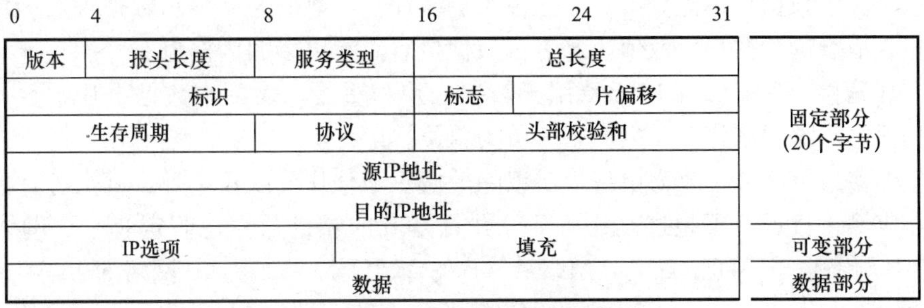

<table>
<tr><td>0</td><td>4</td><td>8</td><td>16</td><td>24　31</td><td></td></tr>
<tr><td>版本</td><td>报头长度</td><td>服务类型</td><td colspan="2">总长度</td><td rowspan="5">固定部分
(20个字节)</td></tr>
<tr><td colspan="3">标识</td><td>标志</td><td>片偏移</td></tr>
<tr><td colspan="2">生存周期</td><td>协议</td><td colspan="2">头部校验和</td></tr>
<tr><td colspan="5">源IP地址</td></tr>
<tr><td colspan="5">目的IP地址</td></tr>
<tr><td colspan="3">IP选项</td><td colspan="2">填充</td><td>可变部分</td></tr>
<tr><td colspan="5">数据</td><td>数据部分</td></tr>
</table>

图 6-2　IPv4 数据报格式

由图 6-2 可见，IPv4 数据报由报头和数据两部分组成，报头由固定项（20 个字节）和可选项（长度可变）组成。下面简要介绍各字段的含义。

（1）版本。版本的长度为 4bit，表示创建数据报所用的 IP 协议的版本信息。版本号不同，IP 协议的数据报的格式也不同。目前存在的 IPv4 和 IPv6 两种 IP 协议的版本号分别为 4 和 6。

（2）报头长度。报头长度（IHL，Internet Header Length）字段为 4bit，指明 IPv4 协议报头长度的字节数包含多少个 32 位。由于 IPv4 的报头包含固定部分和可变部分，固定部分的长度为 20 个字节，所以这个字段可以用来确定 IPv4 数据报中数据部分的偏移位置。由此可知，IPv4 报头的最小长度是 20 个字节，因此 IHL 这个字段的最小值用十进制表示就是 5（5×4＝20 字节）。也就是说，它表示的是报头的总字节数是 4 字节的倍数。

（3）服务类型。服务类型（ToS，Type of Service）指明了应如何处理数据报，它的长度为 8bit，包含 5 个子字段（见图 6-3）。其中，前 3 位为优先权字段，标明了当前数据报的重要性，取值越大数据越重要，取值范围为 0～7，0 表示一般优先权，7 表示网络控制优先权，优先权的值由用户指定。第 4 位为延迟字段，取值为 0 或 1，其中 0 为正常，1 表示用户期待低的延迟。第 5 位为流量字段，取值为 0 或 1，其中 0 为正常，1 表示用户期待高的流量。第 6 位为可靠性字段，取值为 0 或 1，其中 0 为正常，1 表示用户期待高的可靠性。需要说明的是，第 4～6 位为用户的请求，并不具有强制性，但在路由时可以用其作为参考。

0~2	3	4	5	6~7
优先权	D（低延迟）	T（高吞吐率）	R（高可靠性）	未使用

图 6-3　服务类型字段结构

（4）总长度。总长度占 16bit，表明 IP 数据报的总长度。总长度以字节为单位，最大值为 65535 字节。

（5）标识。标识占 16bit，是源主机赋予数据报的唯一的标识符。通常，源主机每发送一个数据报，就将该标识符加 1 作为下一个数据报的标识符。在一定的时间范围内，该标识符连同源、目的 IP 地址一起，在整个互联网上是唯一的。IP 包被分割后，分割得到的 IP 包拥有相同的标识，以便于重装时识别属于同一数据报的分片。

（6）标志。标志是一个 3bit 的控制字段，目前只定义了 2bit。包含保留位、不分片位和更多分片位。其中，第一位为保留位。第二位为不分片位，取值为 0，表示允许数据报分片、取 1 表示数据报不能分段。第三位为更多片位，取值为 0 表示数据报后面没有数据报，该报为最后的数据报，取值为 1 表示数据报后面有更多的数据报。

（7）片偏移。片偏移占 13bit，用于数据分片和重装，表示本数据报片中数据相对于原始数据报中数据的偏移量，以 8 个字节为单位。.

由于偏移量以 8 个字节为单位，所以除最后一个分片可以较小外，其余分片的数据部分的大小应尽量接近但不超过网络 MTU 并且是 8 的整倍数。现假定有三个网络 A、B、C，其中 B 网络位于中间位置上，网络 A、B 的 MTU 为 1500B，B 网络的 MTU 为 660B。那么 A 网络的用户甲若与 B 网络中的用户乙通信，须穿过 MTU 为 660 B 的网络 B。如果用户甲发送一个长度超过 660B 的数据报，网络 A、B 间的路由器就需要把数据报分片，反之亦然。

【例 6-1】 假定上述网络中用户甲向用户乙发送一个首部为 20B，数据区长度为 2140B，DF 为 0 的数据报，路由器进行转发时首先要把数据报分片，再分别封装在物理帧中发送，写出分片结果。

注：DF 为 Don′t fragment flag 的缩写。

解： 按照片偏移的规定，分片结果如图 6-4 所示。

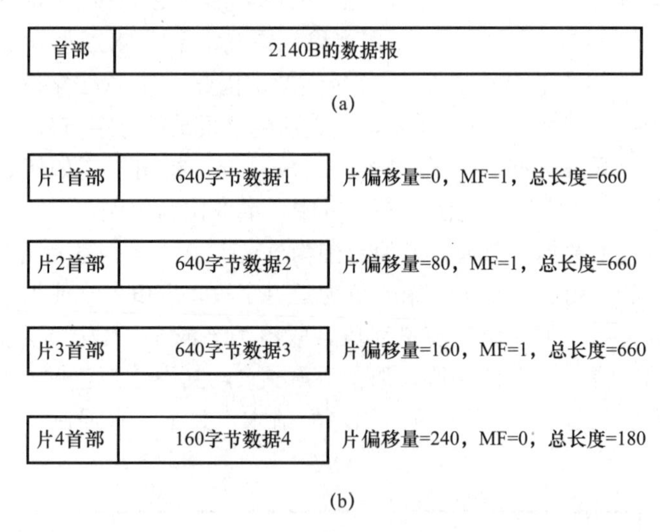

图 6-4　IP 数据报分片示例

（a）初始数据报；（b）在 MTU 为 660B 网络上的分片

（8）生存时间。生存时间占 8bit，用来指明数据报在互联网系统中允许保留的时间，以秒为单位。生存时间由源主机设置，通常设计为 32 或 64，每经过一个路由器，其值会减 1。

(9) 协议。协议占 8bit，用来指明 IP 数据报的数据部分使用的协议类型，接收端根据该字段来判断接收到的数据报要交给哪个上层协议取处理。表 6-1 列出了一些常用协议与规定的网际协议编号的对应关系。

一些常用协议及与其对应的网际协议编号 **表 6-1**

协议字段值	1	2	3	4	6	8	17	88	89
协议名	ICMP	IGMP	GGP	IP	TCP	EGP	UDP	IGRP	OSPF

(10) 头部校验和。头部校验和占 16bit，用来对 IPv4 数据报的首部进行差错检验，以保证首部的准确性。

检验时采用的算法如下：首先把校验和字段置为 0，然后把首部看成一个 16 位的整数序列，对其进行反码求和，得到的和的二进制反码即为校验和的值。数据报从源站发出后，沿途路由器及目的站都要进行校验，如果校验失败，就将数据报丢弃。运算结果为 0，表示首部传输过程中没有差错，否则表示有错。

(11) 源 IP 地址和目的 IP 地址。源 IP 地址和目的 IP 地址均占 32bit，分别指明本数据报最初发送者和最终接收者的 IP 地址。

(12) IP 选项。IP 选项的占位是不确定的，用于额外的控制和测试，定义了安全性、源路由、时间戳、路由记录和流标识 5 个选项。

(13) 填充。填充字段的占位也是不确定的，用于确保数据报的首部是 32 位的整倍数。

6.2.2 IPv4 地址

网络互连的一个重要前提是要有一个有效的地址结构，网上的所有用户都要遵从。由于要作为分组控制信息的一部分，理想的地址的长度应该比较短；又由于要标识网络上的众多主机，理想的地址要足够大。

IPv4 是互联网协议开发过程中的第四个修订版本，也是此协议第一个被广泛部署的版本。目前，IPv4 依然是使用最广泛的互联网协议版本，其下一个版本 IPv6 仍处在部署的初期。IPv4 由 IETF 在 1981 年 9 月发布的 RFC 791 中被描述，此 RFC 替换了于 1980 年 1 月发布的 RFC 760。

(1) 什么是 IP 地址

Internet 是由众多计算机互联组成的，在这样一个庞大的系统中，要能正确访问每一台机器，就必须有一个能唯一确定计算机在网上位置的标识，这就是 IP 地址，也称作网际地址。正是由于有了这种唯一的地址，才保证了用户在 Internet 的计算机上操作时，能够高效而且方便地从千千万万台计算机中选出自己所需的对象来。IP 地址是计算机的逻辑编号，而不是计算机具体的物理位置。

Internet 上每个主机的 IP 地址都是全局有效的，由国际组织统一分配，逐级管理。目前，IP 地址已基本分配完毕。

按照 TCP/IP 协议的规定，Internet 给每个连接在 Internet 上的主机分配了一个 32bit 地址，即所谓的 IP 地址。由于 IPv4 地址是一个 32 位的二进制数，特别不容易书写和记忆，通常用“点分十进制”的方法来表示，即将 32 位的二进制数按字节分为 4 段，每段 8 位，每个段用一个十进制表示出来，各字节之间用一个“·”隔开，例如，一个采用二进制形式的 IP 地址为 00001010000000000000000000000011，可以用点分十进制法表示为“1010.0.0.11”，显然，点分十进制表示的 IP 地址要比一整串的 1 和 0 容易记忆得多。

一个 IP 地址由网络地址和网络中的主机地址两部分组成，网络地址用于表示标识主机所在的网络，主机地址用于表示主机在网络中的序号。可见，网络号的位数直接决定了可以分配的网络数；主机号的位数则决定了网络中最大的主机数。将 IP 地址空间划分成 5 种不同的类别后，每一类具有不同的网络号位数和主机号位数。这样，整个 Internet 所包含的网络规模可以很大，也可以很小，十分灵活。

Internet 上计算机的地址格式主要有两种书写方式，即 IP 地址格式和域名格式。IP 地址可以有多种形式，但都是数字式的，可以用二进制或十进制表示，甚至用十六进制表示。域名格式则是用字符代替 IP 地址来标志站点地址。

（2）IPv4 地址的分类

IPv4 地址是一个 32 位的互联网全局地址，每个 IP 地址都是唯一的。Internet 根据网络地址和主机地址的取值范围，IP 地址分为 5 类，以适应不同需求和规模的网络。其中，A 类、B 类和 C 类为主类地址，D 类和 E 类地址为次类地址，或称特殊地址，它们适用的类型分别为大型网络、中型网络、小型网络、多目地址及备用。常用的是 A、B、C 三类。各类地址的分配方案如图 6-5 所示。

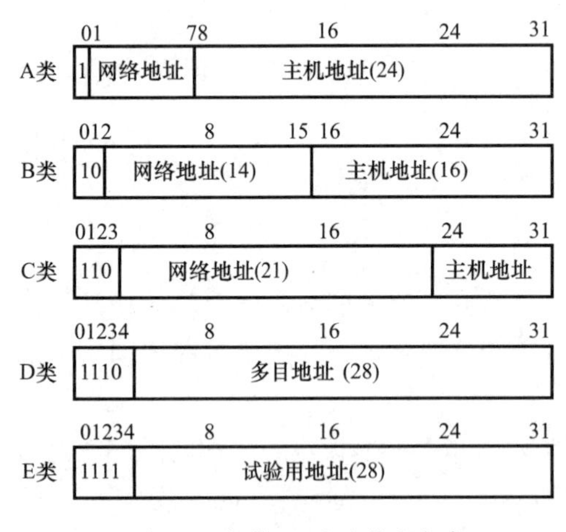

图 6-5 各类 IP 地址分配方案

在 A 类地址中，用第一个字节来表示网络地址，其余三个字节表示主机地址。地址范围为 1.0.0.0～126.255.255.255。第一个字节的十进制表示为 000～127，因为 0 和 127 两个地址用于特殊目的，故仅能表示 126 个网络地址。网络地址的最高位是“0”，用于标识地址的类别。每个网络的主机地址数为 2^{24}（16387064）个。显见，A 类网络地址数量较少，可以用于主机数达 1600 多万台的大型网络，一般用于规模非常大的地区网。

在 B 类地址中，用两个字节来表示网络地址，两个字节表示主机地址。地址范围为 128.0.0.0～191.255.255.255。网络地址中，两个高位 10 用于标识地址的类别，其余 14 位用作网络地址。可支持 2^{14}（16384）个 B 类网络，每个网络可容纳 2^{16}（65536）个主机，起始地址为 128～191。最后一个是广播地址。B 类网络一般用于较大的公司和政府机构等。

C 类地址用三个字节表示网络地址，一个字节表示主机地址。IP 地址范围为 192.0.0.0～223.255.255.255。网络地址中，3 个高位 110 用于地址类别标识，其余 21 位用作网络寻址。C 类地址支持 2^{21}（2097152）个网络，起始地址为 192～223，每个网络能容纳 256 个主机。C 类网络地址数量较多，适用于小规模的局域网络，每个网络最多只能包含 254 台计算机，适用于一些小公司或研究机构。

D 类地址不标识网络，其起始地址为 224～239。最高 4 位 1110 为地址类型标识，是一种组播地址。

E类地址为实验用地址，也称保留地址，其起始地址为240～255。地址类型标识为1111。

除了上述可以使用的IP地址，还有一些特殊的IP地址，这些IP地址并不对应着具体的某一台主机，而是具有特殊的意义。IP地址约定，整个网络地址部分的二进制编码全为0时，该网络号解释为该网络本身。主机地址部分的二进制编码全为1时，该主机号解释为本地网络内的广播地址。当网络号也全为1时，表示主机在所在的本网络上进行广播。任何一个以127开头的IP地址都叫作回送地址，回送地址的用途是用来实现本机网络的测试或实现本地进程间的通信。当任何程序把回送地址作为目的地址时，TCP/IP协议软件就不会把数据信息送到网上，而是把数据直接返回给本机。可见，当在一台计算机上测试收发两方的通信程序时，使用回送地址特别方便。另外，在IP地址A、B、C三种主要类型里，各保留了一个区域作为私有地址，而未予以分配。其地址范围如下：10.0.0.0～10.255.255.255（A类地址）、172.16.0.0～172.31.255.255（B类地址）、192.168.0.0～192.168.255.255（C类地址）。

根据用途和安全性级别的不同，IP地址还可以大致分为两类，即公共地址和私有地址。公共地址在Internet中使用，可以在Internet中随意访问。私有地址只能在内部网络中使用，只有通过代理服务器才能与Internet通信。公共地址由ICANN负责分配，分配给注册并向其提出申请的组织机构，通过它可以直接访问因特网。私有地址属于非注册地址，专门为组织机构内部使用。

（3）地址的转换

IP地址并不能直接用来进行通信，主要原因是，IP地址中的主机地址只是主机在网络层中的地址，如果想把网络层中传送的数据报送达目的主机，必须知道该主机的物理地址，即MAC地址。因此必须把IP地址转换成主机的物理地址。

地址之间的转换也称为映射，统称为地址解析，根据IP地址获得物理地址的协议称为地址解析协议（ARP，Address Resolution Protocol），反之，如果仅知道主机的物理地址要确定其IP地址就要用到反向地址解析协议（RARP，Reverse Address Resolution Protocol）。由IP地址到物理地址地转换过程是：每一个主机都有一个ARP高速缓存（ARP cache），里面有IP地址到物理地址的映射表，这些都是该主机目前知道的一些地址。当主机A欲向本局域网上的主机B发送一个IP数据报时，就先在其ARP高速缓存中查看有无主机B的IP地址。如有，就可查出其对应的物理地址，然后将该数据报发往此物理地址。

反向地址解析协议（RARP）则是允许局域网的物理机器从网关服务器的ARP表或者缓存上请求其IP地址。

6.2.3 域名系统

如前所述，IP地址是一个32bit的二进制数，其缺点是难以理解，且不便于记忆。因而，TCP/IP协议专门设计了一种字符型的主机命名机制，向一般用户提供一种直观明了的主机识别符，即Internet的域名系统（DNS，Domain Name System）。DNS包含了两个方面的内容，一是主机域名的管理，另一个是主机域名与IP地址之间的映射。

域名系统是Internet的一项核心服务，它作为可以将域名和IP地址相互映射的一个分布式数据库，能够使人更方便地访问互联网，而不用去记住能够被机器直接读取的IP数字串。

(1) DNS 的结构

在早期的 Internet 中，主机名字管理由 Internet 网络信息中心集中完成，采用一种无层次的名字命名机制。

随着 Internet 规模的不断扩大，网络节点不断增加，使得主机命名冲突的可能性不断增加。1984 年，Internet 管理机构提出了一个新的设计思想，即域名系统，以保护主机命名的唯一性。

DNS 采用了一种层次型命名机制。形成了一个规则的树形结构的名字空间，见图 6-6。最上面的一层域称为顶级域，共有 200 多个。每个顶级域下面又被分为若干二级域，二级域下面再划分为若干三级域，依此类推。

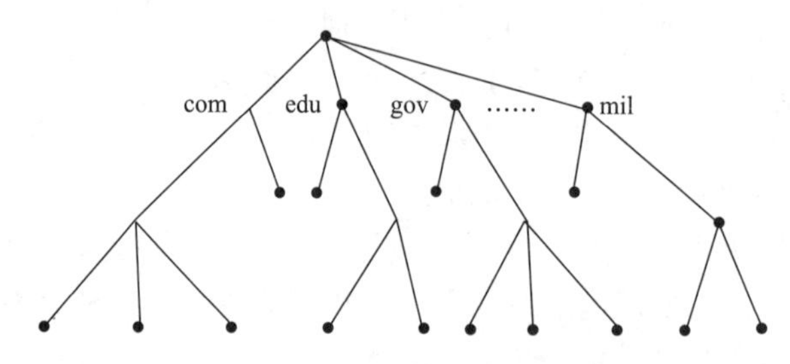

图 6-6　Internet 的域名结构示意图

在这个结构树中，顶部是根，根名为空标记“”，在文本格式中写成“•”，树中的每一个节点代表一个域，每一个域都有一个域名，域可以进一步划分为子域。叶子节点通常用来代表主机。

顶级域有 3 种，即通用域、国家域和反向域。通用域是按行业划分的，常用的通用域顶级域名如表 6-2 所示。每个国家或地区有一个国家/地区域名，用两个字母表示，如 cn 为中国的域名，hk 为中国香港的域名。第 3 种顶级域称为反向解析域 arpa，用于从 IP 地址找出相应的域名。现在该域应用得不多。

通用顶级域名　　　　**表 6-2**

域名	说明	域名	说明
edu	美国的教育机构（限制性）	name	个人
com	商业组织	pro	用于医生、律师、会计师等专业人员
net	网络服务机构	coop	商业合作社（限制性）
org	非营利组织	aero	航空运输业（限制性）
gov	美国的政府部门（限制性）	museum	博物馆（限制性）
mil	美国的军事部门（限制性）	mobi	移动互联网
info	提供信息服务的单位	cc	商业公司
int	国际组织	tv	网络电视等宽频服务
biz	商业公司		

(2) DNS 域名格式

域名的书写方法与 IP 地址类似，同样用“.”将各级域名分开，但是顺序是高级域名在右侧，自右向左依次排列，如 news. sina. com. cn，cn 是顶级域名，com. cn 是 cn 的子域，sina. com. cn 是 com. cn 的子域，news. sina. com. cn 是 sina. com. cn 的子域。另外，域名不区分大小写，com 与 COM 一样对待；每一级域名最长不超过 63 个字符（字母和数字）；整个域名长度不能超过 255 个字符。

顶级域名由因特网名字与号码分配公司（ICANN，Internet Corp. for Assigned Names and Numbers）进行管理，而其他各级域名由其上一级的域名管理机构进行管理。如要创建一个新的域，创建者需要得到上级域的许可。

通常，Internet 主机域名的一般结构为：主机名. 三级域名. 二级域名. 顶级域名，每个部分又称子域名，最少由两个字母或数字组成，每个子域名都有其特定的含义。从左至右，子域名分别表示不同的国家和地区的名称、组织类型、组织名称、分组织名称或计算机名称。

按照表 6-2 的约定，www. hit. edu. cn 是一个教育机构的域名、www. suzhou. gov. cn 是一个政府机构的域名、www. shougang. com. cn 则是一个企业的域名。可见，采用域名来代替 IP 地址标识站点地址，比数字地址更方便于记忆。

(3) 域名服务器

上面提到的域名与 IP 地址地映射，其对应关系实际上是存放在一些数据库中。这些数据库运行在某些服务器中。这类服务器被称为域名服务器。因特网的域名服务器也是按树形结构的层次来安排的，图 6-7 所示为域名服务器的树形结构。

一个域名服务器实际负责管辖（或有权限）的范围称为区。每个区设置相应的权限域名服务器，用来存放该区内所有主机的域名与 IP 地址之间的映射信息。若服务器只对一个域负责，而且这个域并没有再划分出更小的域，那么“域”和“区”是同一概念。如果服务器把它所管辖的域划分为若干个子域，并把它的部分权限委托给其他服务器，此时，“域”和“区”就有区别。总之，区可以等于或小于域，但不会大于域，区是“域”的一个子集。

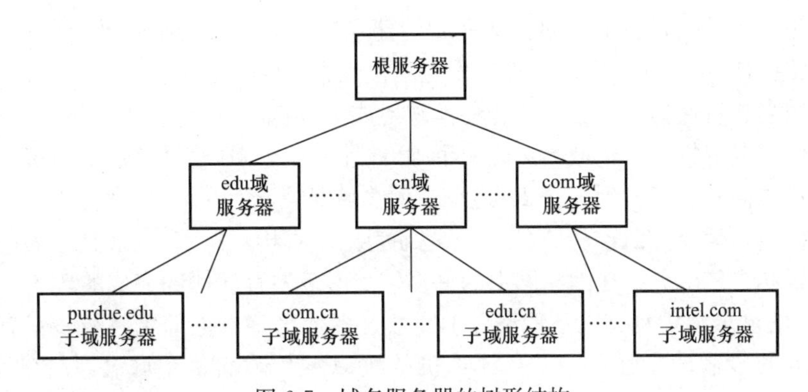

图 6-7 域名服务器的树形结构

根据域名服务器的作用，可把域名服务器分为以下三种类型。

1) 根域名服务器（root name server）。它是最重要的域名服务器，也是最高层次的域名服务器。根域名服务器知道所有顶级域名服务器的域名和 IP 地址。因此，当本地域名服务器无法对因特网上的一个域名进行解析时，可求助于根域名服务器。在因特网上共有 13 个 IPv4 地址根域名服务器，其名字分别是 a. rootservers. net～m. rootservers. net。1 个为主根服务器，在美国。其余 12 个均为辅根服务器，其中 9 个在美国，2 个在欧洲，分别位于英国和瑞典，1个在亚洲，位于日本。在与现有IPv4根服务器体系架构充分兼容基础上，2017年11月28日，由我国下一代互联网国家工程中心牵头发起的“雪人计划”在美国、日本、印度、俄罗斯、德国、法国等全球完成25台IPv6根服务器架设，中国部署了其中的4台，由1台主根服务器和3台辅根服务器组成，打破了中国过去没有根服务器的困境，形成了13台原有根加25台IPv6根的新格局，为建立多边、民主、透明的国际互联网治理体系打下坚实基础。

2）顶级域名服务器（top level domain name server）。它是负责管理在该顶级域名服务器注册的所有二级域名的域名服务器。当收到DNS查询报文请求时，它可能给出最终的查询结果，也可能给出下一步应查询的服务器的IP地址。

3）权限域名服务器（authoritative name server）。它是负责一个区的域名服务器。如果在它的权限内还不能给出查询结果时，它将给出下一步应查询的域名服务器的IP地址。

其实，为了域名解析的方便，还设有一种本地域名服务器（local name server）。它通常是为一个因特网服务提供者（ISP）或者一个大单位所设立的，有时也称为默认的域名服务器。本地域名服务器离用户较近，如果某主机所要查询的另一主机同属一个本地域名服务器的话，那么该本地域名服务器就会立即把被查询结果告诉它，而不必访问其他域名服务器。

为了提高域名服务器的可靠性，因特网的域名系统定义了两类服务器：主域名服务器（primary name server）和次域名服务器（secondary name server）。主域名服务器存储着它所管辖的区的文件，并负责创建、维护和更新。次域名服务器存储着一个区的全部信息，但它不能创建也不能更新区文件。更新工作必须由主域名服务器来进行，并把更新后的内容传送给次域名服务器，以期保证两者信息的一致性。当主域名服务器出现故障时，次域名服务器可以继续为用户提供服务，从而提高了系统的可靠性。

（4）域名解析

虽然主机域名比IP地址更容易记忆，但主机域名不能直接用于TCP/IP协议的路由选择中。这是因为域名是为了方便记忆而专门建立的一套地址转换系统，要访问一台Internet上的服务器，Internet通信软件在发送和接收数据时都必须使用IP地址，所以当用户使用主机域名进行通信时，必须首先将其映射成IP地址。这种将主机域名映射成IP地址的过程叫作域名解析。一个域名对应一个IP地址，一个IP地址可以对应多个域名；所以多个域名可以同时被解析到一个IP地址。域名解析需要由专门的域名解析服务器来完成。域名解析包括两个方面，从域名到IP地址为正向解析，从IP地址到域名的解析过程称为反向解析。它是由分布在因特网上的许多域名服务器程序协同完成的。

Internet的域名解析具有以下特点：①高效，多数名字本地即可解析，只有少数名字需经过因特网的传输；②可靠，单台计算机的故障不会影响整个域名系统的正常运行；③通用，系统不仅限于解析机器名，还可以解析电子邮箱名等；④分布，可由不同节点上的一组服务器合作完成域名解析工作。

域名解析可采用两种查询策略：第一种是递归查询（Recursive Query），主机向本地域名服务器的查询一般都采用这种策略。递归查询的过程是：如果主机访问的本地域名服务器不知道被查询域名的IP地址，那么本地域名服务器就以DNS客户的身份，向根域名服务器发出查询请求报文，由根域名服务器替代该主机继续查询，直至查询到所需的IP地址，或者报告无法得到查询结果的错误信息，最后将查询结果返回给主机；第二种是迭代查询（Iterative Query），本地域名服务器向根域名服务器查询通常采用这种策略。迭代查询的过程是：当根域名服务器收到来自本地域名服务器的查询请求报文时，给出查询所需的 IP 地址，或者通常返回它认为可以解析本次查询的顶级域名服务器的 IP 地址。然后，由本地域名服务器再向该顶级域名服务器查询。该顶级域名服务器在收到本地域名服务器的查询请求报文后，给出查询所需的 IP 地址，或者返回它认为可以解析本次查询的权限域名服务器的 IP 地址。于是本地域名服务器继续进行如此迭代查询，最后获得了所要解析域名的 IP 地址，再把这个结果返回给发起查询的主机。由于根域名服务器知道查询所需结果的域名服务器，所以查询最终一定会得到结果。本地域名服务器选择何种查询策略，可在最初的查询请求报文中设定。

图 6-8 所示为以客户 y. sport. 163. com 查询域名为 x. yahoo. com 的 IP 地址的过程为例，来说明递归查询和迭代查询的基本过程。在图 6-8 中，序号①～⑧表示查询步骤。

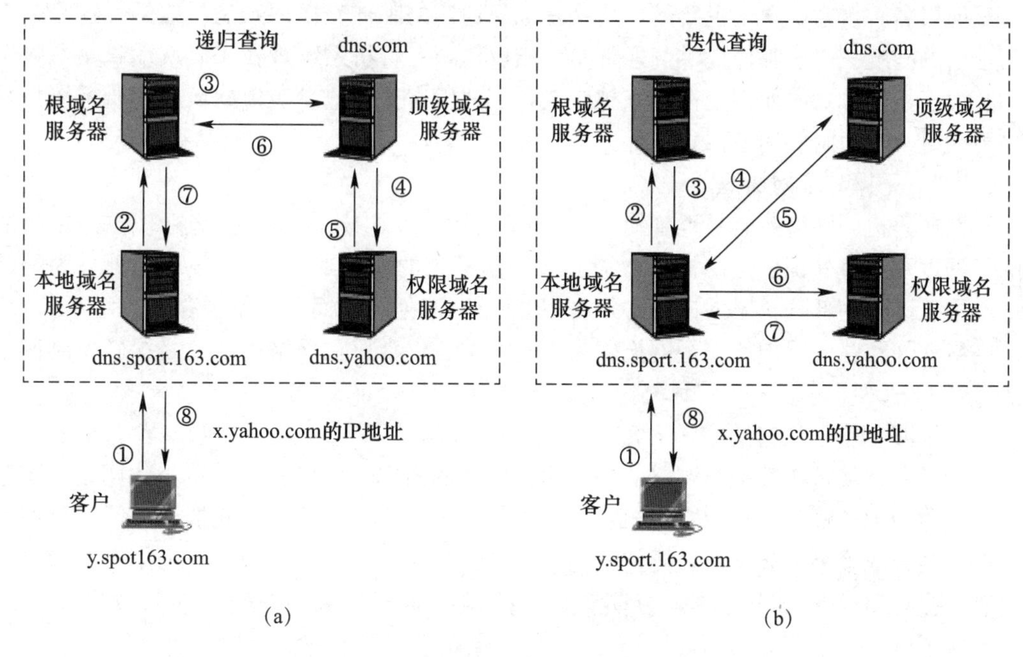

图 6-8　递归查询和迭代查询的基本过程

（a）递归查询；（b）迭代查询

图 6-8 中，无论是递归查询还是迭代查询都发送了 4 个请求报文和 4 个响应报文，但是这些报文的传送途径是不相同的。

为了提高查询效率和减少因特网上 DNS 查询报文的数量，域名服务器往往采用高速缓存。高速缓存中存放着最近查询过的域名以及如何获取域名映射信息的记录。于是，当客户再次请求同样的映射时，它可直接从高速缓存中取得结果。

高速缓存的设计理念不但适用于本地域名服务器，同样也适用于主机，即在主机内设置高速缓存。主机在启动时从本地域名服务器下载名字和地址的映射信息，把自己最近使用过的域名存储于高速缓存中，这样主机只在从高速缓存中找不到域名解析结果时才去访问本地的域名服务器，从而加速了域名解析过程。

高速缓存加快了域名解析过程，但存放在高速缓存中的内容必须保持是“最新”的。

要解决这个问题，可使用两种技术：①权限域名服务器为地址映射信息添加生存时间(TTL)，一旦越过生存时间，那么高速缓存中的地址映射信息便失效，任何域名查询都必须发送给权限域名服务器。②DNS要求域名服务器对保存在高速缓存中的每项内容设置一个计时器。高速缓存必须定期更新，处理超过合理时间的地址映射。

反向域名解析与通常的正向域名解析相反，提供IP地址到域名的对应。目前很多网络服务提供商要求访问的IP地址具有反向域名解析的结果，否则不提供服务。

反向域名解析（Reverse DNS)，即主机名字到IP地址地转换有两种方式。当网络较小时，可以使用TCP/IP提供的hosts文件进行从主机名字到IP地址的转换。hosts上有许多主机名字到IP地址地映射，可供主叫主机地使用。当网络较大时，则在网络中的几个地方放有域名系统的名字服务器Nameserver，其上存有许多主机名字到IP地址的映射表。主叫主机中的名字转换软件Resolver自动找到Nameserver来完成转换。

反向域名解析系统一个主要的功能就是确保适当的邮件交换记录是生效的。这是一个较为常用的问题。电子邮件提供商通常是使用反向域名解析系统查找来确认信息是从哪里来的。由于这种方式的使用变得越来越广泛，那些没有正确地发布反向域名解析系统信息的域可能更常发生邮件地退回。

6.2.4　子网与子网掩码

子网掩码也叫网络掩码、地址掩码，是用来指明一个IP地址的哪些标识位是主机所在的子网以及哪些标识位是主机的位掩码。子网掩码的作用是将一个IP地址划分为网络地址和主机地址两部分。子网掩码必须与IP地址一起使用，而不能单独存在。

网络软件和路由器均使用子网掩码来识别报文是仅存放在网络内部还是被转发到网络中的其他地方。

(1）子网

所谓子网，就是将某一类网络的一个主机地址的内部划分成若干个更小的网络，这些小网络就称为“子网”，每个小网络的内部包含一定数量的主机。也就是说，子网是在网络内部将其分成多个部分，对外则像任何一个单独网络一样动作。引入子网划分技术的目的是有效提高IP地址的利用率，节省宝贵的IP地址资源。这样一来，4个字节的IP地址就被分成了以下几个部分：

(IP地址)＝(网络地址)＋(子网地址)＋(主机地址)

其中，子网地址的位（bit）数由本单位根据情况确定。

由上可见，划分子网的好处主要是：①划分子网可以缩小路由表。由于Internet上有不计其数的物理网络，如果给每个物理网络都分配一个IP地址，路由表就会变得很长，会导致整个Internet性能下降；②二级IP地址灵活性低，划分子网后，对网络编址时，灵活性更大；③缩短路由表可以减少网络流量，提高网络性能；④划分子网可以抑制广播，同时可以提高网络的安全性能。

正是由于上述原因，在实际使用过程中，均采用了子网划分的方式。

(2）子网掩码

子网掩码也是由32位的二进制数构成，由一连串的“1”和一连串的“0”组成。其中的“1”对应网络号和子网号字段，“0”对应于主机号字段，如图6-9所示。这样通过左边若干个连续的“1”及右左边若干个连续的“0”就能够区分IP地址的网络号和主机号。通常，子网掩码用点分十进制记法，例如，255.255.255.0 就表示一个子网掩码。

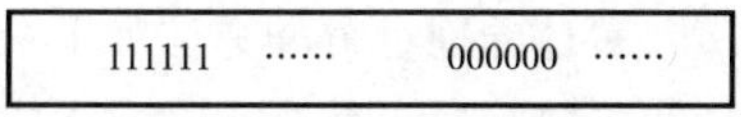

111111 …… 000000 ……

图 6-9 子网掩码的格式

子网掩码可分为两类，一类是缺省（自动生成）子网掩码，一类是自定义子网掩码。缺省子网掩码即未划分子网，对应的网络号的位都置 1，主机号都置 0。因此可知，A 类网络缺省子网掩码为 255.0.0.0，B 类网络缺省子网掩码为 255.255.0.0，C 类网络缺省子网掩码为 255.255.255.0。

自定义子网掩码是将一个网络划分为几个子网，需要每一段使用不同的网络号或子网号，实际上可以认为是将主机号分为两个部分：子网号、子网主机号。也就是说未做子网划分的 IP 地址为“网络号＋主机号”，做子网划分后的 IP 地址则为“网络号＋子网号＋子网主机号”。

由上可见，IP 地址在划分子网后，以前的主机号位置的一部分给了子网号，余下的是子网主机号。子网掩码是 32 位二进制数，它的子网主机标识用部分为全“0”。利用子网掩码可以判断两台主机是否在同一子网中。若两台主机的 IP 地址分别与它们的子网掩码相“与”后的结果相同，则说明这两台主机在同一个子网中。

常用的子网掩码有数百种，最常用的两种子网掩码是“255.255.255.0”和“255.255.0.0”。对于子网掩码“255.255.255.0”来说，最后面一个数字可以在 0～255 范围内变化，因此可以提供 256 个 IP 地址。但由于主机号不能全为“0”或“1”，所以实际可用的地址数量是 254 个。对于子网掩码“255.255.0.0”来说，最后面 2 个数字可以在 0～255 范围内变化，因此可以提供 255^2 个 IP 地址。如上所述，实际可用的地址数量为 255^2-2，即 65023 个。

掩码与 IP 地址均为 32 位，当掩码与 IP 地址进行逐位“逻辑与”（AND）运算后，就得到了该 IP 地址的网络地址，也即网络号。

【例 6-2】 已知一个 IP 地址为 222.181.61.15，其默认的网络掩码是“255.255.255.0”，试求其网络地址。

解： 将掩码与 IP 地址进行逻辑与运算，可得出其网络地址为 222.181.61.0，其过程如图 6-10 所示。

11011110 10110101 00111101 00001111
AND 11111111 11111111 11111111 00000000
11011110 10110101 00111101 00000000
222 181 61 0

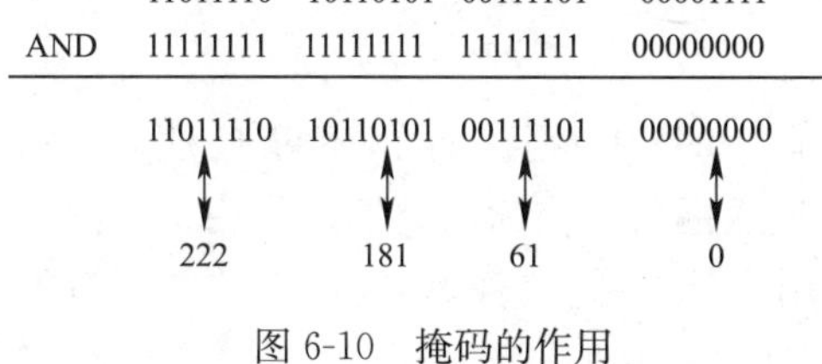

图 6-10 掩码的作用

综上，根据 IP 地址可以判断出它属于 A 类、B 类或 C 类地址中的哪一类。而子网掩码则指出子网号和主机号的分界。但是需注意的是，划分出一个子网号段后，该网络上可容纳的主机数量会相应地减少。

【例 6-3】 某高校校园网在进行 IP 地址部署时，给其下某部门分配了一个 C 类地址块 192.168.101.0/24，该部门的计算机数量分布如下：教师机房有 106 台主机，教研室Ⅰ有 43 台主机，教研室Ⅱ有 21 台主机，教研室Ⅲ有 24 台主机。要求各部门处于不同的网段。问：

（1）教师机房可分配的地址范围是多少？子网掩码为多少？

（2）教研室Ⅰ、Ⅱ、Ⅲ可分配（可用）地址范围和子网掩码分别为多少？

解： 根据各科室主机数量，判断 4 个子网的块大小都应为 2 的整数次方，分别为 128、64、32、32（2^7、2^6、2^5、2^5，也就是说 4 个子网的主机位分别需要占 7 位、6 位、5 位、5 位）。

具体的地址分配方法如下：首先把 101.1 这个地址一分为二，前一半给教师机房 0～127；然后，再把 101.128～101.255 继续一分为二，前一半 128～191 给教研室Ⅰ；最后，将 101.192～192.255 继续一分为二，前一半 192～223 给教研室Ⅱ，后一半 224～255 给教研室Ⅲ。这样，可知：

(1) 教师机房地址范围是 192.168.101.1～192.168.101.126，即可用主机 IP 地址为 126 个，子网掩码为 255.255.255.128/25，如果用二进制数表示，则为 11111111.11111111.11111111.10000000。

(2) 同理可得，教室Ⅰ地址范围是 192.168.101.129～192.168.101.190，可用主机 IP 地址为 62 个，子网掩码为 255.255.255.192/26，用二进制数可表示为 11111111.11111111.11111111.11000000。

依此，教研室Ⅱ、Ⅲ的地址范围是 192.168.101.193～192.168.101.222、192.168.101.225～192.168.101.254，可用的主机 IP 地址均为 30 个，子网掩码均为 255.255.255.224/27，二进制数表示为 11111111.11111111.11111111.11100000。

【例 6-4】 现拟建立一个有 23 台主机的子网，试规划子网地址并计算子网掩码。

解：根据网络的主机数量进行子网地址的规划、计算子网掩码。

(1) 规划子网地址

首先，计算这个子网需要的 IP 地址数为 23＋1＋1＋1＝26 个。其中，等式左边的第一个 1 是指这个网络连接时所需的网关地址，接着的两个 1 分别是指网络地址和广播地址。由于 23 小于 32（$32=2^5$），所以主机位为 5 位。

(2) 计算子网掩码

根据上面的计算，256－32＝224，所以该子网掩码为 255.255.255.224。

6.2.5 IP 寻址基本原理

IP 协议为 Internet 中的每台计算机定义了 IP 地址，接入 Internet 中的计算机依靠 IP 地址与 Internet 上的其他计算机相互区分、相互联系。使用 IP 地址需要遵循一定的规则，即 IP 地址的寻址规则，只有这样，通信双方才能够根据 IP 地址正常地进行通信。IP 寻址的主要规则为网络寻址规则和主机寻址规则。

(1) 网络寻址规则

网络寻址规则主要有：①网络地址必须是唯一的；②网络标识不能是数字 127（01111111），因为在 A 类地址中，127 保留给内部回送函数，作为回环地址使用；③网络标识的首字节不能是全 0，全 0 表示本主机，不能用于传送数据。④网络标识的首字节不能是 255（11111111），因为数字 255 已作为广播地址。

(2) 主机寻址规则

数据传输时，高层协议将数据传给 IP，IP 将数据封装为 IP 数据报后通过网络接口发送出去。如果目的主机在本地网中，IP 直接将数据报传送给本地网的目的主机；如果目的主机不在本地网中，则 IP 将数据报传送给本地路由器，由本地路由器将数据报送给下一个路由器或目的主机。用这种方式，通过网络把一个数据报传送到目的地。

路由选择是 IP 协议的最重要的功能之一。在 IP 协议中，采用的是源路由选择策略，即由发送端指定发送路由。因此，Internet 中的每个主机和路由器都有一个路由表，并显示路由器的忙闲度。在路由表中，都用 IP 地址表示网络地址和路由器的地址，路由器地址指向IP数据报应送往的下一个路由器。路由选择主要包括下面两个方面的内容：

（1）发送数据报时的路由处理。当发送节点IP协议收到上层协议要求发送的数据报时，如果上层协议已经指定了发送路由，则按照指定路由发送，如果上层协议没有指定发送路由，IP协议则以IP数据报中目的IP地址为关键字来搜索路由选择表中的路由，如果找不到路由，则向上层协议报告错误信息，说明目的不可达。

（2）数据报接收时的路由选择。当接收节点IP协议收到网络节点上发来的数据报时，分两种情况处理。一种是当该节点为主机节点时，比较数据报中的目的IP地址与本机的IP地址是否相一致，如果一致，就将IP数据报递交给对应的上层协议；否则就丢弃该数据报。另外一种情况是，该节点为路由器节点，则实施发送数据报的处理。

6.3 控制报文协议ICMP

控制报文协议（ICMP，Internet Control Message Protocol）是TCP/IP中的一个子协议，主要用于在主机或路由器之间传递网络出错报文及控制信息，如线路不通、主机断链、超过生存时间，主机或路由器发生拥塞等网络本身的消息。它可以由出错设备向源设备发送差错报文或控制报文，源设备接到这种报文后由ICMP确定错误类型，或确定重发数据报的策略。

ICMP报文通常被作为IP数据报的数据来封装，并与数据报的头部组成IP数据报发送出去。ICMP报文的格式如图6-11所示。

类型	编码	校验和	不用或按类型确定	数据

图6-11 ICMP报文格式

由图6-11可见，ICMP报文由类型、编码、校验和、不用或按类型确定以及数据五个字段组成。

（1）类型

该字段用来定义ICMP协议的类型，占8bit。类型子段的取值与ICMP报文类型的对应关系如表6-3所示。

类型子段取值与ICMP报文类型的对应关系 **表6-3**

类型取值	ICMP报文类型	类型取值	ICMP报文类型
0	Echo响应	3	目标站不可达
4	源站抑制	5	路由重定向
8	Echo请求	11	数据报超时
12	数据报超时	13	时间戳请求
14	时间戳响应	17	地址掩码请求
18	地址掩码响应		

（2）编码

编码字段占8bit，用来表示ICMP报文类型的少许参数。如编码取值为0，表示网络不可到达；编码取值为1，表示主机不可到达等。

（3）校验和

校验和字段占16bit，用于检验整个ICMP报文是否出现差错。

（4）不用或按照类型确定

此字段占4字节，根据ICMP的类型而定，多数情况下不用。

（5）数据

ICMP数据部分的长度是可变的，用来提取传输层的端口号和传输层的发送序号。

ICMP报文有两种类型，即ICMP差错报告报文和ICMP询问报文。差错报告报文用于报告IP分组传输过程中的发生和意外情况，询问报文主要用于测试Internet的运行状态。

6.3.1 ICMP差错报告报文

ICMP差错报告报文共有15种，其中较为常用的有终点不可达、源站抑制、超时、报文参数出错和改变路由几种类型。这几种常用报文的用途如下：

（1）终点不可达

终点不可达分为网络不可达、主机不可达、协议不可达、端口不可达、需要分片但DF比特已置为1，以及源路由失败等六种情况。当六种情况之一发生，使IP数据无法交付时，ICMP就向源站发送一个终点不可达报文。

（2）源站抑制

当路由器或主机由于拥塞而丢弃IP数据报时，就向源主机发出ICMP源端控制报文，通知发送端放慢发送速度，直至不再收到源端控制报文时，才可恢复报文的发送过程。

（3）超时

IP数据报在传输过程中，初始值一般为32或64，每经过一个路由器对IP数据报进行处理时，如果发现IP分组的寿命为“0”，路由器就向IP数据报发送端发送超时报文。

（4）报文参数出错

IP数据报传输时，如果路由器或目标主机发现数据报头中出现格式或内容上的错误，就向源主机发出参数出错报文。

（5）改变路由

当路由器对IP数据报作路由处理时，如果发现该报文从其他路由器转发才是最佳路由时，就会向源主机发出改变路由报文，告诉源主机到达目标主机的最佳路由。

6.3.2 ICMP询问报文

目前ICMP询问报文共有4对，即回送请求和应答报文、时间戳请求和应答报文、地址掩码请求和应答报文、路由器询问和通告报文，下面分别做简要介绍。

（1）回送请求和应答报文

路由器或主机通过回送请求报文向一个特定的目的设备发出询问，接收到该报文的目的设备必须向发送回送请求报文的源设备做出应答，以该种方式了解其相关状态，测试目的设备是否可达。

（2）时间戳请求和应答报文

时间戳请求报文用于向某个目的设备询问当前的日期和时间，时间戳应答报文用于回送接收请求报文及发送响应报文的日期和时间。任何主机和路由器都可以使用这个报文查知双方之间往返通信所需要的时间，也可以作为双方主机的时间同步的参照。

(3) 地址掩码请求和应答报文

网络上的主机可以通过子网掩码请求和应答报文来获知所在网络的子网掩码。请求方主机收到应答后，可将子网掩码和已知的 IP 地址做“逻辑与”运算，从而获得自己的网络地址。

(4) 路由器询问和通告报文

当主机 A 想与 Internet 上的其他网络中的主机 B 通信，但不知道主机 B 所在网络的路由器的地址，同时需要知道是否可以通达和途经哪些路由器时，主机 A 可以用广播或组播的方式发出一个路由询问报文，所有收到该询问的路由器就会用路由通告报文的形式，广播自己所知晓的路由器选择信息。

6.4 IPv6 和 ICMPv6

IPv4 已经被大量使用了几十年，并且工作得相当出色，Internet 规模的不断增长就是一个最好的佐证。然而，现在 Internet 面临的一个问题是其地址即将枯竭。为了对大量 IP 地址空间的需求做出响应，IETF 从 1992 年起就开始寻找一种新的协议来代替 IPv4 协议，最终将协议版本命名为 6，即 IPv6。利用这个机会，IETF 在 IPv4 的基础上，对其他方面进行了修改和扩充，使得 IPv6 比 IPv4 具有更多的优越性。

IPv6 采用 128 位地址长度，几乎可以不受限制地提供地址。按保守方法估算 IPv6 实际可分配的地址，整个地球的每平方米面积上可分配 1000 多个地址。在 IPv6 的设计过程中除解决了地址短缺问题以外，还考虑了在 IPv4 中没有解决好的其他一些问题，主要有端到端 IP 连接、服务质量（QoS)、安全性、多播、移动性及即插即用等。

IPv6 有许多明显的特性，尤其在 IP 地址空间、安全性、QoS、移动性和支持即插即用等方面十分突出。首先是明显地扩大了地址空间。IPv6 采用 128 位地址，其地址空间为 2^{128}（$3.40282366920938\times10^{38}$）。在未来相当长的一段时间内，它能够为所有的网络应用设备提供一个全球唯一的地址。其二是提高了网络的整体吞吐量。由于 IPv6 的数据包可以远远超过 64k 字节，应用程序可以利用最大传输单元（MTU)，获得更快、更可靠的数据传输，同时在设计上改进了选路结构，采用简化的报头定长结构和更合理的分段方法，使路由器加快数据报的处理速度，提高了转发效率，从而提高网络的整体吞吐量。其三是 IPv6 协议内置安全机制，并已标准化。在安全性方面，除了提供网络层这一强制性机制外，还提供两种服务，即认证报头和封装的安全负载报头。前者用于保证数据的一致性，后者则用于保证数据的保密性。其四是整个 QoS 得以改善。由于 IPv6 报头中新增了字段“业务级别”和“流标记”，有了它们，在传输过程中，中间的各节点就可以识别和分开处理任何 IP 地址流。此外，IPv6 在支持“时时在线”连接、防止服务中断以及提高网络性能方面都对 QoS 有所改进。其五是移动 IPv6 在新功能和新服务方面可以提供更大的灵活性。每个移动设备都设有一个固定的 home 地址，移动设备每次改变位置，都会将它的转交地址告诉 home 地址和它所对应的通信节点。为了在全球范围内使用移动 IPv6，在基于 IPv6 网络上增加了安全层。其六是更好地实现了多播功能。在 IPv6 的多播功能中增加了“范围”和“标志”，限定了路由范围和可以区分永久性与临时性地址，更有利于多播功能的实现。最后一点，设备接入网络时通过自动配置即可获取 IP 地址和一些必要的参数，实现即插即用，大大简化了网络管理。

IPv6 基本协议最初于 1992 年提出，经多次改进后才确定下来。现在的 IPv6 协议是在 1995 年由 Cisco 公司和 Nokia 公司起草的，形成了 RFC2460。1998 年，IETF 对其进行了较大的改进，形成了 98 版 RFC2460。随后，IPv6 的其他标准也陆续由 IETF 的相关工作组制定出来。

随着 Internet 的飞速发展和 Internet 用户对服务水平要求的不断提高，IPv6 在全球将会越来越受到重视。

6.4.1 IPv6 基本报头格式

IPv6 数据报由一个 IPv6 基本报头、多个扩展报头和一个上层协议数据单元组成，其结构如图 6-12 所示。

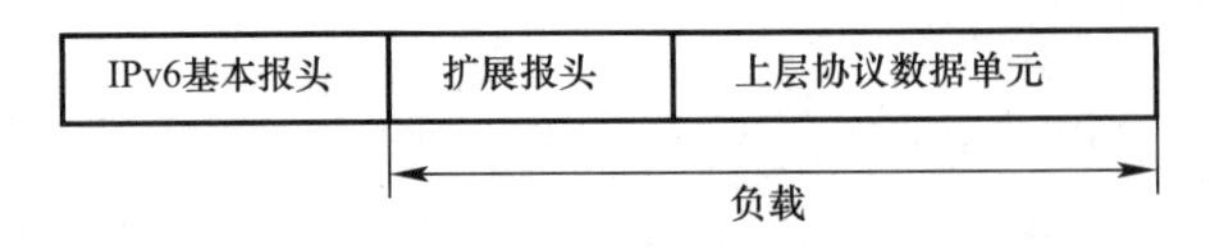

图 6-12 IPv6 数据报的格式

IPv6 基本报头也称固定报头，包含 8 个字段，总长度为 40 个字节，其格式如图 6-13 所示。

<table>
<tr><td>版本号 (4位)</td><td colspan="2">通信流类别 (8位)</td><td colspan="2">流标记 (20位)</td></tr>
<tr><td colspan="2">有效负载长度 (16位)</td><td colspan="2">下一个报头 (8位)</td><td>跳数限制 (8位)</td></tr>
<tr><td colspan="5">源地址 (128位)</td></tr>
<tr><td colspan="5">目的地址 (128位)</td></tr>
</table>

图 6-13 IPv6 基本报头的格式

由图 6-13 可见，基本报头的 40 个字节中，大部分空间用于表示源地址和目标地址，每个地址各占 16 字节。除了 2 个地址字段外，还包含其他 6 个字段。现对各字段进行说明。

(1) 版本号 (Version)

该字段指明了 IP 协议的版本，其值为 6，长度为 4bit。

(2) 通信流类别 (Traffic Class)

该字段表示 IPv6 数据报的类或优先级，与 IPv4 的服务类型字段相同，占 8bit。取值 0～15，取值为 0～7 时是需要进行流量控制的分组，即当发生拥塞时需要对其进行控制，如使分组走另一条未发生拥塞的路径，或执行丢弃、重发功能。取值 8～15 时为高优先级且保持恒速率但无需进行拥塞控制的报文或分组。

(3) 流标记 (Flow Label)

所谓流即为分组序列，是为从源到目标的数据流或报文分组分配一个相同的流标识号，需要由中间 IPv6 路由器进行特殊处理。也就是说，流标识既代表了一种数据流的标志，也代表了沿途服务器所应提供的服务要求。该字段长度为 20bit。

（4）有效负载长度（Payload Length）

该字段表示 IPv6 数据报有效负载的长度，即分组的净荷的字节数。该字段长度为 16bit。

（5）下一个报头（Next Header）

当存在扩展报头时，该字段给出扩展报头的类型。如无扩展报头，该字段等同于 IPv4 的协议字段，用于指明净荷所属的协议。该字段长度为 8bit。

（6）跳数限制（Hop Limit）

该字段给出 IP 分组允许经过的路由器的数量，IP 分组每经过一个路由器，该字段值减 1，当该字段值减为 0 时，如果 IP 分组仍未到达目的地，路由器就会丢弃该 IP 分组，以防止分组在网络中漫游。该字段长度为 8bit。

（7）源地址和目的地址（Source Address and Destination Address）

表示发送方和接收方的地址，长度各为 128bit。

6.4.2　IPv6 地址结构

IPv4 的地址长度为 32 位，能够容纳的最大地址数量为 2^{32}；在 IPv6 中，地址长度为 128 位，所容纳的最大地址数量为 2^{128}。显然，IPv6 的地址数量要远大于 IPv4 的地址数量，如此巨大的地址空间，为使用 IPv6 地址提供了非常大的灵活性。同时，IPv4 地址的点分十进制法显然不再适用于 IPv6 地址。为此，IPv6 采用冒号十六进制表示法，用三种格式来表示。

1. IPv6 地址表示方式

（1）基本格式

IPv6 地址的基本格式即用冒号分隔的 8 个 4 位十六进制数来表示，基本表达方式为 x：x：x：x：x：x：x：x，其中的 x 分别对应于 128 位地址中的 8 个 4 位地址段。下面是 2 个用基本格式表示的 IPv6 地址。

2000：801A：2211：CD1F：DBC1：1010：9236：4206

0000：0000：0000：0000：0000：0001：1000：0001

另外，个别字段前面的 0 可以省略不写，但每段至少有 1 位数字，例如 1020：0000：0000：0000：0006：0500：A00C：217E 可以简写为：1020：0：0：0：6：500：A00C：217E。

请注意，这些整数是十六进制数。十六进制数由 0～9 和 A～F 组成，其中，字母 A～F 与十进制数中的 10～15 一一对应。

（2）压缩格式

基本格式中可能会出现很多 0，为了简化地址地表示，规定了一种特殊的语法格式来压缩 0。在这种语法格式中，使用“：：”符号表示有多组 16 位“0”，并规定在一个 IPv6 地址中只能出现一个：：，用于压缩一个地址中的前端、末尾或相邻的一串“0”。例如，上面的第二个地址可表示为：：1：1000：1。

【例 6-5】　将下述用基本格式表示的 IPv6 地址用压缩格式表示。

0000：0000：0000：AE08：0000：0000：0000：0000

1000：0000：0001：0000：0000：0000：1000：1000

0000：0000：0000：FE01：0000：0100：1110：0001

解： 用压缩格式可将上述 IPv6 地址表示如下：

0：0：0：AE08：：

1000：0：1：：1000：1000

：：FE01：0：100：1110：1

（3）混合格式

在 IPv6 和 IPv4 的混合环境中，可以使用混合格式，即 x：x：x：x：x：x：d.d.d.d 形式的地址，其中，x 为一个 4 位十六进制数，d 为一个 8 位二进制数（用十进制数表示）。这样，前一部分为 96 位，后一部分为 32 位，共 128 位。例如，0000：0000：0000：0000：128：AE02：255.32.56.65 即为一个合法的混合地址。

（4）地址前缀

IPv6 采用无分类编址方式，将地址分为前缀部分和主机部分，用前缀长度表明地址中表示前缀的二进制位数。其表示方法为“IPv6 地址/前缀长度”。例如，在地址 C9D1：0000：1003：2EC6：1111：2020：3900：1B2A/64 中，显示出地址的前缀长度为 64 位。地址前缀用于表示 IPv6 地址中有多少位表示子网。

2. IPv6 地址分类

与 IPv4 中地址分类法相似，IPv6 地址分为单播、组播和任播三种类型。单播地址即唯一标识某个接口，以此种类型地址为目的地址的 IP 分组，到达目的地址标识的唯一接口。组播地址标识一组接口，通常情况下，这组接口分属于不同的节点，以这类地址为目的地址的 IP 分组，会到达所有由目的地址标识的接口。任播地址亦标识一组接口，但与组播地址不同的是，发送到任播地址的分组被送到由该地址标识的路由最近的一个端口。

（1）单播地址

IPv6 单播地址在逻辑上划分为子网前缀和接口 ID 两部分。图 6-14 为几种单播地址格式示意。

在 IPv6 单播地址中，如果 128 位全部为“0”，称该地址为未指定地址，可表示为“：：”，不能分配给任何节点。如果单播地址为“：：1”，则称该地址为环回地址，常用于节点向自己发送数据报，亦不能分配给其他任何物理接口。

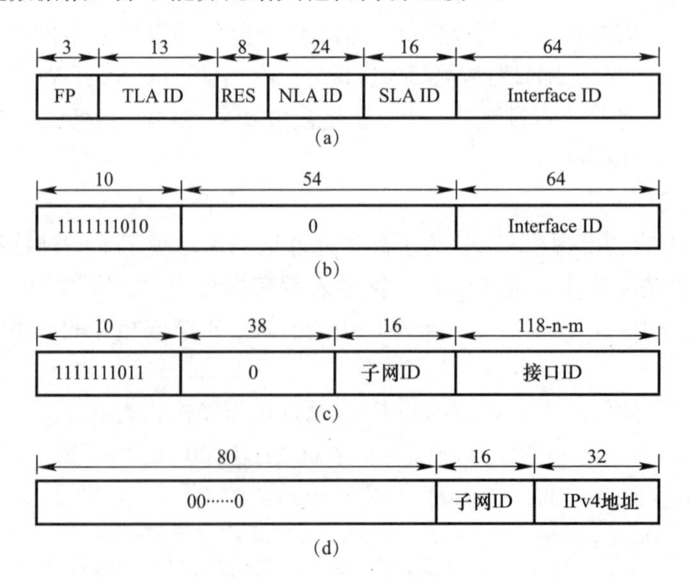

图 6-14　几种单播地址

在图 6-14 中，(a) 称为全局可聚变单播地址，是一种基于 ISP 的全球单播格式。(b) 为链路本地地址，用于在指明本地子网或链路上的地址，只能在连接地同一本地链路的节点之间使用。(c) 为站点本地地址，是指在同一站点内使用的地址，类似于 IPv4 中的内网地址。其设计目的是用于无需全球前缀的站点内部寻址，路由器不会转发任何站点本地源地址或目标地址是站点外部地址的数据报文。(d) 称为嵌入 IPv4 地址，是考虑到从 IPv4 到 IPv6 的过渡时期约十几年中所使用的地址格式。前部 96 位全部用 0，或用 80 个 0 加 16 个 1，最后嵌入 IPv4 地址。图 6-14 中各字段的说明如下：

1) FP (Format Prefix) 称为格式前缀，对于可聚集全局单播地址来说，其值为 “001”；

2) TLA ID (Top-level Aggregation Identifier) 称为顶级集聚标识符，标识了路由层次中的最高级别；

3) RES (Reserved for future use) 为保留字段，以备将来使用；

4) NLA ID (Next-Level Aggregation Identifier) 为下一级聚集标识符；

5) SLA ID (Site-Level Aggregation Identifier) 为站点级聚集标识符；

6) Interface ID (Interface Identifier) 即接口标识符。

(2) 组播地址

在 Internet 上，很多业务需要从一个源站发出而允许多个目标站接收，如发送政府公告、新闻、股市行情等，于是就有了组播地址这种服务。组播地址是指一组接口的地址，这一组接口具有一个标识符，发送到一个组播地址的数据报被传送到以这个地址标识的每个接口上。组播地址的格式如图 6-15 所示。其中，第一个字段为标识字符，占 8 位，每一位均为 “1”，标识该地址是一个组播地址。第二字段为标识字段 (Flag)，占 4 位。其中前 3 位是保留位，初始值为 0；第四位可取 0 或 1，若取 0，表示一个永不分配的组播地址，由 Internet 名字与号码指派管理局 (ICANN) 分配。如果取 1，表示一个非永久的组播地址。第三个字段为范围字段 (Extent)，占 4 位，用于限制多组播的范围，取值范围为 0～15。其中：0 为保留，1 为本地组播组，2 为本地链路范围，3、4 未分配，5 为本地站点，6、7 未分配，8 为本地组织，9～13 未分配，14 为全球地址，15 未分配，这里的未分配的标识可供将来分配使用。最后一个字段为组标识 (Group ID)，共占 112 位，主要用于标识组播组，可以是永久的也可以是临时的。

8bit	4bit	4bit	112bit
11111111	Flag	Extent	Group ID

图 6-15 组播地址格式

常用的组播组有：FF02::1 (链路本地范围内所有节点)、FF02::2 (链路本地范围内所有路由器)、FF05::2 (链路站点本地范围内所有路由器)、FF02::9 (链路本地范围内所有 RIP 路由器)。

(3) 任播地址

任播地址也称为任意点播 IPv6 地址，是 IPv6 新增加的一种地址，它是指一组接口的地址具有一个标识符，发送到任播地址的数据报被送到由该地址标识的、根据路由选择距离最近的一个接口上。

6.4.3 IPv6 扩展报头

由前所述，比起 IPv4，IPv6 的基本报头已经大为简化，同时采用“下一报头”进行扩充，这里的“下一报头”即为扩展报头，可以有也可以没有，如果有的话，最多可以有

6个。每一种扩展报头都规定了一个确定的格式，扩展报头中还可能有“下一报头”，并且在下一报头中也必须标识是否还有下一报头，IP软件利用“下一报头”来确定后面要处理的是数据还是另一个报头。

IPv6定义的6种扩展报头如表6-4所示。当IP分组包含多个扩展报头时，需按表中的顺序跟在基本报头之后。

可选择的扩展报头 表6-4

扩展报头	描述
站到站报头	用来逐站传输巨型报文
源路由报头	指明数据报到达目的站所必须经过的路由器
分段报头	管理数据报分段
身份验证报头	验证收发双方的身份
加密报头	用于传输经过加密的报文信息
目的地选项报头	有关数据报接收端的附加信息

下面对以上提及的扩展报头分别加以说明。

（1）站到站报头

此扩展报头必须紧跟在IPv6基本报头之后，其中包含选项数据，在所经过的路径上的每个节点都必须检查该选项。只有在报文大于65535B时，才采用该种报头。

（2）源路由报头

此报头指明数据报在到达目的地途中要经过哪些节点，其中包含一个沿途经过的各节点的地址列表，这与IPv4的松散源路由相似。

（3）分段报头

IPv6中源主机可以对数据报进行分段处理，中间节点则无此权利。其过程是：源主机执行一种路径发现算法，了解沿途经过的网络能够支持的最大最小传输单元（MTU）的数值，源主机依据最大传输单元进行分段处理。IPv6规定最大传输单元为1518B，其数据部分为1500B；最小传输单元是沿途每个网络必须支持的规范值。此扩展报头用于源节点对长度超出源端和目的端路径最小传输单元的数据报进行分段。

（4）身份验证报头

此报头提供了一种机制，接收方可通过对IPv6基本报头、扩展头和净荷的某些部分进行加密的校验和计算，以确认发送方的身份，这样只有真正的接收方才可以读取数据报的内容。

（5）加密报头

IPv6中，重要的报文必须加密，加密算法由收发双方决定，缺省的算法是密码块链式模式。

（6）目的地选项报头

此报头规定所携带的信息只能由目标主机来检查。IPv6初始版本中，唯一定义的选项是空选型。目前，唯一定义的目的地选项是在需要时把选项填充为8字节的整数倍。设置这个选项的目的是，将来如果出现某种新的目标选项时，确保新的路由软件和主机软件可以对其进行处理。

6.4.4　IPv4 向 IPv6 的过渡技术

对 IPv6 的技术细节有了一定的了解之后，自然会想到一个实际问题，一个基于 IPv4 的 Internet 如何转变成 IPv6 呢？

目前解决从 IPv4 到 IPv6 过渡问题的基本技术有 3 种，即双协议栈、隧道技术和地址转换技术。

（1）双协议栈技术

双协议栈（dual stack）技术的核心是在主机和路由器中安装 IPv4 和 IPv6 的双协议栈，路由器可以将不同格式的报文进行转换，双协议栈主机使用域名系统查询目标主机是 IPv4 还是 IPv6。

由于采用了双路由结构，随着网络中节点的增加，网络的复杂性必然会大大增加，网络设备的性能也会随之降低，因此双协议栈技术不适于广泛使用。

（2）隧道技术

隧道（tunnel）技术的核心是把 IPv6 数据报当作净负载封装在 IPv4 数据报中，在 IPv4 网络中传输，这个过程就像在隧道中穿行一样。隧道技术提供了使 IPv4 网络穿过 IPv6 的节点进行通信的方法，但并没有解决 IPv6 节点与 IPv4 节点之间相互通信这一关键问题。

（3）地址转换技术

地址转化技术即利用转换网关在 IPv4 与 IPv6 的网络边缘进行 IPv4 地址和 IPv6 地址的转换，并进行协议翻译工作。

（4）过渡技术的选择

从目前已有的过渡机制可以看出，前面提到的 3 种技术都是针对某一方面的问题提出的，只能解某一方面的问题，具有局限性，因此不具有普遍适用的特性，还常常需要和其他的技术相互配合使用。因此，必须用更合适的技术来解决 IPv4 向 IPv6 过渡的问题。

6.4.5　ICMPv6

ICMPv6 是 Internet Control Message Protocol Version 6 的简称，译为第六版 Internet 控制信息协议。ICMPv6 的功能与 ICMPv4 基本相同，但对 ICMPv4 进行了优化和改进。

Internet 控制信息协议（ICMP）是 IP 协议的一个重要组成部分。通过 IP 包传送的 ICMP 信息主要用于涉及网络操作或错误操作的不可达信息。

与 ICMPv4 一样，ICMPv6 报文也是封装在 IP 数据报中进行发送的。其具体结构包括 ICMPv6 报头和信息两部分。

ICMPv6 报文分为两类，差错报文和信息报文。差错报文用于报告在转发 IPv6 数据报过程中出现的错误。信息报文提供诊断功能和附加的主机功能，如邻站发现和多播侦听发现。ICMPv6 报文结构如图 6-16 所示。差错报文中，8 位类型字段中的最高位都为 0，其有效值范围为 0～127；信息报文的 8 位类型字段中的最高位都为 1，其有效值范围为 128～255。

8bit	8bit	16bit
类型	编码	校验码
信息体		

图 6-16　ICMPv6 报文结构

1. ICMPv6 差错报文

常用的 ICMPv6 差错报文有目标不可达（destination unreachable）、数据分组过大（packet too big）、超时（time exceeded）及参数问题（parameter problem）。

（1）目标不可达

当数据报无法被转发到目标节点或上层协议时，路由器或目标节点发送 ICMPv6 目标不可达差错报文。报文的类型字段值为 1，代码字段为 0～4，其含义如表 6-5 所示。

代码段的定义　表 6-5

0	没有到达目的地的路由。路由器的路由表中找不到目标地址的记录
1	与目的地的通信被管理员禁止。IPv6 数据被防火墙过滤掉
2	不是邻居。当列表中的下一个目的地与当前正执行转发的节点不能共享一个网络链路时，将会产生该报文
3	地址不可达。在把高层地址解析到链路层地址，或在目的地网络的链路层上去往其目的地址时遇到了问题
4	端口不可达。此种情况发生在高层协议没有侦听报文目的端口的业务量，且传输层协议也无法把这个问题通知源节点时

（2）数据分组过大

IPv6 数据分组超过了链路最大传输单元而无法对其进行转发时，会产生一个数据分组过大差错报文。在差错报文中有一个字段指出了导致该问题出现的链路的 MTU 值。数据分组过大报文的类型字段值为 2，代码字段值为 0。

（3）超时

如果 IPv6 分组在传输过程中超过了跳数限制，经过一个路由器跳数就减 1。当 HL 为 0 时，相当于生命期为 0，即会被丢弃。在超时差错报文中，类型字段的值为 3，代码字段的值为 0 或 1。其中，0 表示在传输过程中超过了跳限制，1 表示分片重组超时。

（4）参数问题

当 IPv6 基本报头或扩展报头中某些部分有问题时，路由器会因无法处理该数据报而将其丢弃。路由器会产生一个参数问题差错报文，指出问题的类型，并指出错误的具体字节。

参数问题差错报文类型字段值为 4，代码字段值为 0～2。其中，0 意为遇到了错误的报头字段；1 意为遇到了无法识别的下一个报头类型；2 意为遇到了无法识别的 IPv6 选项。

2. IPv6 信息报文

IPv6 信息报文有很多种，常用的有两种，即回送请求报文和回送应答报文。

（1）回送请求报文

回送请求报文用于发送到目标节点，以使目标节点立即发回一个回送应答报文。

回送请求报文包括类型、代码、校验码、标识符和序列号几个字段。其中，类型字段值为 128，代码字段值为 0。标识符和序列号字段由发送方主机设置，用来将随后收到的回送应答报文与发出的回送请求报文相匹配。

（2）回送应答报文

ICMPv6 用回送应答报文来响应收到的回送请求报文。回送应答报文的结构与回送请求报文相同，只是类型字段的值为 129。

6.5　Internet 管理

Internet 是由分散在世界各国的成千上万个网络互联而成的网络集合体。这些网络的规模各异，归属于不同的组织、团体和部门。其中有跨越洲际的网络，有覆盖多个国家的网络，有各国的国家级网络，也有各部门各团体的专用网络、校园网、公司网等。这些网络各有其主，分别归属各自的投资部门，由各自的投资部门管理。或者说，Internet就是由这些分散的管理机构管理的。因此，从组织上来说，Internet是一个松散的集合体，没有严格意义上的统一管理机构，这一点甚至被认为是Internet取得极大成功的经验之一。

但是，在全球的Internet活动中，的确存在着各种各样的组织，而且，其中有许多组织扮演着重要角色，对全球Internet的互联互通、正常运行和迅速发展起着十分重要的作用。

在Internet的发展初期，由于ARPAnet、NSFnet以及其后加入的美国宇航局（NASA）的SPAN网/美国能源部（DOE）的ESNET网等，都是由各个部门投资建设的，因此这些部门自然就是各自网络的管理部门，各个网络都相继建立了专门的机构对网络进行管理。

为了适应网络发展的需要，在1987年，由美国国防部、国家科学基金会、美国宇航局、美国能源部和健康卫生部各派代表组成联邦Internet协调委员会，这是一个联席会议形式的协调组织，主要是从技术的角度出发，负责网络互联的协调工作以及网络发展新技术、新标准的开发工作。

我国自从1994年4月实现与Internet的全联结以来，用户人数逐年递增，发展速度远远超过世界平均水平。为了促进Internet在我国健康有序地发展，我国相继成立了中国互联网络信息中心、中国互联网络安全产品测评认证中心等Internet的服务和管理性机构，今后随着Internet的发展，在我国必定还会成立一些相应的机构。

目前最有影响的国际性Internet组织机构主要有下述几个：

（1）洲际研究网络协调委员会（CCIRN）

1988年，洲际研究网络协调委员会（CCIRN，Coordinating Committee for Intercontinental Research Network）成立，该委员会的任务是进行国家之间、各大洲之间的技术协调工作。这是一个国际民间组织，其成员都是各国的学术研究网络机构，下设北美分会（NACCIRN）、欧洲分会（EUCCIRN）和亚太分会（APCCIRN）。

（2）Internet协会（ISOC）

1992年，全球性的Internet组织机构——Internet协会（ISOC，Internet Society）成立。该协会是一个非营利性的专业化组织，其成员主要来自各国的网络组织、信息领域的企业和组织。其宗旨是负责协调、组织新技术标准的研究与传播，促进Internet的改革与发展。

Internet协会下设Internet体系结构研究会（IAB，Internet Architecture Board）和其他几个研究会。IAB主要负责处理与Internet的体系结构相关的问题，例如Internet技术标准的制定和发布等。IAB下设多个工作组，其中IETF负责Internet发展过程中的技术事务，如负责设计和监督管理TCP/IP等，并提出相应的解决方案，提交给IAB。

（3）因特网名字与号码指派管理局（ICANN）

Internet的IP地址和AS号码分配是分级进行的。目前，Internet名字与号码指派管理局（ICANN，The Internet Corporation for Assigned Names and Numbers）负责全球Internet的IP地址分配。根据ICANN的规定，ICANN将部分IP地址分配给地区级的

Internet 注册机构（RIR，Regional Internet Registry），然后再由这些 RIR 负责该地区的等级注册服务。现在，全球一共有 4 个 RIR：ARIN、RIPE、APNIC、LACNIC。其中 ARIN 主要负责北美地区业务，RIPE 主要负责欧洲地区业务，LACNIC 主要负责拉丁美洲业务，亚太地区国家的 IP 地址和 AS 号码分配由 APNIC 管理。RIR 之下还可以存在一些 IR（Internet Registry），如国家级 IR（NIR，National Internet Registry）、普通地区级 IR（LIR，Local Internet Registry）。这些 IR 都可以从 RIR 那里得到 Internet 地址及号码，并可以向其各自的下级进行分配。

中国的 ISP 获得 IP 地址最有效的方法是申请加入 CNNIC 分配联盟，CNNIC 以国家 NIC 的身份于 1997 年 1 月成为 APNIC 的联盟会员，成立了以 CNNIC 为召集单位的分配联盟，称为 CNNIC 分配联盟。按照 APNIC 的有关规定（APNIC-051），CNNIC 分配联盟成员单位可以通过 CNNIC 获得 IP 地址，同时，CNNIC 必须将 CNNIC 分配单位的名单及 IP 地址分配情况报告给 APNIC。

（4）万维网联盟（W3C）

万维网联盟（W3C，World Wide Web Consortium）又称 W3C 理事会。于 1994 年 10 月在麻省理工学院计算机科学实验室成立。

万维网联盟是国际最著名的标准化组织之一，负责为万维网制定相关标准和规范。至今已发布近百项与万维网有关的标准和规范，为万维网发展做出了杰出的贡献。万维网联盟拥有来自全世界 40 个国家的 400 多个会员组织，已在全世界 16 个地区设立了办事处。2006 年 4 月 28 日，W3C 在中国内地设立了首个办事处。

随着 Internet 的商业化运作，一些商业组织机构也应运而生。如 20 世纪 90 年代初在美国成立的“商业 Internet 协会”（CIX，Commercial Internet Exchange Association）就是一个国际性行业组织，其主要作用是加强商业网络之间的合作与协调，加强行业自律，维护行业利益。

6.6 实　例

【实例 1】 使用 ping 命令

Ping 命令的命名起源于潜艇声呐探测目标时发出的脉冲，该脉冲遇到目标后会反射回来，这一点也恰当地揭示了 ping 的功能。ping 是一个使用频率极高的实用程序，用于监测网络连通性、可达性和域名解析等问题的命令，当网络中出现连通性问题时，可以借助 ping 命令排除这类故障。

【目的】 学会如何使用 ping 命令，掌握 ping 命令的基本参数。

【具体步骤】

（1）在任务栏的［开始］菜单中，执行［运行］命令。

（2）在［运行］对话框中输入 cmd 命令，如图 6-17 所示，并单击［确定］按钮。

（3）在命令提示符窗口中输入 ping 127.0.0.1 命令，然后按回车键，屏幕出现图 6-18 所示画面。

此处的地址 127.0.0.1 属于回送地址，用来测试本机 TCP/IP 工作是否正常。

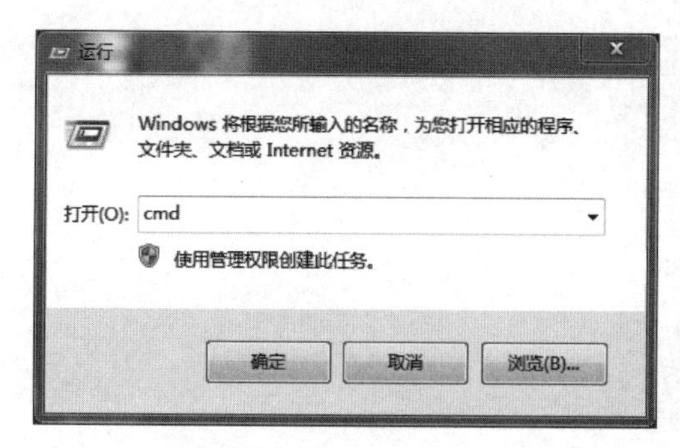

图 6-17　输入 cmd 命令

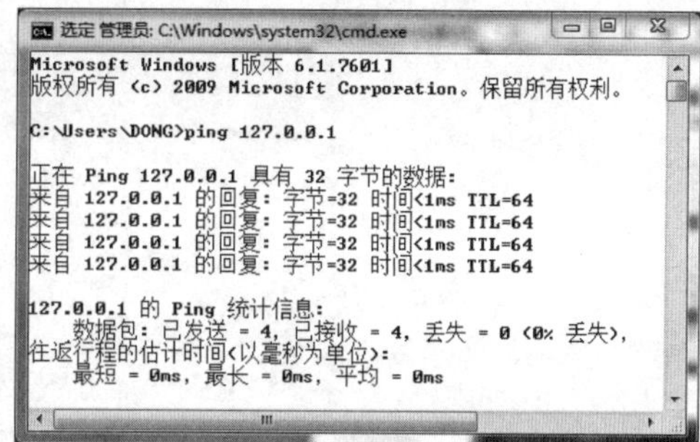

图 6-18　测试本机 TCP/IP 工作是否正常

（4）在命令提示符窗口中输入 ping DONG-PC（主机名），按下回车键，屏幕上出现图 6-19 所示的画面。该命令用来解析出与主机名相对应的 IPv6 地址。

（5）为了判断 DNS 工作是否正常，并通过返回值信息中查看 TTL 值，判断联网情况，在命令提示符窗口输入 ping www. baidu. com 命令，并按下回车键，则出现图 6-20 所示画面。

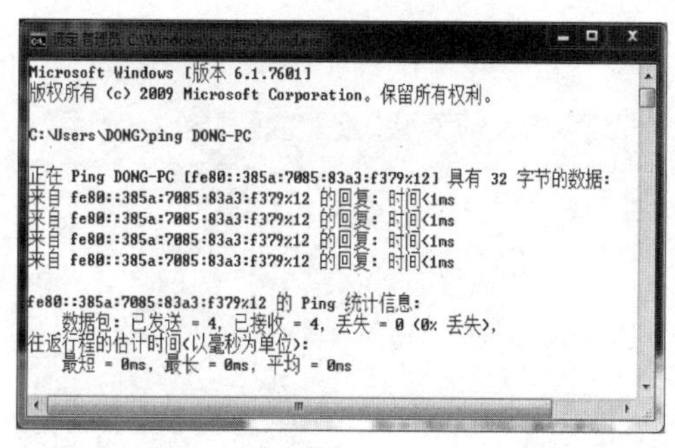

图 6-19　解析主机 IP 地址

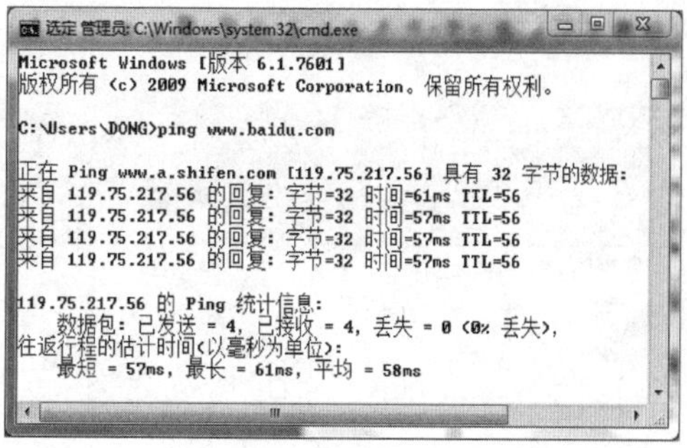

图 6-20　ping 网站域名

（6）在命令提示符窗口中输入 ping 192. 168. 0. 182 命令后，按下回车键，屏幕显示如图 6-21 所示。可以用此命令测试本地计算机与远程计算机之间的连通性。

（7）在命令提示符窗口输入 ping www. 163. com-n 5 命令，并按回车键，屏幕显示如图 6-22 所示。用此命令显示发送测试包的个数。

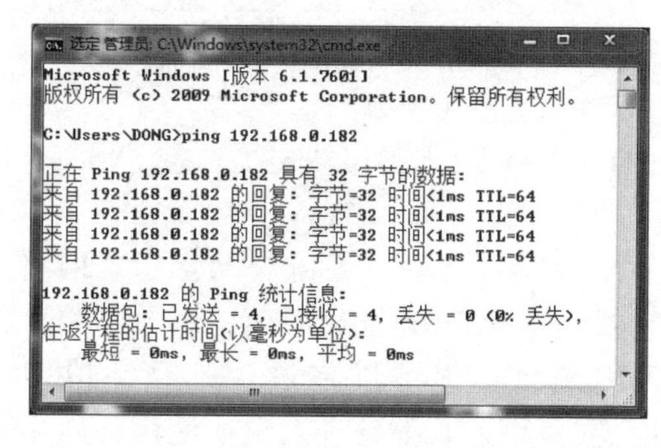

图 6-21　测试本地计算机与远程计算机的连通性

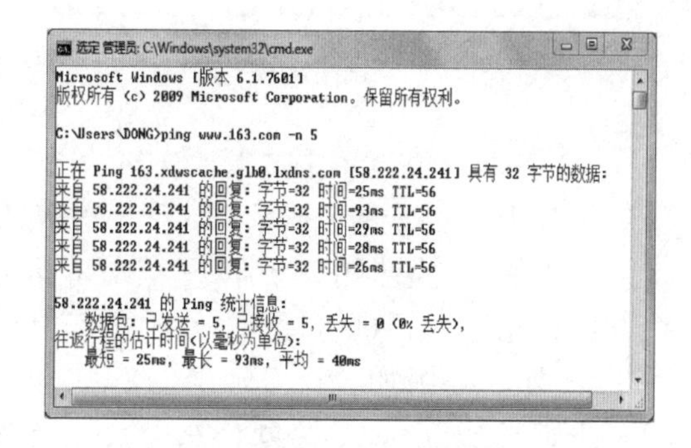

图 6-22　测试发送数据报的个数

（8）如果想查看缓冲区的大小，可在命令提示符窗口输入 ping www. 163. com-l 128 命令，屏幕显示如图 6-23 所示。

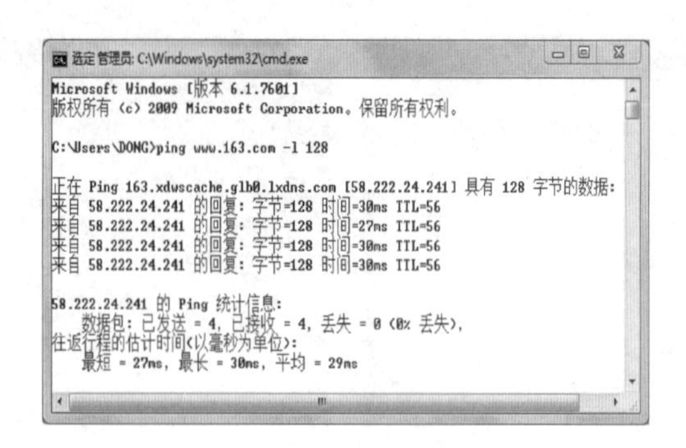

图 6-23　查看发送缓冲区的大小

【实例 2】 IP 地址的设置方法

（1）鼠标右键单击桌面上的“网上邻居”，选择其中的“属性”，系统会弹出“网络连接”窗口（见图 6-24），图中显示了一个“本地连接”（也可以按下述方式进行：开始→控制面板→网络连接→本地连接）。

（2）用鼠标左键双击“本地连接”，系统弹出一个“本地连接状态”对话框如图 6-25 所示。

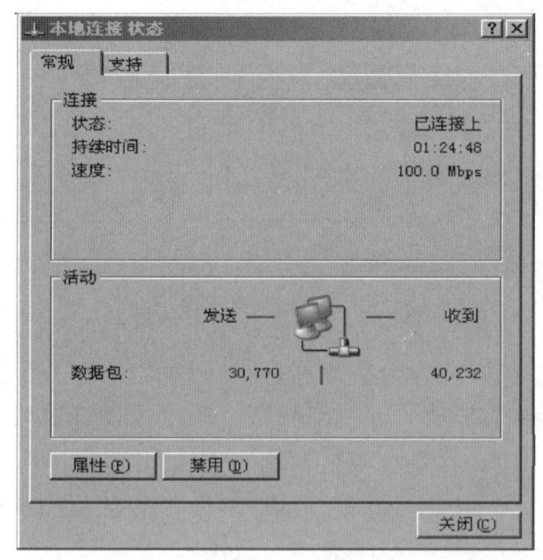

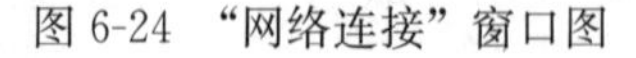
图 6-24　“网络连接”窗口图

图 6-25　“本地连接状态”对话框

（3）用鼠标左键单击“本地连接状态”中的“支持”，即弹出“连接状态”信息，其中包括 IP 地址、子网掩码及默认网关等信息，见图 6-26。

（4）在此对话框中，用鼠标左键单击“详细信息”按钮，系统自动弹出“网络连接详细信息”对话框（图 6-27），在其中只需要把你的 IP 地址最后面三个数字稍微修改一下即可，例如 192.168.0.186 是你的 IP 地址，你可以将最后一个字段中的“186”修改成 0～255 之间任意的数，当然前提是这些 IP 都没有人正在使用，然后点确定即可。

（5）如果是病毒造成的 IP 地址异常，大多都是 arp 病毒攻击造成的，则用户只需要使用杀毒软件中的漏洞修复就可以解决这个问题。

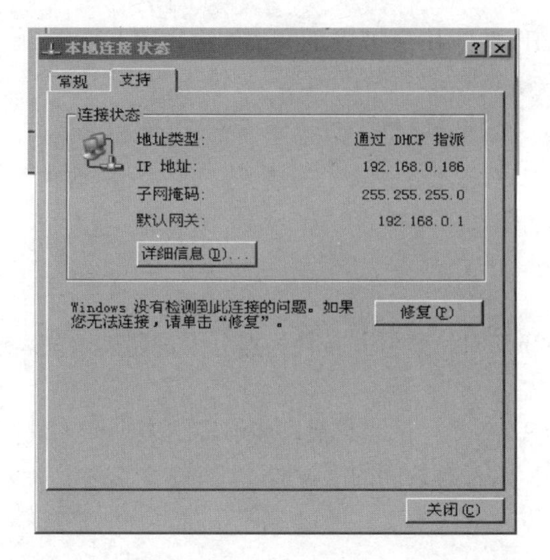

图 6-26 “本地连接状态”中的“支持”对话框

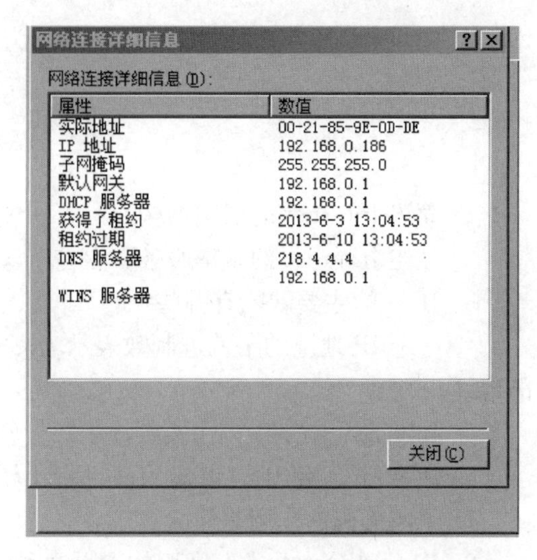

图 6-27 “网络连接详细信息”对话框

6.7 小　　结

本章主要讲述了 Internet 的基本服务、网际协议 IP、ICMP、IPv6 出现的背景及 IPv6 的一些技术细节。

网际协议即 Internet 所使用的协议，又称为互联网协议、IP 协议。网际协议提供了网络之间连接的完善功能。网际协议部分系统地介绍了 Internet 最基本的传输单元 IPv4 数据报的格式、分层结构的 IPv4 地址、IPv4 的域名系统、子网与子网掩码以及 IP 寻址基本原理。

网际控制报文协议 ICMP 是 IP 协议的辅助协议，用于处理 IP 错误及异常现象，也可以用于传递相关的网络相关信息。

IPv4 是目前流行的 IP 协议。IPv4 最大的优点是简单。但是随着 Internet 日益庞大的规模和多种多样的应用方式，IPv4 的局限性开始显现。其中主要的问题是地址短缺问题、复杂的分组首部、QoS 实现困难以及安全机制先天缺陷，正是这些问题的亟待解决推动了 IPv6 的问世。

IPv6 有许多优良的特性，在 IP 地址空间、安全性、QoS、移动性和支持即插即用等方面尤其明显。

比起 IPv4，IPv6 基本报头有了很大的简化，同时采用扩展报头进行扩充，采用这种方式，提高了路由器数据报的速度和转发特性。可能跟在 IPv6 基本报头后面的扩展报头有 6 种，且均为可选报头。

IPv6 的地址长度为 128 位，采用冒号分隔的 8 个 4 位十六进制数表示，可以用基本格式、压缩格式和混合格式表示。IPv6 地址有单播、组播和任播 3 种类型。

地址之间的映射统称为地址解析。ARP 是在知道主机的 IP 地址时确定其物理地址的一种协议。RARP 则是在仅知道主机的物理地址时确定其 IP 地址的一种协议。

ICMPv6 对 ICMPv4 进行了优化和改进，是 IPv6 的配套协议。

目前，有 3 种从 IPv4 向 IPv6 过渡的技术，即双协议栈技术、隧道技术及地址转换技术，但这些技术都有其局限性，还不能作为 IPv6 与 IPv4 互连的完整解决方案。

习　　题

1. 简述 Internet 的层次结构。

2. 试述 Internet 的基本服务。

3. IPv4 的主要缺陷有哪些？

4. 一个 IP 地址的十六进制数表示为 C22F1581，请将其转换为点分十进制表示法表示的地址。

5. Internet 上的一个子网掩码为 255.255.245.0，试问它最多能够容纳多少台主机？

6. 试将 IPv4 和 IPv6 基本报头进行比较，两者有共同的字段吗？

7. 子网掩码的作用是什么？

8. IP 地址分为几类？常用的有哪几种？

9. 试给出 C 类地址的标识范围。

10. 已知一个 IP 地址为 219.161.68.56，其默认的网络掩码是“255.255.0.0”，试求其网络地址。

11. 简述 Internet 的顶级域名的分类方法。

12. 写出 IPv6 的报文结构，简述与 IPv4 报文的相同点与不同点。

13. IPv6 地址有几种表示方式？试用几种不同的方式来表示同一个 IPv6 地址。

14. 将以下用基本方式表示的 IPv6 地址用压缩表示方法表示。

(1) 0000：0000：0000：6284：3675：24DB：BA27：7465；

(2) 0000：0000：0000：0000：0000：010B：00D4：24AB；

(3) 2416：00FA：0000：0000：0000：6275：0000：82AA；

(4) 0000：0000：0000：AF16：7684：0000：0000：0389。

15. 将以下用压缩格式表示的 IPv6 地址用基本格式表示。

(1)：：；

(2) 0：BA：：0；

(3) 0：AB12：：5；

(4) 12：：1：2。

16. IPv6 的地址长度是多少？地址空间有多大？

17. 常用的 ICMPv6 差错报文及信息报文有哪些？

18. 为什么要推出 IPv6？

19. 域名和 IP 地址是什么关系？

20. 域名系统的主要功能是什么？

21. 域名系统中的高速缓存起何作用？

22. 假定一个链接从一个万维网文档链接到另一个万维网文档时，由于万维网文档上出现了差错而使得超链接指向一个无效的计算机名字。这时浏览器将向用户报告什么？

23. IPv4 向 IPv6 过渡技术有哪些？

参 考 文 献

1. 沈鑫剡. 计算机网络 [M]. 北京：清华大学出版社. 2010.
2. 陈向阳，谈宏华，巨修练. 计算机网络与通信 [M]. 北京：清华大学出版社. 2005.
3. 申善兵，行明顺，王兆祥等. 计算机网络与通信 [M]. 北京：人民邮电出版社. 2006.
4. Andrew S. Tanenbaccm，David S. Wetherall 著，严伟，潘爱民译. 计算机网络（第 5 版）[M]. 北京：清华大学出版社. 2012.
5. 浦卫，吴豪. 网络组建与管理 [M]. 北京：清华大学出版社. 2011.

第7章 网络管理与网络安全

随着科技的发展，计算机网络规模不断扩大，功能不断增强，复杂性也不断增加，为了保持网络的正常、可靠、无故障、安全和高效运行，需要一个高效的网络管理系统对整个网络进行自动化的管理工作，需要采取各种技术和保护措施来保证网络数据的安全。本章讨论网络管理的主要功能、简单网络管理协议（SNMP）、网络安全技术与措施，以及虚拟专用网技术。

7.1 网络管理与简单网络管理协议

网络管理是指对网络的硬件、软件和人力的使用进行综合与协调，以实现对网络资源的监视、测试、配置、分析、评价、故障检修和资源控制，使网络能正常地、安全地、高效地运行，为用户提供预定的需求。SNMP是管理Internet互联网上不同厂商生产的软硬件平台，因此SNMP实际上是一组网络管理标准组成的协议。

7.1.1 网络管理

网络管理的目的是提高网络性能和利用率，改进网络服务质量，增强网络安全，控制网络运行成本。

在ISO/IEC制定的网络标准ISO/IEC 7498-4中，按照网络管理的功能，将网络管理划分为五大类：故障管理、计费管理、配置管理、性能管理、安全管理，如图7-1所示。

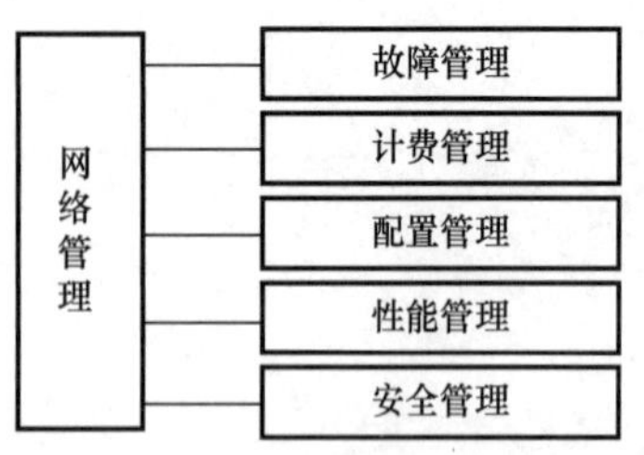

图7-1 网络管理分类

网络管理的主要的功能如下：

1. 故障管理

故障管理是保证网络可靠运行的基本功能。故障管理指的是对网络中出现的问题或故障进行检测、隔离和纠正的过程。通过对故障管理技术的使用，可以使得网络管理者在最短的时间内确定问题和故障点，以达到最终排除问题故障的目的。故障管理的过程主要包括发现问题、分离问题和找出故障的原因。由于网络组成的复杂性，产生网络故障的原因往往是相当复杂的，一般网络出现故障时，先修复网络，然后再分析网络故障产生的原因。

故障管理功能包括：

（1）故障识别与跟踪：探测或接收网络上的各种事件信息，识别出与网络和系统故障相关的内容，对故障保持跟踪，生成网络故障事件记录。

（2）故障接收与通知：接收故障监测模块传来的故障信息，按照检测到的错误信息，通知网络管理人员。

（3）故障信息管理：查询故障管理系统中所有的数据库记录，定期收集故障记录数据，依靠对故障事件记录的分析，给出网络故障的定义，记录排除故障的步骤和与故障相关的日志。

（4）故障诊断测试：对网络故障设备进行诊断测试，记录下测试结果供网络管理人员分析和排错。

（5）故障处理：根据网络故障的严重程度做不同的处理，简单故障通常被记录在错误日志中，并不作特别处理；较严重的故障需要通知网络管理系统和网络管理员，网络管理系统和管理员应根据故障信息进行处理，排除故障。当故障比较复杂时，网络管理系统和管理员应能执行一些诊断测试来辨别故障原因，严重时隔离故障系统。

2. 计费管理

计费管理是对网络资源的使用进行计费，目的是控制和监测网络客户使用网络的费用和代价，所计费用由网络客户使用资源的情况来判别。网络管理员可以规定客户使用费用的上限，避免用户过多占用和使用网络资源。计费管理功能包括：①可查询用户所发生的费用，通知网络用户使用网络所发生的费用或所消耗资源的费用。②网络管理员能够设置用户使用网络的费用限制。③能够设置相关网络资源使用的收费表，当用户为了一个通信目的需要使用多个网络中的资源时，计费管理能计算出总费用。

3. 配置管理

配置管理用于初始化网络、启动网络、提供网络连续运行和终止网络互联服务，为识别网络、控制网络、收集和提供网络数据、提供网络服务做准备。目的是通过提供网络设备的配置数据从而实现网络快速的访问。一个先进的网络管理系统应该具有配置信息自动获取功能。即使在管理人员不是很熟悉网络结构和配置状况的情况下，也能通过有关的技术手段来完成对网络的配置和管理。

配置管理功能包括：①设置有关网络日常运作的参数。②设置或修改管理对象的属性。③初始化或关闭管理对象。④获取目前网络环境的需求信息。⑤获得网络有效变化的通告。⑥更改系统的配置。

4. 性能管理

性能管理是对系统资源运行状况及通信效率等性能进行监视和评价。网络的性能管理有监视和控制两大功能，监视能实现对网络中的活动进行跟踪，控制功能实施相应调整来提高网络性能。性能管理的功能包括：①收集分析有关网络当前状态的统计数据信息。②维持和检查系统历史状态日志。③对数据信息进行分析、统计和整理，对性能状况做出判断，确定系统的性能。④为执行性能管理活动，更改系统操作模式，以维持或优化网络的性能。

5. 安全管理

安全管理是根据预定的负责策略监视对网络的访问，是对计算机网络中的信息访问过程进行控制的一种管理模式。其功能包括：①建立、删除和控制安全服务和机制。②安全相关信息的分配。③报告安全相关事件。

针对网络管理软件产品功能的不同，又可细分为五类网络管理软件：网络故障管理软件，网络配置管理软件，网络性能管理软件，网络服务/安全管理软件，网络计费管理软件。

7.1.2　简单网络管理协议

简单网络管理协议（SNMP）详细定义了网络设备之间的信息交换，方便管理人员监控网络性能、定位与解决网络故障。基本功能包括监视网络性能、监测分析网络差错、配置网络设备等。在网络正常工作时，SNMP 可实现网络信息统计、配置网络设备、测试网络等功能。当网络出现故障时，可实现各种差错监测和恢复功能。

SNMP 是在简单网关监控协议（SGMP）基础上，经过多次改进而发展起来的。它是应用级协议，可用运行在 TCP/IP 协议族上。通过 SNMP，管理员可以与各种支持 SNMP 的网络设备进行通信，实现对设备的统一管理，不管这些设备是由哪些厂商生产的，也不管具体型号，只要支持 SNMP 就可以通过统一的操作界面进行统一管理。因此，SNMP 可用于由不同厂商设备互联在一起组成的异构互联网中。

SNMP 的核心是帮助管理员简化对一些支持 SNMP 设备设置的操作（包括这些信息的收集）。例如，使用 SNMP 可以关闭路由器的一个端口，也可以查看以太网端口的工作速率。SNMP 还可以监控交换机的温度，在出现过高现象进行报警。SNMP 通常和管理路由器相关联，实际上 SNMP 可以用于管理很多类型的设备。

1. SNMP 管理模型

SNMP 的网络管理模型中包括管理工作站、管理代理、管理信息库、网络管理协议以及被管理设备。如图 7-2 所示。管理工作站和代理之间通过信息交换提供了一种从网络上的设备中收集网络管理信息的方法，为设备向网络管理工作站报告问题和错误提供了一种途径。

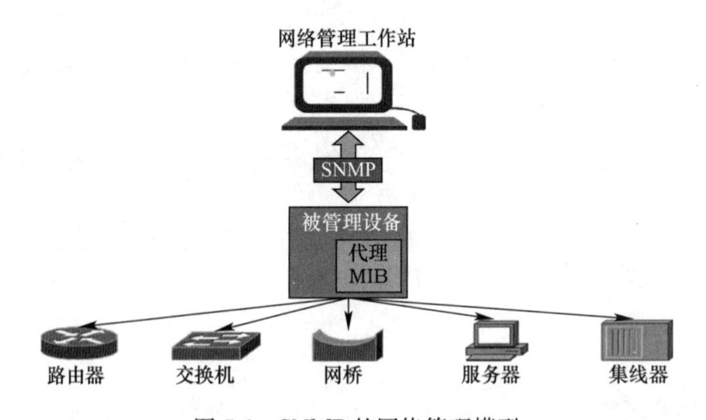

图 7-2　SNMP 的网络管理模型

管理工作站（NMS，Network Management Station）是网络管理员与网络管理系统的接口。用于网络管理员监控网络，将网络管理员的要求转变为对远程网络元素的实际监控的能力，从所有被管理网络实体的 MIB 中抽取信息的数据库，具有分析数据、发现故障等功能的管理程序。

NMS 接受来自网络中管理代理的信息，查询管理代理（路由器、交换机、Unix 服务器等）中的信息。借助于这些信息，系统可以判断是否出现了某种故障。管理代理也会主动向报告 NMS 发生了的事件（也称为陷阱，Trap），如图 7-3 所示。

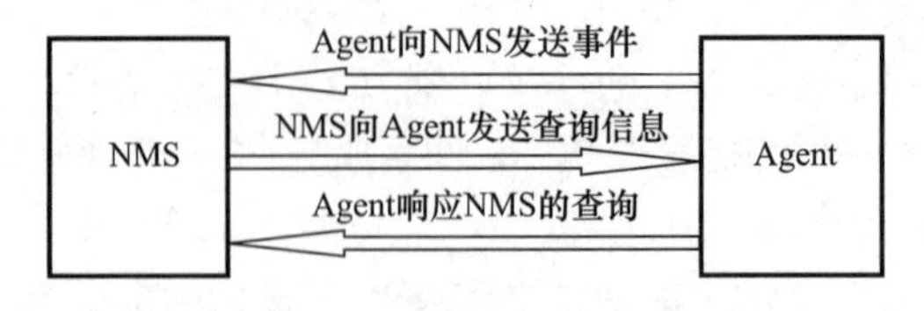

图 7-3　管理工作站与管理代理信息传送

NMS会对收到的信息会进行判断，有必要的话再做出相应的动作。例如，当网络出口的Internet线路断掉，路由器将会发送Trap信息给NMS，NMS收到可以进行一些动作，比如以告警的方式通知管理员。注意：这个动作必须有NMS支持，而且要提前定义好。

管理代理是运行在网络设备上的软件。可以是一个独立的程序（在Unix中叫守护进程），也可以是已经整合到操作系统中（比如锐捷路由器的RGNOS，或者UPS中的底层操作系统）。当前大多数IP设备都植入了SNMP管理代理，目的是为系统管理员管理设备提供方便。

管理代理可以通过不同的方式为NMS提供管理信息。例如：路由器上的Agent可以跟踪每个接口的状态，哪个端口是打开的，哪个是关闭的等。NMS可以查询每个接口的状态，一旦出现关闭，便可以立刻采取行动。Agent在出现异常情况时，可以发送Trap给NMS。

2. 管理信息数据库

管理信息数据库（MIB，Management Information Base）是一个信息存储库，它包含了被管理设备的有关配置和性能的数据。

MIB可以理解成为管理代理维护的管理对象数据库，MIB中定义的大部分管理对象的状态和统计信息都可以被NMS访问。管理信息结构（SMI）定义了管理对象以及管理对象的表现形式，而MIB用于定义对象自身。MIB给管理对象起了一个名字，并且做出具体的解释。所有的管理代理都使用MIB。MIB-Ⅱ是当前使用比较广泛的标准，这个标准定义了端口统计（接口速率、MTU、发送的字节数、接收的字节数等）信息以及系统自身描述信息（系统位置、联系方式等）。MIB-Ⅱ的主要目的是为TCP/IP提供通用管理信息，并不包含厂家自身定义的信息。

MIB-Ⅱ定义的是遵循TCP/IP服务的，当前也有一些适应其他类型网络的信息定义（例如用于管理帧中继、ATM、FDDI及一些邮件、DNS服务等）。

以下是与MIB相关的一系列以编号排定的文件RFC（Request For Comments）：

ATM MIB（RFC 2515）

Frame Relay DTE Interface Type MIB（RFC 2115）

BGP Version 4 MIB（RFC 1657）

RDBMS MIB（RFC 1697）

RADIUS Authentication Server MIB（RFC 2619）

Mail Monitoring MIB（RFC 2789）

DNS Server MIB（RFC 1611）

只有这些MIB是远远不够的，因此，厂商或者个人可以定义私有的MIB。例如，厂商新推出一款路由器，这款路由器可能具备一些非常重要的新特性，需要监控，但标准的MIB中并不存在。因此，厂商只能开发出相对应的私有MIB。

3. 网络管理协议体系结构

SNMP为应用层协议，是TCP/IP协议族的一部分。它通过UDP来操作。在分立的管理工作站中，管理者进程对位于管理工作站中心的MIB的访问进行控制，并提供网络管理员接口。管理者进程通过SNMP完成网络管理。SNMP在UDP、IP及有关的特殊网络协议（如 Ethernet、FDDI、X. 25）之上实现。

每个代理者也必须实现 SNMP、UDP 和 IP。另外，有一个解释 SNMP 的消息和控制代理者 MIB 的代理者进程。图 7-4 描述了 SNMP 的协议体系结构。从管理工作站发出 3 类与管理应用有关的 SNMP 的消息 GetRequest、GetNextRequest、SetRequest。3 类消息都由代理者用 GetResponse 消息应答，该消息被上交给管理应用。另外，代理者可以发出 Trap 消息，向管理者报告有关 MIB 及管理资源的事件。由于 SNMP 依赖 UDP，而 UDP 是无连接型协议，所以 SNMP 也是无连接型协议。在管理工作站和代理者之间没有在线的连接需要维护。每次交换都是管理工作站和代理者之间的一个独立的传送。

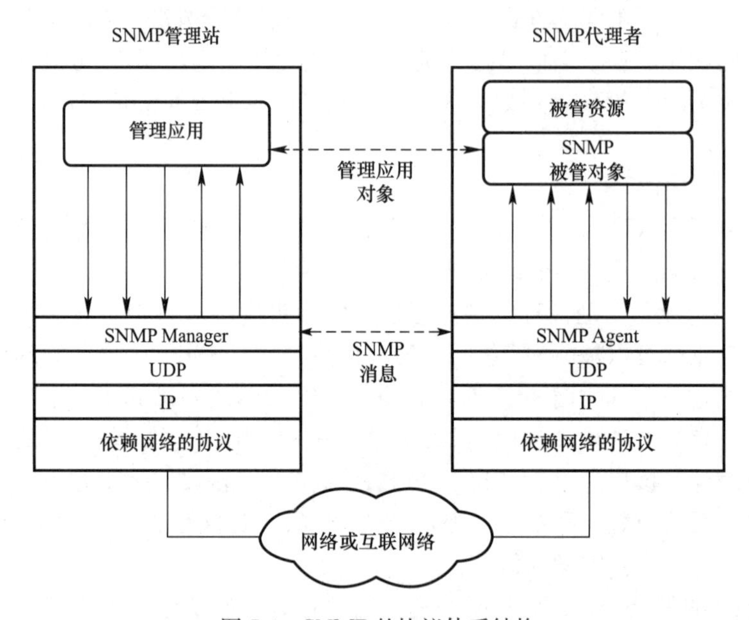

图 7-4　SNMP 的协议体系结构

7.2　网 络 安 全

7.2.1　网络安全基础知识

网络技术发展与普及，对整个社会的科学技术、经济发展、国防建设和文化思想带来巨大的影响，但同时，网络的开放性与共享性，又致使网络容易受到黑客、恶意软件和其他不轨行为的攻击，网络安全问题日益严峻，已成为目前乃至将来相当长一段时间内的研究热点。

1. 网络安全的概念

网络安全所涉及的内容非常广泛，既包括计算网络系统的安全，又包括信息系统的安全。从广义上来说，凡是涉及网络上信息的机密性、完整性、可用性、真实性、抗否认性和可控性的相关技术和理论都是网络安全所要研究的领域。网络安全从其本质上来讲就是网络上的信息安全。

一般说来，网络安全应具有以下五个方面的特征。

(1) 保密性：确保信息不暴露给未授权的实体或进程，即“看不懂”。保密性通常使用加密机制实现。

(2) 完整性：保证只有得到允许的人才能修改数据，而其他人“改不了”。完整性通常使用数据完整性认证机制实现。

(3) 可用性：阻止非授权用户进入网络，即“进不来”。通常使用访问控制机制保证网络系统的可用性。

(4) 可控性：实现对用户的权限控制，即不该拿走的“拿不走”。使用授权机制实现对网络资源及信息的可控性。

(5) 可审查性：使用审计、监控、防抵赖等安全机制，使得攻击者、破坏者、抵赖者“走不脱”，并进一步对网络出现的安全问题提供调查依据和手段。

2. 网络安全威胁

安全威胁是指某个人、物、事件或概念对信息资源的保密性、完整性、可用性或合法使用性等所造成的危险。

网络威胁日益严重，网络面临的威胁五花八门，概括起来主要有以下几类。

(1) 信息泄漏：信息被泄漏或透露给某个非授权的实体。

(2) 破坏完整性：数据被非授权地进行增删、修改或破坏而受到损失。

(3) 拒绝服务：对信息或其他资源的合法访问被无条件地阻止。

(4) 非法使用：某一资源被某个非授权的人，或以非授权的方式使用。

(5) 假冒：通过欺骗通信系统（或用户）达到非法用户冒充成为合法用户，或者特权小的用户冒充成为特权大的用户的目的。

(6) 抵赖：这是一种来自用户的攻击，比如：否认自己曾经发布过的某条消息、伪造一份对方来信等。

(7) 重放：所截获的某次合法的通信数据拷贝，出于非法的目的而被重新发送。

(8) 计算机病毒：是一种在计算机系统运行过程中能够实现传染和侵害的功能程序。

3. 网络安全防护体系

网络安全防护体系是基于安全技术的集成基础之上，依据一定的安全策略建立起来的。网络安全策略是网络安全系统的灵魂与核心，是在一个特定的环境里，为保证提供一定级别的安全保护所必须遵守的规则集合。该安全策略模型包括了建立安全环境的三个重要组成部分，即威严的法律、先进的技术、严格的管理。

网络安全防护体系的建立是基于安全技术的集成基础之上，依据一定的安全策略建立起来的。网络安全不仅仅是一个纯技术问题，单凭技术因素确保网络安全是不可行的，网络安全问题是涉及法律、管理和技术等多方面因素的复杂系统问题，因此网络安全体系是由网络安全技术体系、网络安全法律体系和网络安全管理体系三部分组成，三者相辅相承，只有协调好三者的关系，才能有效地保护网络安全，其中，政策、法律、法规是安全的基石，先进的技术是安全的根本保障，严格的管理是安全的重要措施。

7.2.2　密码技术

密码技术是信息安全的核心技术，也是实现各种安全服务的重要基础。密码学是研究信息系统秘密通信和破译密码的方法的一门科学，分为密码编码学和密码分析学，前者主要研究对信息进行编码，实现对信息的伪装。后者主要研究加密消息的破译或消息的伪造，恢复被伪装信息的本来面目。

1. 密码基本概念

密码技术的基本思想是伪装信息，伪装是对数据施加的一种可逆的数学变换。伪装前的数据称为明文，伪装后的数据称为密文，伪装的过程称为加密，去掉伪装恢复明文的过程称为解密。加密和解密的过程要在密钥的控制下进行。

一个完整的密码系统，应当包含以下五部分：

（1）明文空间 M：全体明文的集合；

（2）密文空间 C：全体密文的集合；

（3）密钥空间 K：一切可能密钥构成的集合；

（4）加密算法 E：一组由 M 到 C 的数学变换；

（5）解密算法 D：一组由 C 到 M 的数学变换。

密码学的发展历程大致经历了三个阶段：古代密码、古典密码和近代密码。古代加密方法主要是手工完成，而古典密码主要使用机械变换的方法实现。古典密码主要有置换密码和代换密码两种，置换加密采用移位法进行，也就是对明文字母重新排列，例如列变换法、矩阵变换法。而代换是通过明文空间到密文空间的映射来隐藏明文，根据映射关系是一对一还是一对多，又可以分成单表代换和多表代换，单表代换加密主要有位移代换、乘数代换和仿射代换，著名的恺撒密码就是位移代换的典型代表，其密钥为 3，分别用数字 0，1，2……，25 表示子母 a，b，c……，z，加密相当于模 26 加 3（后移 3），解密相当于模 26 减 3（前移 3，或加 23，即后移 23）。维吉尼亚加密算法是多表代换密码的典型代表。

显然，古代加密和古典加密算法中密文与明文的对应关系过于简单，故安全性很差，且加密规则需要严格保密。而现代加密技术中，加解密算法都是公开的，密码系统的安全是基于密钥的安全而不是基于算法的安全。

根据密钥特点，现代加密技术可以分为两大类：

（1）对称密码算法：加密密钥和解密密钥相同，或通过一个很容易推出另一个。采用对称密码算法的密码体制称为对称密码体制。

（2）非对称密码算法：加密密钥和解密密钥不相同，且从一个很难推出另一个，因此也称为双钥密码或公钥密码算法。采用非对称密码算法的密码体制称为非对称密码体制或双钥密码体制。

2. 对称密码技术

数据加密标准（DES，Data Encryption Standard）和国际数据加密算法（IDEA，International Data Encryption Algorithm）是对称加密算法的典型代表。两种算法都是通过反复依次应用置换和代换两项技术来提高其强度，区别是 DES 算法进行了 16 轮的置换和代换，密钥长度和明文分组均是 64 位，而 IDEA 算法进行了 8 轮迭代，密钥长度为 128 位。随着计算能力的提高，64 位的 DES 密钥在安全上显得很脆弱，但由于其硬件实现与集成相对容易，因此通常使用的是独立密钥的三重 DES 算法。最新的对称加密算法是 1999 年确定的高级加密标准（AES，Advanced Encryption Standard），也采用迭代的反复重排方式来实现加解密，分组长度为 128 位，但密钥长度有 128、192、256 三种选择。

对称密码算法具有安全性高、加解密速度快等优点，因此在许多领域得到了广泛的应用，但也存在一些缺点：

（1）密钥分配和管理成为难点

密钥的安全决定加密系统的安全，在双方进行通信之前，密钥必须秘密地分配。若有n个用户，每两个用户分别采用不同的对称密钥，则当用户量增大时密钥空间急剧增大，例如，$n=100$时需要密钥4995个，而$n=500$时需要密钥12497500个。

（2）不能用于数字签名与认证

如果密钥被损害了，攻击者就能解密所有消息，并可以假装是其中一方。因此无法鉴别否认和抵赖的行为，无法用于数字签名与认证。

3. 非对称密码技术

非对称密码也称公钥密码，由美国斯坦福大学的Diffie和Hellman在1976年提出，非对称密码体制中，密钥是成对出现的，每个用户拥有两个密钥，其中一个需用户保密，称为秘密密钥，简称私钥；而另一个是公开的，称为公开密钥，简称公钥。因此，非对称密码不需要传递用户私钥，简化了密钥管理，并且由公钥无法推出私钥，两者通常是根据单向函数建立联系。非对称密码一般可应用于数据加解密、数字签名和密钥交换。

目前，非对称密码算法主要有Diffie-Hellman（简称D-H）算法、RSA算法和椭圆曲线算法等。

（1）D-H算法

D-H算法是第一个非对称密码方案，于1976年由Diffie和Hellman提出，其安全性建立在有限域上计算离散对数的困难性的基础上。但该算法不能用于数据加解密和数字签名，仅用于密钥交换。

（2）RSA算法

RSA算法是最有名的非对称密码算法，是由Rivest、Shamir和Adleman在1978年提出来的，其安全性是基于大整数分解的困难性，即求一对大素数p和q的乘积n很容易，但反过来对n进行因式分解非常困难。因此，可以在p和q保密的情况下产生私钥，而公开乘积n和公钥，从而根据公钥和密文恢复出明文的难度等价于分解两个大素数之积。RSA算法加解密相对简单，加密时首先对明文进行分组，假设c为明文分组m加密后的密文，公钥为k_e，私钥为k_d，则加密公式为$c=m^{k_e}(\mathrm{mod}\ n)$，解密公式为$m=c^{k_d}(\mathrm{mod}\ n)$。

（3）椭圆曲线算法

1985年，Neal Koblitz和Victor Miller提出椭圆曲线密码算法，该算法建立于丰富而深厚的椭圆曲线理论研究，其安全性是基于椭圆曲线群上的离散对数难题。

与RSA算法相比，椭圆曲线密码能用更短的密钥获得更高的安全性。例如，160位密钥长度的椭圆曲线密码和密钥长度为1024的RSA算法具有相当的安全性，而且加密速度也比RSA快。因此，它在许多计算资源受限的领域得到了广泛的关注。

非对称密码算法相对于对称密码算法有明显的优点，但它的运算量却远大于后者，计算复杂度过高，用来传送机密信息的代价非常大，因此，大规模机密数据通常仍使用对称加密算法，而非对称加密算法只用于传送数据加密的密钥或进行数字签名。实际应用中人们通常将对称密码和非对称密码结合在一起使用。

4. 消息认证与散列函数

消息认证是一个证实收到的消息来自可信的源点且未被篡改的过程。消息认证通常有三种方法。

（1）消息加密函数

用完整信息的密文作为对信息的鉴别，A 把加密过的信息传送给 B，B 只要能顺利解出明文，就知道信息没有被人篡改过，采用消息加密的方法进行消息认证，可以采用对称密码，也可以采用非对称密码。

（2）消息认证码

消息认证码（MAC，Message Authentication Code）是一种认证技术。它利用密钥来生成一个固定长度的短数据块，并附加在数据块之后。这种方法中，假定通信双方共享密钥 K，对变长的消息 m，发方计算定长的认证码 $\mathrm{MAC}=\mathrm{C}_K(m)$，并将消息 m 和此认证码一起发给接收者；接收者在收到消息后，计算：$\mathrm{MAC}'=\mathrm{C}_K(m')$，并比较 MAC′与 MAC 是否相等，若相等，则说明消息未被篡改；若不等，则说明消息被改动了。

（3）散列函数

散列函数（Hash Function），又称哈希函数、杂凑函数，是将任意长度的消息 m 映射成一个固定长度散列值的函数 $h=H(m)$。

目前，密码学中使用的散列函数输出长度一般取 128bit、160bit、192bit、256bit、320bit、384bit、512bit 等，通常是 32 的整数倍。散列函数从 MD4 和 MD5 发展到 SHA-1、RIPEMD-160 以及 SHA-2 系列。1992 年，Ron Rivest 设计了 MD5，在 SHA-1 之前，MD5 是最主要的散列算法，它的输入是任意长度的消息，输出是 128bit 的消息摘要，以 512bit 输入数据块为单位进行处理。安全散列算法（SHA）由 NIST 设计，并于 1993 年作为联邦信息处理标准，修订版于 1995 年发布，通常称为 SHA-1，是美国 DSA 签名方案使用的标准算法，其输出是 160bit 的消息摘要。2001 年，NIST 再次进行修订，增加了三个附加的散列算法，SHA-256、SHA-384 和 SHA-512，统称为 SHA-2 系列。

散列函数具有单向性，即给定 m，计算 h 很容易，但给定 h，反推 m 却很难。用于进行消息认证时，发送方计算明文消息 m 的散列值并与明文同时发出；收方对收到的消息 m 重新计算一个散列值，并与发方发来的散列值进行比较，如果一致，则说明消息是完整的，否则证明消息在传输过程中被篡改。用于消息认证时，散列函数与消息认证码相同，区别在于散列函数不需要密钥参与。

散列函数还经常用于计算机口令认证，用户通常是通过口令登录计算机，这就需要把口令保存在计算机中，直接保存口令显然容易遭到入侵，因此通常计算机不是保存口令本身，而是保存口令的散列值，这样当用户输入口令时，计算机计算口令的散列值，并与保存的散列值进行比较，从而可以用于鉴别用户。

除了单向性这一重要性质，散列函数还有一个非常重要的性质：抗碰撞性，也就是要找到两个随机的消息 m 和 m'，使 $H(m)=H(m')$ 满足很难。正是这一重要性质，使散列函数在数字签名中得到了广泛应用，散列函数的抗碰撞性，能保证签名伪造的困难性，即对于不同消息（文件），不可能得到相同的签名。

5. 数字签名

数据加密主要是对抗窃听和信息泄漏的威胁，解决的信息机密性的问题，消息认证确定消息在传输过程中是否被篡改，但信息在网络中传输时，还不可避免地会受到冒充和抵赖等形式的威胁，例如，A 发送消息给 B 后，可以否认发过该消息，B 却无法证明 A 确实发了该消息；同样 B 也可以伪造一个不同的消息，但声称是从 A 收到的。双方之间的争议仅靠数据加密和消息认证是不够的，对抗这些威胁，要保证信息的完整性、实现实体的认证和抗否认性，则需要数字签名和身份认证技术。

数字签名是一种防止源点或终点抵赖的鉴别技术，它与手写签名类似，也应满足以下几个特点：

（1）收方能够确认或证实发方的签名，但不能伪造。

（2）发方发出签名的消息给收方后，就不能再否认他所签发的消息。

（3）收方对已收到的签名消息不能否认，即有收报认证。

（4）第三者可以确认收发双方之间的消息传送，但不能伪造这一过程。

但数字签名又不同于手写签名，手写签名反映某个人的个性特征，一定时期内是不变的，一般是附加在文本之后与文本信息分离的；而数字签名与文本信息是不可分割的，随文本的变化而变化。

数字签名技术是公钥密码体制的一种应用。签名者使用自己私钥对签名明文的“摘要”加密，就生成了该文件的“数字签名”。签名者将明文和数字签名一起发送给接收者，接收者用该签名者公布的公钥来解开数字签名，将其与明文的“摘要”进行比较，便可检验文件的真伪，并确定签名者的身份。数字签名中，用散列函数生成明文消息的摘要，一是因为散列函数的抗碰撞性，使得伪造签名很困难，二是因为经过散列运算后，信息长度缩短，可以提高加密的效率。

数字签名一般由两部分构成：签名算法和验证算法，签名算法或签名密钥是秘密的，只有签名人掌握；验证算法应当公开，以便于他人进行验证。目前比较常用的数字签名有 RSA 签名、Rabin 签名、ElGamal 签名、Schnorr 签名以及 DSS 签名体制。下面以 RSA 签名方案为例介绍数字签名原理。

（1）RSA 数字签名

RSA 是一种典型的非对称密码体制，既可以用于数据加密，也广泛用于数字签名。假如发方 A 发送消息 m 给收方 B，A 的公钥和私钥分别是 P_{kA} 和 S_{kA}，B 的公钥和私钥分别是 P_{kB} 和 S_{kB}，c 为密文，Sig 表示签名过程，Ver 为签名的验证过程。RSA 数据加密与数字签名原理如图 7-5 所示。

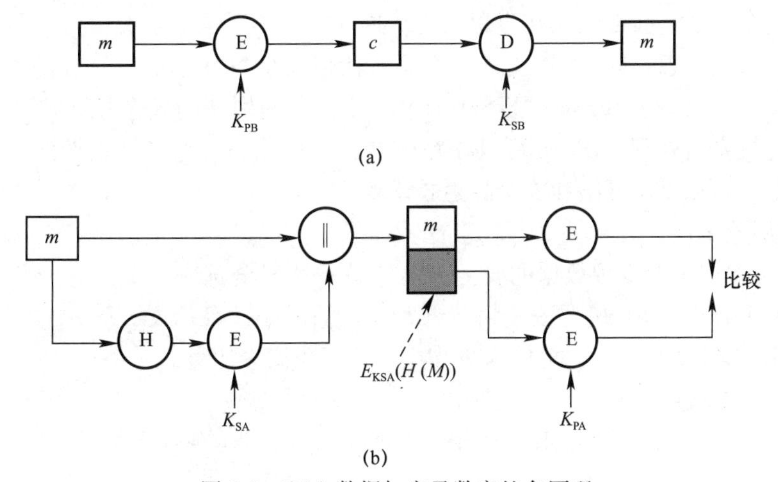

图 7-5　RSA 数据加密及数字签名原理

（a）RSA 数据加密；（b）RSA 数字签名

RSA 算法用于数据加密时，发方 A 用收方 B 的公钥加密 $c=m^{P_{kB}}(\mathrm{mod}\ n)$，收方 B 则用自己的私钥解密 $m=c^{S_{kB}}(\mathrm{mod\ n})$。因为 B 的私钥仅 B 自己持有，因此除 B 外的任何人都不能够解密获取明文消息，从而实现数据的保密性。

RSA 算法用于数字签名时，发方 A 用自己的私钥对明文的摘要进行签名 $s=\mathrm{Sig}(m)=\mathrm{H}(m)^{S_{kA}}(\mathrm{mod}\ n)$，$s$ 即为签名；B 收到签名后，可用 A 的公钥进行验证 $\mathrm{Ver}(m,\ s)=$ 真$\Leftrightarrow H(m)=S^{P_{kA}}(\mathrm{mod}\ n)$。由于 A 的私钥仅自己持有，所以其他人无法伪造这个签名，但可以对签名进行验证。

（2）DSS 数字签名

数字签名标准（DSS，Digital Signature Standard）是由美国 NIST 于 1991 年 8 月公布，并于 1994 年采纳为联邦信息处理标准。它是基于 ElGamal 和 Schnorr 签名体制设计的，其中采用了安全散列算法（SHA）和一新的签名技术（DSA，Digital Signature Algorithm）。该签名体制有较好的兼容性和适用性，已经成为网络安全体系的基本构件之一。但 DSS 只能用于数字签名而不能用于数据加密，同时 DSA 的签名验证速度也比 RSA 慢。

7.2.3 网络安全技术与应用

1. 网络协议安全

Internet 网络的共享性和开放性，使网上信息安全存在先天不足，其赖以生存的 TCP/IP 协议族在最初设计时没有考虑安全问题，且其使用和管理方面的无政府状态，逐渐使 Internet 自身的安全受到严重的威胁。

（1）Web 安全

Web 是一个运行于 Internet 和 Intranet 之上的基本的 C/S 应用。Web 安全性涉及前面讨论的所有计算机与网络的安全性内容。同时还具有新的挑战。Web 具有双向性，Web Server 易于遭受来自 Internet 的攻击，而且实现 Web 浏览、配置管理、内容发布等功能的软件异常复杂，其中隐藏许多潜在的安全隐患。

实现 Web 安全的方法很多，从 TCP/IP 协议的角度可以分成 3 种：网络层安全性、传输层安全性和应用层安全性。

1）网络层安全性

传统的安全体系一般都建立在应用层上。这些安全体系虽然具有一定的可行性，但也存在着巨大的安全隐患，因为 IP 包本身不具备任何安全特性，很容易被修改、伪造、查看和重播。IP 安全协议（IPSec，IP Security）可提供端到端的安全性机制，可在网络层上对数据包进行安全处理。IPSec 可以在路由器、防火墙、主机和通信链路上配置，实现端到端的安全、虚拟专用网络和安全隧道技术等。

2）传输层安全性

在 TCP 传输层之上实现数据的安全传输是另一种安全解决方案，安全套接层（SSL，Secure Socket Layer）和传输层安全协议（TLS，Transport Layer Security）。

通常工作在 TCP 层之上，可以为更高层协议提供安全服务。

3）应用层安全性

将安全服务直接嵌入在应用程序中，从而在应用层实现通信安全。安全电子交易（SET，Secure Electronic Transaction）是一种安全交易协议，S/MIME、PGP 是用于安全电子邮件的一种标准。它们都可以在相应的应用中提供机密性、完整性和不可抵赖性等安全服务。

(2) IP 协议安全

IP 协议有两个版本：版本 4（IPv4）和版本 6（IPv6），目前占统治地位的是 IPv4，IPv4 面临着严重的地址短缺问题，而且在设计之初没有考虑安全性；IPv6 也称为下一代 IP，IP 地址由 32 位改进为 128 位，可解决地址短缺问题。

IP 协议存在很多安全问题，针对 IP 协议缺陷，比较典型的攻击案例有“死亡之 Ping”（Ping of Death）、泪滴攻击（Teardrop）等，这两种攻击类型均是通过发送超大规模数据包造成内存溢出、系统崩溃和重启、内核失败等后果。目前的操作系统和防火墙都能自动过滤掉这种攻击，因此该种攻击已较少采用。

此外，传输中的 IP 数据包本质上也是不安全的，IP 协议提供的只是一种不可靠、无连接的数据报传输服务，每个数据报单独处理，在传送过程中可能出现错序，也不能保证数据报成功地到达目的地，出现传输错误时就会丢弃该数据报并向发送者传送一个 ICMP 消息。同时，伪造 IP 地址、篡改 IP 数据报的内容、重放旧的内容、监测传输中的数据报的内容都是比较容易的，所以一个 IP 数据包既不能保证来自它声称的来源，也不能保证在传输过程中没被窥视和篡改。

为了加强因特网的安全性，从 1995 年开始，IETF 着手制定了一套用于保护 IP 通信的 IP 安全协议 IPSec。它是 IPv6 的一个组成部分，是 IPv4 的一个可选扩展协议。IPSec 弥补了 IPv4 在协议设计时缺乏安全性考虑的不足，能向 IPv4 或 Ipv6 数据提供可互操作的、高质量的、基于密码学的安全性，所支持的安全服务包括访问控制、无连接的完整性、数据发起方认证和加密。

IPSec 协议族包含认证头协议（AH，Authentication Header）和封装安全负载协议（ESP，Encapsulating Security Payload）以及密钥管理协议（IKE，Internet Key Exchange）。IPSec 通过支持一系列加密算法如 DES、三重 DES、IDEA 和 AES 等确保通信双方的机密性。

1）AH 协议

AH 协议通过散列函数（如 MD5，SHA-1）产生的校验来保证 IP 数据的完整性，非法潜入的现象可得到有效防止，在传送每个数据包时，IPv6 中的 AH 根据密钥和数据包产生一个检验项，在数据接收端重新运行该检验项并进行比较，从而保证了对数据包来源的确认以及数据包不被非法修改。AH 协议还可以通过 AH 报头中的序列号提供抗重放服务。但是 AH 不提供任何保密性服务，它不加密所保护的数据包。

2）ESP 协议

ESP 协议提供 IP 层加密保证和验证数据源以对付网络上的监听。AH 虽然可以保护通信免受篡改，但并不对数据进行变形转换，数据对于黑客而言仍然是清晰的。为了有效地保证数据传输安全，ESP 协议进一步提供数据保密性并防止篡改，ESP 通常使用 DES，3DES，AES 等加密算法来实现数据加密，使用 MD5 或 SHA-1 来实现数据完整性验证。

虽然 AH 和 ESP 都可以提供身份认证，但它们有两点区别：一是 ESP 要求使用高强度的加密算法，会受到许多限制。二是多数情况下，使用 AH 的认证服务已能满足要求，相对来说，ESP 开销较大。

3）IKE 协议

为 IPSec 提供实用服务，IPSec 双方的鉴别、IKE 和 IPSec 安全关联的协商以及为 IPSec 所用的加密算法建立密钥。

（3）SSL/TLS 技术

Netscape 于 1994 年开发了 SSL，专门用于保护 Web 通信。它是在网络传输层之上提供的一种基于 RSA 和保密密钥的安全连接技术。SSL 在两个节点间建立安全的 TCP 连接，基于进程对进程的安全服务和加密传输信道，通过数字签名和数字证书可实现客户端和服务器双方的身份验证，安全强度高。

SSL2.0 基本上可以解决 Web 通信的安全问题，1996 年发布了 SSL3.0，又增加了一些算法，修改了一些缺陷。

SSL 不是一个单独的协议，而是两层协议。低层是 SSL 记录层，用于封装不同的上层协议；上层包含 SSL 握手协议、SSL 更改密码规格协议及 SSL 警告协议。SSL 握手协议，用公开加密算法验证服务器身份，并传递客户端产生的对称的会话密钥；SSL 记录协议用会话密钥来加/解密数据。SSL 可以实现客户机和服务器之间数据的机密性和完整性，SSL 握手时还要求交换证书，通过验证证书来保证对方身份的合法性。

TLS 是由 IETF 1997 年提出的并获得 Microsoft 支持的一个传输层加密协议。1999 年，正式发布了 RFC 2246，也就是 The TLS Protocol v1.0 的正式版本。TLS 协议在浏览器中得到了广泛的支持，它在源和目的传输层实体间建立了一条安全通道，提供基于证书的认证、数据完整性和机密性。TLS v1 和 SSL v3 差别很小，但两者不能兼容和互操作，TLS 协议不能取代 SSL 协议。

（4）电子邮件安全

电子邮件已经逐渐成为我们生活中不可缺少的一部分，但是它在带给我们方便和快速的同时，也存在一些安全方面的问题。例如，垃圾邮件、诈骗邮件、邮件炸弹，通过电子邮件传播的病毒等。对于此类威胁，可通过提高警惕、增强防范意识及采用杀毒软件等措施进行防范。然而，电子邮件面临的最大威胁是，通过 SMTP 和 POP3 进行收发时，邮件的内容以明文形式传送，这使得邮件的内容是公开和可获取的，密码容易被窃取、邮件内容被截获，在网络上反复复制，传输路径不确定，甚至遭到篡改、假冒等破坏。因此保证电子邮件的机密性、完整性、真实性和不可抵赖性就显得尤为重要。

为保证电子邮件的安全性，开发出一些安全邮件协议，如 PEM、PGP 和 S/MIME 等。保密增强邮件（PEM，privacy enhancement for internet electronic mail）是一个只能够保密文本信息的非常简单的信息格式。安全/多用途因特网邮件扩展协议（S/MIME，secure/multipurpose internet mail extension）提供了与 MIME 规模一致的发送和接收安全数据的方法，包括身份验证、信息完整性和不可抵赖性以及数据的保密性。其中，PGP 被广泛应用。

PGP（Pretty Good Privacy）由 Phil Zimmermann 设计，是一个完整的电子邮件安全软件包，已被广泛使用，并成为因特网的正式标准。PGP 包括加密、认证、电子签名和压缩等技术，同时，还在密钥管理方面提出一些创新点。

1）PGP 消息加密

图 7-6 为 PGP 发送加密邮件的过程示意图。其中，pubring.pkr 是存放用户和其他人

公钥的文件。PGP 随机数发生器产生仅供一次性使用的 128 位会话密钥，使用该会话密钥对压缩后的报文进行加密，生成密文文件；另一方面，PGP 根据用户输入的收信人标识信息，从公钥文件中找到收信人的公钥，使用接收方的公钥对会话密钥再做加密，然后与加密的报文合并在一起形成新的文件。相应地，收方收到密文邮件后，先用自己的私钥解密会话密钥，然后再用会话密钥解密报文，之后进行解压处理。

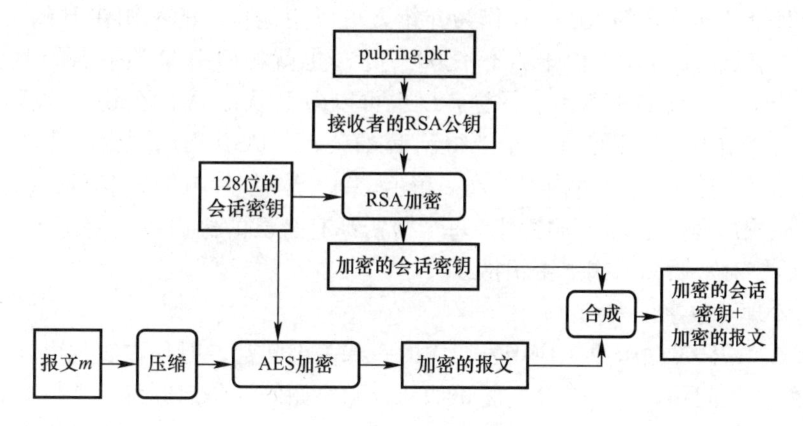

图 7-6　PGP 加密邮件过程

2）PGP 数字签名

PGP 进行数字签名的内部过程如图 7-7 所示。其中，secring. skr 是存放私钥的文件。签名时，用户输入口令，口令经过散列函数作用，用其中的 128 位作为密钥，解密从私钥环取出的用 AES-128 加密的 RSA 私钥，恢复出明文的私钥。另一方面，PGP 使用散列算法 SHA-256 生成发送报文 m 的消息摘要 h，再用发送者的 RSA 私钥对 h 签名，并与 m 连接，最后进行压缩后发送。相应地，收方再进行签名验证。

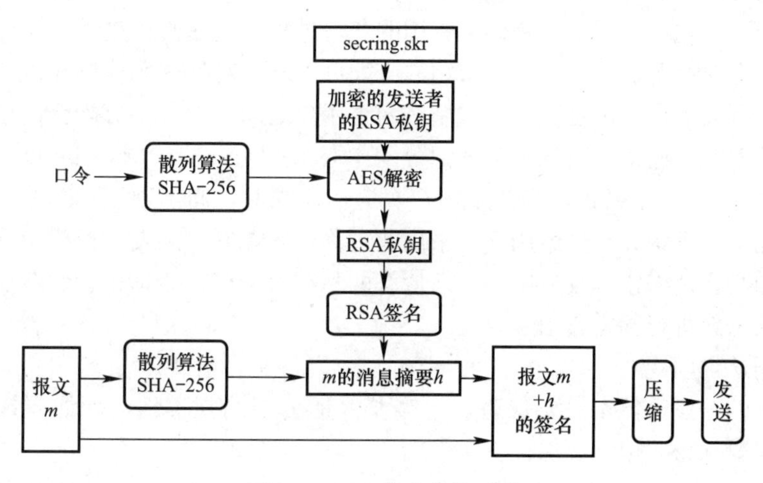

图 7-7　PGP 数字签名过程

3）PGP 压缩

在默认情况下，在签名之后加密之前，PGP 可以对报文进行压缩。这有利于在电子邮件传输和文件存储时节省空间。压缩算法使用的是 ZIP。

4）PGP 密钥管理

PGP 在密钥管理方面提出了一些新的创意，对于私钥来说，不存在认证问题，但存在泄漏问题，由于私钥比较长，不容易记忆，PGP 让用户为私钥指定一个口令，只有通过口令才能将私钥释放出来使用。对于公开密钥，不存在泄漏的问题，但公钥的发布仍存在安全性问题，例如可能会被篡改，为防止这种情况发生，PGP 提出了一种公钥介绍机制。例如，A 和 B 有个共同信任的人 D，D 作为介绍人可以用他自己的私钥在 B 的公钥上签名，表示他担保这个公钥属于 B，由于 A 信任 D，则 A 也就相信由 D 签过名的 B 的公钥，A 可以用 D 的公钥来验证 D 的签名。同样，D 也可以向 B 认证 A 的公钥，这样，D 就成为 A 和 B 之间的介绍人。至于如何安全地得到 D 的公钥，PGP 提出"密钥侍者"或"认证权威"，即大家都信任的人或机构担当这一角色，每个由他签字的公钥都被认为是真实的。另外，PGP 还提出通过电话认证密钥，每个密钥都有自己的标识或"密钥指纹"，这样就可以通过电话校对密钥标识或"密钥指纹"。

2. 密钥管理与数字证书

密码协议和密码算法解决了应用安全中的一些关键问题，但是在实现以及真正应用时还有很多待解决的问题，例如个体的私钥如何分配？如何将公钥颁发给个体？如何获得其他个体的公钥？如何保护数据和密钥？以及如何确定他人的公钥是否有效、合法？这就是密钥管理的相关问题。

密钥管理本身是个很复杂的课题，而且是保证安全性的关键点，密钥管理是管理密钥自产生到最终销毁整个过程中的有关问题。包括密钥的设置、生成、分配、验证、启用/停用、替换、更新、保护、存储、备份/恢复、丢失、销毁等。密钥管理方法因所使用的密码体制而异。对称密码体制中，主要涉及私密密钥的分配问题，非对称密码体制中，主要涉及公钥的认证问题。

（1）密钥分配问题

密钥的分配问题，通常指的是会话密钥的获得过程，会话密钥是两个实体用户在一次通话或交换数据时使用的密钥。会话密钥的分配可以基于对称密码体制实现，也可以通过非对称密码体制实现。采用对称密码体制，两个用户之间可以直接分配会话密钥，但当网络用户数比较多时，通常会引入一个密钥分配中心（KDC，Key Distribution Center），每个用户与 KDC 共享一个密钥，当两个用户有通信需求时，向 KDC 提出申请，KDC 则为两个用户分配会话密钥并传送给用户；采用非对称密码体制时，发方产生会话密钥，并用收方的公钥加密会话密钥，收方则用自己持有的私钥解密获得会话密钥，然后双方即可用分配好的会话密钥进行保密通信。

（2）公钥认证问题

公开密钥的分发虽然不需要保密，但需要保证公钥的真实性，就如同银行的客服电话，虽然不需要保密，但需要保证真实性

公钥基础设施（PKI，Public Key Infrastructure）通常简称 PKI。所谓 PKI 就是一个以公钥技术为基础的，为管理公钥而提供和实施安全服务的具有普适性的安全基础设施。

PKI 是一种标准的密钥管理平台，它通过第三方的可信任机构——认证中心（CA，Certificate Authority），生成用户的公钥证书，把用户的公钥和用户的其他标识信息绑定在一起，从而能够为所有采用加密和数据签名等密码服务的网络应用提供所必需的密钥和

证书管理，解决网上身份认证、信息的完整性和不可抵赖性等安全问题，为诸如电子商务、电子政务、网上银行和网上证券等各种具体应用提供可靠的安全服务。

一个完整有效的PKI系统包括认证机构CA、证书注册机构（RA，Registration Authority）、密钥和证书管理系统、PKI应用接口系统、PKI策略和信任模型。

1）注册机构RA

RA可以充当CA和它的最终用户之间的中间实体，主要功能为接收和验证新注册人的注册信息、代表最终用户生成密钥、接收和授权密钥备份和恢复请求以及证书撤销请求。

2）认证中心CA

认证中心CA充当可信的第三方，通过对一个包含身份信息和相应公钥的数据结构进行数字签名来捆绑用户的公钥和身份，这个数据结构被称为公钥证书（简称证书）。证书机构主要负责对用户的密钥或证书发放、更新、废止、认证等管理工作。

3）证书库

证书库是一种网上的公共信息库，用于存储CA已签发证书及公钥、撤销证书及公钥、可供用户查询。

4）密钥和证书管理系统

主要涉及密钥备份和恢复、自动密钥更新和建立密钥历史档案。

5）应用接口系统

一个完整的PKI需提供良好的应用接口系统，使得各种应用能够安全、透明地与PKI交互，具有可扩展性和互操作性。

6）PKI策略和信任模型

主要涉及认证策略的制定、认证规则、运作制度的制定、所涉及的各方法律关系内容以及技术的实现等。

（3）数字证书

PKI基于非对称密码体制，涉及消息摘要、数字签名与加密等服务，而数字证书则是支持以上服务的PKI关键技术之一。所谓数字证书，实际上就是一个表明用户身份与所持公钥关系的计算机文件；一个用户的身份与其所持有的公钥的结合，由一个可信任的权威机构CA来证实用户的身份，然后由该机构对该用户身份及对应公钥相结合的证书进行数字签名，以证明其证书的有效性。因此，数字证书就是Internet网中通信双方的身份标识，可以理解为护照、驾驶执照或身份证之类用于证明实体身份的证件。例如，护照可以证明实体的姓名、国籍、出生日期和地点、照片与签名等方面信息。类似的，数字证书也可以证明网络实体在特定安全应用的相关信息。

数字证书经认证中心CA数字签名，获得证书的用户只要信任这个认证中心，就可以相信他所获得的证书，任何具有认证中心CA公钥的用户都可以验证证书有效性。证书的安全性依赖于CA的私钥，且除了CA以外，任何人都无法伪造、修改证书。

1）数字证书的结构

数字证书的结构遵循ITUT X. 509国际标准，X. 509 v3数字证书的结构中有下述11个基本字段。

（A）版本号：用来区分X. 509的不同版本。

(B) 序列号：每一个证书都有唯一的数字型编号。

(C) 签名算法标识符：CA 签名数字证书时使用的算法。

(D) 签名者：标志生成、签名数字证书的 CA 的可区分名。

(E) 有效期：证书开始有效期和证书失效期。

(F) 主体名：证书持有者的名称。

(G) 主体公钥信息：主体的公钥与密钥相关的算法。

(H) 签发者唯一标识符：在两个或多个 CA 使用签发者名相同时标志 CA。

(I) 主体唯一标识符：在两个或多个主体使用签发者名相同时标志 CA。

(J) 扩展：说明该证书的附加信息。

(K) 认证机构签名：用认证机构的私钥生成的数字签名。

2）数字证书生成

数字证书生成主要包含四个步骤：

第 1 步：密钥生成。密钥可以由主体采用特定软件生成，也可由注册机构为主体生成。

第 2 步：注册。若密钥由注册机构生成，则该步与第 1 步同时完成；若密钥由个体生成，则要向注册机构发送公钥和相关注册信息及证明材料。

第 3 步：验证。注册机构对主体的公钥及相关证明材料进行验证。

第 4 步：证书生成。注册机构将用户的所有细节传递给证书机构，证书机构进行必要的验证并生成数字证书。

3）数字证书的应用案例

现有持证人 A 向持证人 B 传送数字信息，为了保证信息传送的真实性、完整性和不可否认性，需要对要传送的信息进行数据加密和数字签名，其传送过程如下：

(A) A 准备好要传送的数字信息（明文）。

(B) A 对数字信息进行散列运算，得到一个信息摘要。

(C) A 用自己的私钥对信息摘要进行加密得到 A 的数字签名，并将其附在数字信息上。

(D) A 随机产生一个会话密钥（DES 密钥），并用此密钥对要发送的信息进行加密，形成密文。

(E) A 获得 B 的证书，并用 CA 证书验证及检查证书撤销列表验证 B 证书是否有效。

(F) A 用 B 的公钥（来自证书）对刚才随机产生的加密密钥进行加密，将加密后的 DES 密钥连同密文一起传送给 B。

(G) B 收到 A 传送过来的密文和加过密的 DES 密钥，先用自己的私钥对加密的 DES 密钥进行解密，得到 DES 密钥。

(H) B 然后用 DES 密钥对收到的密文进行解密，得到明文的数字信息，然后将 DES 密钥抛弃（即 DES 密钥作废）。

(I) B 获得 A 的证书，并用 CA 证书验证及检查证书撤销列表验证 A 证书是否有效。

(J) B 用 A 的公钥（来自证书）对 A 的数字签名进行解密，得到信息摘要。

(K) B 用相同的 hash 算法对收到的明文再进行一次 hash 运算，得到一个新的信息摘要。

(L) B 将收到的信息摘要和新产生的信息摘要进行比较，如果一致，说明收到的信息没有被修改过。

3. 身份认证

认证技术是网络信息安全理论与技术的一个重要方面。身份认证是安全系统中的第一道关卡，用户在访问安全系统之前，首先经过身份认证系统识别身份，然后访问监控器，根据用户的身份和授权数据库决定用户是否能够访问某个资源。一旦身份认证系统被攻破，那么系统的所有安全措施将形同虚设。黑客攻击的目标往往就是身份认证系统。

身份认证需要做到准确无误地将对方辨认出来，单机状态下的身份认证比较简单，一般有三种方法。

（1）根据人的生理特征进行身份认证

这种方法是基于生理特征进行身份认证，包括指纹识别、语音识别以及视网膜识别等。

（2）根据约定的口令等进行身份认证

口令认证是最常用的一种认证技术。目前各类计算资源主要靠固定口令的方式来保护。该方法简单，但安全性仅仅基于用户口令的保密性，不能抵御口令猜测攻击，而且易被窃听。

（3）用硬件设备进行身份认证

通过采用硬件设备随机产生一些数据并要求用户输入，认证时要求一个硬件如智能卡，只有持卡人才能被认证，可以有效地防止口令猜测。但也存在严重的缺陷，系统只认卡不认人，而智能卡可能丢失，拾到或窃得智能卡的人很容易假冒原持卡人的身份。

网络环境下的身份认证比较复杂，目前一般采用的是基于对称密码或非对称密码机密的方法，采用高强度的密码认证协议技术来进行身份认证。

（1）一次性口令技术

S/Key 是一个一次性口令系统，利用散列函数产生一次性口令，用户每次登录系统时使用的口令是变化的。常用来对付 TCP/IP 网络计算机系统的监听攻击。

（2）Kerberos 系统

Kerberos 系统是麻省理工学院设计的，针对分布式环境的开放式系统开发的认证机制，该系统是基于对称密钥的身份认证系统，已被开放软件基金会的分布式计算环境以及许多网络操作系统供应商所采用。

（3）X. 509 证书

X. 509 证书也用于身份认证，它采用非对称密码体制，引入可信赖的第三方 CA 的认证机构，该认证机构负责认证用户的身份并向用户签发公钥证书，同时对证书提供管理。基于 X. 509 证书的认证技术适用于开放式网络环境下的身份认证，已被广泛接受，许多网络安全程序都可以使用。

4. 黑客攻击与防范技术

入侵者是利用网络漏洞破坏计算机网络的人。他们具备广泛的电脑知识，以破坏为目的，现在称为黑客。目前黑客在网络上的攻击活动每年以十倍速增长，他们修改网页进行恶作剧、窃取网上信息兴风作浪，非法进入主机破坏程序、阻塞用户，甚至试图攻击网络设备使网络设备瘫痪。

黑客攻击，首先要确定攻击的目标，收集各种有用信息，然后入侵并获得初始访问权限，之后利用系统的漏洞、监听、欺骗、口令攻击等技术和手段获取管理员的权限，种植后门，在已被攻破的主机上种植供自己访问的后门程序并隐藏自己，以免被跟踪。

（1）黑客常用的攻击方法

1）端口扫描

对目标计算机进行端口扫描能得到许多有用的信息，可以是手工进行扫描，也可以用端口扫描软件进行。手工进行扫描需要熟悉各种命令，对命令执行后的输出进行分析。用扫描软件进行扫描时，许多扫描器软件都有分析数据的功能。常用的端口扫描技术有 TCP connect 扫描、TCP SYN 扫描、TCP FIN 扫描、IP 段扫描、ICMP echo 扫描等。通过端口扫描，可以得到许多有用的信息，从而发现系统的安全漏洞。

2）口令破解

对于诸如家人生日、电话号码、名字缩写等简单的口令或者弱口令，黑客可以很容易通过猜想得到密码。对于复杂口令，还可以通过字典攻击和暴力猜测来破解。所谓字典攻击是利用重复的登录或者搜集加密的口令，试图同加密后的字典中的单词匹配；暴力猜测则是黑客尝试所有可能的字符组合方式。当口令比较弱比较短时，当前计算机的发展速度使得破解的时间大为降低。

3）特洛伊木马

特洛伊木马是一个包含在一个合法程序中的非法的程序。该非法程序被用户在不知情的情况下执行。其名称源于古希腊的特洛伊木马神话。一般的木马程序都包括客户端和服务端两个程序，其中客户端是用于攻击者远程控制植入木马的机器，服务器端程序即是木马程序。攻击者要通过木马攻击用户的系统，将程序植入到用户的电脑里面。

4）缓冲溢出攻击

缓冲区是程序运行的时候机器内存中的一个连续块，它保存了给定类型的数据。一个有动态分配变量的程序在程序运行时才决定给它们分配多少内存。如果说要给程序在动态分配缓冲区放入超长的数据，它就会溢出。产生缓冲区溢出的根本原因在于，将一个超过缓冲区长度的字符串复制到缓冲区。造成两种后果，一是引起程序运行失败，严重的可引起死机、系统重新启动等；二是利用这种漏洞可以执行任意指令，甚至可以取得系统特权。

5）拒绝服务攻击

拒绝服务即 Denial of Service，简称 DoS，通常黑客利用 TCP/IP 中的某种漏洞，或者系统存在的某些漏洞，对目标系统发起大规模的攻击，使攻击目标失去工作能力，使系统不可访问因而合法用户不能及时得到应得的服务或系统资源。它最本质的特征是延长正常的应用服务的等待时间。常见的拒绝服务攻击有死亡之 Ping、SYN Flood、land 攻击、Smurf 攻击及 Teardrop 攻击等。由于拒绝服务攻击的不易觉察性和简易性，因而一直是网络安全的重大隐患。它是一种技术含量低，攻击效果明显的攻击方法，特别是分布式拒绝服务 DDoS，它的效果很明显，并且难以找到真正的攻击源，很难找到行之有效的解决方法。

6）网络监听

当信息以明文的形式在网络上传输时，只要将网络接口设置成监听模式，便可以源源不断地将网上传输的信息截获。网络监听可以在网上的任何一个位置实施，如局域网中的一台主机、网关上或远程网的调制解调器之间等。运行网络监听的主机是被动地接收在局域网上传输的信息，不主动地与其他主机交换信息，也没有修改数据包，因此网络监听很难被发现。

（2）黑客攻击防范措施

根据黑客攻击方法，防范黑客入侵的主要措施如下：

1）设置安全口令。选择真正随机等概率、易记难猜的口令，不使用默认账户，及时取消停用或无用的账号，在验证过程中口令不要以明文方式传送。

2）实施存取控制。存取控制规定何种主体对何种实体有何种操作权力。存取控制包括人员权限、数据标识、权限控制、控制类型、风险分析等内容。管理人员应管好用户权限，在不影响用户工作的情况下，尽量减小用户对服务器的权限。

3）确保数据的安全。最好通过加密算法对数据处理过程进行加密，并采用数字签名及认证来确保数据的安全。

4）定期分析系统日志。黑客在攻击系统之前都会进行扫描，管理人员可以通过记录来预测，做好应对准备。

5）不断完善服务器系统的安全性能。为了保证系统的安全性，应随时关注系统的补丁信息，及时完善自己的系统。

6）进行动态站点监控。及时发现网络遭受攻击情况并加以追踪和防范，避免对网络造成更大损失。

7）用安全管理软件测试自己的站点。测试网络安全的最好方法是自己定期地尝试进攻自己的系统，最好能在入侵者发现安全漏洞之前自己先发现。请第三方评估机构或专家来完成网络安全的评估，把未来可能的风险降到最小。

8）做好数据的备份工作。有了完整的数据备份，当遭到攻击或系统出现故障时才可能迅速地恢复系统。

9）使用防火墙。这是对黑客防范最严、安全性较强的一种方式，任何关键性的服务器，都建议放在防火墙之后。任何对关键服务器的访问都必须通过代理服务器。

（3）防范黑客入侵的步骤

1）选好操作系统。使用 Windows 系统，不要忽视安全口令的设置，在设置口令的时候尽可能复杂，单纯的英文或者数字很容易被暴力破解。某些系统服务功能有内建账号，应及时修改操作系统内部账号口令的默认设置，防止别人利用默认的密码侵入系统。

2）补丁升级。即使采用了最新的操作系统，也不意味着你的计算机放进了保险箱中，所以要在第一时间下载安装最新的补丁，及时堵住系统漏洞。

3）关闭无用的服务。黑客对计算机发起攻击必须使计算机开放相应的端口，如果关闭了无用的端口，就大大减少遭受攻击的风险。

4）隐藏 IP 地址。黑客对你的计算机发起攻击之前首先要确认计算机的 IP 地址，因此，可以防止别人通过 Ping 方式来探测服务器，或者借助代理服务器来隐藏自己的真实 IP 地址。

5）查找本机漏洞。必须知道计算机中存在的安全隐患，因此可以借助系统扫描软件来找出这些漏洞。

6）防火墙软件保平安。安装防火墙软件，不仅可以防 Ping、防止恶意连接，而且在遇到恶意攻击的时候还会有独特的警告信息来引起你的注意，并且把所有的入侵信息记录下来，让你有案可查。

5. 防火墙技术

(1) 防火墙基本概念

防火墙是一种保护计算机网络安全的技术型措施，它可以是软件，也可以是硬件，或两者结合。它在两个网络之间执行访问控制策略，目的是保护网络不被他人侵扰。

通常，防火墙位于被保护的内部网和不安全的外络之间，内、外网络之间的所有网络数据流都必须经过防火墙，防火墙就像一道门槛，通过对内外网间的数据流量进行分析、检测、筛选和过滤，控制进出两个方向的通信，让只有符合安全策略的数据流通过防火墙，以达到保护网络的目的。

防火墙从诞生至今，已经历了 30 多年的发展，从最简单的包过滤防火墙，到现在的自适应防火墙，其硬件性能不断提升、过滤深度逐步增加、过滤功能日趋完善，目前防火墙甚至可以集成 VPN 和入侵检测系统。防火墙在网络安全中扮演的角色越来越多，地位也越来越重要。当然，防火墙也不是万能的，仅用防火墙并不能给整个网络提供全局的安全性。对于防御内部的攻击、网络病毒以及那些绕过防火墙的连接（如通过拨号上网），防火墙则毫无用武之地。

(2) 防火墙实现方法

防火墙的具体实现方法主要有数据包过滤、代理服务和网络地址转换（NAT，Network Address Translation）技术等。

1) 数据包过滤

包过滤型防火墙通过一个具备包过滤功能的简单路由器实现，工作在 OSI 网络参考模型的网络层和传输层；它根据数据包头源地址、目的地址、端口号和协议类型等标志确定是否允许通过。只有满足过滤条件的数据包才被转发到相应的目的地，其余数据包则被从数据流中丢弃。图 7-8 为包过滤防火墙原理示意图，表中为防火墙过滤规则，该规则允许主机 A 到主机 C 的 TCP 数据传输，拒绝主机 B 到主机 C 的 UDP 数据通过。防火墙将按照这一规则对通过的数据报头信息进行筛选，如果没有规则与数据报头信息匹配，则对数据包施加默认规则。

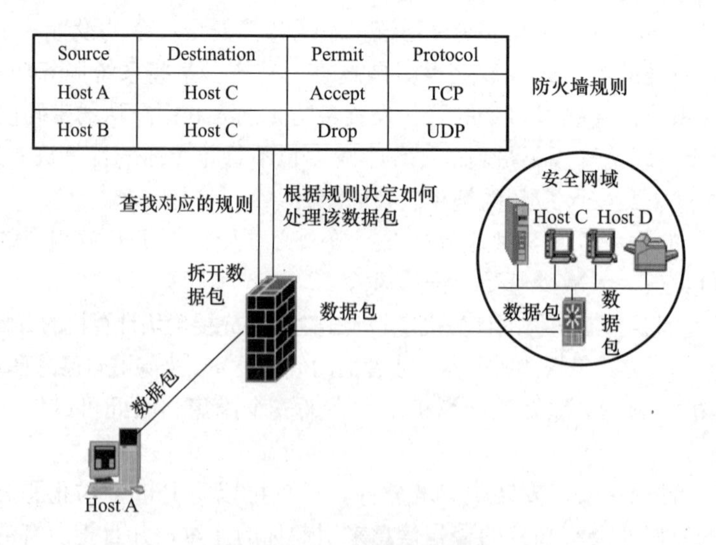

Source	Destination	Permit	Protocol
Host A	Host C	Accept	TCP
Host B	Host C	Drop	UDP

图 7-8　包过滤防火墙原理

数据包过滤又分为静态包过滤和动态包过滤，静态包过滤防火墙是最原始的防火墙，工作在网络层上，静态包过滤事先设定好过滤规则，对接收到的每个数据包按过滤规则审查每个数据包并决定转发或丢弃。静态包过滤防火墙的优点是逻辑简单、价格便宜，对网络性能的影响较小，无需改动客户机和主机上的任何应用程序，易于安装和使用。但是正确配置规则不太容易，不提供认证机制，并且由于仅检查数据的 IP 头信息，所以无法区分真实的 IP 地址和伪造的 IP 地址，也就不能彻底防止地址欺骗。

动态包过滤防火墙是在静态包过滤防火墙的基础上发展起来的，继承了静态包过滤防火墙的优点。静态包过滤防火墙的规则表是固定的，而动态包过滤采用动态设置包过滤规则的方法，可以根据网络当前的状态检查数据包，即根据当前所交换的信息动态调整过滤规则表，因此是动态的和有状态的，具有“状态感知”的能力。典型的动态包过滤防火墙工作在网络层，先进的动态包过滤防火墙工作在传输层。动态包过滤技术后来发展成为包状态监测技术，其安全性优于静态包过滤防火墙，“状态感知”能力使其性能得到了显著提高。但动态包过滤技术仍然是仅检查 IP 头和 TCP 头，故安全性不高，也无法避免 IP 欺骗攻击，难于创建规则的问题也没得到解决。

2）代理服务

代理服务技术是一种较新型的防火墙技术，其特点是完全“阻隔”了网络通信流，将所有跨越防火墙的网络通信分为两段。代理通过对每种应用服务编制专门的代理程序，实现监视和控制通信流的作用。代理服务器被在幕后处理所有用户和因特网服务之间的通信，使得内外网之间不能直接交谈，必须通过代理链接。代理并非转发所有的通信需求，它可以根据安全策略来决定是否为用户进行代理服务。

代理服务在安全方面比包过滤强，不允许数据包通过防火墙，可以避免了数据驱动式攻击的发生；但它们在性能和透明度上比较差，而且速度较慢，不太适用于高速网。代理型防火墙通常包括应用级网关防火墙和电路级网关防火墙。

图 7-9 为应用级网关防火墙原理示意图，应用级网关型防火墙是在应用层上建立协议过滤和转发功能，针对特定的网络应用服务协议使用指定的数据过滤逻辑，并在过滤的同时，对数据包进行必要的分析、登记和统计，形成报告。

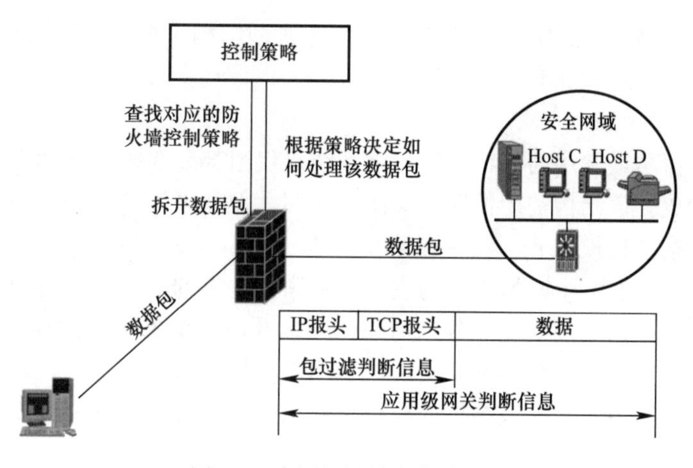

图 7-9　应用级网关防火墙原理

包过滤技术是在网络层拦截所有的信息流，而应用级网关是在应用层实现防火墙的功能，其代理是针对应用层的；另外，包过滤技术仅对 IP/TCP 报头进行判断，而应用级网关防火墙还可以对数据内容进行筛选，因此更安全。应用级网关的缺点是灵活性差，对每一种应用都需要设置一个代理，而且配置烦琐，性能不高。

与应用级网关相似，电路级网关也是代理服务器。但在许多方面，它也可以看作是包过滤防火墙的一种扩展，它除了进行基本的包过滤检查之外，还要增加对连接建立过程中的握手信息及序列号合法性的验证。电路级网关在转发一个数据报之前，首先将数据报的 IP 头和 TCP 头与管理员定义的规则表进行比较，以确定防火墙是将数据包丢弃还是让数据包通过，在可信客户机与不可信主机之间进行 TCP 握手通信时，仅当 SYS 标志、ACK 标志及序列号符合逻辑时，才判定该谈话是合法的。如果会话是合法的，包过滤就开始对规则进行逐条扫描，直到发现其中一条规则与数据包中的有关信息一致，若没找到匹配的规则，则按默认规则。

与应用级网关不同的是，电路级网关不需要用户配备专门的代理客户应用程序，而且其工作在会话层，安全性较应用级网关差。电路级网关理论并没有获得很大的进展，目前通常作为应用代理服务器的一部分在应用代理类型的防火墙中实现。

3）网络地址转换技术

当内部网络的计算机要与外部的网络互联时，防火墙会隐藏其 IP 地址并以防火墙的外部 IP 地址来取代。外部用户无法得知你的内部网络的地址信息，因为它被防火墙的外部 IP 地址所隐藏。这个转换内部网络 IP 地址的操作就叫做网络地址转换。

当客户机将数据包发给运行 NAT 的计算机时，NAT 就将数据包中的端口号和 IP 地址换成它自己的端口号和公用的 IP 地址，然后将数据包发给外部网络的目的主机，同时记录一个跟踪信息在映像表中，以便向客户机发送回答信息；而当外部网络发送回答信息给 NAT 时，NAT 将所收到的数据包的端口号和公用 IP 地址转换为客户机的端口号和内部网络使用的 IP 地址并转发给客户机。

NAT 可以复用内部的全局地址，缓解 IP 地址不足的压力，同时，也可以向外部网络隐藏内部网络的 IP 地址，提高安全性。

（3）防火墙的体系结构

在防火墙与网络的配置上，主要有以下四种典型结构：包过滤防火墙、双宿/多宿主机模式、屏蔽主机模式和屏蔽子网结构。

1）包过滤型防火墙

包过滤路由器是最常用的因特网防火墙系统，仅由部署在内部网和因特网之间的一个包过滤路由器构成。该结构费用低廉，对用户透明，但如果配置不当，易遭受攻击。

2）双宿/多宿主机模式

多宿主主机指具有多个网络接口的主机。双宿主主机的防火墙系统由一台装有两个网络接口的主机构成。两个网络接口分别与外部网以及内部受保护网相连，如图 7-10 所示。双宿主主机可以通过应用层数据共享实现，由用户直接登录到双宿主主机，也可以在双宿主机上运行代理服务器实现。该结构的缺点是双宿主主机直接暴露在 Internet 中，最容易受到攻击。

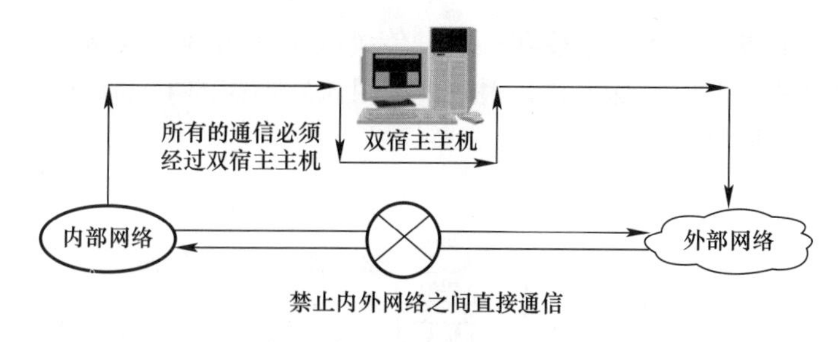

图 7-10　双宿主主机模式

3）屏蔽主机模式

屏蔽主机模式是由同时部署的包过滤路由器和堡垒主机构成，如图 7-11 所示。所谓堡垒主机是一种被强化的可以防御进攻的计算机，被暴露于因特网之上，作为进入内部网络的一个检查点，以达到把整个网络的安全问题集中在某个主机上解决。该种结构模式实现了网络层安全（包过滤）和应用层安全（代理服务），因此安全等级比较高，入侵者想要破坏内部网，首先必须渗透两个分开的系统。

该结构的好处是可把公共信息服务器放在可供包过滤路由器和堡垒主机共享的地方，用以提供 Web 服务和 FTP 服务，若要求的安全性较高，可使堡垒主机运行代理服务。另外，若堡垒主机改为双连接点的，则安全性进一步提高。

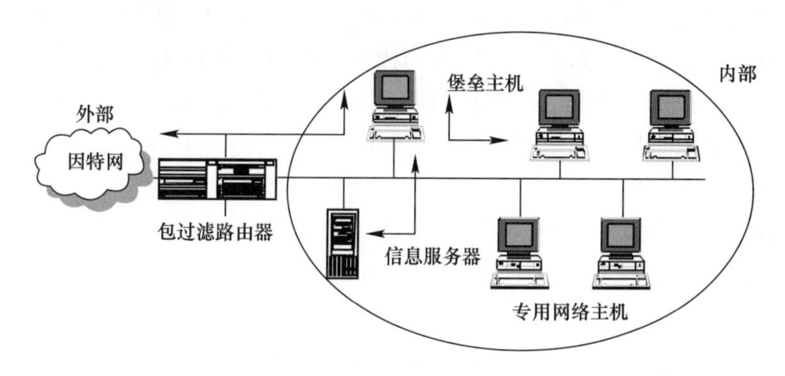

图 7-11　屏蔽主机模式

4）屏蔽子网模式

屏蔽子网防火墙系统用了两个包过滤路由器和一个堡垒主机，如图 7-12 所示。该结构模式支持网络层和应用层的安全，而且还定义了一个“非军事区”DMZ（Demilitarized Zone）网络，因此建立的是非常安全的防火墙系统。网络管理者将堡垒主机、信息服务器、公用调制解调区以及其他一些公用服务器都放在 DMZ 网络中。对于从因特网进来的信息流，外部路由器可以防止其实施一般的外部攻击（如源 IP 地址欺骗攻击、源路由攻击等），且还管理因特网对 DMZ 网络的访问，只允许外部系统访问堡垒主机，内部路由器提供第二层防线，通过只接受来源于堡垒主机的业务流而管理 DMZ 对内部网络的访问。

除以上四种主要的结构模式，还有堡垒主机和过滤路由器的多种其他组合方式，在构造防火墙时，具体采用哪一种结构模式，取决于投资、技术、时间等多种因素。

6. 虚拟专用网技术

随着 Internet 和电子商务的蓬勃发展，越来越多的企业把处于世界各地的分支机构、供应商和合作伙伴通过 Internet 连接在一起。传统的企业组网方式是采用 DDN 专线、帧中继电路或拨号线路，但成本都太高，因此，利用无处不在的 Internet 来构建企业自己的专用网络就成为大势所趋。

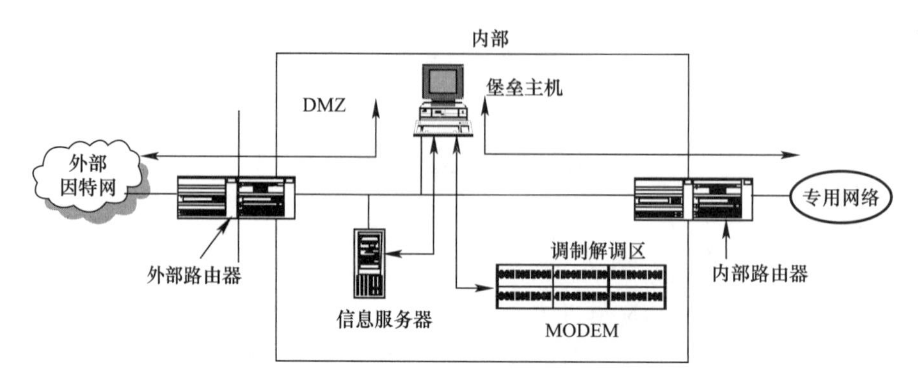

图 7-12　屏蔽子网模式

所谓虚拟专网（VPN，Virtual Private Network）是指将物理上分布在不同地点的网络通过公用网络连接而构成逻辑上的虚拟子网。“虚拟”是因为两个专用网络的连接没有传统网络所需的物理的端到端的链路，而是架构在以 Internet 为基础的公网之上的逻辑网络。“专用”是指在 VPN 上通信的数据是被加密的，与使用专用网一样安全。

相对于专网来说，VPN 具有费用低廉的优点；相对于公网来说，VPN 具有较高的安全保障和服务质量保证；同时，VPN 还具有较好的可扩充性和灵活性，对用户和运营商来说，进行管理和维护非常方便。

（1）VPN 的分类

通常，根据访问方式的不同，VPN 可分为三种类型：

1）内部网 VPN（Intranet VPN）：主要提供给公司内部各分支办公室与中心办公室之间建立通信。

2）远程访问 VPN（AccessVPN）：主要提供给公司内部在外出差和在家办公人员与公司建立通信。

3）外联网 VPN（ExtranetVPN）：主要提供给合作伙伴和重要客户与本公司间建立通信。

（2）VPN 关键技术

VPN 采用多种技术来保证安全，这些技术包括隧道技术、加解密技术、密钥管理技术、身份认证和访问控制技术。

1）隧道技术

指通过一个公用网络建立的一条穿过公用网络的安全的、逻辑上的数据通道（隧道），让数据包被重新封装并通过隧道进行传输。隧道是由隧道协议构建的，常用的有第 2、3 层隧道协议。

第 2 层隧道协议首先把各种网络协议封装到 PPP 中，再把整个数据包装入隧道协议中。这种双层封装方法形成的数据包靠第 2 层协议进行传输，第 2 层隧道协议有点对点隧道协议（PPTP，Point-to-Point Tunneling Protocol）、二层转发协议（L2F，Lay 2 Forwarding）和二层隧道协议（L2TP，Lay 2 Tunneling Protocol），其中，L2TP是由PPTP和L2F融合而成，目前已成为IETF标准。

第3层隧道协议把各种网络协议直接装入隧道协议中，形成的数据包依靠第三层协议进行传输。第3层隧道协议有通用路由封装协议（GRE，Generic Routing Encapsulation）、多协议标签交换（MPLS）和IPSec，IPSec协议在IP层提供安全保障。

2）加/解密技术

VPN中的加/解密是将认证信息、通信数据等由明文转换为密文，可靠性取决于所采取的加解/密算法。

3）密钥管理技术

主要任务是保证密钥在公用的数据网上安全地传递而不被窃取。

4）身份认证技术

在正式的隧道连接开始之前，VPN需要确认用户身份，以便进一步实施资源访问控制和用户授权。

5）访问控制

采取适当的访问控制措施阻止未经允许的用户获取数据资源或非法访问等。

（3）VPN实现方案

根据建造VPN依据的国际标准，目前主要有IPSec VPN、TLS VPN、PPTP VPN和MPLS VPN等实现方案，各种方案的侧重点有所不同，IPSec VPN既适合于构建LAN间VPN，也适合于构建远程访问型VPN；TLS VPN和PPTP VPN仅支持远程访问型的VPN；MPLS VPN适用于数量众多、流量大、媒体格式多样的城域网连接。

实际上，IPV6版本已将IPSec作为其组成部分，而L2TP协议草案中也规定必须以IPSec为安全基础，因此，采用IPSec标准的VPN技术已经基本成熟，得到国际上几乎所有主流网络和安全供应商的鼎力支持，下面主要介绍一下IPSec VPN。

IPSec协议使用认证头AH、封装安全负载ESP和IKE三种安全协议来提供安全通信。前两种安全协议都分为隧道模式和传输模式。传输模式用在主机到主机的通信，隧道模式用在其他任何方式的通信。此外，还有一个重要的概念是“安全关联”（SA，Security Association），当两个网络节点在IPsec保护下通信时，它们必须协商一个SA（用于认证）或两个SA（分别用于认证和加密）。SA也有两种模式，即传输模式和隧道模式，传输模式下的SA是两个主机间的安全关联，隧道模式下的SA只适用于IP隧道。

一个IPSec VPN主要由以下6个模块组成：

（1）管理模块：负责整个系统的配置和管理，它决定采取何种传输模式，对哪些IP数据包进行加解密；

（2）密钥分配和生成模块：完成身份认证和数据加密锁需要的密钥生成和分配；

（3）身份认证模块：实现对IP数据包数字签名的运算；

（4）数据加/解密模块：对IP数据包进行加/解密运算；

（5）数据分组封装/分解模块：实现对IP数据分组的安全封装和分解；

（6）加密函数库：为上述模块提供统一的加密服务。

IPSec的一个最基本的优势是它可以在各种网络访问设备、主机服务器和工作站上完全实现，从而使其构成的安全通道几乎可以延伸至网络的任意位置。在网络端，可以在路由器、防火墙、代理网关等设备中实现 VPN 网关；在客户端，IPSec 架构允许使用基于纯软件方式使用普通 Modem 的 PC 机和工作站。

图 7-13 给出了一种在防火墙上实现 IPSec VPN 网关的方案。被保护网络中的两个主机 A 和 C 进行通信时，防火墙对通过的数据包进行检测并按照相关规则进行转发或丢弃，虚线为防火墙允许通过的数据包的流动路径；与 IPSec VPN 联动后，数据首先经过防火墙检测，然后对允许通过的数据包进行 IPSec 核心处理，实现数据的加密和认证后得到新的数据包，再进行相应的转发；在接收端，对接收的数据包先由 IPSec 核心处理，进行解密和相应的认证，然后再按照防火墙的策略进行检测，允许通过的数据包才会转发到接收端相应的端口上。基于 IPSec 的 VPN 网关具有透明性好、高效、安全及易用等优点，应用方式也非常灵活，它可以用来保护一个子网、一个局域网或者一台主机。

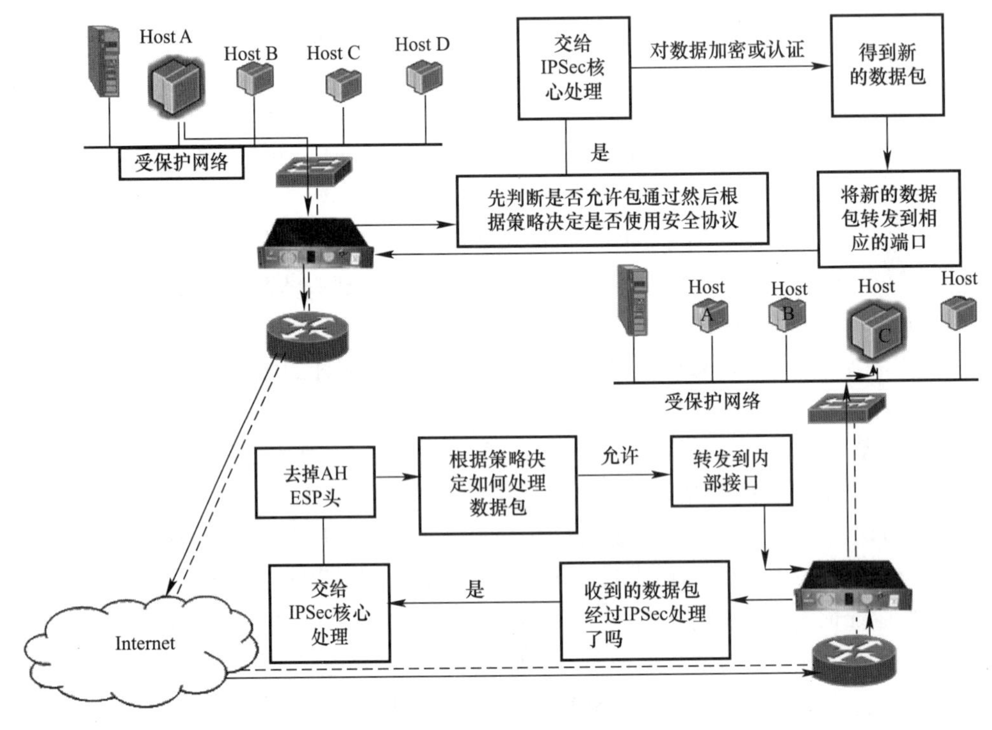

图 7-13　IPSec VPN 方案

7. 入侵检测技术

入侵行为主要指对系统资源的非授权使用，它可以造成系统数据的丢失和破坏，甚至会造成系统拒绝对合法用户服务等后果。目前，入侵工具唾手可得、入侵教程随处可见，这使得入侵越来越容易。传统的安全技术基本上是一种被动的防护，例如防火墙能阻挡外部入侵者，但对内部攻击无能为力，也不能保证绝对的安全，这就需要我们主动地去检测、发现和排除安全隐患。

（1）入侵检测概念

入侵检测（ID，Intrusion Detection）是一种积极主动保护系统免受黑客攻击的网络安全技术，它可以对内部攻击、外部攻击和误操作等进行实时的检测并且采取相应的防护手段。一旦发现入侵现象，则应做出适当的反应。对于正在进行的攻击，采取适当的方法来阻断攻击以减少损失；对于已经发生的网络攻击，通过日志记录分析攻击原因和入侵者的踪迹，提供审计和调查的依据。

执行入侵检测任务和实现入侵检测功能的软、硬件组合称为入侵检测系统（IDS，Intrusion Detection System），入侵检测系统被认为是防火墙之后的第二道安全闸门。一个通用的入侵检测系统包括三个功能部件：信息收集、信息分析和结果处理。

信息收集：入侵检测的第一步，收集内容包括系统、网络、数据及用户活动的状态和行为。入侵检测很大程度上依赖于收集信息的可靠性和正确性。

信息分析：信息分析是入侵检测的核心，它首先构建分析器，把收集到的信息经过预处理，建立一个行为分析引擎或模型，然后向模型中植入时间数据，在知识库中保存植入数据的模型。

结果处理：当发现入侵后，系统会及时作出响应，包括切断网络连接、记录时间和报警等。

（2）入侵检测原理与方法

1）异常检测原理

异常检测也称为基于行为的检测技术，是指根据用户的行为和系统资源的使用状况判断是否存在网络入侵。

异常检测技术首先假设网络攻击行为是不常见的或是异常的，区别于所有的正常行为。如果能够为用户和系统的所有正常行为总结活动规律并建立行为模型，那么入侵检测系统可以将当前捕获到的网络行为与行为模型相对比，若入侵行为偏离了正常的行为轨迹，就可以被检测出来。

基于异常检测原理的入侵检测方法有统计异常检测、特征选择异常检测等。异常检测的优点是实用性较强，可能检测出前所未有的攻击方式；缺点是误检测率很高，而且处于监测监视下的某些行为，通过一段时间的训练，能使系统认为是正常行为。

2）误用检测

误用检测也称为基于知识的检测技术或者模式匹配检测技术。它的前提是假设所有的网络攻击行为和方法都具有一定的模式或特征，如果把以往发现的所有网络攻击的特征总结出来并建立一个入侵信息库，那么入侵检测系统可以将当前捕获到的网络行为特征与入侵信息库中的特征信息相比较，如果匹配，则当前行为就被认定为入侵行为。

基于误用检测原理的入侵检测方法有基于条件的概率误用检测、基于专家系统的误用检测等。误用检测的适应性比较强，可以较灵活地适应广谱的安全策略和检测需求，但存在全面性问题和效率低的问题。

（3）入侵检测系统实现方式

入侵检测系统根据数据包来源的不同，采用不同的实现方式，一般地可分为网络型、主机型，也可以是这两种类型的混合应用。

1）基于网络的入侵检测系统（NIDS）

基于网络 IDS 是网络上的一个监听设备（或一个专用主机），通过监听网络上的所有报文，根据协议进行分析，并报告网络中的非法使用者信息。NIDS 数据来源于网络上的数据流，能截获网络中的数据包，提取其特征并与知识库中已知的攻击签名相比较，从而达到检测的目的，其优点是侦测速度快、隐蔽性好，不容易受到攻击，对主机资源消耗少；缺点是无法识别不经过网络的攻击，误报率较高。

2）基于主机的入侵检测系统（HIDS）

基于主机 IDS 运行于被检测的主机之上，其数据来源于主机系统，通常是系统日志和审计记录，HIDS 通过对系统日志和审计记录的不断监控和分析来发现攻击、系统资源非法使用和修改的事件，并进行上报和处理。其优点是针对不同操作系统特点捕获应用层入侵，误报少；缺点是依赖于主机及其审计子系统，实时性差。

3）分布式入侵检测系统（DIDS）

采用上述两种数据来源的分布式入侵检测系统能够同时分析来自主机系统的审计日志和网络数据流的入侵检测系统，一般为分布式结构，由多个部件组成，DIDS 可以从多个主机获取数据，也可以从网络传输取得数据，克服了单一的 HIDS、NIDS 的不足。

随着网络技术和相关学科的发展，IDS 也日渐成熟，但仍存在一些问题，例如检测误报与漏报、实时性与效率的问题，因此未来发展的趋势主要是宽带高速实时的检测技术、大规模分布式检测技术，以及基于数据挖掘、免疫技术和神经网络等新算法的入侵检测技术。

7.3 小结

随着计算机技术和通信技术的发展，联网已经成为人们不可缺少的工具，信息系统将日益成为企业的重要信息交换手段。对网络进行有效可靠的管理成为必须。

按照国际标准化组织的定义，网络管理是指规划、稳定、安全、控制网络资源的使用和网络的各种活动，以使网络的性能达到最优。网络管理的目的在于提供对计算机网络进行规划、设计、操作运行、管理、监视、分析、控制、评估和扩展的手段，从而合理地组织和利用系统资源，提供安全、可靠、有效和友好的服务。

网络信息系统具有脆弱性和潜在威胁，采取必要的安全策略，对于保障信息系统的安全性十分重要。互联网的飞速发展，使得网络安全逐渐成为一个潜在的巨大问题。网络安全性是一个涉及面很广泛的问题，其中也会涉及是否构成犯罪行为的问题。它要求无关人员不能读取，更不能修改传送给其他接收者的信息。它关心的对象是那些无权使用、但却试图获得远程服务的人。安全性也处理合法消息被截获和回放的问题，以及发送者是否曾发送过该条消息的问题。

习题

1. 网络管理分为哪几大类？主要功能是什么？

2. 简单网络管理协议（SNMP）的基本功能是什么？SNMP 管理模型主要组成包括哪些？

3. 简述管理工作站（NMS）的功能。

4. 简述 SNMP 管理站与 SNMP 代理者之间消息的传送。

5. 网络安全的范畴包括哪几方面？

6. 简述网络安全的主要目的。

7. 网络安全策略包括哪几方面的内容?

8. 简述网络安全策略遵循的原则。

9. 网络安全面临的威胁主要有哪些?

10. 简述网络安全的关键技术。

11. 简述网络安全技术的解决方案。

12. 什么是虚拟专用网（VPN）? 它具有哪些特性?

13. VPN 处理过程包含哪些内容?

14. VPN 的关键技术包含哪些?

15. L2TP 有哪些特点? 建立过程是怎么样的?

16. 端到端的数据从拨号用户传到 LNS，建立隧道的步骤有哪些?

17. 网络安全的定义是什么? 网络安全威胁包括哪些内容?

18. 从理论上讲，数据的保密是取决于算法的保密还是密钥的保密? 为什么?

19. 为什么说 RSA 算法的安全性是基于大整数分解的困难性? 如果一个用户的私钥发生泄漏，但他没有重新需选择模数，而是保持 n，重新选择了公钥和私钥，这样做是否安全?

20. 电子邮件系统通常面临哪些安全风险? 实际中，人们采用哪些安全措施来提高邮件系统的安全性? PGP 采用哪些服务来保证电子邮件的安全性?

21. 请看这样一种情况：攻击者 A 创建了一个证书，放置一个真实的组织名（假设为银行 B）及攻击者自己的公钥。你在不知道是攻击者发送的情形下，得到了该证书，误认为该证书来自银行 B，请问如何防止该问题的产生?

22. 黑客攻击的步骤和流程是什么? 目前流行的主要网络攻击方式有哪些?

23. IPSec 的设计目标是什么? 具体包含哪些技术?

24. 简述包过滤防火墙的工作原理，并分析其优缺点。动态包过滤防火墙与静态包过滤防火墙的主要区别是什么?

参 考 文 献

1. 刘建伟，王育民编著. 网络安全——技术与实践（第 2 版）[M]. 北京：清华大学出版社. 2011.
2. 王昭，袁春等编著. 信息安全原理与应用 [M]. 北京：电子工业出版社. 2016.
3. 周明全，吕林涛等编著. 网络信息安全技术（第 2 版）[M]. 西安：西安电子科技大学出版社. 2010.
4. 石志国，薛为民等编著. 计算机网络安全教程（第 2 版）[M]. 北京：清华大学出版社，北京交通大学出版社. 2011.
5. 郝玉洁编著. 信息安全概论 [M]. 北京：电子工业出版社. 2007.
6. William Stallings，孟庆树等译. 密码编码学与网络安全——原理与实践（第 4 版）[M]. 北京：电子工业出版社，2007.

第 8 章　网络操作系统与编程技术

8.1　网络操作系统概述

8.1.1　操作系统基本概念

操作系统是管理计算机硬件的程序，它为应用程序提供基础，并且充当计算机硬件和计算机用户的中介。如今计算机系统的硬件和软件是作为一个整体存在的，其中操作系统是一个系统软件，为计算机系统提供服务，其作用是管理系统资源、控制程序执行，改善人机界面，提供各种服务，合理组织计算机工作流程和为用户使用计算机提供良好的运行环境。

操作系统是运行在计算机硬件系统上的最基本系统软件，在整个计算机系统中的位置如图 8-1 所示。在计算机软硬件系统结构中，操作系统是最靠近硬件系统的软件层，是硬件系统的基本扩展，主要负责计算机软硬件资源的分配和调度、各类信息的存取和保护、并发活动的协调和控制等功能。其他系统程序（编译程序、数据库等）和应用程序运行在操作系统基础上。应用程序不直接访问硬件设备，而是通过操作系统提供的接口访问计算机系统的硬件设备和系统服务，这样所开发的应用程序不是直接针对硬件设备而开发的，使得应用程序具有一定的移植性。

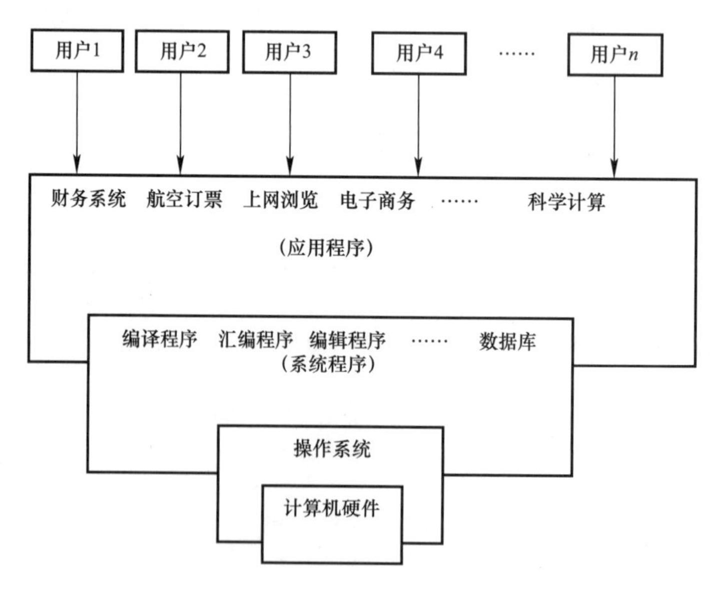

图 8-1　计算机系统层次结构

用户与应用程序进行交互时，操作系统为用户与应用程序交互提供统一而方便的调用接口，用户才能基于操作系统的各类功能完成特定的工作。

操作系统负责系统资源的管理，计算机所完成的每一项任务都需要软件和硬件配合来完成，那么操作系统就要协调这些软件和硬件之间的关系，有序地控制其实施，合理分配系统各类资源。

从计算机硬件和软件资源管理观点来看，操作系统的主要功能包括处理器管理、存储管理、设备管理、文件管理、网络与通信管理以及用户接口。

计算机操作系统诞生至今已有近 60 年，其发展过程中形成了多种类型的操作系统，包括批处理操作系统、实时操作系统、分时操作系统、桌面操作系统、并行操作系统、网络操作系统、分布式操作系统和嵌入式操作系统。

几十年来全世界产生了许多商用和开源的操作系统产品，包括 DOS 系统、Windows 系统、Unix 系统、Linux 系统、Mac OS 操作系统、NetWare 操作系统、Android 操作系统及 iOS 操作系统等等，而每一类操作系统又包含多种产品和版本。

8.1.2　网络操作系统基本概念

严格地说，单机操作系统只能为本地用户使用本机资源提供服务，不能满足开放的网络环境的要求。与单机操作系统不同，网络操作系统（NOS，Net Operating System）服务的对象是整个计算机网络，具有更复杂的结构和更强大的功能，必须支持多用户、多任务和网络资源共享。

对于联网的计算机系统来说，它们的资源既是本地资源，又是网络资源；既要为本地用户使用资源提供服务，又要为远程网络用户使用资源提供服务，这就要求网络操作系统能够避免本地资源与网络资源的差异性，为用户提供各种基本网络服务功能，完成网络共享系统资源的管理，并提供网络系统的安全性服务。

网络操作系统是建立在计算机操作系统基础上，用于管理网络通信和共享资源，协调各主机上任务的运行，并向用户提供统一而有效的网络接口的软件集合。从逻辑上看，网络操作系统软件由以下三个层次组成：位于低层的网络设备驱动程序、位于中间层的网络通信协议、位于高层的网络应用软件。这三个层次之间是一种高层调用低层，低层为高层提供服务的关系。

与一般操作系统不同的是，一方面网络操作系统可以将它们的功能分配给连接到网络上的多台计算机，另一方面，它又依赖于每台计算机的本地操作系统，使多个用户可以并发访问共享资源。

一个计算机网络除了运行网络操作系统，还要运行本地（客户机）操作系统。网络操作系统运行在称为服务器的计算机上，在整个网络系统中占主导地位，指挥和监控整个网络的运行。网络中的非服务器计算机通常称为工作站或客户机，它们运行桌面操作系统或专用的客户端操作系统。例如，在 Windows 网络中，服务器上运行网络操作系统 Windows Server 2003，客户机上运行桌面操作系统 Windows XP。

当然，单机操作系统一般也具备网络通信能力，能在联网的计算机上运行，作为共享网络资源和服务的客户端。

8.1.3　网络操作系统的功能

早期网络操作系统功能较为简单，仅提供基本的数据通信、文件和打印服务等。随着网络的规模化和复杂化，现代网络的功能不断扩展，除了具有一般操作系统应具有的基本功能外，网络操作系统还应具有以下几项网络功能：

（1）网络通信。其任务是在源计算机和目标计算机之间，实现无差错的数据传输。具体来说包括建立与拆除通信链路、传输控制、差错控制、流量控制及路由选择等功能。

(2) 资源管理。对网络中的所有软、硬件资源实施有效管理，协调诸用户对共享资源的使用，保证数据的安全性、一致性和完整性，使用户在访问远程共享资源时能像访问本地资源一样方便。典型的网络资源有硬盘、打印机、文件和数据。

(3) 网络管理。通过访问控制来确保数据的安全性，通过容错技术来保证系统故障时数据的可靠性。此外，还包括对网络设备故障进行检测、对使用情况进行统计等。

(4) 网络服务。向用户提供多种有效的网络服务，如电子邮件服务、远程访问服务、Web 服务、FTP 服务以及共享文件打印服务等。

(5) 互操作性。将若干相同或不同的设备和网络相连，用户可以透明地相互访问各个服务点和主机，以实现更大范围的用户通信和资源共享。

(6) 网络接口。向用户提供一组方便有效的、统一的获取网络服务的接口，以改善用户界面，如命令接口、菜单、窗口等。

8.1.4 网络操作系统的特性

网络操作系统是基于计算机网络范围的操作系统，为网络用户提供了便利的操作和管理平台。它具有一般计算机操作系统的基本特征，也有自己的独特之处。其主要特点如下：

(1) 硬件独立性。网络操作系统可以运行在不同的网络硬件上。

(2) 网络连接。能够支持各种网络协议，连接不同的网络。

(3) 网络管理。支持网络实用程序及其管理功能，如系统备份、安全管理、性能控制等。

(4) 安全性和访问控制。能够进行系统安全性保护和各类用户的访问权限控制；能够对用户资源进行控制，提供用户对网络的访问方法。

(5) 网络服务。支持文件服务、打印服务、通信服务、数据库服务、Internet 服务及目录服务等。

(6) 多用户支持。在多用户环境下，网络操作系统给应用程序及其数据文件提供了足够的标准化保护。

(7) 多种客户端支持。

(8) 用户界面。网络操作系统提供用户丰富的界面功能，具有多种网络控制方式。

8.1.5 网络操作系统的工作方式

早期网络操作系统采用集中模式，实际上是由分时操作系统加上网络功能演变而成的，系统由一台主机和若干台与主机相连的终端构成，多台主机连接形成网络，信息的处理和控制都是集中在主机上，UNIX 就是典型的例子。

现代网络操作系统主要有客户机/服务器和对等网两种工作模式。

(1) 客户机/服务器 (C/S) 模式

C/S 模式是目前较为流行的工作模式。它将网络中的计算机分成两种类型，一类是作为网络控制中心或数据中心的服务器，提供文件打印、通信传输、数据库等各种服务；另一类是本地处理和访问服务器的客户机。客户机具有独立处理和计算能力，仅在需要某种服务时才向服务器发出请求。服务器与客户机的关系如图 8-2 所示。

服务器与客户机的概念有多重含义，有时指硬件设备，有时又特指软件（进程）。在指软件的时候，也可以称服务（Service）和客户（Client）。采用这种模式的网络操作系统软件由两部分组成，即服务器软件和客户端软件，两者之间的关系如图 8-3 所示，其中服务器软件是系统的主要部分。同一台计算机可同时运行服务器软件和客户端软件，既可充当服务器，也可充当客户机。

客户机/服务器模式的信息处理和控制都是分布式的，其任务由服务器和客户机共同承担，主要优点是数据分布存储、数据分布处理、应用实现方便、适用于计算机数量较多、位置相对分散、信息传输量较大的网络。NetWare 和 Windows 网络操作系统采用的就是这种模式。

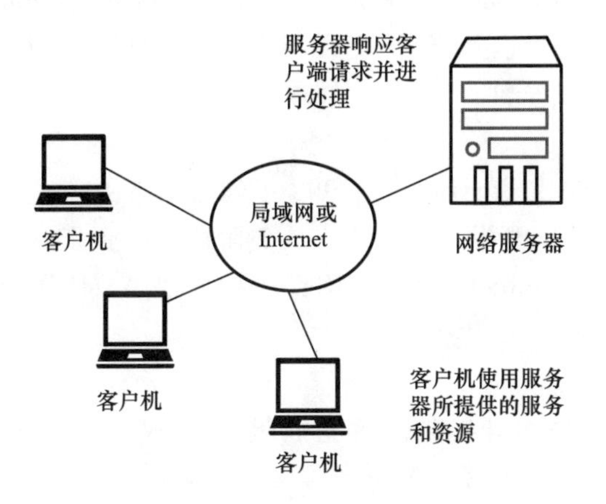

图 8-2　服务器端和客户端的结构

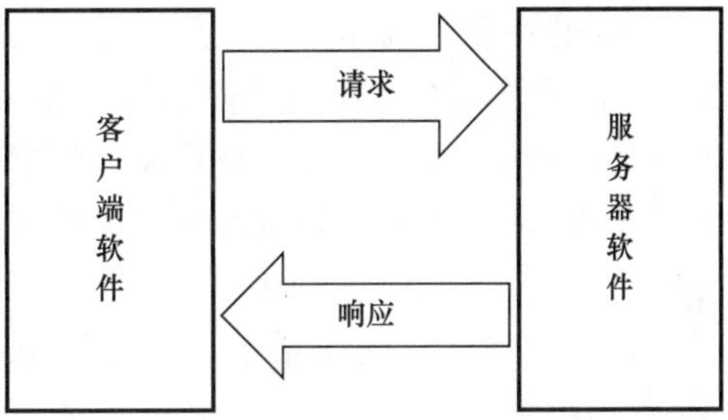

客户端软件
请求
响应
服务器软件

图 8-3　服务器端软件和客户端软件的结构关系

（2）对等网（Peer to Peer Network）模式

采用对等模式的网络操作系统允许用户之间通过共享方式互相访问对方的资源，联网的各台计算机同时扮演服务器和客户机两个角色，并且具有对等的地位，如图 8-4 所示。这种模式的主要优点是平等性、可靠性和可扩展性。它适用于小型计算机网络之间资源共享的场合，无需购置专用服务器。Windows XP 以上的操作系统就内置了对等式操作系统，通过相应的设置可以方便地实现对等模式网络。对等模式是目前研究较多，而且代表未来网络操作系统方向的模式。

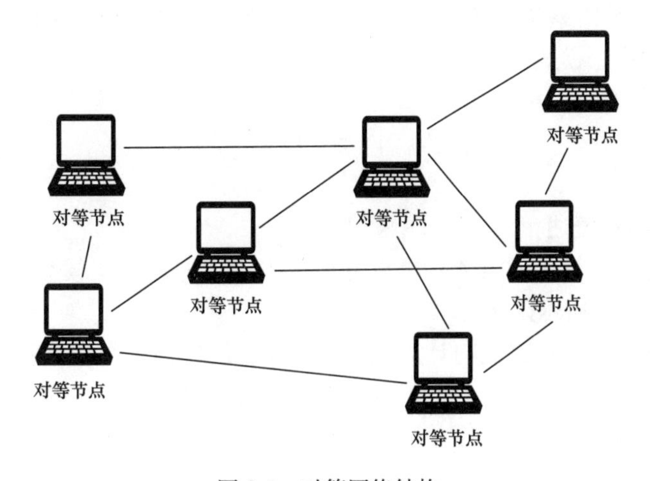

图 8-4　对等网络结构

8.1.6 网络操作系统分类

按照网络操作系统采用的具体技术和产品来进行分类，可分为Unix类（如Solaris、AIX和SCO Unix)、Linux类（如Red Hat、Debain、SuSe和红旗)、Windows类（如Windows 9x/me/XP/NT/2000/2007/2010)、NetWare类（如NetWare 2.X、3.X、4.X和5.X）和网络设备操作系统等。

（1）Unix类网络操作系统

最早的Unix操作系统是在1969年由AT&A（贝尔实验室）的Thompson和Ritchie等人在PDP-7电脑上开发成功的16位微机操作系统，历经演变逐渐成为工作站等小型机操作系统。Unix操作系统具有良好的稳定性和安全性。

（2）Linux类网络操作系统

Linux是由芬兰赫尔辛基大学的学生Linus B. Torvolds于1992年创造出来的免费的开放源码的操作系统。历经软件工作者多年的协同开发，逐渐步入成熟阶段，得到了广泛的应用。目前常见的版本有RedHat，红旗等。Linux平台的应用程序越来越多，使用范围也越来越广。Linux在稳定性和安全性方面和Unix类似。

（3）Windows类网络操作系统

Windows类网络操作系统是由Microsoft公司开发的。常见的版本有Windows for Workgroup、Windows NT 4.0 Server、Windows 98、Windows 2000 Server/Advance Server、Windows XP、Windows 2003 Server/Advance Server、Windows 7、Windows 10等。Windows类网络操作系统一般用于中小型企事业的局域网中，有友好的操作界面和众多的应用软件，但在安全性和稳定性方面稍逊于Unix和Linux。

（4）NetWare类网络操作系统

NetWare是比较早的网络操作系统，由Novell公司开发。曾经非常辉煌，几乎成为网络操作系统的代名词。但随着互联网时代的到来，Novell公司逐渐衰落，NetWare的市场份额也越来越小。

（5）网络设备操作系统

在交换机、路由器内也有由厂家自行开发的操作系统，例如Cisco的iOS和华为的VRP等。网络设备操作系统一般支持CON、TELNET、TFTP、SNMP、Web等多种连接方式，提供多种命令模式让用户管理网络设备。

8.2 网络编程基础

8.2.1 网络编程概述

操作系统内部的计算机网络软件可以分成三大类，即传输层模块、Internet模块和设备驱动程序。如图8-5所示。

其中设备驱动程序是指控制与计算机相连的设备的软件。在计算机网络上，设备驱动程序是控制网络接口卡的软件，它负责将一个数据包发送到电缆上的工作和从电缆上接收数据包的工作，使用设备驱动程序并利用电缆，可以在直接连接的计算机之间实现通信。

Internet模块负责进行数据包的发送、接受和中继，比如通过图8-5所示的主机中的Internet模块进行数据包的发送和接受、通过路由器中的Internet模块进行数据包中继，最终将数据包从发送地址传输到目的地。不同设备中 Internet 模块的比较细的功能可能不同，但是在所有的主机和路由器中的 Internet 模块都用于实现网际协议（IP）功能。要使得 Internet 模块发挥一定的功能，需要在使用设备驱动程序控制的硬件主机或路由器之间能够进行通信。

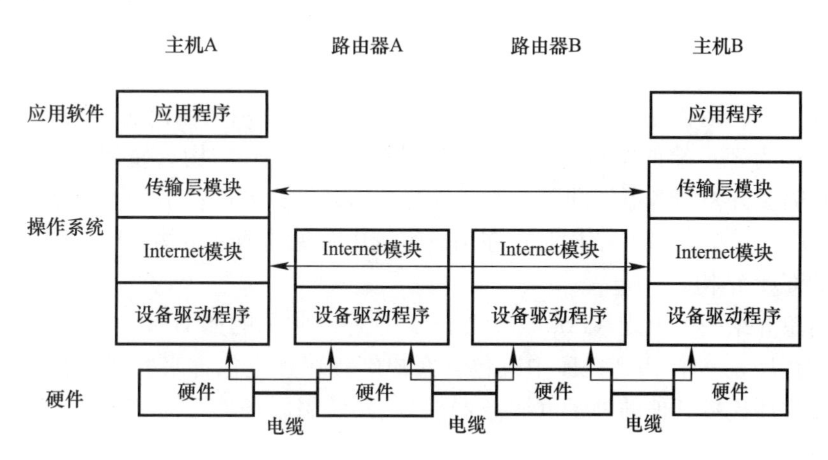

图 8-5　网络操作系统软件的三大类模块

传输层模块是以运行 Internet 模块为前提才能实现的功能。它在目的主机和发送端主机的内部运行，它所提供的功能是把应用软件的报文实时地发送到接收端。传输层模块用以实现 UDP 和 TCP 功能。如果一台路由器只具有转发数据包的功能，则不需要传输层模块。

上面已经提到计算机网络操作系统软件包括设备驱动程序、Internet 模块和传输层模块，如果将主机中的应用软件包含在内，那么网络操作系统相关的软件包括四大类。实际上，设备驱动程序和 Internet 模块一般由硬件设备提供厂商提供，而剩下的对于用户可以操作的程序就是应用软件和传输层模块，而通常所说的网络编程仅仅是指传输层模块的程序设计。

网络编程的实质就是两个（或多个）设备（例如计算机）之间数据传输。

网络编程中有两个主要的问题，一个是如何准确的定位网络上一台或多台主机，另一个就是找到主机后如何可靠高效地进行数据传输。在 TCP/IP 协议中 IP 层主要负责网络主机的定位，数据传输的路由，由 IP 地址可以唯一的确定 Internet 上的一台主机。而 TCP 层则提供面向应用的可靠的或非可靠的数据传输机制，这就是网络编程的主要对象，一般不需要关心 IP 层是如何处理数据的。

因为网络编程就是两个或多个计算机设备之间的数据交换，其实更具体的说，网络编程就是两个或多个程序之间的数据交换，和普通的单机程序相比，网络程序最大的不同就是需要交换数据的程序运行在不同的计算机上，这样就造成了数据交换的复杂性。虽然通过 IP 地址和端口号可以找到网络上运行的一个程序，但是如果需要进行网络编程，则需要了解网络通信的过程。

网络通信基于“请求—响应”模型。在网络通信中，第一次主动发起通信的程序被称为客户端（client）程序，简称客户端，而第一次通信中等待链接的程序被称为服务器端（Server）程序，简称服务器。一旦通信建立，则客户端和服务器端完全一样，没有本质区别。

由此，网络编程中的两种程序就分别是客户端和服务器端，例如社交聊天程序，每个用户安装的都是社交聊天软件的客户端程序，而社交聊天服务器端程序则在软件提供商的机房中，为大量的聊天用户提供服务。这种网络编程的结构被称为客户端/服务器（C/S）结构。使用C/S结构的程序，在开发时需要分别开发客户端和服务器端，这种结构的优势在于客户端是专门开发的，所以根据需要实现各种效果，而服务器端也需要专门进行开发。

在另外一类网络软件中，不使用专门的客户端，而使用通用的客户端，例如浏览器，使用浏览器作为客户端的结构称为浏览器/服务器（B/S）结构。使用B/S结构的程序，在开发时只需要开发服务器端即可，这种优势在于开发压力比较小，不需要维护客户端。

总之，C/S结构和B/S结构是现在网络编程中常见的两种结构，B/S结构其实也就是一种特殊的C/S结构。

另外简单介绍一下P2P（Point to Point）程序，常见的如BT、电驴等。P2P程序是一种特殊的程序，一个P2P程序中既包含客户端程序，也包含服务器端程序，例如BT，使用客户端程序连接其他的种子（服务器端），而使用服务器端向其他的BT客户端传输数据。

本书后面涉及的网络编程的解释仅仅局限于C/S结构的程序介绍。

前面提到网络编程主要涉及传输层的程序设计，在现有网络中，网络通信的方式主要有传输控制协议（TCP）方式和用户数据协议（UDP）方式两种，所以需要针对这两种数据传输方式进行网络编程。而一般操作系统都提供了“套接字”（socket）的部件，用于连接应用程序和传输层模块。即使对网络数据传输原理不太熟悉，也能通过套接字完成数据传输。因此网络编程又称为套接字编程。套接字编程分为用TCP进行套接字编程和用UDP进行套接字编程两类。网络操作系统一般为应用程序提供两个传输协议，即UDP和TCP。当开发人员创建一个新的网络应用时，必须选择UDP或TCP这两个协议之一用于该应用。这两个协议为应用提供不同的服务模型。

8.2.2 传输层模块中的TCP服务

TCP服务模型包括面向连接的服务和可靠的数据传输服务。调用TCP作为其传输协议的应用同时取得这两种服务。

面向连接的服务指的是客户端和服务器端的TCP在开始传输应用层消息之前，先交换传输层控制信息。这个所谓的握手过程警示客户和服务器，以便它们为来自对方的分组冲击做好准备。握手阶段结束之后，我们说这两个进程的套接字之间建立了一个TCP连接。这是一个全双工的连接，也就是说客户和服务器这两个进程可以同时通过该连接向对方发送消息。完成消息的发送后，应用进程必须告知TCP拆除这个连接。称这种服务为“面向连接”服务而不是“连接”服务的理由在于，客户机和服务器地发起的两个进程是以非常松散的方式连接的。

可靠的传输服务指的是彼此通信的进程可以依赖TCP无错地顺序递送所有数据。当其中任何一个应用进程把一个字节流传入套接字时，它可以通过TCP把同样的字节流递送到对方的套接字，中间不会有字节的丢失或重复。

TCP还包含一个拥塞控制机制，它是因特网的一种公益服务，其目的不在于让彼此通信的进程直接受益。TCP拥塞控制机制在网络变得拥塞时抑制发送进程（可以是客户，也可以是服务器)。确切地说，TCP 拥塞控制试图把每个 TCP 连接限定在它所公平共享的网络带宽内。对于有最小带宽需求限制的实时音频和视频应用来说，抑制传输率会有很坏的后果。此外，实时应用可容忍数据丢失，不需要完全可靠的传输服务。由于这些原因，实时应用程序的开发人员通常设计成在 UDP 而不是 TCP 上运行他们的应用。

实际上，一些服务 TCP 并不能保证提供完整的网络服务。首先，TCP 不保证最小传输率。具体地说，TCP 不允许发送进程以想要的任意速率发送；相反，发送速率受到 TCP 拥塞控制的调节，发送进程有可能被迫以一个较低的平均速率发送。其次，TCP 不提供任延迟保证。具体地说，发送进程把数据传入自己的 TCP 套接字之后，这个数据将最终到达其接收套接字，然而就该数据花多长时间到达那儿来说，TCP 绝对不做保证。花几十秒甚至几分钟等待 TCP 从 Web 服务器往 Web 浏览器递送一个消息（例如，其中含有一个 HTML 文件）也非常罕见。总之，TCP 保证递送全部数据，但对递送速率和所经历的延迟不加保证。

8.2.3　传输层模块中的 UDP 服务

UDP 是一个不提供非必要服务的轻量级传输协议，具有一个最简约的服务模型。UDP 是无连接的，因此两个进程彼此通信之前没有握手过程。UDP 提供不可靠的数据传输服务，也就是说当一个进程往自己的 UDP 套接字发出一个消息时，UDP 不能保证这个消息会最终到达接收套接字。另外，就确实到达接收套接字的消息而言，它们的到达顺序也可能与发送顺序不一致。

UDP 不包含拥塞控制机制，因此发送进程能够以任意速率往 UDP 套接字倾注数据。尽管不能保证所有的数据都到达接收套接字，但是仍会有相当比例的数据到达。实时应用程序的开发人员往往选择在 UDP 上运行他们的应用。与 TCP 类似，UDP 也不提供任何延迟保证。

表 8-1 显示了一些流行的网络应用所用的传输协议。其中，电子邮件、远程终端访问、WEB 和文件传送都使用 TCP。这些应用选择 TCP 的主要原因在于 TCP 提供可靠的数据传输服务，能够保证所有数据最终到达其目的地。而网络电话一般运行在 UDP 之上。网络电话应用的两端都得以某个最小速率跨网络发送数据，与 TCP 相比，UDP 更可能满足这个要求。另外，网络电话应用可容忍数据丢失，因此并不需要由 TCP 提供的可靠数据传输服务。

网络应用及其应用层协议和传输模块使用的协议　　**表 8-1**

应用	应用层协议	传输层模块使用的协议
电子邮件	SMTP（RFC 821）	TCP
远端终端访问	TELNET（RFC 854）	TCP
Web	HTTP（RFC 2616）	TCP
文件传输	FTP（RFC 959）	TCP
远程文件服务器	NFS	TCP 或 UDP
流媒体	专属（如 MMS）	TCP 或 UDP
网络电话	专属（如 SkyPe）	UDP

由上述可知，TCP 和 UDP 都不提供定时保证。这是不是意味着时间敏感的应用不能

运行在当今的因特网上呢？其答案显然是否定的，时间敏感的应用已在因特网上存在好多年了。这些应用往往工作得相当出色，因为它们已被设计成能够尽最大可能地对付这种缺乏保证的服务。尽管如此，当延迟过长时（这在公共因特网中是常事），最聪明的设计也有其局限。总之，当今的因特网通常能够为时间敏感的应用提供满意的服务，但不能提供任何定时或带宽上的保证。

8.2.4 套接字概述

套接字（socket）是传输层模块中的一个抽象层，计算机中的应用程序可以通过它发送和接收数据，其方式与打开文件句柄允许应用程序读、写数据到稳定的存储器非常相似。套接字允许应用程序插入到网络中，并与插入到同一个网络中的其他应用程序通信。由一台计算机上的应用程序写到套接字中的信息可以被不同计算机上的应用程序读取，反之亦然。

不同类型的套接字对应于不同的底层协议族以及协议族内的不同协议栈。TCP/IP 中的主要类型的套接字是流套接字（stream socket）和数据报套接字（datagram socket）。流套接字使用端到端协议（其下一层是 IP），从而提供可靠的字节流服务。TCP/IP 流套接字代表 TCP 连接的一端。数据报套接字使用 UDP（同样，其下一层是 IP），从而提供“尽力而为”的数据报服务，应用程序可以使用它来发送最大长度大约为 65500 个字节的消息。流套接字和数据报套接字还受到其他协议族的支持，但是本书只论及 TCP 流套接字和 UDP 数据报套接字。TCP/IP 套接字是由 Internet 地址、端到端协议（TCP 或 UDP）和端口号唯一标识的。

图 8-6 描绘了一台计算机内的应用程序、套接字抽象层、协议和端口号之间的逻辑关系。关于这些关系要注意两点，首先一个程序可以同时使用多个套接字。然后多个程序可以同时使用同一个套接字抽象层，尽管这种情况不太常见。由图 8-6 可见，每个套接字都有一个关联的本地 TCP 或 UDP 端口，它用于将传入的数据分组指引到应该接收它们的应用程序。通常，每台计算机上的应用程序都对应这台机器上的端口标识，而这个端口标识就对应机器的套接字。不过，如图 8-6 所示，由于多个套接字可以与一个本地端口相关联，不能仅仅使用端口来标识套接字。对于 TCP 套接字，这种情况最常见；幸运的是，不需要理解这种细节即可编写使用 TCP 套接字的客户—服务器程序。

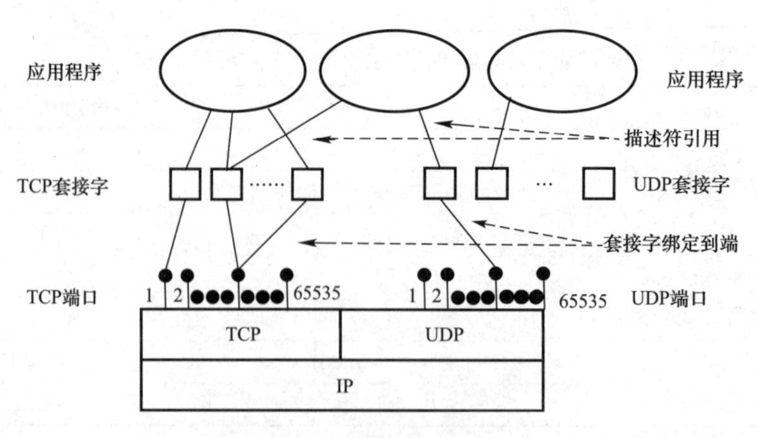

图 8-6　套接字、协议和端口

8.3　网络编程实践

根据上述介绍可知，网络编程即是套接字编程，而套接字又包括 TCP 套接字和 UDP 套接字两种，所以下面分别介绍用 TCP 协议进行套接字编程和用 UDP 协议进行套接字编程。具体的程序设计任务是关于网络应用程序的开发。网络应用程序的核心由一对程序组成——一个客户程序和一个服务器程序。当这两个程序执行的时候，创建一个客户端进程和一个服务器进程，并且这两个进程通过对套接字（socket）的读写来互相通信。当创建一个网络应用程序的时候，开发者的主要任务是为客户程序和服务器程序编写代码。下面介绍网络编程的步骤时，均以 C/S 结构为基础进行介绍。

1. 客户端网络编程步骤

客户端是指网络编程中首先发起连接的程序，客户端一般实现程序界面和基本逻辑实现，在进行实际的客户端编程时，无论客户端复杂还是简单，以及客户端实现的方式，客户端的编程主要由三个步骤实现：

（1）建立网络连接

客户端网络编程的第一步都是建立网络连接。在建立网络连接时需要指定连接的服务器的 IP 地址和端口号，建立完成以后，会形成一条虚拟的连接，后续的操作就可以通过该连接实现数据交换了。

（2）交换数据

连接建立以后，就可以通过这个连接交换数据了。交换数据严格要求按照请求响应模型进行，由客户端发送一个请求数据到服务器，服务器反馈一个响应数据给客户端，如果客户端不发送请求则服务器就不响应。

根据逻辑需要，可以多次交换数据，但是还是必须遵循请求响应模型。

（3）关闭网络连接

在数据交换完成后，关闭网络连接，释放程序占用的端口、内存等系统资源，结束网络编程。

最基本的步骤一般都是这三个步骤，在实际实现时，步骤 2 会出现重复，在进行代码组织时，由于网络编程是比较耗时的操作，所以一般开启专门的线程进行网络通信。

2. 服务器端网络编程步骤

服务器是指网络编程中被等待连接的程序，服务器端一般实现程序的核心逻辑以及数据存储等核心功能。服务器端的编程步骤和客户端不同，是由四个步骤实现的，依次是：

（1）监听端口

服务器端属于被动等待连接，所以服务器端启动以后，不需要发起连接，而只需要监听本地计算机的某个固定端口即可。这个端口就是服务器端开放给客户端的端口，服务器端程序运行的本地计算机的 IP 地址就是服务器端程序的 IP 地址。

（2）获得连接

当客户端连接到服务器端时，服务器端就可以获得一个连接，这个连接包含客户端信息，例如客户端 IP 地址等，服务器端和客户端通过该连接进行数据交换。

一般在服务器端编程中，当获得连接时，需要开启专门的线程处理该连接，每个连接都由独立的线程实现。

(3) 交换数据

服务器端通过获得的连接进行数据交换。服务器端的数据交换步骤是首先接收客户端发送过来的数据，然后进行逻辑处理，再把处理以后的结果数据发送给客户端。简单来说，就是先接收再发送，这个和客户端的数据交换顺序不同。

其实，服务器端获得的连接和客户端的连接是一样的，只是数据交换的步骤不同。当然，服务器端的数据交换也是可以多次进行的。在数据交换完成以后，关闭和客户端的连接。

(4) 关闭连接

当服务器程序关闭时，需要关闭服务器端，通过关闭服务器端使得服务器监听的端口以及占用的内存可以释放出来，实现了连接的关闭。

这就是服务器端编程的模型，只是 TCP 方式是需要建立连接的，对于服务器端的压力比较大，而 UDP 是不需要建立连接的，对于服务器端的压力比较小罢了。总之，无论使用任何语言，任何方式进行基础的网络编程，都必须遵循固定的步骤进行操作，在熟悉了这些步骤以后，可以根据需要进行逻辑上的处理，但是还是必须遵循固定的步骤进行。

在这一节中将研究开发私有的客户/服务器应用程序中的关键问题。在开发阶段，开发者必须首先做出的决定之一就是应用程序是运行在 TCP 之上还是运行在 UDP 之上。前面曾经讲过，TCP 是面向连接的并且提供了一个可靠的字节流信道，数据流可以通过这个信道在两个终端系统之间流动。UDP 是无连接的，并且从一个终端系统到另一个终端系统发送独立的数据包，对传送不提供任何保障。我们用 Java 实现这些简单的 TCP 和 UDP 应用程序。

8.3.1 用 TCP 协议进行套接字编程

运行在不同机器上的进程通过向套接字发送消息来进行相互通信。我们说，每个进程就类似于一个房子，而进程的套接字就像是一个门。如图 8-7 所示，套接字是应用程序和 TCP 之间的门，应用程序开发者能够控制套接字的应用程序层一边的任何事物；但是，他无法控制传输层一边（至多应用程序开发者能够对一些 TCP 参数进行修改，如最大缓冲区大小和最大数据段大小）。

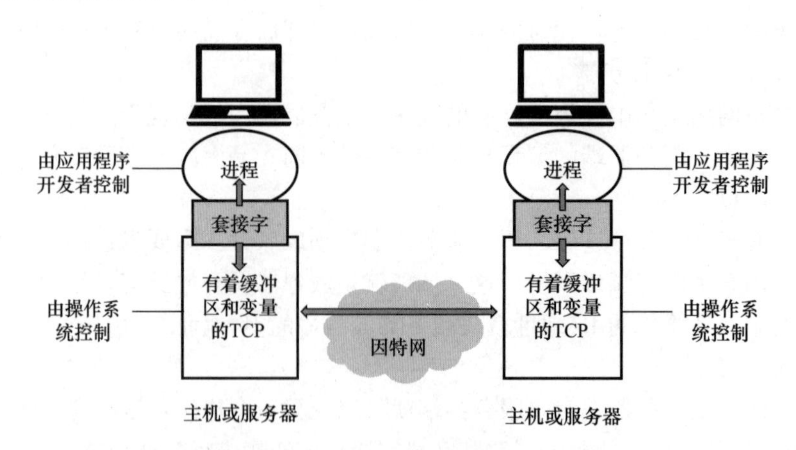

图 8-7 通过 TCP 套接字进行通信的进程

现在进一步看一下客户和服务器程序的协同工作。客户具有初始化与服务器之间的联系的任务。为了让服务器能够对客户的初始联系做出反应，服务器必须是有准备的。这意味着两件事情。首先，服务器程序不能处于休眠状态；在客户尝试进行初始联系的时候，它必须是作为一个进程在运行的。其次，服务器程序必须用某种门（即套接字）来迎接运行在任何机器上的客户初始联系。在用房子/门来比喻进程/套接字的时候，有时将客户的初始联系称为“敲门”。

在服务器进程处于运行状态的情况下，客户进程就能够初始化一个到服务器的 TCP 连接了。这是通过在客户程序中创建一个套接字对象来完成的。当客户创建了它的套接字对象的时候，它详细说明了服务器进程的地址，也就是服务器的 IP 地址和进程的端口号。

一旦创建了套接字对象，客户端的 TCP 就发起一个三次握手，并且建立一个和服务器的 TCP 连接。三次握手对于客户和服务器程序来说是完全透明的。

在三次握手期间，客户进程扣响了服务器进程的迎接之门。当服务器“听到了”敲门声的时候，它就专门为该客户创建一个新的门（也就是一个新的套接字）。在下面的例子中，迎接的门是一个被称为 welcomeSocket 的 Serversocket 对象。当一个客户敲这个门的时候，程序会调用 welcomeSocket 的 accept（）方法，该方法为客户创建一个新的门。在握手阶段的末尾，客户套接字和服务器的新套接字之间就存在了一个 TCP 连接。自此以后，就将新的套接字称为服务器的连接套接字。

从应用程序的角度来看，TCP 连接是客户套接字和服务器的连接套接字之间直接的虚管道。客户进程可以向它的套接字中发送任意多个字节；TCP 保证服务器进程能够按照发送的顺序（通过连接套接字）接收到每个字节。而且，就像人们在同一个门出入一样，客户进程也可以从它的套接字中接收字节，并且服务器进程也可以向它的连接套接字中发送字节。图 8-8 对此进行了描述。

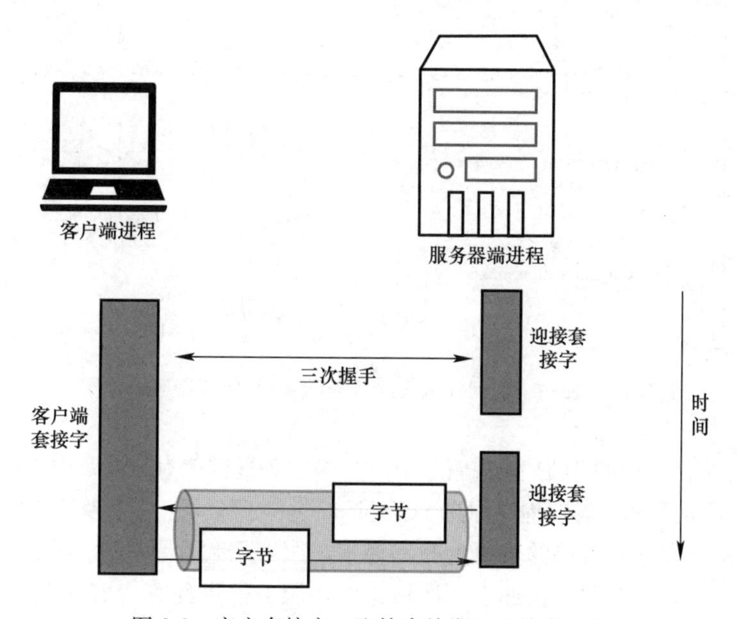

图 8-8　客户套接字、迎接套接字和连接套接字

由于套接字在客户/服务器应用程序中扮演了重要的角色，所以客户/服务器应用程序的开发也被称为套接字编程。在给出客户/服务器应用程序例子之前，讨论一下流的概念是很有帮助的。流（Stream）是流入或者流出一个进程的一串字符。它们或者是一个进程的输入流，或者是一个进程的输出流。如果该流是一个输入流，那么它就被加在该进程的某个输入源上，如标准输入（键盘）或者从因特网输入数据的套接字。如果该流是一个输出流，那么它就被加在该进程的某个输出源上，如标准输出（显示器）或者向因特网输出数据的套接字。

下面这个简单的客户/服务器应用程序用于对 TCP 和 UDP 的套接字编程进行示范，程序实现的功能包括：①客户端从它的标准输入（键盘）读入一行并且将该行发送到通往服务器的套接字上。②服务器从它的连接套接字读入一行。③服务器将该行转换成大写。④服务器将改写后的该行输出到通往客户端的连接套接字上。⑤客户端从它的套接字中读出修改后的行，并且将该行在它的标准输出（显示器）上打印出来。

这里通过一个面向连接的（TCP）传输服务来了解客户和服务器进行通信的过程。图 8-9 描述了通信过程中客户和服务器的主要的、与套接字相关的活动。

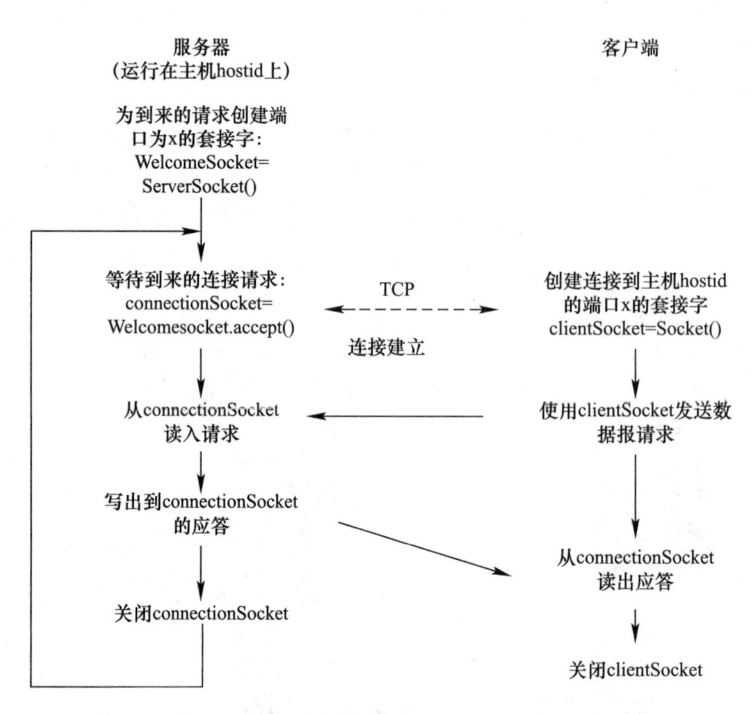

图 8-9　使用了面向连接传输服务的客户/服务器应用程序

接下来为该应用程序的 TCP 实现提供一个客户/服务器程序对。在每个程序之后，都给出一个详细的、逐行的分析。客户程序称为 TCPClien. java，服务器程序称为 TCPServer. java。

一旦两个程序在它们各自的主机上被编译了，服务器程序就首先在服务器上执行，它在服务器上创建了一个进程。正如上面所讨论的，服务器进程等待着一个客户进程与它进行联系。当客户程序执行的时候，客户端创建一个进程，并且这个进程与服务器进行联系并建立一个到服务器的 TCP 连接。然后客户端的用户可能“使用”该应用程序来发送一行字符串，并且接收到该行字符串转换成大写之后的版本。

（1）客户程序

TCPClient. Java

```
import java. io.*
import java. Net.*
class TCPClient {
        public static void main(string argv[ ] ). throws Exception
        {
            String sentence;
            String modifiedSentence;
            BufferedReader inFromUser =
                new BufferedReader (new InputStreamReader (System. In));
            Socket ClientSocket = new Socket("hostname",6789 );
            Dataoutputstream outToserver =
                new DataOutputStream(clientSocket. getOutPutstream());
            BufferedReader inFromserver =
                new BufferedReader (new InputStreamReader (
                    clientSocket. getlnputStream ()) ) );
            sentence = inFromuser.  ReadLine();
            outToserver.  writeBytes(sentence +'\n');
            modifiedSentence = inFromserver.  ReadLine();
            System. out. println("FROM SERVER:" + modifiedsentence);
            ClientSocket. close();
        }
}
```

程序 TCPClient 创建了 3 个流和 1 个套接字，其套接字与流的输入输出关系如图 8-10 所示。

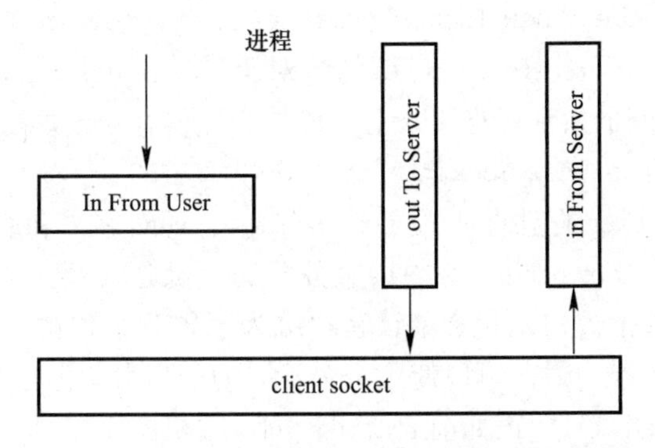

图 8-10　TCPClient 中套接字与流的输入输出关系

该套接字称为 client socket。流 inFromUser 是该程序的一个输入流它被加入到标准输入（也就是键盘）上。当用户在键盘上打出字符的时候，字符就进入了 inFromuser 流中。

inFromserver 流是程序的另一个输入流；它被加入到套接字上。从网络中到来的字符进入流 inFromserver 中。最后，流 outToserver 是该程序的输出流，它也被加入在套接字上。客户端发送到网络中的字符流入 outToserver 流中。

让我们看一下代码中的各个行。

```
import java. io.*
import java. Net.*
```

java. io 和 java. Net 是 java 的包。java. io 包包含了输入和输出流的类。特别是，java. io 包包含了 BufferReader 和 DataOutputStream 类，程序用这些类来创建前面描述的 3 个流。java. net 包提供了网络支持类。特别是，它包含了 Socket 和 Serversocket 类。该程序的 ClientSocket 对象是从 Socket 类中派生出来的。

```
class TCPClient {

    public static void main (string argv [ ]). throws Exception
    {……}
}
```

到此为止，我们所看到的是大多数 Java 代码开始部分中的标准内容。第一行是一个类定义块的开始。关键字 class 开始了对类 TCPClient 的类定义。一个类包含变量和方法。该类的变量和方法用类定义块开始和结尾处的大括号包围起来。类 TCPClient 没有变量，并且只有一个方法，main () 方法。当 Java 解释器执行一个应用程序（通过应用程序控制类对它的调用）时，通过调用类的 main 方法来开始，然后 main 方法调用所有其他所需的方法来运行该应用程序。为了对这个 Java 的套接字编程进行介绍，可以忽略掉关键字 public、static、void 和 main throws Exceptions（尽管必须把它们包括在代码中）。

```
String sentence;
String modifiedSentence;
```

上面这两行声明了 String 类型的对象。对象 sentence 是用户键入并发送给服务器的字符串。对象 modifiedSentence 是从服务器得到的并发送到用户标准输出的字符串。

```
BufferedReader inFromUser =
   New BufferedReader (new InputstreamReader (System. in));
```

上面一行创建了 BufferedReader 类型的流对象 inFromUser。输入流用 System. in 初始化，System. in 将该流加入到标准输入上。该命令使得客户端能够从它的键盘读入文本。

```
Socket clientSocket = new Socket ("hostname", 6789);
```

上面一行创建了 Socket 类型的对象 clientsocket。它还对客户和服务器之间的 TCP 连接进行了初始化。字符串“hostname”必须用服务器的主机名（例如“fling. seas. upenn. edu”）来替代。在 TCP 连接真正被初始化之前，客户端为了得到主机的 IP 地址而对主机名执行 DNS 查找。数字 6789 是端口号。可以使用一个不同的端口号，但是必须确定使用了与应用程序服务器一方相同的端口号。正如前面所讨论的，主机的 IP 地址和应用程序的端口号一起对服务器进程进行了标识。

```
DataOutputStream outToServer =
     new DataOutputStream (clientSocket. getOutputStream ());
```

```
BufferedReader inFromServer =
    new BufferedReader (new inputStreamReader (
clientSocket. getInputStream ( ) ) );
```

上面的两行创建了连接在套接字上的两个流对象。outToServer 流为进程提供了到套接字的输出。inFromServer 流为进程提供了从套接字的输入（见图 8-10）。

```
sentence = inFromUser. readLine ( ) ;
```

上面这行将用户输入的一行放入到字符串 sentence 中。字符串 sentence 继续收集字符，直到用户键入了回车来结束该行为止。该行从标准输入开始，经过流 inFromUser，到达字符串 sentence 中。

```
outToServer. writeBytes (sentence + '\ n' ) ;
```

上面一行程序将字符串 sentence 加上一个回车，传送到 outToServer 流中。这个扩展后的 sentence 流过客户套接字并进入到 TCP 管道中，然后客户端等待接收从服务器到来的字符。

```
modifieasentence = inFromServer. readLine ( ) ;
```

当字符从服务器到来的时候，它们经过流 inFromServer 并被放入到字符串 modifiedSentence 中。字符继续在 modifiedSentence 中积累，直到用一个回车符结束该行为止。

```
System. out. println ("FROM SERVER" + modifiedSentence)
```

上面一行将服务器返回的字符串 modifiedSentence 打印到显示器上。

```
clientSocket. close ();
```

最后一行关闭了套接字并因此也关闭了客户和服务器之间的 TCP 连接。它使得客户中的 TCP 给服务器中的 TCP 发送一个 TCP 消息。

（2）服务器程序

TCPServer. java

```
import java. io.* ;
import java. net.* ;
class TCPServer {
    public static void main (String argv [ ]) throws Exception
        {
            String clientSentence;
            String capitalizedSentence;
            ServerSocket welcomeSocket = new Server Socket (6789);

            while (true) {
                Socket connectionSocket = welcomesocket. accept ();
                BufferedReader inFromclient =
                    new BufferedReader (new InputStreamReader (
                        connectionSocket. getInputStream ()));
                DataOutputStream outToClient =
                    new DataOutputStream (
```

```
                    connectionSocket. getoutputStream ());
            client Sentence = inFromClient, readLine ( );
            capitalizedSentence = -clientSentence. toUpperCase) +'\ n';
            outToclient. writeBytes (capitalizedSentence);
        }
    }
}
```

TCPServer 与 TCPClient 有很多相似之处。现在来看一下 TCPServer. java 中的各行。同时不再对那些与 TCPClient. java 中的命令相同或者相似的行做出注释。

TCPServer 中的第一行与 TCPClient 中的第一行有很大的不同：

```
ServerSocket welcome Socket = new ServerSocket (6789);
```

该行创建了对象 welcomeSocket，它是 ServerSocket 类型的，如上面所讨论的那样，welcomeSocket 是一种等待着从某个客户端到来的敲击的门。端口号 6789 对服务器进程进行了标识。下一行是：

```
Socket connectionSocket = welcomeSocket. accept ();
```

当某个客户端敲击了 welcomeSocket 的时候，这一行就创建了一个新的套接字，称为 connectionSocket。然后 TCP 建立了一个在客户 ClientSocket 和服务器 connectionSocket 之间的直接的虚管道。然后客户端和服务器就可以通过该管道互相传送字节了，并且所有发送的字节都是按序到达另一方的。connectionSocket 建立之后，服务器可以为使用 welcomeSocket 的应用程序继续监听从其他客户端到来的请求（该程序的这个版本实际上并不监听更多的连接请求，但是可以用线程来对它进行修改以达到这个目的），然后该程序创建几个流对象，与 clientsocket 中所创建的流对象相似。现在考虑以下代码：

```
capitalizedSentence = clientsentence. toUpperCase ( ) + ' \ n' ;
```

这个命令是应用程序最主要的部分。它获取客户端发送的行，将它转换为大写，并加上一个回车。它使用了方法 toUpperCase()。程序中所有其他的命令都是辅助的——它们用于和客户端的通信。

为了测试这个程序，在一台主机上运行并编译 TCPClient. java，而在另一台主机上运行并编译 TCPServer. java。一定要在 TCPClient. java 中将正确的服务器主机名称包含进去，然后在服务器中执行已经编译过的 TCPServer. class，它在服务器中创建了一个进程，这个进程在等到某个客户端与它进行联系之前一直保持空闲状态。然后在客户端执行已经编译过的 TCPClient. clas，它在客户端创建一个进程，并且在客户和服务器进程之间建立一个 TCP 连接。最后，为了使用这个应用程序，需要键入一个以回车结尾的句子。

为了开发自己的客户/服务器应用程序，可以从稍微修改这个应用程序开始。例如，不是将所有的字母转换成大写，而是让服务器计算字母"s" 出现的次数，并且返回这个数。

8. 3. 2 用 UDP 协议进行套接字编程

在前一小节中看到，当两个进程在 TCP 之上进行通信的时候，从进程的角度来看，好像是在两个进程之间有一个管道。这个管道一直保持着，直到两个进程中有一个关闭了它为止。当其中一个进程想要给另一个进程传送一些字节时，它只要简单地将这些字节插入到管道中。发送方进程不需要将目的地址放到这些字节中，因为这个管道是逻辑连接到目的地的。而且，管道提供了一个可靠的字节流信道——接收方进程接收到的字节序列恰好就是发送方放入管道的字节序列。

UDP 也允许两个（或者更多）的运行在不同主机上的进程之间相互通信。但是，UDP 和 TCP 在很多基本方面是不同的。首先，UDP 是一个无连接的服务——不存在在两个进程之间建立管道时的初始握手阶段。由于 UDP 没有管道，所以当一个进程想要给另一个进程发送一批字节的时候，发送方进程必须将目的进程的地址加入到这批字节中。这样，UDP 就与出租车服务相类似，出租车服务中，每次一组人进入到出租车中，这组人就必须把目的地址告诉给司机。在 TCP 中，目的地址是一个包含着目的主机 IP 地址和目的进程端口号的元组。我们把这批信息字节和 IP 目的地址、端口号一起称为“分组”。

在创建了分组之后，发送方进程将分组通过套接字送入到网络中。继续用前述的出租车来打比方，在套接字的另外一端，有一辆出租车正在等待着该分组。然后，出租车将分组送往分组的目的地址。但是，出租车不能保证它最后能够将数据报送到最终地址，出租车可能中途出故障。换句话说，UDP 为它的通信进程提供了一个不可靠的传输服务——它不能保证一个数据报能够到达它的最终目的地。

在这一节中，也将通过一个应用程序的开发来描述 UDP 客户/服务器编程。可以看出，UDP 的 Java 代码与 TCP 代码在很多重要的方面是不同的。主要有以下几点：（1）两个进程之间没有初始的握手，并且因此也不需要一个迎接套接字；（2）没有流被加入到套接字上；（3）发送方主机通过将 IP 地址和端口号加入到它所发送的每一批字节上来创建分组；（4）接收方进程必须拆开每个接收到的分组以得到分组的信息字节。

现在回顾一下前述应用程序的功能：（1）客户端从它的标准输入（键盘）读入一行，并且将该行从它的通往服务器的套接字发送出去。（2）服务器从它的套接字中读入一行。（3）服务器将该行转换成大写。（4）服务器将修改后的行从通往客户端的套接字发送出去。（5）客户端从它的套接字读入修改后的行并且在它的标准输出（显示器）上打印出该行。

图 8-11 显示了通过 UDP 传输服务进行通信的客户和服务器主要的套接字相关活动。

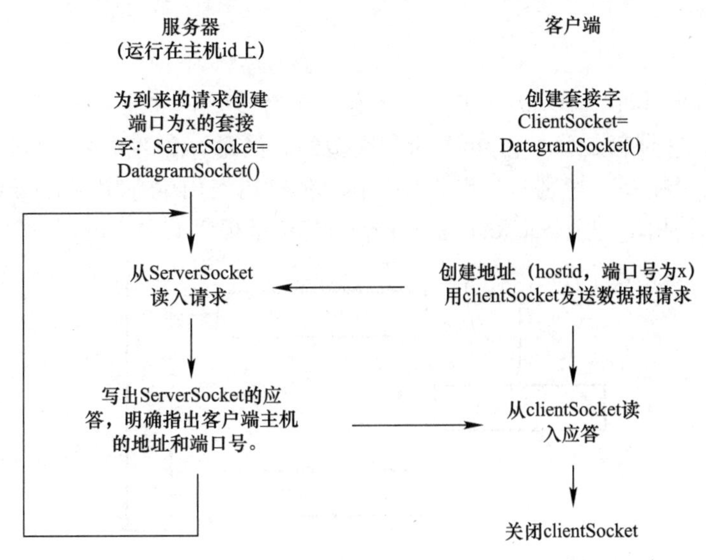

图 8-11　使用了无连接传输服务的客户端/服务器应用程序

（1）客户程序

UDPClient. Java

```
import java. io.*
import java. Net.*
class UDPClient {

    public static void main (string args [ ]). Throws Exception
    {
        BufferedReader inFromUser =
            new BufferedReader (new InputStreamReader (System. In) );
    DatagramSocket ClientSocket = new DatagramSocket ( );
    InetAddress IPAddress = InetAddress. getByName (“hostname”) ;
    byte [ ] sendData = new byte [1024] ;
    byte [ ] receiveData = New byte [1024];
    String sentence = inFromUser. readLine ();
    sendData = sentence. getBytes ();
    DatagramPacket sendPacket =
        new DatagramPacket (senddata, senddata. length, IPaddress, 9876);
    ClientSocket. send (sendPacket);
    DatagramPacket receivePacket =
        new DatagramPacket (receivedata, receiveData. length);
    ClientSocket. receive (receivePacket);
    String modifiedSentence = new String (receivePacket. getdata ());
    System. out. println ("FROM SERVER:" + modifiedsentence);
    ClientSocket. close ();
  }
}
```

上述程序 UDPClient. java 构造了一个流和一个套接字，如图 8-12 所示。套接字被称为 ClientSocket，并且它是 DatagramSocket 类型的。注意，在客户端 UDP 使用了一个和 TCP 不同类型的套接字。特别是，在 UDP 中，客户端使用了一个 Datagram Socket，而 TCP 中的客户端使用了一个 Socket。流 inFromUser 是程序的输入流；它被加入到标准输

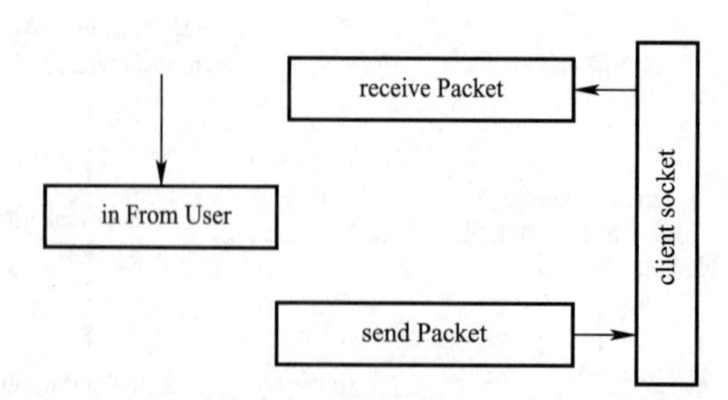

图 8-12　UDPClient 中套接字与流的输入输出关系

入（即键盘）上。在 TCP 版本程序中有一个相同的流。当用户在键盘上打入字符的时候，字符就会进入到流 inFromUser 中。但是与 TCP 版不同的是，套接字上没有加入任何流（输入或者输出）。UDP 没有将字节送到连接在 Socket 对象上的流中，而是将单个的分组通过 DatagramSocket 对象进行传送。

现在我们来看一下与 TCPClient. java 明显不同的那些代码行。

```
DatagramSocket clientsocket = new DatagramSocket ();
```

上面一行创建了一个 DatagramSocket 类型的 clientsocket 对象，与 TCPClient. java 不同的是，这一行没有引进一个 TCP 连接。特别是，客户主机在执行这一行时没有与服务器主机进行联系。由于这个原因，构造函数 DatagramSocket () 没有将服务器主机名或者端口号作为参数，仍然用门/管道的比喻，上面一行的执行为客户进程创建一个门，但是却没有在这两个进程之间创建管道。

```
InetAddress IPAddress = InetAddress. getByName ("hostname");
```

为了将字节发送到目的进程，我们需要得到进程的地址。这个地址的一部分是目的主机的 IP 地址。上面这一行调用了一个将主机名（在这个例子中，由开发者的代码提供）解析为 IP 地址的 DNS 查找。客户程序的 TCP 版本也调用了 DNS，虽然这个工作是隐式完成的而不是显式的。方法 getByName () 将服务器的主机名作为一个参数，并且返回同一个服务器的 IP 地址。它将这个地址放入到 InetAddress 类型的 IPAddress 对象中。

```
byte [ ] sendData = new byte [1024];
byte [ ] receiveData = new byte [1024];
```

字节数组 sendData 和 receiveData 将分别保留客户端发送和接收的数据。

```
sendData = sentence. getBytes ();
```

上面一行本质上是执行了一个类型转换。它得到一个字符串句子并且将它重命名为 sendData，这是一个字节数组。

```
DatagramPacket sendPacket =
      new DatagramPacket (senddata, senddata. length, IPaddress, 9876);
```

这一行构造了分组 sendPacket，客户端将通过它的套接字将该分组送入网络。这个分组包括了分组 sendData 中所包含的数据、数据的长度、服务器的 IP 地址和应用程序的端口号（我们已经将它设为 9876）。注意，sendPacket 是 DatagramPacket 类型的。

```
ClientSocket. send (sendPacket);
```

在上面这一行中，对象 ClientSocket 的方法 send () 取得刚刚构造的分组并且通过 clientSocket 将它送入到网络中。UDP 又用了一种与 TCP 很不相同的方法发送一行字符。TCP 简单地将该行插入到一个流中，该流与服务器之间有一个逻辑的直接连接。UDP 创建了一个包含着服务器地址的分组。在发送分组之后，客户端就等待接收从服务器到来的分组。

```
DatagramPacket receivePacket = new DatagramPacket (receivedata, receiveData. length);
```

在上面一行中，当等待从服务器到来的分组的时候，客户端为该分组创建一个 DatagramPacket 类型的占位符 receivePacket。

```
ClientSocket. receive (receivePacket);
```

客户端保持空闲，直到接收到分组为止；当它接收到分组时，它就将分组放入 receivePacket 中。

String modifiedSentence = new String (receivePacket. getdata ());

上面一行将数据从 receivePacket 中抽取出来并且执行一个类型转换，将字节数组转换成字符串 modifiedSentence.

System. out. println ("FROM SERVER:" + modifiedsentence);

这一行在 TCPClient 中也出现过，它将字符串 modifiedSentence 在客户端的显示器上打印出来。

ClientSocket. close ();

最后一行关闭了套接字。由于 UDP 是无连接的，所以这一行不会导致客户端给服务器发送一个传输层消息（与 TCPClient 形成对比）。

（2）服务器程序

UDPServer. Java

```
import java. io.* ;
import java. Net.* ;
class UDPServer {
  public static void main (String args [ ] ) throws Exeption
      {
        DatagramSocke serverSocket = new Datagramsocket ( 9876 );
        byte [ ] receiveData = new byte [1024];
        byte [ ] sendData = new byte [1024];
        while (true)
            {
              DatagramPacket receivepacket =
                  new Datagrampacket (receiveData, receiveData. length);
              serverSocket. receive (receivePacket );
              String sentence. New String (receivePacket. getData () );
              InetAddress IPAddress = ReceivePacket. getAddress ( );
              int port = receivePacket.  getPort ();
              String capitalizedSentence = sentence. toupperCase ( );
              sendData = capitalizedSentence. getBytes ();
              DatagramPacket sendpacket =
              new DatagramPacket (sendData,
                      sendData. length, IPAddress, port );
              serverSocket. send (sendPacket);
        }
    }
}
```

如图 8-13 所示，程序 UDPServer. java 构造了一个套接字。这个套接字称为 serverSocket，它是一个 DatagramSocket 类型的对象，和应用程序客户方的套接字相同。而且也没有连接到套接字上的流。

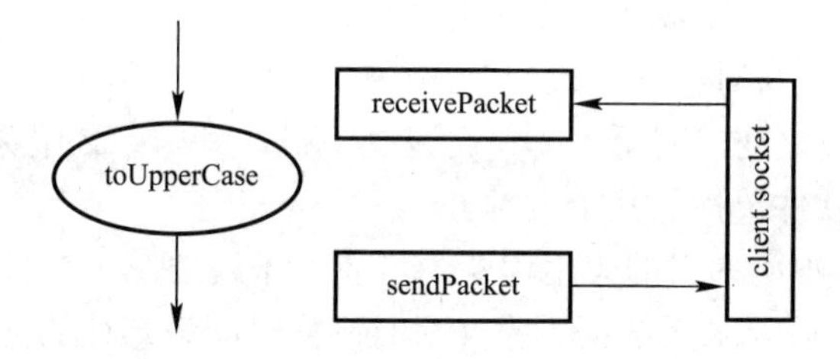

图 8-13　UDPServer. java 有一个套接字

现在让我们看一下与 TCPServer. java 中不同的代码行。

```
DatagramSocke serverSocket = new Datagramsocket ( 9876 );
```

上面一行在端口 9876 上构造了 DatagramSocket 类型的 serverSocket。所有发送和接收的数据都将通过这个套接字进行传送。由于 UDP 是无连接的，所以我们不需要生成一个新的套接字并且继续监听新的连接请求，像 TCpServer. java 中所做的那样。如果有多个客户访问这个应用程序，它们将把所有的分组都发送到这个门——serverSocket 中。

```
String sentence = New String (receivePacket. getData () );
InetAddress IPAddress = ReceivePacket. getAddress ( );
int port = receivePacket.  getPort ();
```

以上 3 行将从客户端到达的分组解包。第一行将数据从分组中抽取出来并且将该数据放入到 String sentence 中；在 UDPClient 中也有一个类似的行。第二行抽取出了 IP 地址；第三行抽取出了客户端口号，它是由客户端选择的，与服务器端口号 9876 不同。获得客户端地址（IP 地址和端口号）对于服务器来说是很必要的，这样它才能将转换成大写的句子返回给客户端。

现在，我们完成了对 UDP 程序对的分析。为了测试这个应用程序，需要在一台主机上安装并编译 UDPClient. java，在另一台主机上安装并编译 UDPServer. java。一定要在 UDPCiIent. java 中写入正确的服务器主机名。然后在各自的主机上执行两个程序。与 TCP 不同的是，可以首先执行客户端，然后再执行服务器端。这是因为当执行客户端的时候，客户进程不会试图发起与服务器的连接。一旦执行了客户和服务器程序，你就可以通过在客户端键入相应的网络连接代码来使用该应用程序了。

8.4　小　　结

本章首先介绍了网络操作系统的基本概念、系统功能、系统特征、系统工作方式和系统分类。

网络编程是本章的重点，首先介绍了网络编程的概念，然后介绍了网络编程中两个重要的概念，即传输层中的 TCP 服务和 UDP 服务。随后介绍了套接字的基本概念，并通过实际的基于 Java 语言的程序实例，说明了通过 TCP 协议和 UDP 协议进行套接字编程的基本方法。

习　题

1. 网络操作系统有别于常规操作系统的特征是什么？

2. 客户/服务器模式与对等网模式的差异是什么？

3. 对于两台计算机之间的对话，哪一台是客户机，哪一台是服务器？

4. 网络操作系统软件包括那几个大类？

5. 参考表 8-1，表中所列出的应用程序中没有一个既要求“无数据丢失”又要求“实时性”的。思考出一个既要求无数据丢失又具有高度时间敏感性的网络应用。

6. 握手协议意味着什么？

7. 为什么 HTTP、FTP、SMTP、POP3 和 MAP 都运行在 TCP 而不是 UDP 上呢？

8. 根据 8.3 节所述的网络应用程序，思考为什么 UDP 服务器仅仅需要一个套接字，而 TCP 服务需要两个套接字？如果 TCP 服务要支持 n 个同时发生的连接，每个都发起于不同客户机，那么 TCP 服务器需要多少个套接字？

9. 根据 8.3 节所述的 TCP 服务的网络应用程序，思考为什么服务器程序必须在客户程序之前运行？而对于 UDP 服务的网络应用程序，为什么客户程序能够在服务器执行程序之前运行？

参 考 文 献

1. 陈向群，杨芙清. 操作系统教程（第 2 版）[M]. 北京：北京大学出版社. 2006.
2. 汤小丹. 计算机操作系统（第 3 版）[M]. 西安：西安电子科技大学出版社. 2007.
3. JamesF. Kurose，Keith W. Ross. 计算机网络：自顶向下方法与 Internet 特色（第 6 版）[M]. 北京：机械工业出版社. 2014.
4. 谢希仁. 计算机网络（第 6 版）[M]. 北京：电子工业出版社. 2010.
5. 竹下隆史，村山公保，荒井透，苅田幸雄. 图解 TCP/IP（第 5 版）[M]. 北京：人民邮电出版社. 2013.
6. 卡尔弗特，多纳霍. Java TCP/IP Socket 编程（第 2 版）[M]. 北京：机械工业出版社. 2009.
7. 尹圣雨. TCP/IP 网络编程 [M]. 北京：人民邮电出版社. 2014.
8. Michael J. Donahoo，Kenneth L. Calvert. TCP/IP Socket 编程（C 语言实现）[M]. 北京：清华大学出版社. 2009.

内容提要

随着通信技术不断发展,可用的频谱资源越来越紧张。认知无线电的频谱感知技术和频谱资源共享策略可以大大提高频谱使用效率。本书将认知无线电技术引入物联网中,研究物联网如何通过认知无线电技术与现有用户共享频谱,研究复杂异构网络中高效的频谱感知算法以及频谱分配算法,以解决物联网频谱需求无法满足的瓶颈问题。

本书主要适用于高等院校通信类专业的研究生、教师,以及相关科研机构的研究人员。

图书在版编目(CIP)数据

认知物联网的频谱感知及资源共享 / 杜红,富爽著. --重庆:重庆大学出版社,2023.8

ISBN 978-7-5689-3971-3

Ⅰ.①认… Ⅱ.①杜… ②富… Ⅲ.①无线电技术—应用—物联网—研究 Ⅳ.①TP393.4 ②TP18

中国国家版本馆 CIP 数据核字(2023)第 104272 号

认知物联网的频谱感知及资源共享

杜红 富爽 著

策划编辑:鲁 黎

责任编辑:文 鹏 版式设计:鲁 黎

责任校对:关德强 责任印制:张 策

*

重庆大学出版社出版发行

出版人:陈晓阳

社址:重庆市沙坪坝区大学城西路 21 号

邮编:401331

电话:(023) 88617190 88617185(中小学)

传真:(023) 88617186 88617166

网址:http://www.cqup.com.cn

邮箱:fxk@cqup.com.cn (营销中心)

全国新华书店经销

重庆长虹印务有限公司印刷

*

开本:787mm×1092mm 1/16 印张:10.75 字数:224 千

2023 年 8 月第 1 版 2023 年 8 月第 1 次印刷

ISBN 978-7-5689-3971-3 定价:58.00 元
